职业教育"十三五"规划教材

高职高专应用化工技术类专业教材系列

化工设备机械基础

郑孝英　叶文淳　主编

扈显琦　副主编

科学出版社

北 京

内 容 简 介

本书内容涉及化工生产中常用的各种设备，主要包括化工设备机械基础知识、化工设备机械常用材料、压力容器、换热设备、塔设备、反应设备、化工机械基础、化工设备故障诊断等。通过知识扩展，介绍了化工设备原材料的验收、制造、使用与维护等知识。每章配有课程作业，方便学生自我检测与提高。

本书可以作为高职高专应用化工技术类专业及相关专业的教材，也可作为各类化工技术人员的参考书。

图书在版编目（CIP）数据

化工设备机械基础/郑孝英，叶文淳主编. —北京：科学出版社，2019.1
职业教育"十三五"规划教材 高职高专应用化工技术类专业教材系列
ISBN 978-7-03-058634-6

Ⅰ.①化⋯ Ⅱ.①郑⋯ ②叶⋯ Ⅲ.①化工设备-高等职业教育-教材 ②化工机械-高等职业教育-教材 Ⅳ.①TQ05

中国版本图书馆 CIP 数据核字（2018）第 199514 号

责任编辑：沈力匀 / 责任校对：王万红
责任印制：吕春珉 / 封面设计：耕者设计工作室

科 学 出 版 社 出版
北京东黄城根北街 16 号
邮政编码：100717
http://www.sciencep.com

三河市骏杰印刷有限公司印刷

科学出版社发行 各地新华书店经销

*

2019 年 1 月第 一 版 开本：787×1092 1/16
2019 年 1 月第一次印刷 印张：20 1/2
字数：490 000

定价：52.00 元
（如有印装质量问题，我社负责调换〈骏杰〉）
销售部电话 010-62136230 编辑部电话 010-62130750

前　言

　　教材建设是高职高专院校教育教学改革的重要环节，高职高专教材作为体现高职高专教育特色的知识载体和教学的基本工具，其质量直接关系到高职高专教育能否为一线岗位培养符合要求的高技术应用型人才。化工设备机械是化工生产的载体，在化工行业中具有重要的意义。随着时代的进步、科技的发展，很多新技术、新材料被化工及相关行业所采用，而能跟上科技进步的教材是培养适应社会、适应行业的应用化工专业高职学生的重要保障。企业的需要是高职教育的目的，学生能力的培养是教材建设的重要考量。

　　本书是按照高技术应用型人才培养的特点和规律，以化工行业常用设备机械为背景，以培养学生从事化工生产职业能力为主线，依据岗位能力培养需要，融合国家职业技能鉴定标准来组织编写的。在编写过程中，编者到云南铜业（集团）有限公司、云南富瑞化工有限公司、昆明化肥厂、云南化工机械有限公司等企业进行调研，得到了企业专家的指导和帮助；对化工相关行业的毕业生进行就业岗位能力方面的追踪调查，增强了内容的实用性；对与所述知识相关的各种标准、规范进行全面更新，使内容能够跟上时代的步伐。

　　本书通过大量设备机械案例，使学生对化工设备机械从设计、原材料验收、设备制造到设备验收、使用与维护的全过程有一个全面了解，明确各设备的原理、使用和维护方法。全书共 11 章，涉及化工生产中常用的各种机械设备，主要包括化工设备机械基础知识、化工设备机械常用材料、压力容器、换热设备、塔设备、反应设备、化工机械基础、化工设备故障诊断等内容。

　　本书由昆明冶金高等专科学校郑孝英、叶文淳担任主编，承德石油高等专科学校扈显琦担任副主编。叶文淳编写第一章至第三章、第十章和第十一章，郑孝英编写第四章至第六章，扈显琦编写第七章至第九章。郑孝英、叶文淳负责全书的统稿。

　　由于编者水平有限，书中难免存在疏漏和不足之处，请读者批评指正。

目 录

第一章 化工设备机械基础知识

【知识目标】 了解化工生产的特点及对化工设备的基本要求。
【技能目标】 掌握化工设备机械基础知识；
            掌握各类化工设备的特点；
            能根据化工生产的特点对化工设备、机械进行分类。

我国化工工业飞速发展并成为国民经济的支柱产业之一，而现代化工业的发展越来越依赖于高度机械化、自动化和智能化的装备，因此化工过程装备行业获得了迅猛的发展。在压力容器领域，较有代表性的是高压和超高压压力容器技术的发展。由于多种高强抗氢钢的成功开发和先进技术的发展，高压加氢反应器已由过去的冷壁技术发展到今天的大型热壁技术。鉴于过程装备尤其是大型化工装备大多数处于高位环境下，压力容器的安全评定与延寿技术就显得十分重要。21世纪化工装备技术的发展主要表现在：单元设备进一步大型化；严密性要求提高，要求无检修运行周期在三年以上；机、泵等大量采用个性化设计；传热和传质等过程需要高效、高精度和紧凑性单元操作配合。

1. 今后化工的新工艺开发方向

化工新工艺发展的重点如下：积极参与化工工艺新技术的研究与开发，以此推出具有中国特色的专利设备；自主开发各类高效单元操作设备，以推动化工装备的总体技术进步。新材料在过程装备中的应用，以及它带来的与信息技术、生物技术、先进制造技术并列的材料技术，被世界许多国家认为是当代及今后相当长的历史时期内，影响人类社会全局的高新技术。

2. 当代化工过程装备与控制工程领域的发展方向

化工过程装备与控制工程领域的发展方向：高效率、高自动化、安全可靠、数据参数自动监控、在线测量和预报、系统故障远程诊断与自愈调控。其主要的研究方向包括：研究早期发现故障的征兆信息及故障产生规律；研究故障信号处理及识别特征；应用振动、红外线、油液分析、涡流、绝缘、超声波、声发射、X射线、噪声等多种技术，诊断、预测工业装备故障；研究装备状态检测、诊断及控制一体化系统，主动控制系统，压力容器技术，装备密封技术，高效分子蒸馏技术，过程机械CAE（computer aided engineering，计算机辅助工程），高聚物加工技术及装备，过程智能检测与先进控制工程等专业或领域。

化学工业是一个从19世纪初开始形成，且发展较快的工业领域。化学工业属于知识和资金密集型行业。随着科学技术的发展，它由最初只生产纯碱、硫酸等少数几种无机产品和主要从植物中提取茜素制成染料的有机产品，逐步发展为一个多行业、多品种的生产部门，出现了一大批综合利用资源和规模大型化的化工企业（图 1-1）。现代化学工业涉及方方面面，从航天工业到人们日常生活的每个角落，都在使用化工产品。今天的世界和生活在现代社会中的人们，已经离不开化学工业。如果没有化学工业，现代社会将无法运转，陷于瘫痪。

图 1-1　现代化工企业

　　化工生产是通过化学过程（包括生化过程）和物理过程改变流程性原料（气体、液体、粉体）或化学半成品的组成、结构与性质，以获得设计规定的产品的工业生产。化工生产的基础是"三传一反"，即质量传递、能量传递、动量传递和化学反应。化工设备机械是指用于化工生产的各种设备机械。也就是说，要实现"三传一反"化工生产过程不仅取决于化学工艺过程，还与化工机械装备密切相关。化工设备机械是化工生产得以进行的外部条件和物质保证。物料的粉碎混合、输送、储存、分离、传热、反应等操作，都需要在相应的设备或由设备组成的装置中完成，就像化学实验要在试管、烧杯等玻璃器皿中进行，或在这些器皿组成的实验装置中进行一样。例如，介质的化学反应，由反应器提供符合反应条件的反应空间；质量传递通常在塔设备中完成；热量传递一般在换热器中进行；动量传递一般由泵、压缩机等装置承担。同时完成任何一个化工过程的生产装置都需要一种以上化工机械设备及管道来构成。所以，化工设备机械运行状况的好坏，直接影响化工产品的产量和质量，以及生产的连续性、稳定性和安全性。当然，化工设备机械技术的发展和进步，又能促进新工艺的诞生和实施，如超高压容器和大型压缩机的成功研制，使人造金刚石的构想变为现实，使高压聚合反应得以实现。

　　另外，随着近代科学与工程技术的发展，化学工程与化工设备机械已不仅为化学工业服务，还广泛地应用于炼油、轻工、交通、食品、制药、冶金、纺织、城建、环保、海洋工程等传统行业，也是航空航天技术、能源技术、先进防御技术、核工业等高新技术领域不可缺少的技术与装备，遍及大部分现代工业生产领域。为了广义地表达化学工程及化工设备机械在各类生产过程中的适用性与广泛性，国内外将其称为过程工程及过程装备。因此，过程装备必须满足过程工程的要求，过程装备是为过程工程服务的，没有相应的装备，过程工程就无法实现。所以，先进的过程装备，一方面为过程工程服务，另一方面又促进各种过程工程的工艺过程发展。

第一节　化工生产的特点

化学工业是一个多行业、多品种的生产部门，与其他工业生产相比，化工生产具有其自身的特点。

1. 生产连续性强

化工生产所处理的大多是气体、液体和粉体，为了便于输送和控制，提高生产效率、节约成本，因此化工生产从原料输入到产品输出，如传质、传热、化学反应，一般采用连续的工艺过程。在连续性过程中，每一生产环节都非常重要，前后单元息息相关、相互制约，某一个环节发生故障都会影响整个生产的正常运行。

2. 生产条件苛刻

1）介质腐蚀性强

化工生产过程中，有很多介质具有腐蚀性。例如，硫酸、硝酸、烧碱等，不但对人有很强的化学灼伤，而且对金属或非金属设备有很强的腐蚀，使机器与设备的使用寿命大为降低。例如，原油中含有硫化物会腐蚀设备管道，乙烯原料储罐会因硫化物腐蚀发生破裂。另外，工业冷却水中的氯离子会对设备管道造成孔蚀，破坏正常的工艺条件，影响生产的正常进行。如果在设计时没有考虑腐蚀介质对设备和管道的破坏，不但会使设备的使用寿命大大降低，而且会使设备壁厚变薄、材质变脆，甚至因承受不了设计压力而发生爆炸。

2）温度和压力变化大

化工生产从原料到产品，一般需要经过许多工序和复杂的加工单元，通过多次反应或分离才能完成。化工生产过程广泛采用高温、高压、深冷、真空等工艺，同时生产所需的介质大多是易燃、易爆、有毒和具有腐蚀性的物质。介质温度从深冷到高温，压力从真空到数百兆帕，使有的设备承受高温或高压，有的设备承受低温或低压。受压设备在温度、压力不断变化的作用下，常常具有潜在泄漏、爆炸等危险。例如，烃类热裂解，裂解炉出口的温度可高达 950℃，而裂解产物的分离需要在-96℃下进行，因此要求裂解炉的材料既能承受 950℃的高温，又能耐-96℃的低温。如果出现选材不当、材料有缺陷、材质恶劣或有制造缺陷等情况，压力容器就会发生事故。

3. 介质大多易燃易爆、有毒性

化工生产过程中，有不少介质是容易燃烧和爆炸的，如氨气、氢气、苯蒸气等。还有不少介质有较强的毒副作用，如二氧化硫、二氧化氮、硫化氢、一氧化碳等。这些易燃、易爆、有毒性的介质一旦泄漏，不仅会造成环境污染，还可能引起人员伤亡和设备破坏等重大事故的发生。

4. 生产原理具有多样性

化工生产过程按作用原理可分为质量传递、热量传递、能量传递和化学反应等若干类型。同一类型中功能原理也多种多样，如传热设备的传热过程，按传热机理又分为热传导、热对流和热辐射。故化工设备的用途、操作条件、结构形式也千差万别。

5. 生产技术含量高

现代化工生产既包含先进的生产工艺，又需要先进的生产设备，还离不开先进的控制与检测手段，人工操作已不能适应其需要，必须采取自动化程度较高的控制系统。因此，现代化工生产近年来技术含量要求越来越高，并呈现出学科综合，专业复合，化、机、电一体化的发展势态。

第二节　化工设备机械的分类和特点

化工产品种类繁多，每一种产品所要求的工艺都不相同，因此所需的化工装置也不尽相同。由于现代化工生产过程复杂，操作条件苛刻，几乎每一个化工产品的生产都是既有通用的设备机械，又有其独特的工艺过程的专用装置，因此，化工设备机械应用比较广泛，种类繁多、结构复杂。

一、化工设备机械的分类

通常将化工生产中使用的各种机械设备统称为化工设备机械。化工设备机械按照其主要部件是否运动可分为动设备和静设备。凡主要部件是运动的，称为运转设备或转动设备（俗称动设备），也称为化工机器，有时也称为化工机械，如压缩、离心机、风机、泵等；凡主要部件是静止的，都称为静设备，有时也称化工设备，如塔器、换热器、反应器等。

化工设备机械按照其使用范围可分为专用设备和通用设备。专用设备是特指用于某一领域的设备，如硫酸生产中使用的转化器、氯碱工业中的盐水电解槽等。通用设备则是指很多行业和领域都能使用的设备，如压力容器、搅拌式反应釜、管道阀门等。本书主要介绍通用设备。

化工设备机械按照其功能可分为：①反应设备，如反应釜、流化床反应器、管式炉反应器等；②输送设备，如泵、风机、带式运输机等；③分离设备，如气液分离器、过滤装置、萃取装置等；④传热设备，如换热器、蒸发器、结晶槽；⑤粉碎设备，如球磨机、雷蒙磨等；⑥储运设备，如各式储罐、储槽、槽车等。

化工设备机械按照其承受的压力不同分为真空设备、低压设备、中压设备、高压设备、超高压设备等。

化工设备机械按照其承受的温度不同分为常温设备、低温设备、高温设备等。

二、化工设备机械的特点

从前面的学习可以得出结论：化工生产的特殊复杂性决定了化工设备机械的特殊复杂性。任何化工设备机械都是为了满足一定生产工艺条件而设计制造的，从而促进了化工设备机械的新设计、新材料和新制造技术的发展及应用。因此，服务于化工生产工艺过程的设备机械，与通常产业的设备机械相比，有着以下显著特点。

1. 结构、原理多样化

化工生产过程是选择化工设备机械的前提。因此，化工生产过程的介质特性、工艺条件、操作方法及生产能力的差异，也就决定了人们必须根据设备机械的功能、条件、使用寿命、安全质量及环境保护等要求，采用不同的材料、结构和制造特征，这使得设备的类型比较繁多。不同化工产品生产技术需要有相应配套功能原理的设备机械。例如，换热设备的传热过程，根据工艺条件的不同，可以利用加热器或冷却器实现无相变传热，也可以采用冷凝器或重沸器实现有相变的传热。

2. 外部壳体多为压力容器

主要用于处理气体、液体和粉体等流体材料的化工设备机械，通常是在一定温度、压力条件下工作的。尽管它们的服务对象不同，形式多样，功能原理和内外结构各异，但一般是由限制其工作空间且能承受一定温度和压力载荷的外壳（筒体和端部）及必要的内件所组成的。从强度和刚度分析，这个能够承受压力载荷的外壳即压力容器。

压力容器及整个设备通常在高温、高压、高真空、低温、强腐蚀的条件下操作，相对于其他行业来讲，工艺条件更为苛刻和恶劣，如果在设计、选材、制造、检验和使用维护中稍有疏忽，一旦发生安全事故，其后果不堪设想。因此，国家劳动部门把这类设备作为受安全监察的一种特殊设备，并在技术上进行了严格、系统和强制性的管理；制定了一系列强制性或推荐性的规范标准和技术法规，对压力容器的设计、材料、制造、安装、检验、使用和维修提出了相应的要求。同时，为确保压力容器及设备的安全可靠，实施了持证设计、制造和检验制度。

3. 设备开孔多

化工设备机械与其他产业设备机械相比开孔较多，根据工艺要求，在设备的轴向和周向位置上，有较多的开孔和工艺管口，用于安装各种零部件和连接管道。例如，反应釜的上封头有人孔、视镜、回流管口、仪表口、进料口、搅拌口等各种开孔和工艺管口，而壳体和零部件的连接大都采用焊接结构，存在缺陷的可能性较大。

4. 化工-机械-电气技术紧密结合

先进的化工工艺过程需要借助于优良的机械设备，而要保证设备高效、安全、可靠的运行，就需要对其运行状态进行实时监控，并且对物料、压力、温度等参数实施精确、可靠的控制。为此，生产过程中的成套设备都是将化工过程、机械设备及电气控制三个方面紧密结合在一起，实现"化工-机械-电气"技术一体化，对设备操作过程进行控制。这不仅是化工设备机械在应用上的一个突出特点，也是设备不断提高应用水平的一个发展方向。例如，氯碱生产中化盐槽的温度一般控制在 65℃左右，如果温度偏高或偏低，计算机控制系统会在显示该区域的流程图上闪动，警示操作员温度不正常，操作员通过改变载热体流量或调节工艺介质自身的流量，最终保证工艺介质在化盐槽的温度为 65℃。

图1-2 大型化工设备

5. 设备结构大型化

随着先进生产工艺的提出以及设计、制造和检测水平的不断提高，许多行业对使用大型、高负荷化工设备（图1-2）的需求日趋增加。尤其是大规模专业化、成套化生产带来的经济效益，使设备大型化的特征更加明显。例如，我国在用芳烃联合装置中的二甲苯塔，单塔净重 1340t，最大处直径可达10m。目前我国生产的大型设备，壁厚已能达到450mm，质量可超过 2400t。

第三节 化工生产中对化工设备机械的基本要求

化工产品的质量、产量和成本，在很大程度上取决于化工设备机械的完善程度，而对于化工设备机械本身而言，由于在化工生产过程中经常会遇到高温、高压、高真空、超低压等特殊条件及易燃、易爆、强腐蚀性介质，因此必须能够在上述条件及介质存在下正常工作，还要满足现代化工生产规模要求。因此，所使用的化工设备机械不仅需要具有长期连续、安全可靠的运转能力，又要满足复杂的生产工艺要求，同时还应该有较高的经济技术性以及易于操作和维护的特点。对化工设备机械的具体要求如下。

一、安全可靠性能要求

化工生产的特点决定了化工设备机械必须安全可靠地运行，这是化工生产对化工设备机械最基本的要求，也就是说化工设备机械应该具有足够的能力来承受在使用寿命内可能遇到的各种外来载荷。为了保证化工设备安全运行，防止事故发生，应该在其使用寿命内保证其安全可靠，具体体现在强度、刚度（稳定性）、密封性、耐蚀性等方面。

（1）要有足够的强度。强度是指化工设备机械及其零部件抵抗外力破坏的能力。化工设备机械是由不同的材料制造而成的，材料的强度与设备的安全可靠性能密切相关。若设备的材料强度不足，会引起塑性变形、断裂甚至爆破，危害化工生产现场工人的生命安全。在相同设计条件下，提高材料强度无疑可以使设备具有较高的安全性。但满足强度要求，并非选材的强度级别越高越好，无原则地选用高强度材料，只会导致材料和制造成本提高以及设备抗脆断能力降低。另外，设备各部件之间的连接大部分是焊接连接，这些部位受力复杂，应力集中现象严重，存在缺陷的可能性较大，在设计和制造上应给予足够的重视。

（2）要保证其刚度。刚度是指容器及其零部件在外力作用下抵抗变形的能力。对于工作中的设备，虽然其强度满足要求，但若在外载荷作用下发生较大变形，也不能保证其正常运转。因此，承受压力的容器必须有足够的稳定性，以防被压瘪或出现褶皱。例如，压力低、壁薄的外压容器，在使用过程中特别容易发生"失稳"现象，这种现象不是由于容器强度不足，而是因为容器刚度不足，所以要注意保证这类容器的刚度。

（3）要有良好的密封性。密封性是指设备阻止介质泄漏的能力。化工设备机械必须具备良好的密封性。对于化工生产中的易燃、易爆、有毒介质，若因密封失效而泄漏出来，不仅使生产和设备本身受到损失，而且威胁操作人员的安全，污染环境甚至燃烧或爆炸，会造成极其严重的后果。因此，良好的密封性是化工设备机械安全操作的必要条件。

（4）要有良好的耐蚀性。耐蚀性是指设备耐腐蚀的能力，它对保证化工生产安全运转十分重要，在化工生产中许多介质或多或少地具有一些腐蚀性，腐蚀会使整个设备或某些局部区域厚度变薄，致使设备的使用年限缩短。在应力集中区域、两种材料或构件焊接处，易造成更为严重的腐蚀，有些腐蚀表面不易被发现，如氢腐蚀及奥氏体不锈钢的晶间腐蚀等一旦发生，会使设备局部变薄，还会引起突然的泄漏或爆破，危害更大。所以，选择合适的耐蚀材料或采用正确的防腐措施是提高设备耐蚀性的有效手段。

二、工艺性能要求

化工设备机械是为工艺过程服务的，其工艺条件要求是为满足一定的生产需要而提出来的。如果工艺条件要求不能得到满足，将会影响整个过程的生产效率。同时，化工设备机械的主要结构与尺寸都是由工艺设计决定的，工艺人员通过计算，确定容器直径、容积等尺寸，并确定压力、温度、介质特性等生产条件。这些条件是产品生产的基础，任何一台设备都要严格按照工艺条件进行设计、制造、安装、使用，否则将影响产品的生产效率，更重要的是影响产品的质量。一般对设备机械工艺方面的要求如下。

1. 达到工艺指标要求

为满足生产的需要，化工设备机械都有一定的工艺指标要求，如储罐的储存量、换热器的传热量、反应器的反应速率、塔设备的传质效率等。若工艺指标达不到要求，将影响整个过程的生产效率，造成经济损失。

2. 生产效率高、消耗低

化工设备机械的生产效率用单位时间内单位体积（或面积）所完成的生产任务来衡

量，如换热器在单位时间内单位传热面积的传热量，反应器在单位时间单位容积内的产品数量等。消耗是指生产单位质量或体积产品所需要的资源（如原料、燃料、电能等）。设计时应从工艺、结构等方面来提高化工设备的生产效率和降低消耗。

三、使用性能要求

1. 结构合理、制造简单

化工设备机械的结构要紧凑，设计要合理，材料利用率要高。连接边缘处要圆滑过渡，采取等厚连接；尽量使焊缝远离连接边缘，降低边缘应力；在焊缝区域要求采取焊后热处理，以消除焊接热应力等。另外，制造方法要有利于实现机械化、自动化，有利于成批生产，以降低生产成本。

2. 运输与安装方便

化工设备机械的制造厂与使用厂家通常不是一个。化工设备机械一般由机械制造厂生产，再运至使用单位安装。对于中、小型设备，运输、安装一般比较方便，但对于大型设备，应考虑运输的可行性，如运载工具的能力、空间大小、码头深度、桥梁与路面的承载能力、吊装设备的吨位等。对于特大型设备或有特殊要求的设备，应考虑采用现场组装的条件和方法。

化工设备机械通常安装在地面上，但有一部分安装在楼板或楼顶上，还有一部分吊装在墙壁上。例如，高大的塔设备、蒸发器等工作时往往充满液体，液体静压力较大，要充分考虑地基、楼板的承载能力；吊装设备要考虑墙上安装孔和屋架的承载能力。

3. 操作、控制、维护简便

在化工设备机械操作中，对于温度、压力的控制要求严格。所以，化工设备机械的操作程序和方法要尽可能简单，最好能设有防止错误操作的报警装置。设备机械上要有测量、报警和调节装置，能检测流量、温度、压力、浓度、液位等状态参数，当操作过程中出现超温、超压和其他异常情况时，能发出警报信号，并可对操作状态进行调节。

四、经济性能要求

在满足安全性、工艺性、使用性的前提下，应尽量减少化工设备机械的基建投资和日常维护、操作费用，并使设备机械在使用期内安全运行，以获得较好的经济效益。

 知识拓展

化工操作对化工设备机械知识的要求

化工操作人员主要包括化学反应工、分离工、聚合工、化工司机工、化工司泵工等，其等级工技术标准中，直接与化工设备机械有关的要求见表1-1。

表 1-1　化工总控工、等级工技术标准中与化工机械设备有关的内容

要求	初级工	中级工	高级工
应知	1. 本岗位设备、工艺管线的试压方法和耐压要求 2. 本岗位设备、工艺管线的开、停车安全置换知识和规定 3. 本岗位有关安全技术、消防、环保的知识和规定	1. 装置主要设备的结构、用途、工作原理、设备检修质量标准及验收要求 2. 装置主要设备、工艺管线的大修安全知识和规定 3. 装置一般生产管理知识（全面质量管理、经济核算等）	1. 装置易发生重大事故的产生原因和防范措施 2. 装置全部设备的结构、性能及安装技术要求 3. 装置仪表、反应设备、机、泵的选用原则和技术要求 4. 装置大修、停车、置换方案和大修计划修订要求 5. 装置有关生产技术管理的知识（全面质量管理、经济活动分析、技术管理知识）
应会	1. 能及时处理岗位事故，会紧急处理本岗位停水、停电、停气、停风等故障 2. 会正确进行本岗位的设备清洗、防冻、试压、试漏等工作 3. 会维护和保管本岗位设备，确保生产安全进行 4. 熟练使用安全、消防急救器材	1. 组织处理装置多岗位事故，并能进行分析和提出防范措施 2. 组织装置大修后主要设备的质量验收和仪表检修安装后的使用验收 3. 组织装置主要设备检修前的准备工作 4. 组织装置主要设备、管线大修前的安全检查 5. 具有对初级工传授技能的能力 6. 画装置多岗位带控制点的工艺流程图，识读工艺管线施工图	1. 组织处理现场事故和技术分析 2. 提出装置的大修内容和改进方案 3. 组织装置大修前后的安全检查和落实安全措施 4. 具有对中级工传授技能的能力 5. 画压缩机装配图、管线施工图

对于机、泵（指压缩机、泵等运转设备）岗位的操作工，还应具有相应的零配件、轴承、润滑等知识。仔细分析，等级工标准中与设备有关的约占 50%，而且中、高级工标准中对设备方面要求更高，表 1-1 中没有列出的其他条目，大多数与化工设备机械间接有关。由此可见，化工工艺和化工设备机械是紧密相连的，化工生产操作的好坏和化工设备的状态密切相关。另外，在使用过程中，操作和维护始终是连在一起、密不可分的，在化工生产操作中做好设备机械的维护管理非常重要，否则难保不出事故。

在化工生产中，设备安装、调试合格或检修后经检验合格交付使用后，其操作过程包括以下几个步骤：

（1）起动（开车）：开车前准备，严格按安全操作规程执行开车程序。

（2）正常运行维护。

（3）异常情况处理：对异常现象进行识别并进行原因分析和处理。

（4）停车：包括正常停车、紧急停车（包括紧急全面停车和紧急局部停车）、停车后对设备进行保护。

注意：遵守特殊设备起动开车安全守则及注意事项和做好北方冬季的防冻工作等。

在以上使用过程中，可以看出要生产、要操作、要维护维修，就要了解设备、懂设备。"安、稳、长、满、优"是很多现代化工企业追求的生产运行目标，实现这一目标的基础在于坚持良好的工艺操作和良好的设备维护、维修方法。可以说工艺人员的任务是使用和维护设备，机械人员的任务是维护和修理设备。这一切都离不开对设备的了解。所以，无论是工艺人员还是机械人员，学好本门课程都是非常重要的，是胜任化工生产工作的基础之一，也是从化工职业技术人员出发，进而向高技能人才、技术创新型人才、技术管理型人才迈进的起点。

 课程作业

简答题

1. 化工生产的基础是什么？
2. 化工生产有哪些特点？
3. 化工生产对化工设备机械提出了哪些要求？
4. 对图 1-3 所示设备进行分类。

（a）　　　　　　　　　　　　（b）

（c）　　　　　　　　　　　　（d）

（e）　　　　　　　　　　　　（f）

图 1-3　化工生产机械和设备

第二章 化工设备机械常用材料

【知识目标】 掌握化工设备机械中常用材料的性能、特征。
【技能目标】 理解金属材料的化学成分、组织结构、力学性能及加工工艺之间的联系；
学会选择材料、验收材料、使用材料。

案例 2-1: 1985 年 11 月 9 日凌晨，金陵石化公司南京炼油厂油品分厂半成品车间的球罐区，一条倒油线上的对焊法兰颈部横向断裂，大量液化气从这里泄出。泄漏从 3:48 左右开始，6:40 才将阀门关闭。在长达 2h 52min 的时间内，跑损液化气 54.56t。如果不是附近装置处于停气检修期间，夜间现场又无明火，很可能发生毁灭性爆炸事故。

事故原因：

（1）法兰选材不当，焊接工艺不严。

管线材质为 20 钢，而法兰材质为 Cr5Mo 钢。法兰颈部原有一道 0.5mm 深的机械划痕，同时法兰本体布氏硬度高达 340，超标 1 倍。在长期工作压力下，机械划痕由薄弱处发展成穿透性裂纹。由于液化气泄漏，汽化的降温作用，法兰脆性增加，裂纹扩展，最后形成长 395mm、宽 2mm 的裂纹。

（2）管理松懈、纪律松弛。

当班操作工长期脱岗不巡检；司泵工擅自回家；球罐区无人管理；厂总值班负责人未到厂值班；调度室三次接到二套常减压工人的电话报告液化气气味大，没引起重视，球罐区电话无人接听，未做进一步处理，直到凌晨 5:00，被值班警卫发现，才意识到出了事故，急忙采取措施。此时液化气已蔓延至方圆 18 000m^2，云雾状气层厚达 3m。操作员冒着生命危险冲进弥漫的液化气层中关掉阀门，才控制了液化气的继续泄漏。

案例 2-2: 2005 年 6 月 3 日，塔里木油田克拉 2 气田中央处理厂组织投运第六套脱水脱烃装置。10:50，第六套装置进气；12:30，升压至工作压力，稳压。温度逐渐降至-21℃，未发现异常现象。15:10，低温分离器发生爆炸，爆炸裂片击穿干气聚结器，引起连锁爆炸后发生火灾。

事故共造成两人死亡，中央处理厂第六套脱水脱烃装置低温分离器损坏，周围部分管线电缆照明设备受损，直接经济损失 928.17 万元。

事故原因：

（1）由于焊接缺陷，导致低温分离器在正常操作条件下开裂泄漏后发生物理爆炸。

（2）制造厂管理松懈，焊接工艺不完善，制造工艺不成熟，造成焊接中产生裂纹及其他焊接缺陷，导致筒节冷卷和热校圆过程中材料的脆化程度加剧。探伤检测和审核等过程把关不严，造成低温分离器存在较多的质量问题。

（3）设计选材不当，监督检验把关不严：天然气处理厂低温分离器所用的耐低温、耐腐蚀的复合材料，在国内没有成功使用的先例，未引起重视。西安市锅炉压力容器检验所未按《压力容器产品安全质量监督检验规则》要求，对新型材料的焊接工艺评定进行确认，但发放了压力容器产品安全性能监督检验证书。

第一节　材料性能

化工设备机械中广泛使用各种材料，这些材料各有其性能特点。材料的性能可分为两类：使用性能和工艺性能。

使用性能反映材料在使用过程中所表现出来的特性，包括力学性能、物理性能和化学性能。工艺性能也称制造性能，反映材料在加工制造过程中所表现出来的特性。对应不同的制造方法，工艺性能也分为铸造性能、锻造性能、焊接性能和切削加工性能等。材料工艺性能的好坏直接影响制造成本。

一、使用性能

（一）力学性能

化工设备机械由零部件所组成，而零部件在使用时都承受外力的作用，因此，材料在外力作用下所表现出来的性能就显得格外重要，这种性能称为力学性能。力学性能包括强度、弹性、塑性、硬度、冲击韧性、疲劳等。这些性能是化工设备机械设计中材料选择及计算时确定许用应力的依据。

1. 强度

材料的强度是反映材料在外力作用下不致失效破坏的能力。这里的破坏分为两种情况：屈服破坏和断裂破坏。屈服破坏又称流动破坏，指发生较大的塑性变形，在外力除去后不能恢复到原来的形状和尺寸，破坏面通常比较平滑，多发生在最大剪应力截面上；断裂破坏指无明显塑性变形即发生断裂，破坏面比较粗糙，多发生在最大正应力截面上。无论哪一种情况发生，都将导致零部件不能正常工作。

反映材料强度高低的指标如下。

（1）屈服极限 σ_s。在低碳钢拉伸时，随着载荷增加钢材变形量增大，当载荷不再增加时，试件却产生明显塑性变形。这种现象习惯上称为"屈服"。发生屈服时的应力称为屈服极限（又称为屈服点），用 σ_s 表示。它代表材料在外力作用下抵抗发生塑性变形的能力，其值越高则越不易发生塑性变形。

（2）强度极限 σ_b。金属材料在受力过程中，从开始受载到发生断裂所能达到的最大应力值，称为强度极限。化工压力容器设计常用的材料强度性能指标是抗拉强度，它是拉伸试验时，金属材料试件在拉断前所能承受的最大应力，用 σ_b 表示。强度极限反映材料在外力作用下抵抗发生断裂的能力，其值越高越不易发生断裂，是压力容器选材的重要性能指标。

（3）持久强度 σ_{Tt}。在给定的温度和规定持续时间下，试样发生断裂的应力值，称为持久强度。例如，$\sigma_{(700,1000)} = 200\text{MPa}$，表示材料在 700℃时，持续时间为 1000h 的持久强度为 200MPa。在化工容器用钢中，设备的设计寿命一般为 10^5h，所以以持久强度表示试件经 10^5h 发生断裂的应力为准。

（4）蠕变强度 σ_n。高温下材料的性能会发生显著变化，通常是随着温度的升高，金属材料的强度降低，塑性提高。所谓蠕变是指在高温时，在一定应力下，应变随时间而增加的现象，或者金属在高温和存在内应力的情况下逐渐产生塑性变形的现象。

对于某些金属，如铅、锡等，在室温下也有蠕变现象。钢铁和许多有色金属，只有当温度超过一定值后才会发生蠕变。例如，碳素钢和普通低合金钢在温度超过 350℃时，低合金铬钼钢在温度超过 450℃时，高合金钢在温度超过 550℃时，才发生蠕变。而轻合金在温度超过 50℃时就会发生蠕变。

材料在高温下抵抗发生缓慢塑性变形的能力用蠕变强度表示，即指在给定的温度下，在规定的时间内（如 10^5h），使试样产生的蠕变变形的总变形量不超过规定值（如 1%）时的最大应力，以 σ_n 表示，单位为 MPa。

2. 弹性和塑性

材料在外力作用下发生形变，当外力卸下时，材料又恢复到原始形状和尺寸，这种特性称为弹性。一般情况下，材料在弹性范围内，应力和应变成正比，其比值为弹性模量。弹性模量越小，材料的弹性越好。

塑性则是反映材料在外力作用下发生塑性变形而不破坏的能力。塑性指标由拉伸试验测得，用伸长率（δ）和断面收缩率（Ψ）表示，其值越大，材料塑性越好。

3. 硬度

硬度是材料抵抗其他物体刻划或压入其表面的能力，有布氏硬度、洛氏硬度、维氏硬度、肖氏硬度等。通常用布氏硬度（由瑞典人布里涅耳首先提出，将一个固定大小的压力施加在淬火钢球上，将其压入所试材料的表面而产生凹痕，用测得的球形凹痕单位面积和压力来表示硬度，如图 2-1 所示）和洛氏硬度（把压力施加在金刚钻尖上，使其压入所试材料的表面而产生凹痕，用测得的凹痕深度来表示硬度）表示，其值大多可查表得到。

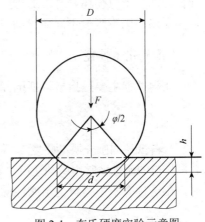

图 2-1　布氏硬度实验示意图

硬度不是一个单纯的物理量，它是反映材料弹性、强度、塑性等的综合指标。例如，提高齿轮齿面的硬度，齿面抗点蚀能力、抗胶合能力和耐磨性都增强。因此有时也用硬度来表示强度，如低碳钢的强度为 0.36 布氏硬度，灰铸铁的强度为 0.1 布氏硬度。用标准试验方法测得的表面硬度是材料耐磨能力的重要指标。

4. 冲击韧性

冲击韧性是材料抵抗冲击载荷而不破坏的能力。在冲击载荷作用下的零部件不能单纯用静载荷作用下的力学指标来衡量是否安全，必须考虑冲击韧性。冲击韧性指标由常温下材料冲击试验测得，用冲击韧度 α_K 表示，其值越大，抗冲击能力越强。

由于材料的冲击韧性随温度的降低而减小，当低于某一温度时冲击韧性会发生剧降，材料呈现脆性，该温度称为脆性转变温度。因为断裂前不发生明显的塑性变形，因而有较大的危险性。对于低温工作的设备来说，其选材应注意韧性是否足够。

5. 疲劳

化工设备机械零部件，如各种轴、齿轮、弹簧等，工作中常承受大小不同和方向变化的载荷，这种载荷常常会使材料在应力远小于其强度极限时即发生断裂，这种情况称为疲劳。例如，用手弯一根铁丝，反复正反向弯曲，经过一段时间不需加多大的力，即可把铁丝折断（只向单方向弯曲，铁丝不会断），铁丝发生了疲劳破坏。此类断裂发生突然，所以极易造成灾难性事件，如飞机失事、桥梁断裂、高压容器爆裂。金属材料在交变载荷作用下，经过一段特定时间而不发生破坏的应力极限称为疲劳极限 σ_D。它反映了材料在变化载荷作用下的承受能力，一般疲劳强度比强度极限低得多。

（二）物理性能

物理性能是材料所固有的属性，包括密度、熔点、导电性、导热性、热膨胀性和磁性等。化工生产中使用异种钢焊接的设备，其热膨胀性能要接近，否则会因膨胀量不等而使构件变形或损坏。对于加衬里的设备，材料的热膨胀性要和基体材料相同或相近，以免受热后因膨胀量不同而松动或破坏。

（三）化学性能

化学性能主要是指材料抵抗各种化学介质作用的能力，包括耐蚀性、抗氧化性等。

1. 耐蚀性

材料抵抗周围介质，如大气、水、各种电解质溶液等对其腐蚀破坏的能力称为耐蚀性。金属材料的耐蚀性常用腐蚀速度来表示，一般认为介质对材料的腐蚀速度在 0.1mm/a 以下时，在这种介质中材料是耐腐蚀的。

2. 抗氧化性

在化工生产中，有很多设备和机械是在高温下操作的，如氨合成塔、硝酸氧化炉、石油气制氢转化炉、工业锅炉、汽轮机等。在高温下，钢铁不仅与自由氧发生氧化腐蚀，使钢铁表面形成结构疏松且容易剥落的铁氧化皮；还会与水蒸气、二氧化碳、二氧化硫等气体产生高温氧化与脱碳作用，使钢的力学性能下降，特别是降低材料的表面硬度和抗疲劳强度。因此，高温设备必须采用耐热材料。

二、工艺性能

化工设备机械制造过程中，其材料要具有适应各种制造方法的性能，即具有工艺性，它标志着制成成品的难易程度。

1）铸造性能（可铸性）

铸造性能（可铸性）主要是指液体金属的流动性和凝固过程中的收缩和偏析倾向（合金凝固时化学成分的不均匀析出称为偏析）。流动性好的金属能充满铸型，故能浇铸较薄的与形状复杂的铸件。铸造时，熔渣与气体较易上浮，铸件不易形成夹渣与气孔，且收缩小，铸件中不易出现缩孔、裂纹、变形等缺陷，偏析小，铸件各部位成分较均匀。这些都使铸件质量有所提高。合金钢与高碳钢比低碳钢偏析倾向大，因此，铸造后要用热处理方法消除偏析。常用金属材料中，灰铸铁和锡青铜铸造性能较好。

2）锻造性能（可锻性）

锻造性能（可锻性）是指金属承受压力加工（锻造）而变形的能力。塑性好的材料，锻压所需外力小，可锻性好。低碳钢的可锻性比中碳钢、高碳钢好；碳钢比合金钢可锻性好。铸铁是脆性材料，目前为止铸铁均不能锻压加工。

3）焊接性能（可焊性）

能用焊接方法使两块金属牢固地连接，且不发生裂纹，具有与母体材料相当的强度，这种能熔焊的性能称为焊接性能。焊接性能好的材料易于用一般焊接方法与工艺进行焊接，不易形成裂纹、气孔、夹渣等缺陷，焊接接头强度与母材相当。低碳钢具有优良的焊接性能，而铸铁、铝合金等焊接性能较差。化工设备广泛采用焊接结构，因此材料的焊接性能是重要的工艺性能。

4）切削加工性能

切削加工性能是指金属是否易于切削。切削加工性能好的材料，刀具使用寿命长，切屑易于折断脱落，切削后表面光洁，灰铸铁、碳钢都具有较好的切削性能。

第二节　铸铁与钢材

一、金属的组织与结构

固体原子按一定规律排列，称为晶体。按照晶格结点上粒子种类和粒子间的结合力不同，晶体又可分为离子晶体、原子晶体、分子晶体和金属晶体等。工业上作为结构使用的金属材料是固态的。固态金属都属于晶体物质。各种铁碳合金表面上看起来似乎一样，但其内部微观情况却有着很大的差别。如果用金相分析的方法，在金相显微镜下可以看到它们的差异。通常在低于 1500 倍的显微镜下观察到的金属晶粒，称为金属的显微组织，简称组织，如图 2-2 所示。

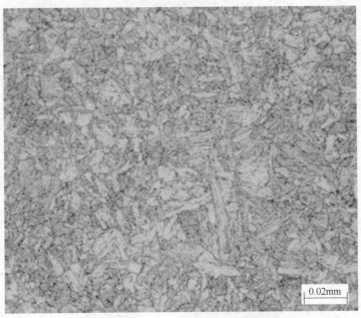

(a) 电厂锅炉用10Cr9Mo1VNbN（T91）钢的金相组织

a) 片状珠光体（P），600倍 白亮基体为铁素体，白 色条状物为渗碳体 T8钢退火，4%硝酸 酒精侵蚀

b) 珠光体+铁素体(P+F)， 240倍白色块状为铁素体， 其余为珠光体45钢退火， 4%硝酸酒精侵蚀

c) 上贝氏体（B_上），500倍 羽毛状为上贝氏体，白色 基体为马氏体16Mn钢 500℃等温，10%盐水淬火， 2%硝酸酒精侵蚀

d) 下贝氏体（B_下），160倍 黑色针状为下贝氏体，白色基体 为马氏体，白色粒状为炭化物 T10钢，300℃等温淬火， 4%硝酸酒精侵蚀

   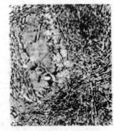

e) 奥氏体（A），320倍基体 为奥氏体（其上有长方块 结晶及黑色滑移线）18-8 不锈钢淬火，75%盐酸加 25%硝酸侵蚀

f) 片状马氏体+残余奥氏体 (M+A)，400倍黑色片状和 针状物为马氏体，白色区域 为残余奥氏体Fe-8Al-2C 磁 钢淬火，4%硝酸侵蚀

g) 板条马氏体(M)，160倍 白色区域为残余奥氏体， 其余为马氏体15钢 盐水淬火，4%硝酸侵蚀

h) 莱氏体（Ld），160倍 短棒状为珠光体，白金基体 为渗碳体共晶白铸铁， 4%硝酸酒精侵蚀

(b) 几种典型钢的金相组织

图 2-2　钢的金相组织

如果用 X 射线和电子显微镜，则可以观察到金属原子的各种规则排列，称为金属的

晶体结构，简称结构。通常把组成金属晶体结构的最小单位称为晶胞，晶胞是晶体中原子周期性的、有规则排列的一个结构单元。晶体的晶格由晶胞在空间重复堆积而成。常见的金属晶胞类型有体心立方晶胞、面心立方晶胞、六方晶胞（表 2-1）。

表 2-1　常见金属晶胞类型

三种典型结构类型	体心立方晶胞	面心立方晶胞	六方晶胞
配位数	8	12	12
常见金属晶胞结构（有些金属晶体可能有 2 种或 3 种晶胞）	Li、Na、K、Rb、Cs、Ca、Sr、Ba、Ti、V、Nb、Ta、Cr、Mo、W、Fe	Ca、Sr、Cu、Au、Al、Pb、Ni、Pd、Pt	Be、Mg、Ca、Sr、Co、Ni、Zn、Cd、Ti
结构示意图			
空间利用率	68%	74%	74%
堆积形式	体心立方堆积	（面心）立方最密堆积	六方最密堆积

这种金属内部的微观组织和结构的不同形式，影响着金属材料的性质。例如，铸铁中石墨有不同组织形式，其中球状石墨的铸铁强度最好，细片状石墨次之，粗片状石墨最差。同一种金属，晶体结构不同，在晶体性能上也表现出不同的特性。一般来说，具有面心立方晶格的金属具有良好的塑性和韧性，而且没有冷脆性；具有体心立方晶格的金属均具有较高的硬度、强度和熔点，但是塑性和韧性较低，且具有冷脆性。

实际应用的金属绝大多数是多晶体组织，一般不仅表现出各向同性，而且实际金属的强度也比理论强度弱几十倍至几百倍。如铁的理论切断强度（切应力）为 2254MPa，而实际的切断强度仅为 290MPa。这是由于前面所述是对单晶体而言，而且认为原子排列是完全规则的理想晶体。实际上，金属是由许多晶体组成的，而且晶体内存在许多缺陷。晶体缺陷的存在，对金属的力学性能和物理、化学性能都有显著的影响。

金属的多晶体结构是在金属结晶过程中形成的，如图 2-3 所示。液态金属结晶时，总是先生成许多按晶格类型排列的晶核 [图 2-3（a）]，然后各个晶核向不同方向按树枝长大方式结晶成长 [图 2-3（b）]，成长着的各相邻枝晶最后相互接触，形成多晶粒的固态金属 [图 2-3（c）]。金属晶粒度的大小对钢材力学性能的影响，主要表现在冲击韧性的大小上。细晶粒钢的强度，特别是冲击韧度，较粗晶粒钢高。另外，多晶体的晶粒与晶粒之间由于结晶方位不同形成的交界称为晶界，晶界处的原子排列是不整齐的，晶格歪扭畸变并常有杂质存在，因而晶界在许多性能上显示出一定特点，如晶界的耐蚀性比晶粒内部差；晶界熔点较晶粒内部低；晶界强度、硬度较晶粒内部高等。

绝大部分金属是晶体，晶体的特性之一就是具有一定的熔点。即当某一种金属的温度处于熔点以上时，呈液态；处于熔点以下时，原子的活动能力减弱，原子间的吸引力使原子定位，按其一定的晶格类型进行结晶。金属的结晶过程就是从液态金属转变成金属晶体的过程。自然金属的结晶也如一切晶体的生成，一般包含晶核的形成和晶体的成

图 2-3　金属结晶过程示意图

长。晶核生成后，液态的金属原子便环绕着晶核，按一定的晶格类型排列起来，使晶核不断长大，成为晶粒，晶粒不断长大直至成长着的晶粒彼此接触，在接触处被迫停止生长。当金属全部凝固时，金属内部便由无数大小、形态各异的晶粒所组成。金属晶粒对其性质有较大影响，晶粒越细小均匀，金属的强度和硬度越高，塑性和韧性也越好。晶核越多，形成的晶粒就越细小均匀。所以在钢铁生产中常通过加快冷却速度、加入能形成大量固态杂质微粒的元素（铝等），人为地增加晶核，促使晶粒细化。

二、铁碳合金

工程上广泛应用的金属材料是铸铁和钢，它们的总产量要比其他所有金属产量的总和还要多几百倍。铸铁和钢是由 95%以上的铁和 0.05%～4%的碳及 1%左右的其他杂质元素组成的，因此钢和铸铁又称"铁碳合金"。一般含碳量在 0.02%～2%的称为钢，含碳量大于 2%的称为铸铁。当含碳量小于 0.02%时，称为工程纯铁，极少使用；当含碳量大于 4.3%时，铸铁太脆，没有实际应用价值。

（一）铸铁

工业上常用的铸铁一般含碳量为 2.5%～4.0%，此外尚有 Si、Mn、S、P 等杂质。

铸铁是一种脆性材料，抗拉强度低，但耐磨性、减振性、铸造性能和切削加工性能都很好。铸铁在一些介质（浓硫酸、醋酸盐溶液、有机溶剂等）中还具有相当好的耐蚀性。另外，铸铁的价格低廉，因此在工业中大量应用。

铸铁按其中石墨存在形式不同分为灰铸铁、球墨铸铁、可锻铸铁及蠕墨铸铁等，如图 2-4 所示。

(a) 灰铸铁　　　　(b) 球墨铸铁　　　　(c) 可锻铸铁　　　　(d) 蠕墨铸铁

图 2-4　铸铁中石墨的形状

1. 灰铸铁（GB/T 9439—2010）

灰铸铁含碳量较高（2.7%～4.0%），碳主要以片状的石墨形态存在，断口呈灰色，故称灰铸铁。石墨割裂了铸铁基体，抗拉强度和塑性比钢低很多，抗压强度和硬度接近碳钢。石墨的存在还使灰铸铁具有良好的耐磨性、减振性、铸造性能和切削性能。

灰铸铁常用于制造气缸、机座、带轮、不重要的齿轮等，也可用来制作烧碱大锅、淡盐水泵等，还可以用来制造常压容器（使用温度为−15～250℃），但不允许用来储存剧毒或易燃物料。

灰铸铁的牌号由"灰铁"两字的汉语拼音首字母"HT"及后面一组数字组成，数字表示抗拉强度极限，数字越大强度越高。例如，HT150 表示灰铸铁，其抗拉强度极限为 150MPa。

2. 球墨铸铁（GB/T 1348—2009）

在浇铸前往铁水中加入少量球化剂（如 Mg、Ca 和稀土元素（RE）等）和石墨化剂（硅铁或硅钛合金），以促进碳以球状石墨结晶存在，称为球墨铸铁。

球墨铸铁的强度、塑性和韧性方面大大超过灰铸铁，而且具有比灰铸铁耐磨性、铸造性能、切削加工性能好等优点，综合力学性能接近于钢，可以替代钢制造一些机械零件，如曲轴、阀门等。

球墨铸铁的牌号以"QT"为首（"球铁"两字汉语拼音首字母），后面的两组数字表示强度极限和伸长率，如 QT450-10 表示 $\sigma_b \geqslant 450MPa$、$\delta \geqslant 10\%$ 的球墨铸铁。有些球墨铸铁牌号后边有字母"L"或者"R"，如 QT350-22L、QT400-18R，字母"L"表示该牌号有低温（−40～−20℃）下的冲击性能要求；字母"R"表示该牌号有室温（23℃）下的冲击性能要求。表 2-2 为 45 钢、灰铸铁、球墨铸铁的力学性能比较。

表 2-2　45 钢、灰铸铁、球墨铸铁的力学性能比较

材料	σ_b/MPa	σ_s/MPa	$\delta/\%$	$\alpha_K/(J/cm^2)$	HBS
45 钢（正火）	610	360	16	50	≤240
灰铸铁	150～400	—	—	—	140～270
球墨铸铁	400～900	250～600	2～18	15～30	130～360

3. 可锻铸铁（GB/T 9440—2010）

铸铁中的石墨呈团絮状，其组织性能均匀，耐磨损，与灰铸铁相比有较高的强度、塑性和韧性。因其有一定的塑性变形能力，故称为可锻铸铁，其"可锻"两字的含义只是说明它具有一定的延展性，实际上可锻铸铁并不能锻造。可锻铸铁多用于制造形状复杂、承受冲击和振动的场合，如汽车和拖拉机的后桥外壳、转向机构、低压阀门、管道配件、运输机、升降机、纺织机零件等。

可锻铸铁的代号为"KT"，又因为有黑心（基体组织为铁素体）和珠光体的不同，故在"KT"后分别标以"H"和"Z"。后面两组数字中，第一组数字表示抗拉强度极限，第二组数字表示最低伸长率。例如，KTH300-06 表示 $\sigma_b \geqslant 300MPa$、$\delta \geqslant 6\%$ 的铁素体可锻

铸铁；KTZ450-06 表示$\sigma_b \geqslant 450$MPa、$\delta \geqslant 6\%$的珠光体可锻铸铁。

4. 耐蚀铸铁（GB/T 8491—2009）和耐热铸铁（GB/T 9437—2009）

耐蚀铸铁通过加入大量的 Si、Cr、Ni、Cu、Al 等合金元素提高铸铁基体组织的电位，并使铸铁表面形成一层致密的、具有保护性的氧化膜，从而达到耐蚀的目的。根据加入的主要合金元素的不同，耐蚀铸铁有高硅耐蚀铸铁、高铬耐蚀铸铁和高镍耐蚀铸铁。其牌号记为"HTS-"，如 HTSSi15Cr4，表示含硅约 15%，含 Cr 约 4%的高硅耐蚀铸铁。

铸铁的耐热性包括两个方面：一是高温下的抗氧化能力，二是高温下的抗"热生长"能力。热生长就是在高温下铸铁体积发生的不可逆胀大，严重时甚至可胀大 10%左右。热生长现象发生的原因主要有两个：①氧化性气体沿石墨片的边界和裂纹渗入铸铁内部，与 Si 作用生成 SiO_2，体积变大；②铸铁中的渗碳体不断发生分解，生成石墨，其体积比渗碳体大 3.5 倍，会引起铸件长大。

为提高铸铁的耐热性，可向铸铁中加入 Si、Al、Cr 等合金元素，使铸铁在高温下表面形成一层致密的氧化膜，如 SiO_2、Al_2O_3、Cr_2O_3 等，以保护内层不被继续氧化。此外，这些元素还会提高铸铁的临界点，使铸铁在使用的温度范围内不发生固态相变（即碳化铁分解），从而减少由此造成的体积变化。实际上，耐热铸铁大多使用单相铁素体为基体组织，从根本上消除基体受热时发生渗碳体分解的问题。另外，耐热铸铁中的石墨最好呈球状，呈孤立分布，互不相连，不至于形成氧化性气体向铸铁内部渗入的通道。耐热铸铁根据加入的主要合金元素不同，分成铬系耐热铸铁（HTRCr、HTRCr16），硅系、硅钼系耐热铸铁（HTRSi5、QTRSi5、QTRSi4Mo1），硅铝系耐热铸铁（QTRAl4Si4、QTRAl5Si5）和铝系耐热铸铁（QTRAl22）。牌号中 HTR-表示是耐热灰铸铁，QTR-表示是耐热球墨铸铁，其中的元素符号及其后数字表示该元素平均含量的百分数，如 QTRAl4Si4，表示的是含铝约 4%、含硅约 4%的耐热球墨铸铁。

5. 铸铁用于压力容器时的规定

1）铸铁材料的应用限制

铸铁不得用于盛装毒性程度为极度、高度或者中度危害的介质，以及设计压力大于或等于 0.15MPa 的易爆介质压力容器的受压元件，也不得用于管壳式余热锅炉的受压元件。除上述压力容器之外，允许选用以下铸铁材料：

灰铸铁，牌号为 HT200、HT250、HT300 和 HT350；

球墨铸铁，牌号为 QT350-22R、QT350-22L、QT400-18R 和 QT400-18L。

2）设计压力、温度限制

灰铸铁，设计压力不大于 0.8MPa，设计温度范围为 10～200℃；

球墨铸铁，设计压力不大于 1.6MPa，QT350-22R、QT400-18R 的设计温度范围为 300℃，QT350-22L、QT400-18L 的设计温度范围为-10～300℃。

说明：

（1）灰铸铁牌号共六个，只允许用四个，设计压力不大于 0.8MPa，设计温度范围为10～200℃，是根据造纸机械用铸铁烘缸的操作条件确定的。

（2）球墨铸铁牌号 2009 年标准增加到 14 个，铸铁时只允许其中塑性最好的四个：QT350-22R、QT350-22L、QT400-18R 和 QT400-18L 用于压力容器，使用前这四种球墨铸铁要做冲击试验，结果应符合表 2-3 中规定。

表 2-3　V 形缺口单铸试样的冲击功

牌号	最小冲击功/J					
	室温（23℃±5℃）		低温（−20℃±2℃）		低温（−40℃±2℃）	
	3 个试样平均值	个别值	3 个试样平均值	个别值	3 个试样平均值	个别值
QT350-22L	—	—	—	—	12	9
QT350-22R	17	14	—	—	—	—
QT400-18L	—	—	12	9	—	—
QT400-18R	14	11	—	—	—	—

注：1. 金属缺口冲击试验是将带有缺口并具有标准尺寸的长方形试件放在摆锤式冲击试验机上，利用摆锤下落时的冲击力，将试件从缺口处冲断的一种试验。摆锤冲断试件所消耗的功称为冲击功，用 AK 表示，单位是焦耳（J）。

2. 冲击功是从砂型铸造的铸件或者导热性与砂型相当的铸型中铸造的铸块上测得的。用其他方法生产的铸件的冲击功应满足经双方协商的修正值。

（3）可锻铸铁需经长时间退火处理，能源消耗大，所以不用作压力容器受压元件。

（二）钢

人类对钢的应用和研究历史相当悠久，但是直到 19 世纪贝氏炼钢法发明之前，钢的制取都是一项高成本、低效率的工作。如今，钢以其低廉的价格、可靠的性能成为世界上使用较多的材料之一，是建筑业、制造业和人们日常生活中不可或缺的材料。可以说钢是现代社会的物质基础。

1. 钢的分类

1）按品质分类

按品质分类，分为普通钢（含磷量 $\omega_P \leqslant 0.045\%$，含硫量 $\omega_S \leqslant 0.050\%$）、优质钢（含磷量 $\omega_P \leqslant 0.035\%$，含硫量 $\omega_S \leqslant 0.035\%$）、高级优质钢（含磷量 $\omega_P \leqslant 0.035\%$，含硫量 $\omega_S \leqslant 0.030\%$）。

2）按化学成分分类

（1）碳素钢。碳素钢又可分为低碳钢（含碳量 $\omega_C < 0.25\%$）、中碳钢（含碳量 $0.25\% \leqslant \omega_C \leqslant 0.60\%$）、高碳钢（含碳量 $\omega_C > 0.60\%$）。

（2）合金钢。合金钢又可分为低合金钢（合金元素总含量不大于 5%）、中合金钢（合金元素总含量为 5%～10%）、高合金钢（合金元素总含量大于 10%）。

灼烧可使钢中的碳变为二氧化碳挥发掉，灼烧后钢样品质量会减轻。但灼烧后质量会增多，原因是钢中的铁与氧结合生成四氧化三铁，且含碳量少于铁。

3）按成形方法分类

按成形方法分类，分为锻钢、铸钢、热轧钢、冷拉钢。

4）按用途分类

（1）建筑及工程用钢。建筑及工程用钢又可分为普通碳素结构钢、低合金结构钢、钢筋钢。

（2）结构钢。结构钢又包括以下几种。

① 机械制造用钢，又可分为调质结构钢、表面硬化结构钢（包括渗碳钢、氮钢、表面淬火用钢）、易切结构钢、冷塑性成形用钢（包括冷冲压用钢、冷镦用钢）。

② 弹簧钢。

③ 轴承钢。

（3）工具钢。工具钢又可分为碳素工具钢、合金工具钢、高速工具钢。

（4）特殊性能钢。特殊性能钢又可分为不锈耐酸钢、耐热钢（包括抗氧化钢、热强钢、气阀钢）、电热合金钢、耐磨钢、低温用钢、电工用钢。

（5）专业用钢，如桥梁用钢、船舶用钢、锅炉用钢、压力容器用钢、农机用钢等。

5）综合分类

（1）普通钢。普通钢又可分为碳素结构钢［包括 Q195，Q215（A、B），Q235（A、B、C），Q255（A、B），Q275］，低合金结构钢，特定用途的普通结构钢。

（2）优质钢（包括高级优质钢）。优质钢又包括以下几种。

① 结构钢。结构钢又可分为优质碳素结构钢、合金结构钢、弹簧钢、易切钢、轴承钢、特定用途优质结构钢。

② 工具钢。工具钢又可分为碳素工具钢、合金工具钢、高速工具钢。

③ 特殊性能钢。特殊性能钢又可分为不锈耐酸钢、耐热钢、电热合金钢、电工用钢、高锰耐磨钢。

6）按冶炼方法分类

（1）按炉种分。

① 平炉钢，又可分为酸性平炉钢、碱性平炉钢。

② 转炉钢，又可分为酸性转炉钢、碱性转炉钢或底吹转炉钢、侧吹转炉钢、顶吹转炉钢。

③ 电炉钢，又可分为电弧炉钢、电渣炉钢、感应炉钢、真空自耗炉钢、电子束炉钢。

（2）按脱氧程度和浇铸制度分。

① 沸腾钢（F，脱氧不完全）。

② 镇静钢（Z，脱氧较完全）。

③ 半镇静钢（BZ，脱氧完全性介于沸腾钢和镇静钢之间）。

④ 特殊镇静钢（TZ，脱氧最完全）。

2. 钢中的杂质元素

钢材中除了含碳以外，还含有少量锰、硅、硫、磷、氧、氮、氢和硅等元素。这些元素并非为改善钢材质量加入的，而是由矿石及冶炼加工过程中带入的，故称为杂质元素。这些杂质对钢的性能有一定影响，为了保证钢材的质量，在国家标准中对各类钢的化学成分都做了严格的规定。

（1）硫。硫来源于炼钢的矿石和燃料焦炭。它是钢中的一种有害元素。硫以硫化铁（FeS）的形式存在于钢中，FeS 和 Fe 形成低熔点（985℃）化合物，而钢材的热加工温度一般在 1150℃以上。当钢材热加工时，FeS 化合物的过早熔化导致工件开裂，这种现象称为"热脆"。含硫量越高，热脆现象越严重，故必须对钢中含硫量进行控制。对于高级优质钢，$\omega_S<0.03\%$；对于优质钢，$\omega_S<0.045\%$；对于普碳钢，$\omega_S<0.7\%$。

（2）磷。磷是由矿石带入钢中的，一般来说，磷也是有害元素。磷虽然能使钢材的强度、硬度增大，但引起塑性、冲击韧性显著降低。特别是在低温时，它使钢材显著变脆，这种现象称为"冷脆"。冷脆使钢材的冷加工及焊接性能变坏，含磷量越高，冷脆性越大，故钢中对含磷量控制较严。对于高级优质钢，$\omega_P<0.025\%$；对于优质钢，$\omega_P<0.04\%$；对于普通钢，$\omega_P<0.085\%$。

（3）锰。锰是炼钢时作为脱氧剂加入钢中的。由于锰可以与硫形成高熔点（1600℃）的 MnS，一定程度上消除了硫的有害作用。锰具有很好的脱氧能力，能够与钢中的 FeO 反应生成 MnO 进入炉渣，从而改善钢的品质，特别是降低钢的脆性，提高钢的强度和硬度。因此，锰在钢中是一种有益元素。一般认为，钢中含锰量在 0.5%以下时，可把锰看成常存杂质。技术条件中规定，正常锰含量是 0.5%～0.8%；而结构钢中，含锰量较高，可达 0.7%～1.2%。

（4）硅。硅也是炼钢时作为脱氧剂而加入钢中的元素。硅与钢水中的 FeO 能生成密度较小的硅酸盐炉渣而被除去，因此硅是一种有益的元素。硅在钢中溶于铁素体内使钢的强度、硬度增加，塑性、韧性降低。把硅看成杂质时，镇静钢中的含硅量通常为 0.1%～0.37%，沸腾钢中的含硅量只有 0.03%～0.07%。由于钢中含硅量一般不超过 0.5%，因此硅元素对钢的性能影响不大。

（5）氧。氧在钢中是有害元素。它是在炼钢过程中自然进入钢中的，尽管在炼钢末期要加入锰、硅、铁和铝等脱氧，但不可能除尽。氧在钢中以 FeO、MnO、SiO_2、Al_2O_3 等夹杂形式存在，使钢的强度、塑性降低。尤其是对疲劳强度、冲击韧性等有严重影响。

（6）氮。铁素体溶解氮的能力较差。当钢中溶有过饱和氮，在放置较长一段时间后或在 200～300℃加热后就会发生氮以氮化物形式的析出，并使钢的硬度、强度提高，塑性下降，但有时效倾向。钢液中加入 Al、Ti 或 V 进行固氮处理，使氮固定在 AlN、TiN 或 VN 中，可消除时效倾向。

（7）氢。钢中溶有氢会引起钢的氢脆、白点等缺陷。白点常见于轧制的厚板、大锻件中，在纵断面中可看到圆形或椭圆形的白色斑点，在横断面上则是细长的发丝状裂纹。锻件中有白点，使用时会发生突然断裂，造成不测事故。因此，化工容器用钢不允许有白点存在。氢产生白点冷裂的主要原因是高温奥氏体冷至较低温时，氢在钢中的溶解度急剧降低，当冷却较快时，氢原子来不及扩散到钢表面而逸出，就在钢中的一些缺陷处由原子状态的氢变成分子状态的氢。氢分子在不能扩散的条件下在局部地区产生很大压力，这个压力超过钢的强度极限而在该处形成裂纹，即白点。

3. 碳钢（碳素钢、非合金钢）

含碳量为 0.02%～2%的铁碳合金称为碳钢。

碳钢按用途不同，可分为碳素结构钢和碳素工具钢两类。

碳素结构钢是主要用于制造各种工程构件和机械零件的碳钢。这类钢一般属于低碳和中碳钢。

Q-235-A-F-GB 700-88

　　　　　　　国家标准

　　　　脱氧方法（F—沸腾钢/BZ—半镇静钢/Z—镇静钢/TZ—特殊镇静钢）

　　质量等级（A/B/C/D）

屈服极限数值（MPa）

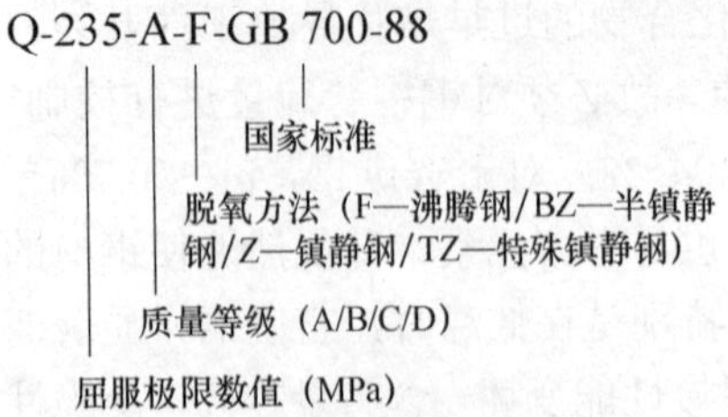

图 2-5　碳素结构钢牌号含义

碳素工具钢是主要用于制造各种刀具、量具和模具的碳钢。这类钢含碳量较高，一般属于高碳钢。

1）碳素结构钢

碳素结构钢是一种典型的塑性材料，主要保证材料的力学性能。钢种按屈服强度区分，其牌号表示如图 2-5 所示。

化工压力容器用钢一般选用镇静钢。

因为氧的存在会使材料中产生金属氧化物，导致材料强度、塑性降低，所以在冶炼末期要加入一些元素将氧除去。由于脱氧的方法不一样，这些加入物质的残留量也会不同，从而影响到碳钢的性质。在此不进行深入讨论。

按照 GB/T 700—2006《碳素结构钢》，碳素结构钢有 Q195、Q215、Q235 及 Q275 四个牌号。其中 Q235 有良好的塑性、韧性及加工工艺性，价格比较低廉，在化工设备制造中应用极为广泛。Q235-C 板材用作常温低压设备的壳体和零部件，Q235-A 棒材和型钢用作螺栓、螺母、支架、垫片、轴套等零部件，还可制作阀门、管件等。

2）优质碳素结构钢（优质非合金钢）

优质碳素结构钢含碳量较碳钢更低，除保证力学性能和化学成分外，还对磷、硫等非金属夹杂物控制得较严，其冶炼工艺严格，钢材组织均匀，表面质量高，同时保证钢材的化学成分和力学性能，但成本较高。

其牌号通常表示为钢中平均含碳量（质量）的万分数（两位），如 45 钢表示钢中含碳量平均为 0.45%（0.42%～0.50%）。锰含量较高的优质非合金钢，应将锰元素标出，如45Mn。

优质碳素结构钢分为优质低碳钢、优质中碳钢和优质高碳钢。

优质低碳钢：含碳量小于等于 0.25%，强度低，塑性好，冷冲压和焊接性能好，在化工设备中广泛应用，常用作热交换器列管、设备接管、法兰的垫片包皮（08、10）。

优质中碳钢：含碳量为 0.25%～0.60%，热加工及切削性能良好，焊接性能较差，强度、硬度比低碳钢高，塑性和韧性低于低碳钢。可不经热处理，直接使用热轧材、冷拉材，也可经热处理后使用。在中等强度水平碳钢中，中碳钢得到很广泛的应用，除作为建筑材料外，还大量用于制造各种机械零件；在化工设备中中碳钢多用于传动设备及高压设备头盖零件。

优质高碳钢：含碳量大于 0.60%，强度、硬度均较高，塑性差，60 钢、65 钢常用于制造弹簧、刀具及耐磨零件；70 钢、80 钢多用来制造钢丝绳。

3）高级优质钢和特级优质钢

高级优质钢比优质碳素结构钢中硫、磷含量还少（均小于 0.03%），性能更好，它的表示方法是在优质钢牌号后加"A"，如 20A。特级优质钢硫、磷含量均小于 0.025%，性能要求最好，它的表示方法是在优质钢牌号后加"E"，如 20E。

4. 合金钢

碳钢虽然具有良好的塑性和韧性、机械加工工艺性，但强度较低、耐蚀性差、适应温度范围窄，无论从满足现代化工艺条件方面，还是从经济方面，都不是理想材料。在碳钢中加入一种或几种元素，能改善钢的组织和性能，这些特意加入的元素称为合金元素。这种为了得到或改善某些性能在碳钢的基础上有目地加入一种或多种合金元素所形成的钢种称为合金钢。合金元素的加入可提高钢的综合力学性能和热处理性能，还可使钢具有某些特殊的物理和化学性能，如耐蚀和耐热性能等。

1）合金元素对钢的影响

目前在合金钢中常用的合金元素有铬、锰、镍、硅、硼、钨、钼、钒、钛和稀土元素等。

铬是合金钢的主加元素之一，在化学性能方面，它不仅能提高金属耐蚀性，还能提高抗氧化性能。当其含量达到13%时，能使钢的耐蚀性能力显著提高。铬能提高钢的淬透性，显著提高钢的强度、硬度和耐磨性，但它会使钢的塑性和韧性降低。

锰可提高钢的强度，增加锰含量有利于提高钢的低温冲击韧性。

镍对钢的性能有良好的作用。它能提高淬透性，使钢具有很高的强度，又能保持良好的塑性和韧性。镍能提高钢的耐蚀性和低温冲击韧性。镍合金具有更高的热强性能。镍被广泛应用于不锈钢和耐热钢中。

硅可提高钢的强度、高温疲劳强度、耐热性及耐 H_2S 等介质的腐蚀性。硅含量增加会降低钢的塑性和冲击韧性。

铝为超强脱氧剂，能显著细化晶粒，提高冲击韧性，降低冷脆性。铝还能提高钢的抗氧化性和耐热性，对抵抗 H_2S 腐蚀有良好的作用。铝的价格比较低，所以在耐热合金钢中常用它来替代铬。

钼能提高钢的高温强度、硬度，能细化晶粒，防止回火脆性。含钼量小于0.6%时可提高钢的塑性。钼能抗氢腐蚀。

钒可提高钢的高温强度，细化晶粒，提高淬透性。在铬钢中加一点钒，可在保持钢的强度的同时改善钢的塑性。

钛为强脱氧剂，可提高钢的强度，细化晶粒，提高韧性，减小铸锭缩孔和焊缝裂纹等倾向，在不锈钢中钛起稳定碳的作用，能减少铬与碳化合的机会，防止晶间腐蚀，还可提高耐热性。

稀土元素可提高钢的强度，改善塑性、低温脆性、耐蚀性及焊接性能。

2）合金钢的分类

（1）按化学成分分类。

按合金元素的含量分为：①低合金钢，合金含量小于5%；②中合金钢，合金含量为5%～10%；③高合金钢，合金含量大于10%。

也可按所含合金元素的种类分为锰钢、铬钢、硅钢、铬镍钢、锰钒硼钢等。

（2）按用途分类。

合金结构钢：用于制造各种机械零件和结构件。它具有较高的强度、塑性和韧性，包括合金渗碳钢、弹簧钢、调质结构钢、表面硬化钢、低碳马氏体钢、非调质结构钢等。

合金工具钢：用于制造各种工具，如量具、刃具及模具，包括滚动轴承钢等。

特殊性能钢：具有某些特殊性能，包括不锈钢、耐热钢（抗氧化钢、热强钢）、低温用钢等。

3）合金钢的牌号

低合金是指含有合金元素总量不大于 5%的钢。低合金钢品种较多，其中低合金高强度结构钢广泛用于桥梁、船舶、车辆、锅炉、化工容器和输油管等，见表 2-4。低合金高强度钢的牌号表示方法与碳素结构钢相同，以屈服极限的数值表示，有 Q295、Q345、Q390、Q420、Q460 等，其中最常用的是 Q345 钢。

表 2-4　低合金高强度结构钢用途举例

牌号	原牌号	用途举例
Q295	09MnV、09MnNb、09Mn2、12Mn	车辆的冲压件、冷弯型钢、螺旋焊管、拖拉机轮圈、低压锅炉汽包、中低压化工容器、输油管道、储油罐、油船等
Q345	12MnV、14MnNb、16Mn、16MnRE	船舶、铁路车辆、桥梁、管道、锅炉、压力容器、石油储罐、起重及矿山机械、电站设备厂房钢架等
Q390	15MnTi、16MnNb、10MnPNbRE、15MnV	中高压锅炉汽包、中高压石油化工容器、大型船舶、桥梁、车辆、起重机及其他较高载荷的焊接结构件等
Q420	15MnVN、14MnVTiRE	大型船舶、桥梁、电站设备、起重机械、机车车辆、中压或高压锅炉及其他大型焊接结构件等
Q460	—	可淬火加回火后用于大型挖掘机、起重运输机械、钻井平台等

按照我国国家标准规定，除低碳钢外的合金钢牌号由钢的含碳量、合金元素符号、合金元素含量来表示。

前边的数字表示钢的平均含碳量。合金结构钢的含碳量，前面是两位数字，一般以其平均含碳量的万分数表示，如 40Cr 钢的平均含碳量为 0.4%。

当合金工具钢的含碳量高于或等于 1%时，在牌号中不标出其含碳量，如 CrMn 钢的含碳量为 1.3%～1.5%；当含碳量低于 1%时，则以平均含碳量的千分数表示，如 9Mn2V 钢的平均含碳量为 0.9%。

不锈钢、耐热钢的含碳量一般是一位数字，以千分数表示，如 2Cr13 钢的平均含碳量为 0.2%。不锈钢中当含碳量低于或等于 0.03%时，在钢号前冠以 "00"，如 00Cr8Ni10；当含碳量低于或等于 0.08%时，在钢号前冠以 "0"，如 0Cr18Ni9Ti。

用化学符号表示钢中的合金元素，其后面的数字表示该合金元素的含量。若合金元素低于 1.5%，只标出元素符号即可；如合金元素的平均含量高于或等于 1.5%，则在元素符号后标以 "2"，如其含量为 2.5%～3.5%，则标以 "3"，其余以此类推，基本是这种合金元素平均含量的百分数。例如，12CrNi3 钢的平均含铬量低于 1.5%，平均含镍量为 3%。

钢号前面的字母或汉字表示钢的专门用途，如滚动轴承钢，即在牌号前加上 "滚" 或 "G" 字表示，后面的数字表示含铬量的千分数，如 GCr15（滚铬 15）表示含铬量为

1.5%的滚动轴承钢。牌号末尾加注"A"或"高"字表示含硫量、含磷量较低的高级优质钢，如38CrMoA钢。

4）常用合金钢性能及用途

合金钢的品种较多，有合金渗碳钢、合金调质钢、滚动轴承钢、不锈钢、耐热钢、低温钢等。

（1）合金渗碳钢。

渗碳钢通常经渗碳并淬火、低温回火后使用，具有外硬内韧的性能，主要用于制造承受强烈冲击载荷和摩擦磨损的机械零件，如汽车、拖拉机中的变速齿轮，内燃机上的凸轮轴、活塞销等。

渗碳钢分为碳素渗碳钢和合金渗碳钢两类。碳素渗碳钢为低碳钢，常用牌号有15、20等；合金渗碳钢的常用牌号有20Cr、20CrMnTi、20MnVB等，其中20CrMnTi钢应用最为广泛。

（2）合金调质钢。

调质钢通常经调质后使用，具有优良的综合力学性能，广泛用于制造汽车、拖拉机、机床上的轴、齿轮、连杆、螺栓、螺母等。它是机械零件用钢的主体。

调质钢为中碳钢。调质钢分为碳素调质钢和合金调质钢两类。40、45、50是常用而廉价的碳素调质钢。合金调质钢的常用牌号有40Cr、35SiMn、35CrMo、40MnB等，最典型的钢种是40Cr，用于制造一般尺寸的重要零件。

（3）滚动轴承钢。

滚动轴承钢主要用于制造滚动轴承的内、外圈及滚动体，此外还可以用于制造某些工具，如模具、量具等。

滚动轴承钢的常用牌号有GCr9、GCr5、GCr5SiMn等，最有代表性的是GCr15。

（4）不锈钢。

一般把能够抵抗空气、蒸汽和水等弱腐蚀性介质腐蚀的钢称为不锈钢。能够抵抗酸、碱、盐等强腐蚀介质腐蚀的钢称为耐酸钢。习惯上把不锈钢和耐酸钢统称为不锈钢。不锈钢主要用来制造在各种腐蚀性介质中工作的零件或构件，如化工装置中的各种管道、阀门和泵，医疗手术器械，防锈刃具和量具等。

不锈钢按化学成分可分为铬不锈钢和铬镍不锈钢两大类。铬不锈钢的常用牌号有1Cr13、2Cr13、3Cr13、4Cr13、1Cr177Cr17等，铬镍不锈钢的常用牌号有0Cr19Ni9、1Cr19Ni9、1Cr18Ni9Ti等。其中1Cr13、2Cr13、3Cr13、4Cr13、7Cr17的耐蚀性稍差，主要用于在弱腐蚀性条件下工作的各种机械零件、工具，如汽轮机叶片、阀门零件、量具、轴承、医疗器械等；而1Cr17、0Cr19Ni9、1Cr19Ni9、1Cr18Ni9Ti的耐蚀性较高，主要用于在强腐蚀条件下工作的设备。

（5）耐热钢。

耐热钢主要用于热工动力机械（汽轮机、燃气轮机、锅炉和内燃机）、化工机械、石油装置和加热炉等在高温条件下工作的构件。

耐热钢分为抗氧化钢和热强钢两类。在高温下有较好的抗氧化性又有一定强度的钢称为抗氧化钢，常用牌号有0Cr19Ni9、3Cr18Mn12Si2N等，这类钢主要用于长期在燃烧环境中工作、有一定强度的零件，如各种加热炉底板、渗碳箱等；高温下有一定抗氧化能力和较高强度及良好组织稳定性的钢称为热强钢，常用牌号有 1Cr13、1Cr18Ni9Ti、1Cr5Mo、1Cr11MoV 等，用于汽轮机、燃气轮机的转子和叶片、锅炉过热器、内燃机的排气阀、石油裂解管等零件。

（6）低温钢。

在化工生产中，有些设备，如深冷分离、空气分离、润滑油脱脂装置和液化天然气、液化石油气、液氢（-252.8℃）、液氦（-269℃）和液体 CO_2（-78.5℃）等的储存装置，常处于低温状态下工作，因而其零部件必须采用能承受低温的金属材料制造。普通碳钢在低温（-20℃以下）下会有冷脆效应，易造成严重后果。因此，对低温钢的基本要求如下：具有良好的韧性（包括低温韧性）、良好的加工工艺性和可焊性。为了保证这些性能，低温钢的含碳量应尽可能低，其平均含碳量为 0.08%～0.18%，以形成单相铁素体组织，再加入适量的锰、铝、钛、铌、铜、钒、氮等元素以改善钢的综合力学性能。但在深冷条件下，铁素体低温钢还不能满足上述基本要求，而单相奥氏体组织可以满足这些要求。我国研制成功的 15Mn26Al4 钢就是这一类型低温钢，其中 Mn 是形成奥氏体的基本元素，Al 作为稳定奥氏体组织的元素。目前国外低温设备用钢材，主要是以高铬镍钢为主，其次是使用镍、铜、铝等。常用的低温钢有 16MnDR、09Mn2VDR、15MnNiDR、09MnNiDR、07MnNiCrMoVDR、15Mn26Al4、2.25Ni、3.5Ni、9Ni。

5）钢材的品种和规格

钢材的品种有钢板、无缝钢管、型钢、铸钢和锻钢等。其中型钢有圆钢、方钢、扁钢、等边角钢、不等边角钢、工字钢及槽钢等。

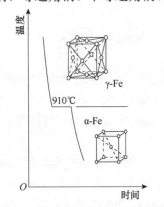

图 2-6　纯铁在不同温度下的晶体结构

三、热处理

1. 纯铁的同素异构转变

多数金属一旦凝固，其晶格类型都保持不变。但铁不同，其晶格类型随所处的温度而变动。纯铁在 910℃以上时呈面心立方晶格结构，称为γ-Fe；在 910℃以下则呈体心立方晶格结构，称为α-Fe。图 2-6 所示为纯铁在不同温度下的晶体结构。

在γ-Fe 转变为α-Fe 的过程中，若加快冷却速度，就可以使新核迅速生成，达到细化晶粒的目的，从而改善钢材的性能。

铁的同素异构转变现象，使钢材可以通过热处理工艺改变其力学性能。

2. 钢的热处理

热处理即将钢在固态范围内加热到给定的温度，经过保温，按选定的冷却速度冷却，使钢材内部组织按照一定的规律变化，以获得预期性能的一种工艺。热处理可以改善钢的加工性能和使用性能（力学性能、物理性能和化学性能）。通常将热处理分为普通热处理和表面热处理。

1）普通热处理

（1）退火和正火。

退火是将钢加热到适当温度，保温一定时间，然后缓慢冷却（炉冷、坑冷）的热处理工艺。正火是将钢加热到适当温度，保温一定时间，然后出炉空冷的热处理工艺。

退火和正火主要用作预先热处理，目的是软化钢材以利于切削加工；消除内应力以防止工件变形；细化晶粒，改善组织（消除组织缺陷），为零件的最终热处理做好准备。

正火冷却速度较退火快，得到的组织比较细小，强度和硬度也稍微高一些；生产周期短，节约能量，而且操作简便。生产中常优先采用正火工艺。

对力学性能要求不高的零件，可用正火作为最终热处理。

（2）淬火和回火。

淬火是将钢加热到适当温度，保温一定时间后快速冷却（水冷或油冷）的热处理工艺。淬火后的钢硬而脆，组织不稳定，而且有内应力，不能满足使用要求。因此，淬火后必须回火。

回火是将经过淬火后的钢件，重新加热到某一温度，经较长时间保温后，在油中或空气中冷却。回火的目的是降低或消除钢件的内应力，使内部组织趋于稳定，并可通过控制回火温度获得不同的力学性能。回火温度是决定回火后钢件性能的主要因素。回火分为三类：低温回火、中温回火、高温回火，见表2-5。

表2-5 回火的分类

分类	温度/℃	赋予钢材的性质	用途
低温回火	150～250	高硬度、高耐磨性	制造工具、滚动轴承等
中温回火	350～500	较高弹性极限、屈服强度	制造弹簧、模具等
高温回火	500～650	较好的综合力学性能	制造轴、齿轮、连杆、高强度螺栓等

通常将淬火和高温回火相结合的热处理工艺称为调质。

2）表面热处理

某些机械零件如齿轮、曲轴、活塞杆、凸轮轴等，工作时承受较大的冲击和摩擦，因此要求工件表层具有高的硬度、耐磨性以抵抗摩擦磨损，心部具有足够的塑性和韧性以抵抗冲击，即具有"外硬内韧"的性能。为满足这一要求，生产中广泛采用表面热处理。表面热处理方法有表面淬火和化学热处理两种。

（1）表面淬火。

表面淬火是将钢的表面快速加热至淬火温度，并立即快速冷却的淬火工艺。淬火后一般与低温回火连用，以满足工件表层高硬度、高耐磨性的要求。表面淬火不改变钢表层的成分，仅改变表层的组织，且心部组织及性能不发生变化。为满足对心部的塑性和韧性要求，表面淬火前一般进行调质处理。表面淬火多用于中碳钢和中碳低合金结构钢。

（2）化学热处理。

化学热处理是向工件表层渗入某种元素的热处理工艺。具体过程是将工件放在一定的介质中加热和保温，使介质中的活性原子渗入工件表层，改变表层的化学成分以获得预期的性能。按照渗入元素的不同，化学热处理分为渗碳、渗氮（氮化）、碳氮共渗（氰化）、渗金属等。

第三节　常用有色金属材料

在化工生产中，经常遇到腐蚀、低温、高温、高压等特殊工艺条件，有色金属由于具有很多优越性能，如耐蚀性好、低温时塑性好和韧性高等，因而常用于制造特殊工艺条件下使用的设备。本节只简要介绍几种常用的有色金属及其合金的性能和用途。

一、铝及铝合金

铝是轻金属，密度小（2.72g/cm^3），约为铜的1/3；导电性、导热性、塑性、冷韧性都好，但强度低，经冷变形后强度可提高；能承受各种压力加工。铝在强氧化性介质、氧化性酸（如浓硝酸）及干氯化氢、氨气中耐腐蚀。卤素离子的盐类、氢氟酸及碱溶液都会破坏铝表面的氧化膜，所以铝在氢氟酸、盐酸、海水和其他含卤素离子的溶液中不耐蚀。由于铝的导电性、导热性好，铝不会产生火花，常用于制作易挥发性介质的容器；铝不会引起食物中毒，不会沾污物品，不改变物品颜色，在食品工业中可代替不锈钢。但铝不耐高温，纯铝和铝合金最高使用温度为150℃。铝广泛用于制造反应器、热交换器、冷却器、泵、阀、槽车、管件等。

纯铝的强度较低，若在铝中加入一些元素，如铜、镁、锌、锰、硅等形成铝合金，其性能将会有很大的改善。常用的铝合金品种有硬铝（Al-Cu-Mg合金）、防锈铝（Al-Mn合金）、铸铝（Al-Si合金）等。

二、铜及铜合金

纯铜（紫铜）在一般大气、工业大气、海洋性大气中比较稳定，在碱及弱的和中等浓度的非氧化性酸中也相当稳定，若溶液中有氧或氧化剂存在，腐蚀将更加严重。铜不耐硫化物（如H$_2$S）腐蚀。铜具有高的导电性、导热性、塑性和良好的加工性能。另外，铜具有良好的冷韧性。但铜的强度低，铸造性能不好，且在某些介质中的耐蚀性不高，很少用作结构材料。纯铜低温时可保持较高的塑性和冲击韧性，可用于制作深冷设备和高压设备垫片。

黄铜是铜与锌组成的合金。黄铜的铸造性能好，力学性能比纯铜高，耐蚀性与纯铜相似，在大气中耐蚀性比纯铜好，价格便宜，应用较广。黄铜的力学性能与含锌量有着极为密切的关系，含锌量大于20%的黄铜经冷加工后，在潮湿的大气、海水、高温高压水、蒸汽及一切含氨的环境中都可引起应力腐蚀断裂。黄铜在中性溶液、海水和在退火后酸洗溶液中易发生脱锌腐蚀。可在黄铜中加入0.02%的砷防止此类腐蚀发生。为改善其性能，常加入锡、铝、硅、镍、锰、铅、铁等元素，这样形成的合金称为特殊黄铜。

白铜是镍含量低于50%的铜镍合金，是工业铜合金中耐蚀性能最优者，抗冲击腐蚀、应力腐蚀性能也良好，是海水冷凝管的理想材料。

铜与锡的合金称为锡青铜，铜与铝、硅、铅、铍、锰等组成的合金称为无锡青铜。锡青铜分铸造锡青铜和压力加工锡青铜。锡青铜典型牌号为 ZQSn10-1，有高强度和高硬度，能承受冲击载荷，耐磨性很好，具有优良的铸造性能，比纯铜耐腐蚀。锡青铜常用来铸造耐腐蚀和耐磨零件，如泵壳、阀门、轴承、涡轮、齿轮、旋塞等。

三、铅及铅合金

铅是重金属，它强度小（仅为钢的 1/20）、硬度低、密度大（11.34g/cm³）、再结晶温度低、熔点低、导热性差，在硫酸（80%的热硫酸及 92%的冷硫酸）、磷酸（<85%）、氢氟酸（<60%）等介质及大气中（特别是有二氧化硫、硫化氢的气体中）有很高的耐蚀性，在生产上多用于处理硫酸的设备上。铅有毒且价格高，在生产上多被其他非金属材料代替。纯铅不耐磨，非常软，不宜单独作为设备材料，只适于制造设备的衬里。

铅与锑的合金称为硬铅，其硬度、强度都比纯铅高。硬铅在硫酸中的稳定性比纯铅好，可用来制造加料管、耐酸泵、阀门等零件。铅合金的自润性、磨合性和减振性好，噪声小，是良好的轴承合金。铅合金还可用于铅蓄电池极板、铸铁管口、电缆封头的铅封等。

四、镍及镍合金

镍是稀有贵重金属，有好的延伸性和可锻性。镍在各种温度、任何浓度的碱溶液和各种熔碱中，都有特别高的耐蚀性。但镍在含硫气体、浓氨水和强烈充气氨溶液、含氧酸和盐酸等介质中，耐蚀性很差。镍具有高强度、高塑性和冷韧的特性，能压延成很薄的板和拉成细丝。所以镍在水处理工程和化工上主要用于制造处理碱性介质的设备，以及铁离子在反应过程中会发生催化影响而不能采用不锈钢的过程设备。

化工上应用的镍合金通常是含有 31%Cu、1.4%Fe、1.5%Mn 的 Ni-Cu 合金（Ni66Cu31Fe），又称为蒙乃尔合金（或蒙乃尔耐蚀合金）。蒙乃尔合金能在 500℃时保持高的力学性能，能在 750℃以下抗氧化，在非氧化性酸、盐和有机溶液中比纯镍、纯铜更具耐蚀性。蒙乃尔合金主要用于高温并有载荷下工作的耐蚀零件和设备，是应用最广的镍合金。

五、钛及钛合金

钛的密度小（4.507g/cm³）、强度高、耐蚀性好、熔点高。这些特点使钛在军工、航空、化工领域中日益得到广泛应用。

典型的工业纯钛的牌号有 TA0、TA2、TA3（编号越大，杂质含量越多）。纯钛塑性好，易于加工成形，冲压、焊接、切削加工性能良好；在大气、海水和大多数酸、碱、盐中有良好的耐蚀性。钛也是很好的耐热材料。它常用于制作飞机骨架、耐海水腐蚀的管道、阀门、泵体、热交换器、蒸馏塔及海水淡化系统装置及零部件。在钛中添加锰、铝或铬、钼等元素，可获得性能优良的钛合金。

六、滑动轴承合金

滑动轴承合金用来制造滑动轴承的轴瓦及其内衬（称为轴承衬）。常用的滑动轴承合金有以锡为基体的锡基轴承合金(又称锡基巴氏合金)、以铅为基体的铅基轴承合金(又称铅基巴氏合金)和以铜为基体的铜基轴承合金及铝基轴承合金。

第四节　常用非金属材料

在化工生产中,非金属材料由于具有优良的耐蚀性而获得广泛使用。非金属材料包括除金属材料以外的所有材料,依其组成分为无机非金属材料、有机非金属材料两大类。

一、无机非金属材料

1. 陶瓷

化工陶瓷由黏土、瘠性材料和助溶剂用水混合后经过干燥和高温焙烧而成。其表面光亮,断面像致密的石质材料。化工陶瓷具有良好的耐蚀性,除氢氟酸和含氟的其他介质及热浓磷酸和碱液外,能耐很多化学介质(如热浓硝酸、硫酸甚至"王水")的腐蚀。所以化工陶瓷是化工生产中常用的耐腐蚀材料,许多设备都用它制作耐酸衬里,化工陶瓷还可以用于制造塔器、容器、管道、泵、阀等化工生产设备和腐蚀介质输送设备。但是化工陶瓷是脆性材料,其抗拉强度低,冲击韧性差,导热性差,热膨胀系数较大,受碰撞或温差急变而易破裂。在其使用中应防撞击、振动、骤冷、骤热等,以避免脆性破裂。

2. 化工搪瓷

化工搪瓷是由含硅量高的瓷釉通过 900℃左右的高温煅烧,使瓷釉紧密附着在金属胎表面而制成的成品。

除强碱和氢氟酸外,化工搪瓷能耐各种浓度的酸、盐、有机溶剂和弱碱的腐蚀,具有优良的耐蚀性。化工搪瓷设备还具有金属设备的力学性能和良好的电绝缘性能,但搪瓷层较脆易碎裂。搪瓷的热导率不到钢的 1/4,热膨胀系数较大,不能用火焰直接加热,以免损坏搪瓷面,可以用蒸汽缓慢加热。其使用温度为$-30\sim270℃$。

目前,我国生产的搪瓷设备有反应釜、储罐、换热器、蒸发器、塔和阀门等。

3. 玻璃

玻璃在化工生产中主要用作耐腐蚀材料,且玻璃中的 SiO_2 含量越高,耐蚀性越强。除氢氟酸、热磷酸和浓碱以外,玻璃能耐许多酸和有机溶剂的腐蚀。

化工用的玻璃不是一般的钠钙玻璃,而是硼玻璃(耐热玻璃)或高铝玻璃,它们有较好的热稳定性和耐蚀性。化工玻璃具有耐腐蚀、清洁、透明、阻力小、价格低等特点,可用来制造管道或管件,也可以制造容器、反应器、泵、换热器衬里等。但化工玻璃质脆、耐温度急变性差,不耐冲击和振动,在使用玻璃制品时要特别注意。目前已成功采用在金属管内衬玻璃或用玻璃钢加强玻璃管道的方法来弥补其不足。

4. 不透性石墨

1）石墨的含义

石墨分天然石墨和人造石墨两种。化工生产中使用的是人造石墨。人造石墨是由无烟煤、焦炭与沥青混合压制成形后，在电炉中焙烧制成的。石墨具有优良的导电、导热性，热膨胀系数小、耐温度急变性好、不污染介质、密度低，易于加工成形，但其机械强度较低，性脆，孔隙率大。

石墨的耐蚀性很好，除强氧化性酸（如硝酸、铬酸、发烟硫酸）外，在所有的化学介质中都很稳定。但由于石墨的孔隙率大，气体和液体对它具有很强的渗透性，因此石墨不宜制造化工设备。为了弥补这一缺陷，常用各种树脂填充石墨中的孔隙，使之具有不透性，即为不透性石墨。

2）不透性石墨

石墨加入树脂后，性质发生变化，表现出石墨和树脂的综合性能，提高了机械强度和抗渗性，但导热性、热稳定性、耐热性均有不同程度的降低，这些性质的变化与制造不透性石墨的方法和加入的树脂有关。不透性石墨可用于制造各类热交换器、反应设备（主要是盐酸合成炉）、吸收设备、泵类设备、管道、管件等。

5. 辉绿岩铸石

辉绿岩铸石是将辉绿岩熔融后，铸造成的一定形状的板、砖等，主要用来制作设备衬里，也可制作管道。辉绿岩铸石除对氢氟酸和熔融碱不耐腐蚀外，对各种酸、碱都有良好的耐蚀性。

二、有机非金属材料

在化工生产中广泛使用的有机非金属材料主要有塑料、橡胶等。

1. 塑料

1）塑料的含义与组成

塑料是一类以高分子合成树脂为基本原料，在一定温度下塑制成形，并在常温下保持其形状不变的高聚物。

一般塑料以合成树脂为主，加入添加剂以改善产品性能。常用的添加剂有用于提高塑料性能的填料，用于降低材料脆性和硬度、使其具有可塑性的增塑剂，用于延缓塑料老化的稳定剂，使树脂具有一定机械强度的固化剂和着色剂、润滑剂等其他成分。

2）塑料的分类

塑料按树脂受热后表现出的特点，分为热塑性塑料和热固性塑料。热塑性塑料的分子结构是线型或支链型的，它可以经受反复受热软化和冷却凝固，如聚氯乙烯、聚乙烯等。热固性塑料的分子结构是体型的，它经加热熔化和冷却成形后，不能再次熔化，如酚醛树脂、氨基树脂。

塑料按用途还可分为通用塑料和工程塑料。一些品种的塑料具有良好的耐蚀性、一定的机械强度，相对密度不大，价格较低，在工业生产中得到广泛应用，这些在工业生产中被广泛应用的塑料即为"工程塑料"。

3）工程塑料

工程塑料以高分子合成树脂为主要原料，加入添加剂以改善产品性能。工程塑料种类繁多。其优点是有良好的耐蚀性、一定的机械强度、良好的加工性能和电绝缘性能，价格较低，如耐酸酚醛塑料、聚氯乙烯塑料、聚乙烯、聚四氟乙烯、聚苯乙烯 PS、ABS 塑料、尼龙 PA、玻璃钢（玻璃纤维增强塑料，因树脂不同性能差异很大）等。

（1）硬聚氯乙烯（UPVC）。

硬聚氯乙烯是聚氯乙烯的聚合物。硬聚氯乙烯有良好的耐蚀性，能耐稀硝酸、稀硫酸、盐酸、碱、盐等腐蚀，但能溶于部分有机溶剂，如在四氢呋喃和环己酮中会迅速溶解。

硬聚氯乙烯具有一定的强度，加工成形方便，焊接性能好。其缺点是热导率小，冲击韧性较低，耐热性较差。其使用温度为-15～60℃；当其温度为 60～90℃时，强度显著降低。

硬聚氯乙烯可以用于制造各种化工设备，如塔、储槽、容器、排气烟囱、离心泵、通风机、管道、管件、阀门等。

（2）聚乙烯（PE）。

聚乙烯是由单体乙烯聚合而成的高聚物，有优良的电绝缘性、防水性和化学稳定性；在室温下，除硝酸外能抗各种酸、碱、盐溶液的腐蚀，在氢氟酸中也非常稳定。聚乙烯的耐热性不高，其使用温度不超过 100℃。聚乙烯的耐低温性比硬聚氯乙烯好，室温下几乎不被有机溶剂溶解。

聚乙烯的强度低于硬聚氯乙烯，可以制作管道、管件、阀门、泵等，也可制作设备衬里，还可涂于金属表面作为防腐涂层。

（3）聚丙烯（PP）。

聚丙烯是丙烯的聚合物。它具有优良的耐蚀性，除氧化性介质外，聚丙烯能耐几乎所有无机介质的腐蚀，甚至到 100℃都非常稳定。在室温下，聚丙烯除在氯代烷、芳烃等有机介质中产生溶胀外，几乎不溶于所有有机溶剂。

聚丙烯的使用温度高于硬聚氯乙烯和聚乙烯，可达 100℃，但聚丙烯耐低温性较差，温度低于 0℃，接近-10℃时，材料变脆，抗冲击能力明显降低。聚丙烯的密度低，强度低于硬聚氯乙烯但高于聚乙烯。

聚丙烯可用于制造化工管道、储槽、衬里等，还可制作食品和药品的包装材料及一些机械零件。增强聚丙烯可制造化工设备。若添加石墨改性，可制造聚丙烯换热器。

（4）耐酸酚醛（AP）。

耐酸酚醛是以酚醛树脂为基本成分，同时作为热黏合剂，以耐酸材料（石墨、玻璃纤维等）作为填料的一种热固性塑料。它具有良好的耐蚀性和耐热性，能耐多种酸、盐和有机溶剂的腐蚀。

耐酸酚醛（电木）可用来制作管道、阀门、泵、塔节、容器、储槽、搅拌器，也可用来制作设备衬里，目前在氯碱、染料、农药等工业中应用较多，使用温度为-30～130℃。这种塑料性质较脆，冲击韧性较低。设备在使用过程中出现裂缝或孔洞，可用酚醛胶泥修补。

（5）聚四氟乙烯（PTFE）。

聚四氟乙烯具有优异的耐蚀性，能耐"王水"、氢氟酸、浓盐酸、硝酸、发烟硫酸、沸腾的氢氧化钠溶液、氯气、过氧化氢等强腐蚀性介质腐蚀。除某些卤化胺或芳香烃使聚四氟乙烯有稍微溶胀外，其他有机溶剂对它均不起作用。但熔融的碱金属会腐蚀聚四氟乙烯。其因耐蚀性甚至超过碱金属，有"塑料王"之称。

聚四氟乙烯的使用温度范围为−100～250℃，超过415℃会急剧分解并放出剧毒全氟异丁烯气体；常用来制作填料、垫圈、密封圈、阀门、泵、管道，还可以用于制作设备衬里和涂层。聚四氟乙烯由于具有良好的自润滑性，还用来制作无油润滑的活塞环。其缺点是加工性能稍差，使它的应用受到一定限制。

（6）玻璃钢。

玻璃钢是用合成树脂作黏结剂，以玻璃纤维为增强材料，按一定成形方法制成的塑料。玻璃钢是一种非金属防腐蚀非金属材料，强度高，具有优良的耐蚀性能和良好的工艺性能等，在化工生产中应用日益广泛。

根据所用树脂的不同，玻璃钢性能差异很大。目前应用在化工防腐方面的有环氧玻璃钢（常用）、酚醛玻璃钢（耐酸性好）、呋喃玻璃钢（耐蚀性好）、聚酯玻璃钢（施工方便）等。也可以同时使用一种或两种树脂以得到不同性能的玻璃钢。

玻璃钢可以制造化工生产中使用的容器、储槽、塔、鼓风机、槽车、搅拌器、泵、管道、阀门等多种机械设备。但使用时需注意玻璃钢和其他塑料一样耐磨性不佳，不耐介质长期冲刷。

2. 橡胶

橡胶由于具有良好的耐蚀性和防渗透性，在化工生产中常用于制作设备的衬里层或复合衬里层中的防渗层及密封材料，也可以用于制造整体设备。

橡胶分为天然橡胶和合成橡胶两大类。天然橡胶是橡胶树汁经炼制得到的，它是不饱和异戊二烯的高分子聚合物。其化学稳定性较好，可耐一般非氧化性强酸、有机酸、碱溶液和盐溶液的腐蚀，但在强氧化性酸和芳香族化合物中不稳定。天然橡胶的弹性和抗切割性优于合成橡胶，但合成橡胶耐蚀性较天然橡胶好。在化工生产中常用的合成橡胶有氯丁橡胶、丁苯橡胶、丁腈橡胶、氯磺化聚乙烯橡胶、氟橡胶、聚异丁烯橡胶等多种。由于化学成分不同，这些橡胶的性能有所差异，使用时应根据相关资料选用。

第五节　化工设备机械材料的选用

一、化工设备机械材料的选用要求

在设计和制造化工容器时，合理选择和正确使用材料是一项十分重要的工作。在选择材料时，必须根据材料的各种性能及其应用范围，综合考虑具体的操作条件，抓住主要矛盾，遵循适用、安全和经济的原则。选用材料的一般要求如下：

（1）材料品种应符合我国资源和供应情况。

（2）材质可靠，能保证使用寿命。

（3）要有足够的强度、良好的塑性和韧性及耐蚀性。

（4）便于制造加工，焊接性能良好。

（5）经济上合算。

例如，对于压力容器用钢材来说，中、低压和高压容器，经常在有腐蚀性介质的条件下工作，除了承受较高的介质内压力（或外压力）外，有时还会受到冲击和疲劳载荷的作用；在制造过程中，还要经过各种冷、热加工（如下料、卷板、焊接、热处理等）使之成形，因此，对压力容器用钢板有较高的要求：除随介质的不同要有耐蚀性要求外，还应有较高的强度，良好的塑性、韧性和冷弯性能，缺口敏感性低，加工和焊接性能良好。对于低合金钢板材，要注意是否有分层、夹渣、白点和裂纹等缺陷，白点和裂纹是绝对不允许存在的。对于中、高温容器，由于钢材在中、高温的长期作用下，金相组织和力学性能等将发生明显的变化，且化工用的中、高温容器往往要承受一定的介质压力，因此选择中、高温容器用钢时，还必须考虑材料的组织稳定性和中、高温的力学性能。对于低温容器用钢，还要着重考虑容器在低温下的脆性破裂问题。

二、化工设备机械用钢的选材原则

钢材是化工设备机械的主要材料，选择时必须综合考虑以下问题：

设备的操作条件——设计压力、设计温度、介质特性、操作特点等；

材料的使用性能——力学性能、物理性能、化学性能（主要是耐蚀性）；

材料的加工工艺性能——焊接性能、热处理性能、冷弯性能及其他冷热加工性能；

经济合理性及容器结构——材料价格、制造费用和使用寿命等。

（1）压力容器用钢材应符合 GB 150—2011《压力容器》的要求，材料适用于设计压力不大于 35MPa 的压力容器。选材应接受国家质量技术监督局颁发的《压力容器安全技术监察规程》的监督。压力容器受压元件用钢应是由平炉、电炉或氧气顶吹转炉冶炼的镇静钢。钢材（板材、带材、管材、型材、锻炼等）的质量与规格应符合现行国家标准、行业标准或有关技术规定。

（2）化工容器应优先选用低合金钢。低合金钢的价格比碳钢提高不多，其强度却比碳钢提高 30%～60%。按强度设计时，若使用低合金钢的壁厚可比使用碳钢时减小 15%以上，则可采用低合金钢；否则采用碳钢。

中低压容器一般可选用 σ_s＝250MPa、300MPa、350MPa 级别的普通低合金钢。直径较高、压力较高的中压容器可选用 σ_s＝400MPa 的普通低合金钢，高压容器则宜选用 σ_s＝400～500MPa 的普通低合金钢。

（3）化工容器用钢应有足够的塑性和适当的强度，材料强度越高，出现焊接裂纹的可能性越大。为使钢板在加工（锤击、剪切、冷卷等）与焊接时不致产生裂纹，要求材料具有良好的塑性和冲击韧性。故压力容器用钢板的延伸率 δ 必须大于 14%。当 δ＜18%时，加工时要特别注意。一般钢材冲击韧度 $\alpha_K \geqslant 50J/cm^2$ 为宜。

（4）不同的钢材其弹性模量 E 的大小相差不多，因此，按刚度设计的容器（如外压容器）不宜采用刚度过高的材料，选 Q235 为宜。

（5）对于使用场合为强腐蚀性介质的，应选用耐介质腐蚀的不锈钢，且尽量使用铬镍不锈钢钢种。

（6）高温容器用钢应选用耐热钢，以保证其抗高温氧化和高温蠕变。因此长期在高温下工作的容器，材料内部的应力在远低于屈服点时，容器也会发生缓慢的、连续不断的塑性变形，即所谓蠕变。长期蠕变将使设备产生过大的塑性变形，最终导致破坏。不同材料产生蠕变的温度是不一样的，碳钢大于 350℃，合金钢大于 400℃就应考虑蠕变问题。

（7）低温容器（工作温度低于−20℃的设备统称为低温设备）用钢应考虑钢材的低温脆性问题。选用钢材时首先考虑钢种在低温时的冲击韧性。

第六节　化工设备的腐蚀与防护措施

一、腐蚀的基本概念

材料由于和环境作用而引起的破坏或变质称为材料的腐蚀。金属材料和非金属材料均可能发生腐蚀。腐蚀是影响金属设备及其构件使用寿命的主要因素之一。化工与石油化工及轻工、能源等领域，约有 60%的设备失效与腐蚀有关。

在化学工业中，金属，特别是黑色金属，是制造设备的主要材料，由于经常要和强烈的腐蚀性介质和各种酸、碱、盐、有机溶剂及腐蚀性气体等接触而发生腐蚀，因此要求材料具有较好的耐蚀性。腐蚀不仅对金属和合金材料造成巨大的损失，影响设备的使用寿命，而且使设备的检修周期缩短，增加非生产时间和修理费用；腐蚀使设备及管道的跑、冒、滴、漏现象更为严重，对原料和成品造成大量损失，影响产品质量，污染环境，危害人的健康；腐蚀引起设备爆炸、火灾等事故，使设备遭到破坏而停止生产，造成巨大的经济损失甚至危及人的生命。对于化工设备，正确地选材和采取有效的防腐蚀措施，使之不受腐蚀或减少腐蚀，可以保证设备的正常运转，延长其使用寿命，节约金属材料，对促进化学工业的迅速发展有着十分重大的意义。

二、腐蚀的类型及机理

腐蚀的分类方法有很多，其中按破坏特征分为均匀腐蚀和局部腐蚀，按腐蚀机理分为化学腐蚀和电化学腐蚀。

1. 按破坏特征分

均匀腐蚀是表面均匀地遭受腐蚀，导致设备壁厚减薄［图 2-7（a）］。这种腐蚀危险性较小。碳钢在强酸、强碱中的腐蚀属于此类。

局部腐蚀是指金属的局部区域发生腐蚀，包括区域腐蚀、点腐蚀、晶间腐蚀［图 2-7（b）～（d）］。局部腐蚀使零件有效承载面积减小，且不易被发现，常发生突然断裂。其中，晶间腐蚀的腐蚀破坏沿金属晶粒的边缘进行，腐蚀介质沿晶界渗入，破坏晶粒之间的结合力。晶间腐蚀隐蔽性极大，最为危险，通常是由选材不当造成的。

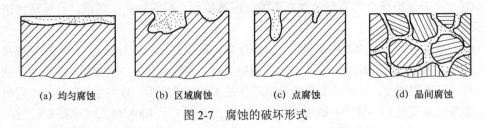

| (a) 均匀腐蚀 | (b) 区域腐蚀 | (c) 点腐蚀 | (d) 晶间腐蚀 |

图 2-7　腐蚀的破坏形式

2. 按腐蚀机理分

化学腐蚀是指金属与干燥的气体或非电解质溶液产生化学作用引起的腐蚀。例如，干燥的 O_2、H_2S、SO_2、Cl_2 等气体对金属的腐蚀和石油中的有机硫化物对石油管道的腐蚀，各种管式炉的炉管受高温氧化，金属在铸造、锻造、热处理过程中发生的高温氧化。化学腐蚀的特点是腐蚀过程中无电流产生，且温度越高，腐蚀介质浓度越大，腐蚀速度越快。化学腐蚀后多形成一层致密、牢固的表面膜，可阻止外界介质继续渗入，起到保护金属的作用。例如，铬与氧形成 Cr_2O_3、铝与氧形成 Al_2O_3 等都属于这种表面膜。这种腐蚀多数是由氧化作用所导致的。

电化学腐蚀是指金属与电解质溶液相接触产生电化学作用引起的破坏。金属在酸、碱、盐溶液、土壤、海水中的腐蚀属于电化学腐蚀。电化学腐蚀的特点是腐蚀过程中有电流产生，通常电化学腐蚀比化学腐蚀更强烈。金属的破坏大多是由电化学腐蚀引起的。电化学腐蚀过程的实质是原电池过程。

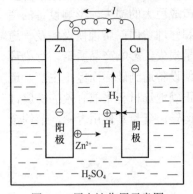

图 2-8　原电池作用示意图

电化学腐蚀是由金属发生原电池作用而引起的。如图 2-8 所示，把两种金属（如锌和铜）用导线连接起来，放在电解质溶液（如 H_2SO_4 溶液）内，就构成了导电回路，回路中电子将从低电位锌流向高电位铜，形成原电池。锌（阳极）不断失去原子，变为锌离子进入溶液，出现腐蚀；铜（阴极）受到保护。

电化学腐蚀不仅发生在异种金属之间，同一金属的不同区域之间也存在电位差，也可形成原电池，而产生电化学腐蚀。例如，各种局部腐蚀就是电化学腐蚀。

在某些腐蚀性介质，特别是强氧化剂如硝酸、氯酸、重铬酸钾、高锰酸钾等中，随着电化学腐蚀过程的进行，在阳极金属表面逐渐形成一层保护膜（也称钝化膜），从而使阳极的溶解受到阻滞并最终使腐蚀终止，这种现象称为钝化。在生产实践中，钝化现象被用来保护金属。

三、防护措施

为了防止和减轻化工设备的腐蚀，除应选择合适的材料制造设备外，还可采取多种措施，如隔离腐蚀介质、电化学保护、缓蚀剂保护、正确地设计金属结构等。

1. 隔离腐蚀介质

用耐蚀性良好的隔离材料覆盖在耐蚀性较差的被保护材料表面，将被保护材料与腐蚀性介质隔开，以达到控制腐蚀的目的。

隔离材料有非金属材料和金属材料两大类。非金属隔离材料主要有涂料（如酚醛树脂）、块状材料衬里（如衬耐酸砖）、塑料或橡胶衬里（如碳钢内衬氟橡胶）等。金属隔离材料有铜（如镀铜）、镍（如化学镀镍）、铝（如喷铝）、双金属（如在碳钢上压上不锈钢板）、金属衬里（如在碳钢上衬铅）等。

2. 电化学保护

电化学保护用于腐蚀介质为电解质溶液、发生电化学腐蚀的场合，通过改变金属在电解质溶液中的电极电位，以实现防腐。电化学保护有阳极保护和阴极保护两种方法。

阴极保护是将被保护的金属作为腐蚀电池的阴极，从而使其不遭受腐蚀。阴极保护法有两种：①牺牲阳极保护法，它是将被保护的金属与另一电极电位较低的金属连接起来，形成一个原电池，使被保护金属作为原电池的阴极而免遭腐蚀，电极电位较低的金属作为原电池的阳极而被腐蚀 [图 2-9 (a)]。②外加电流保护法，它是将被保护的金属与一个直流电源的阴极相连，而将另一个金属片与被保护的金属隔绝，并与直流电源的阳极相连，从而达到防腐的目的 [图 2-9 (b)]。阴极保护的使用已有很长的历史，在技术上较为成熟。这种保护方法广泛用于船舶、地下管道、海水冷却设备、油库及盐类生产设备的保护，在化工生产中的应用也逐年增多。

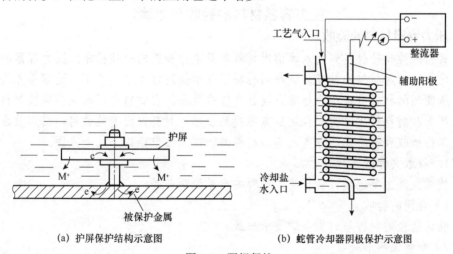

（a）护屏保护结构示意图　　　　（b）蛇管冷却器阴极保护示意图

图 2-9　阴极保护

阳极保护是把被保护设备接直流电源的阳极，让金属表面生产钝化膜起保护作用。阳极保护只有当金属在介质中能钝化时才能应用，且技术复杂，使用得不多。

3. 缓蚀剂保护

向腐蚀介质中添加少量的能够阻滞电化学腐蚀过程的物质，从而减缓金属的腐蚀，该物质称为缓蚀剂。通过使用缓蚀剂而使金属得到保护的方法，称为缓蚀剂保护。

按照对电化学腐蚀过程阻滞作用的不同，缓蚀剂分为三种。

1）阳极型缓蚀剂

这类缓蚀剂主要阻滞阳极过程，促使阳极金属钝化而提高耐蚀性，故多为氧化性钝化剂，如铬酸盐、硝酸盐等。值得注意的是，使用阳极型缓蚀剂时必须够量，否则不仅起不了保护作用，反而会加速腐蚀。

2）阴极型缓蚀剂

这类缓蚀剂主要阻滞阴极过程。例如，锌、锰和钙的盐类，如 $ZnSO_4$、$MnSO_4$、$Ca(HCO_3)_2$ 等，能与阴极反应产物 OH^- 作用生成难溶性的化合物，它们沉积在阴极表面上，使阴极面积减小而降低腐蚀速度。

3）混合型缓蚀剂

这类缓蚀剂既能阻滞阴极过程，又能阻滞阳极过程，从而使腐蚀得到缓解。常用的有胺盐类、醛（酮）类、杂环化合物、有机硫化物等。

4．正确地设计金属结构

钢管与黄铜紧固件连接会形成腐蚀电池，使钢管被腐蚀。因此，应正确地设计金属结构，防止形成电化学微电池。

 知识拓展

压力容器材料的验收与复验

一、压力容器材料的验收

材料的验收是材料到货入库前对材料质量进行检查的一项措施。压力容器制造单位应当通过对材料的抽查复验或对材料供货单位进行考察、评审、追踪等方法，确保所使用的材料符合相应标准或设计文件的要求。在材料进厂时应当审核材料质量证明书和材料标志，符合规定后方可投料使用。材料在没有验收时，必须放在验收区，待验收合格后才能分类入库。材料的验收工作包括以下几个方面。

1．技术文件的审核

技术文件主要包括订货合同、材料的质量证明书等。

1）合同的验收

确认所检的材料与订货合同要求一致。

2）质量证明书验收

质量证明书是生产厂家对该批材料质量证明的书面文件。用户应检查质量证明书的检验项目是否齐全。检验项目包括化学成分、力学性能、工艺性能等，如超声波检测，水压试验对管材、晶粒度的测定，晶间腐蚀倾向试验等，以及双方协议所要求的检验项目。若质量证明书的检验项目齐全，数据在标准规定指标范围内，就认为这份质量证明书是合格的。

当技术文件齐全时，应检查合同、质量证明书和实物是否相符，然后按企业的规定编上验收编号，连同相关技术文件一起交材料工程师审核。只有当质量证明书的内容完整且与实物相符时，才能按相关技术标准进行入厂验收。如质量证明书上的炉（罐）号能与实物相符，但质量证明书内容不完整，原则上可以拒收。在特殊情况下，填写缺项实验的申请单，并对该项进行检验和测定。按标准规定逐项审核质量证明书中已有的各项数据是否在标准规定的范围内，如有超标项目，应按有关制度进行复查。对缺一项或两项检验项目的材料可以进行补检，合格后再进行入厂验收。

2. 实物的核对验收

1）材料质量和数量的核对

材料验收人员应携带质量证明书到实物存放现场，验证实物的质量和数量是否与质量证明书上的质量和数量相符，如果不符，则要查明原因以免混料。

2）标志的核对验收

每种材料都在规定的位置上有材料编号、规格、技术标准的标志。若标准不清或无任何标志，原则上可以拒收。

（1）实物上的出厂标记应与质量证明书一致：这种一致性不仅指牌号和规格，更为重要的是炉（罐）号或批号要一致。

（2）外观质量和尺寸的核对：原材料的表面存在缺陷和尺寸偏差太大等质量问题，会给制造、检验、安装、运行带来不便和隐患。材料的外观质量和尺寸偏差，应按材料的技术标准进行验收。例如，钢板的表面不允许有裂纹、气泡、夹杂、结疤、折叠和较大的划痕。尺寸偏差必须在公差范围之内。

（3）检验确认：以上内容核对无误并检验合格后就认为这批材料验收完毕，即可按本单位管理制度所编制的代号在质量证明书上和实物上编定一个“检号”，并在实物上用钢印或其他方式打上这个检号和材料检验人员代号的确认标记，表明这批材料已经完成验收程序并认定合格，可转到仓库保管待用。钢材上所标记的检号在以后的所有周转环节中将始终保留，当使用某张钢板或某根钢管的一部分时将遵循标记移植制度，使这个检号标记能保留下来，即先将标记移植在所使用的部分上，然后截取。因此在一台完工的压力容器上，任何一个受压元件要使用的任何一块材料上都可以找到它的检号标记，通过这个标记就可以追踪查找到它的质量证明书，从而可以获知它的钢号、批号、各项质量指标及供货状态等一系列信息。标记移植是整个材料控制系统的一个重要保证措施。

二、压力容器材料的复验

由于压力容器的特殊性，要求对材料进行复验。尽管材料出厂时经检验合格，但出厂抽验率是有限的，即对总体质量的代表性有差距，特别是对大厚钢板差距更大。因而产品性能的不一致性更为突出，除在标准中对不同厚度分别定出不同的力学性能指标外，还要求用户在一定条件下再验（作为一种补充措施）。

1. 压力容器材料复验的内容

复验试验项目与数量按有关技术标准进行。如 GB 713—2014《锅炉和压力容器用钢板》规定，每批钢板的检验项目、取样数量及试验方法应符合表2-6的规定。

表2-6　检验项目、取样数量及试验方法

序号	检验项目	取样数量/个	取样方法	取样方向	试验方法
1	化学成分	1/每炉	GB/T 20066—2006	—	GB/T 223 或 GB/T 4336—2016
2	拉伸试验	1	GB/T 2975—1998	横向	GB/T 228.1—2010、GB/T 228.2—2015
3	Z 向拉伸	3	GB/T 5313—2010	—	GB/T 5313—2010
4	弯曲试验	1	GB/T 2975—1998	横向	GB/T 232—2010
5	冲击试验	3	GB/T 2975—1998	横向	GB/T 229—2007
6	高温拉伸	1/每炉	GB/T 2975—1998	—	GB/T 228.2—2015
7	落锤试验	—	GB/T 6803—2008	—	GB/T 6803—2008
8	超声波检测	逐张	—	—	GB/T 2970—2016 或 NB/T 47013.3—2015
9	尺寸、外形	逐张	—	—	符合精度要求的适宜量具
10	表面	逐张	—	—	目视

检验规则如下：

（1）钢板的质量由供方质量技术监督部门进行检查和验收。

（2）钢板应成批验收，每批钢板由同一牌号、同一炉号、同一厚度、同一轧制或热处理制度的钢板组成，每批质量不大于30t。

（3）对长期生产、质量稳定的钢厂，提出申请报告并附出厂检验数据，由国家特种设备安全监察机构审查合格批准后，按批准扩大的批次交货。

（4）根据需方要求，经供需双方协议，厚度大于16mm的钢板可逐轧制坯进行力学性能检验。

钢板检验结果有任一项不符合标准的要求，都要进行复验。

（1）力学性能试验取样位置按GB/T 2975—1998《钢及钢产品力学性能试验取样规定位置及试样制备》的规定，对于厚度大于40mm的钢板，冲击试样的轴线应位于厚度1/4处。

（2）根据需方要求，经供需双方协议，冲击试样的轴线应位于厚度1/2处。

（3）夏比（V形缺口）冲击试验结果不符合规定值时，应从同一张钢板上再取三个试样进行复验，前后两组六个试样的平均值不得低于规定值，允许有两个试样小于规定值，但其中小于规定值70%的试样只允许有一个。

以三氧化硫蒸发器为例：三氧化硫蒸发器的容器类别为Ⅲ类，壳程工作压力为1.6MPa，壳程介质为30%的发烟硫酸（中度危害的腐蚀性介质），管程为水蒸气，蒸发器的壳程材料为Q345R、厚度为32mm。我们对主要受压元件壳程材料进行复验。

壳程材料为Q345R，这批材料分两个批号，制造单位经验收合格，在投料前根据相关规定，应对这批材料进行复验。根据有关制度应进行如下工作。

（1）根据 GB 150—2011《压力容器》的规定，厚度大于 30mm 的 Q345R 钢板，应在正火下使用，审查这批钢板是否符合要求的供货状态。

（2）根据同一标准的规定，这批钢板应逐张进行超声波检验，探伤标准为 NB/T 47013.1～47013.13—2015《承压设备无损检测》，质量等级应达到Ⅲ级的要求。

（3）根据 GB 713—2014 的规定，每一批应抽取化学分析、拉伸、冷弯的试样各一个，夏比冲击（Ｖ形缺口）试样三个，上述材料包括两个批号，因此相应地在各批号上共抽取两套试样，交理化检验部门化验测试，并将分析数据填好送质量检查部门。试样截取的方法与部位依照 GB 2975—1998《钢及钢产品力学性能试验取样规定位置及试样制备》和 GB/T 20066—2006/ISO 14284∶1996《钢和铁 化学成分测定用试样的取样和制样方法》的有关条款执行。

（4）根据返回的试验报告，对所测定的数据进行评审，确定其是否符合本钢板标准的要求。如全部指标合格，才能认定这批材料具备投入制造Ⅲ类压力容器材料的条件。如有某项指标不合格，则需再取试样复验，如冲击试验结果达不到标准要求，应从同一张钢板上再取三个试样进行试验，前后两组六个试样的平均值不得低于规定值，允许有两个试样小于规定值，但其中小于规定值 70% 的试样只允许有一个。否则就判这批材料复验不合格，可降低级别，用于Ⅰ、Ⅱ类容器或其他非受压元件上。

 课程作业

简答题

1. 化学工业中常用的材料有哪几类？请举例说明（说出典型代表）。
2. 常用金属材料包含哪几种？其力学性能常用哪些参量来表示？各参量的意义如何？
3. 钢与铁的区别是什么？铁中的主要组织有哪些？
4. 钢中有哪些有害元素？对钢的性能有何影响？
5. 合金钢中添加哪些元素？这些元素如何改善钢的性能？
6. 钢的热处理方法有哪些？各方法可以改善钢的何种性能？
7. 退火和正火有什么区别？为什么淬火后应及时回火？
8. 简述表面热处理的目的，表面淬火和热化学处理有什么区别？
9. 铸铁有哪几种类型？各类铸铁牌号如何表示？请举例说明它们有何应用。
10. 化工设备机械中常用的金属有哪些？各类有色金属的牌号表示什么？
11. 请说明下列钢的牌号属于哪一种钢，并解释牌号中各数字及字母的含义：Q195、Q215、Q235A、15、45、00Cr8Ni10、38CrMoA、09Mn2B。
12. 化工设备机械中常用的非金属材料有哪些？各有何用途？
13. 化工设备机械的选材原则是什么？
14. 化学腐蚀和电化学腐蚀有何区别？
15. 化工设备机械的防腐措施有哪些？

第三章 压力容器基本知识

【知识目标】 掌握压力容器基础知识。
【技能目标】 能根据工艺条件，对压力容器进行正确分类；
能对压力容器典型结构进行分析；
能根据需要查相关标准。

压力容器已在石油、化工、轻工、医药、环保、冶金、食品、生物工程、国防工业等领域及人们日常的生活中得到广泛的应用。例如，生产尿素就需要与之配合的合成塔、换热器、分离器、反应器、储罐等压力容器；加工原油就需要与原油生产工艺配套的精馏塔、换热器、加热炉等压力容器；此外，用于精馏、解吸、吸收、萃取等工艺的各种塔类设备也是压力容器；用于流体加热、冷却、液体气化、蒸汽冷凝及废热回收的热交换设备仍属于压力容器；石油化工中三大合成材料生产中的聚合、加氢、裂解等工艺用的反应设备，用于原料、成品及半成品的储存、运输、计量的各种储运设备等都是压力容器。压力容器是一个涉及多行业、多学科的综合性产品，其建造技术涉及冶金、机械加工、腐蚀与防腐、无损检测、安全防护等众多行业。据统计，化工厂中80%左右的设备都属于压力容器。

冶金、机械加工等技术的不断进步，特别是以计算机技术为代表的信息技术的飞速发展，带动了相关产业的发展，在世界各国投入大量人力物力进行深入研究的基础上，压力容器技术领域也取得了相应的进展。为了生产和使用更安全、更经济的压力容器产品，传统的设计、制造、焊接和检验方法已经和正在不同程度地为新技术、新产品所代替。

以我国为例：压力容器的设计、制造、安装、使用、检验、改造和修理都要受到国家《固定式压力容器安全技术监察规程》的监察。压力容器的焊接工作有严格的参数，必须遵循国家有关标准、行业标准和专业标准。压力容器向大型化发展。随着生产和降低基建投资的需要，为便于实现自动化，各化工厂正在逐渐要求设备大型化。这就意味着压力容器的参数和直径的增加在工艺要求上也有功能要求和寿命要求。综合性是衡量压力容器优劣的重要指标，经济性不好的容器缺乏市场竞争力，最终会被市场淘汰，即所谓的经济失效。压力容器的经济性主要体现在生产效率高、消耗低、结构合理、制造方便、便于运输和安装。压力容器的操作、维护控制要求在我国还没有完全实现自动化，要求设计、制造时做到操作简单、可维护性和可修理性好、便于控制等。在环境保护方面，随着人们环境保护意识的增强，对压力容器的概念有了新的认识。除了传统的破裂、塑性变形、失稳和泄漏等功能失效外，现在又提出"环境失效"，如有害物质泄漏到环境中及无法清除的有害物质、噪声等。因此，压力容器必须考虑这些因素，必要时应增设有泄漏检漏功能的装置，以满足对环境的需求。压力容器制造水平也越来越高，已逐渐向大型化发展。大型化可以节省材料、降低投资、节约能源、提高生产效率、降低生产成本，同时也导致对压力容器用钢要求日益严格，促使材料发展。在要求钢材强度越来越高的同时还要提高冶炼技术以降低杂质，保证钢材的抗裂性和韧性，这就必须降低焊缝中氢的含量，因此超氢材料的研制和使用受到容器制造厂家的关注。

第一节 压力容器的基本结构、分类与设计要求

一、压力容器的基本结构

在化工类工厂使用的设备中，有的用来储存物料，如各种储罐、计量罐、高位槽；有的用来对物料进行物理处理，如换热器、精馏塔等；有的用于进行化学反应，如聚合釜、反应器、合成塔等。尽管这些设备作用各不相同，形状结构差异很大，尺寸大小千差万别，内部构件更是多种多样，但它们都有一个外壳，这个外壳就称为化工容器。所以化工容器是化工设备外部壳体的总称。由于化工生产中，介质通常具有较高的压力，故化工容器通常为压力容器。

压力容器一般由筒体、封头、密封装置、开孔、接管、内件、支座、安全附件等附件组成。以某厂的脱硫滤液罐为例介绍如下，如图 3-1 所示。

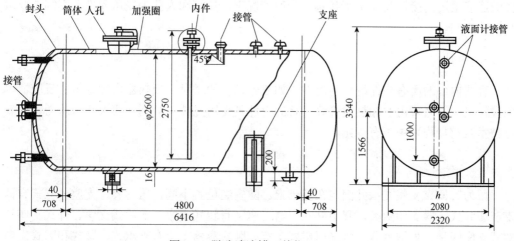

图 3-1 脱硫滤液罐（单位：mm）

1. 筒体

筒体是化工设备用以储存物料或完成传质、传热或化学反应所需要的工作空间，是压力容器主要的受压元件之一，其内径和容积往往需由工艺计算确定。圆柱形筒体（即圆筒）和球形筒体是工程中常用的筒体结构。

筒体通常用钢板卷焊，当筒体较长时由多个筒节组焊而成。小直径的筒节用无缝钢管制作，大直径的筒节用多块钢板组焊而成。厚壁高压容器可以采用锻焊结构、缠绕式筒体。

2. 封头（端盖）

根据几何形状的不同，封头可以分为椭圆形、球形、碟形、锥形和平板盖等几种，其中以椭圆形封头应用最多。封头与筒体的连接方式有可拆连接与不可拆连接（焊接）两种，可拆连接一般采用法兰连接方式。

小直径的封头可以采用与无缝钢管配套的管子封头。大直径的封头可以采用冲压、旋压或爆破成形法制造。超大直径的封头采用分瓣冲压然后组焊的方法来制造。

3. 密封装置

压力容器上需要有许多密封装置，如封头和筒体之间的可拆连接、容器接管与外管道间的可拆连接，以及人孔、手孔盖的连接等，可以说压力容器能否正常、安全地运行在很大程度上取决于密封装置的可靠性。

4. 开孔与接管

压力容器中，由于工艺要求和检修及监测的需要，常在筒体或封头上开设各种大小的孔或安装接管，如人孔、手孔、视镜孔、物料进出口接管，以及安装压力表、液位计、安全阀、测温仪表等接管开孔。

开孔与接管是压力容器上的主要部件。较大直径的开孔要进行开孔补强。接管与筒体的连接采用角接接头或 T 形接头。一般情况下，接管和人孔为受压元件，其制造要求与筒体相同。

5. 内件

容器内部的所有构件统称为内件，如塔器设备的塔盘、换热器内的管束、反应器内的搅拌机构、储罐内的加热盘管等。有的内件是受压元件，其制造要求在《压力容器安全技术监察规程》中都有规定。

6. 支座

压力容器靠支座支承并固定在基础上。随安装位置不同，压力容器支座分立式容器支座和卧式容器支座两类，其中立式容器支座又有腿式支座、支承式支座、耳式支座和裙式支座四种。大型容器一般采用裙式支座。卧式容器支座有支承式、鞍式和圈式支座三种，以鞍式支座应用最多。

7. 安全附件

由于压力容器的使用特点及其内部介质的化学工艺特性，往往需要在容器上设置一些安全装置和测量、控制仪表来监控工作介质的参数，以保证压力容器的使用安全和工艺过程的正常进行。

　　压力容器的安全装置主要有安全阀、爆破片、紧急切断阀、安全联锁装置、压力表、液面计、测温仪表等。

　　上述筒体、封头、密封装置、开孔与接管、内件、支座及安全附件等即构成一台化工设备的外壳。对于储存用容器，这一外壳即为容器本身。对于化学反应、传热、分离等工艺过程的容器，须在外壳内装入工艺所要求的内件，才能构成一台完整的设备。

　　压力容器的主要受压元件包括筒体、封头（端盖）、人孔盖、人孔法兰、人孔接管、膨胀节、设备法兰、球罐的球壳板、换热器的管板和换热管、M36 以上设备的主螺柱及公称直径大于等于 250mm 的接管和管法兰。

二、压力容器的分类

　　压力容器多种分类方法，常用的有以下几种。

（一）按压力分

　　按承压方式分类，压力容器可分为内压容器和外压容器。容器内部介质压力大于外部压力的容器称为内压容器；容器外部介质压力大于内部压力的容器称为外压容器。内部压力小于 1 个绝对大气压（0.1MPa）的外压容器，又称为真空容器。

　　内压容器又可按设计压力分为四个压力等级，具体划分如下。

　　低压（L）容器：$0.1MPa \leqslant p < 1.6MPa$。

　　中压（M）容器：$1.6MPa \leqslant p < 10.0MPa$。

　　高压（H）容器：$10.0MPa \leqslant p < 100MPa$。

　　超高压（U）容器：$p \geqslant 100MPa$。

（二）按原理与作用分

　　根据压力容器在生产中的作用，可分为反应容器、换热容器、分离容器、储存容器。

　　（1）反应容器（代号 R）：主要是用于完成介质的物理、化学反应的容器，如反应器、反应釜、聚合釜、合成塔、蒸压釜、煤气发生炉等。

　　（2）换热容器（代号 E）：主要是用于完成介质热量交换的容器，如管壳式余热锅炉、热交换器、冷却器、冷凝器、蒸发器、加热器等。

　　（3）分离容器（代号 S）：主要是用于完成介质流体压力平衡缓冲和气体净化分离的容器，如分离器、过滤器、蒸发器、集油器、缓冲器、干燥塔等。

　　（4）储存容器（代号 C，其中球罐代号 B）：主要是用于储存、盛装气体、液体、液化气体等介质的容器，如液氨储罐、液化石油气储罐等。

　　在一台压力容器中，如同时具备两个以上的工艺作用原理，则应按工艺过程的主要作用来划分种类。

（三）按相对壁厚分

　　按容器的壁厚可分为薄壁容器和厚壁容器。筒体外径与内径之比小于或等于 1.2 的容器称为薄壁容器；筒体外径与内径之比大于 1.2 的容器称为厚壁容器。

（四）按支承形式分

采用立式支座支承的容器称为立式容器；采用卧式支座支承的容器称为卧式容器。

（五）按材料分

用金属材料制成的容器称为金属容器，目前广泛使用的金属材料有低碳钢、低合金钢、不锈钢、有色金属等；用非金属材料制成的容器称为非金属容器，目前广泛使用的非金属材料有硬聚氯乙烯、玻璃钢、不透性石墨、化工陶瓷、玻璃等。

（六）按几何形状分

按容器的几何形状，可分为圆柱形、球形、椭圆形、锥形、矩形等容器。

（七）按容器壁温分类

根据容器壁温，容器可分为常温容器、中温容器、高温容器和低温容器四类。

（1）常温容器，指壁温为-20~200℃的容器。

（2）中温容器，指壁温在常温与高温之间的容器。

（3）高温容器，指壁温达到材料蠕变温度的容器。对碳素钢或低温合金钢容器，温度超过420℃者；对合金钢（如Cr-Mo钢），温度超过450℃者；对奥氏体不锈钢，温度超过550℃者，均属高温容器。

（4）低温容器，指壁温低于-20℃的容器。其中壁温为-40~-20℃者为浅冷容器，低于-40℃者为深冷容器。

（八）按安全技术管理分

从安全管理和技术监督的角度来考察，压力容器一般分为固定式容器和移动式容器两大类。由于使用情况不同，对这两类容器的技术管理要求也不同。

固定式容器，是指除用作运输或储存气体、液化气体的盛装容器之外的所有容器，它们都有固定的安装和使用地点，工艺条件和操作人员也比较固定，容器一般不是单独装设，而是处于一定的工艺流程中，用管道与其他设备相连。

移动式容器，是一种盛装容器，也属于储运容器。其用途主要是盛装或运输压缩气体、液化气体和溶解气体。这类容器的特点是流动范围大，环境变化大，同时在使用操作上又没有固定的熟练操作人员，管理比较复杂，也比较容易发生事故。移动式容器按其容积的大小和结构形状的不同，可分为气瓶（200L以下）、气筒（200~1000L）和槽车（大于1000L）三种。

另外，上述几种分类方法仅仅考虑压力容器的某个设计参数或使用状况，还不能综合反映压力容器面临的整体危害水平。例如，储存易燃或毒性程度为中度及以上危害介质的压力容器，其危害性要比相同几何尺寸、储存毒性程度为轻度或非易燃介质的压力容器大得多。压力容器的危害性还与其设计压力 p 和全容积 V 的乘积有关，pV 值越大，则容器破裂时爆炸能量越大，危害性也越大，对容器的设计、制造、检验、使用和管理的要求越高。为此，国家颁布的压力容器相关法规又有其他一些分类方法。例如，《压力容器安全技术监察规程》（2000版）采用既考虑设计压力与全容积乘积大小，又考虑介质危害程度及容器种类的综合分类方法，有利于安全技术监督和管理。该方法将压力容器分为三类，即一类容器、二类容器和三类容器。这三类容器均属受安全监察的压力容器（不包括核能容器、船舶上的专用容器和直接受火焰加热的容器）。

1. 第三类压力容器（具有下列情况之一）

（1）高压容器。

（2）毒性程度为极度和高度危害介质的中压容器。

（3）中度危害介质，且 $pV \geqslant 10MPa \cdot m^3$ 中压储存容器。

（4）中度危害介质，且 $pV \geqslant 0.5MPa \cdot m^3$ 中压反应容器。

（5）毒性程度为极度和高度危害介质，且 $pV \geqslant 0.2MPa \cdot m^3$ 的低压容器。

（6）高压、中压管壳式余热锅炉。

（7）中压搪玻璃压力容器。

（8）使用强度级别较高（指相应标准中抗拉强度规定值下限大于等于 540MPa）的材料制造的压力容器。

（9）移动式压力容器，如铁路罐车（介质为液化气体、低温液体）、罐式汽车［包括液化气体运输（半挂）车、低温液体运输（半挂）车、永久气体运输（半挂）车］和罐式集装箱（介质为液化气体、低温液体）等。

（10）容积大于等于 $50m^3$ 的球形储罐。

（11）容积大于 $5m^3$ 的低温液体储存容器。

2. 第二类压力容器

（1）中压容器。

（2）毒性程度为极度和高度危害介质的低压容器。

（3）易燃介质或毒性程度为中度危害介质的低压反应容器和低压储存容器。

（4）低压管壳式余热锅炉。

（5）低压搪玻璃压力容器。

3. 第一类压力容器

不在第三类、第二类压力容器之内的低压容器为第一类压力容器。

上述压力容器分类方法综合考虑设计压力、几何容积、材料强度、应用场合和介质危害程度等影响因素，分类方法比较科学合理。

三、压力容器的设计要求

容器的总体尺寸（如反应釜釜体容积的大小、釜体长度与直径的比例，又如蒸馏塔的直径与高度，接口管的数目、方位及尺寸等）、传热方式及传热面积的大小一般是根据工艺生产要求，通过化工工艺计算和生产经验确定的。这些尺寸通常称为设备的工艺尺寸。

当设备的工艺尺寸初步确定后，就须进行零部件的结构和强度设计。容器机械设计应满足如下要求。

1. 强度

强度是指容器抵抗外力破坏的能力。容器应有足够的强度，以保证安全生产。

2. 刚度

刚度是指容器及其构件抵抗外力使其发生变形的能力。容器及其构件必须有足够的刚度，以防止在使用、运输或安装过程中发生不允许的变形。有时设备构件的设计主要取决于刚度而不是强度。例如塔设备的塔板，其厚度通常由刚度而不是由强度来确定。因为塔板的允许挠度很小，一般在 3mm 左右。如果挠度过大，则塔板上液层的高度就有较大差别，使通过液层的气流不能均匀分布，因而大大影响塔板效率。

3. 稳定性

稳定性是指容器或构件在外力作用下保持原有形状的能力。承受压力的容器或构件，必须保持足够的稳定性，以防止被压瘪或出现褶皱。

4. 耐久性

化工设备的耐久性是根据所要求的使用年限来确定的。化工设备的设计使用年限一般为 10～15 年，但实际使用年限往往超过这个数字。其耐久性大多数取决于腐蚀情况，在某些特殊情况下还取决于设备的疲劳、蠕变或振动等。为了保证设备的耐久性，必须选择适当的材料，使其能耐所处理介质的腐蚀，或采用必要的防腐蚀措施及正确的施工方法。

5. 密封性

化工设备的密封性是一个十分重要的问题。设备密封的可靠性是安全生产的重要保证之一，因为化工厂中所处理的物料中很多是易燃、易爆或有毒的，设备内的物料如果泄漏出来，不但会造成生产上的损失，而且会使操作人员中毒，甚至引起爆炸；如果空气漏入负压设备，也会影响工艺过程的进行或引起爆炸。因此，化工设备必须具有可靠的密封性，以保证安全，创造良好的劳动环境，维持正常的操作条件。

6. 节省材料和便于制造

化工设备在结构上应尽可能降低材料的消耗，尤其是贵重材料的消耗。在考虑结构时，应以便于制造、保证质量为原则。应尽量减少或避免复杂的加工工序，并尽量减少加工量。在设计时应尽量采用标准设计和标准零部件。

7. 方便操作和便于运输

化工设备的结构应当考虑操作方便，同时还要考虑安装、维护、检修方便。在化工设备的尺寸和形状方面还应考虑运输的方便和可能性。制造厂可能与使用厂相距很远，当由水路运输时，一般尺寸限制问题不大，但由陆路运输时，就必须考虑设备的直径、质量与长度是否符合铁路或公路运输的规定。

8. 技术经济指标合理

化工设备的主要技术经济指标包括单位生产能力、消耗系数、设备价格、管理费用和产品总成本五项。

单位生产能力是指化工设备单位体积、单位质量或单位面积在单位时间内所能完成的生产任务。一般说来，单位生产能力越高越好。

消耗系数是指生产单位产品所需消耗的原料及能量，包括原料、燃气、蒸汽、水、电能等。消耗系数不仅与所采用的工艺路线有关，而且与设备的设计有很大关系。一般说来，消耗系数越低越好。

第二节 压力容器零部件的标准化

一、标准化简介

（一）标准的分类

标准化工作是一项复杂的系统工程。《中华人民共和国标准化法》（以下简称《标准化法》）实施中提出以下分类方法。

1. 根据运用范围分

根据《标准化法》的规定，我国标准分为国家标准、行业标准、地方标准和企业标准四类。

1）国家标准

由国务院标准化行政主管部门制定的需要在全国范围内统一的技术要求，称为国家标准。

国家标准主要包括广泛使用的基础标准，通用的试验方法标准，基本的原材料性能标准，量大面广的互换性零部件标准，重要的机电产品品种、尺寸、参数系列标准，相互协调的安装尺寸和连接尺寸标准，健康、安全和环境保护标准，以及与人们日常生活紧密相关的衣、食、住、行、用等方面的标准。

国家标准的有效期一般为五年。过了年限后，国家标准就可能要被修订或重新制定。此外，随着社会的发展，国家需要制定新的标准来满足人们生产、生活的需要。因此，标准是一种动态信息。

国家标准的编号由国家标准的代号、标准发布顺序号和标准发布年代号（4位数）组成。强制性国家标准代号为"GB"，推荐性国家标准代号为"GB/T"。

2）行业标准

没有国家标准而又需在全国某个行业范围内统一的技术标准，由国务院有关行政主管部门制定并报国务院标准化行政主管部门备案的标准，称为行业标准。

行业标准应用范围广、数量多，如机械、建筑、化工、冶金等，都制定有行业标准。行业标准的编号由行业标准的代号、标准发布顺序号和标准发布年代号（4位数）组成。强制性机械行业标准代号为"JB"，是"机标"两字的汉语拼音首字母。推荐性机械行业标准代号为"JB/T"，如 JB/T 4736—2002《补强圈钢制压力容器用封头》。化工行业标准代号"HG"，是"化工"两字的汉语拼音缩写。推荐性化工行业标准代号为"HG/T"，如 HG/T 21514—2014《钢制人孔和手孔的类型与技术条件》。

3）地方标准

没有国家标准和行业标准而又需在省、自治区、直辖市范围内统一的工业产品的安全、卫生要求，由省、自治区、直辖市标准化行政主管部门制定并报国务院标准化行政主管部门和国务院有关行业行政主管部门备案的标准，称为地方标准。地方标准代号由"地标"的汉语拼音缩写"DB"加省、自治区、直辖市行政区划代码的前两位数加斜线表示。例如，DB13 表示河北省强制性地方标准代号，DB13/T 表示河北省推荐性地方标准代号；DB53 表示云南省强制性地方标准代号，DB53/T 表示云南省推荐性地方标准代号。

4）企业标准

企业生产的产品没有国家标准、行业标准和地方标准，而是由企业制定作为组织生产依据的相应的企业标准，或在企业内制定适用的严于国家标准、行业标准的企业（内控）标准。由企业自行组织制定的并按省、自治区、直辖市人民政府的规定备案（不含内控标准）的标准，称为企业标准。企业标准的编号由 Q/企业标准的代号、标准发布顺序号和标准发布年代号（四位数）组成。企业标准代号中的符号"Q"为"企"字的汉语拼音缩写。企业代号由相应的政府标准化行政主管部门规定。

这四类标准主要是适用范围不同，不是标准技术水平高低的分级。

2. 根据法律的约束性分

1）强制性标准

强制性标准范围主要是保障人体健康，人身、财产安全的标准和法律、行政法规规定强制执行的标准。对不符合强制标准的产品禁止生产、销售和进口。根据《标准化法》的规定，企业和有关部门对涉及其经营、生产、服务、管理有关的强制性标准都必须严格执行，任何单位和个人不得擅自更改或降低标准。对违反强制性标准而造成不良后果以致重大事故者由法律、行政法规规定的行政主管部门依法根据情节轻重给予行政处罚，直至由司法机关追究刑事责任。

2）推荐性标准

推荐性标准是指导性标准，基本上与 WTO/TBT（World Trade Organization/Technical Barriers to Trade，世界贸易组织贸易技术壁垒协议）对标准的定义接轨，即"由公认机构批准的，非强制性的；为了通用或反复使用的目的，为产品或相关生产方法提供规则、指南或特性的文件"。

3）标准化指导性技术文件

标准化指导性技术文件是为仍处于技术发展过程中（或变化快的技术领域）的标准

化工作提供指南或信息，供科研、设计、生产、使用和管理等有关人员参考使用而制定的标准文件。标准化指导性技术文件编号由指导性技术文件代号、顺序号和发布年号构成，如 GB/Z 24784—2009《黄磷安全规程》。

3. 根据标准的性质分

（1）技术标准。对标准化领域中需要协调统一的技术事项所制定的标准。主要是事物的技术性内容。

（2）管理标准。对标准化领域中需要协调统一的管理事项所制定的标准。主要是规定人们在生产活动和社会生活中的组织结构、职责权限、过程方法、程序文件以及资源分配等事宜，它是合理组织国民经济，正确处理各种生产关系，正确实现合理分配，提高生产效率和效益的依据。

（3）工作标准。对标准化领域中需要协调统一的工作事项所制定的标准。工作标准是针对具体岗位而规定人员和组织在生产经营管理活动中的职责、权限，对各种过程的定性要求以及活动程序和考核评价要求。

4. 根据标准化的对象和作用分

（1）基础标准。基础标准是在一定范围内作为其他标准的基础并普遍通用，具有广泛指导意义的标准，如名词、术语、符号、代号、标志、方法等标准，计量单位制、公差与配合、形状与位置公差、表面粗糙度、螺纹及齿轮模数标准，优先数系、基本参数系列、系列型谱等标准，图形符号和工程制图，产品环境条件及可靠性要求等。

（2）产品标准。产品标准是为保证产品的适用性，对产品必须达到的某些或全部特性要求所制定的标准，包括品种、规格、技术要求、试验方法、检验规则、包装、标志、运输和储存要求等。

（3）方法标准。方法标准是以试验、检查、分析、抽样、统计、计算、测定、作业等各种方法为对象而制定的标准。

（4）安全标准。安全标准是以保护人和物的安全为目的而制定的标准。

（5）卫生标准。卫生标准是为保护人的健康，对食品、医药及其他方面的卫生要求而制定的标准。

（6）环境保护标准。环境保护标准是为保护环境和有利于生态平衡，对大气、水体、土壤、噪声、振动、电磁波等环境质量、污染管理、监测方法及其他事项而制定的标准。

这四种标准分类法的关系如图 3-2 所示。

（二）规范性文件

国际标准化组织（International Oraganization for Standardization，ISO）和 GB/T 20000.1—2002 对"规范性文件"的定义："为各种活动或其结果提供规则、导则或规定特性的文件"。

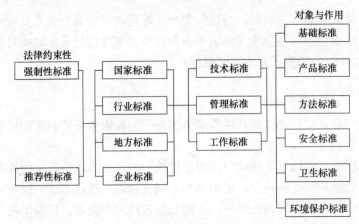

图 3-2 四种标准分类法组合关系图

规范性文件是标准、技术规范、规程和法规等文件的统称。但是这些规范性文件又有各自的特点。

1. 技术规范

ISO 和 GB/T 20000.1—2002 对"技术规范"的定义:"规定产品、过程或服务应满足的技术要求的文件"。

技术规范也是规范性文件之一,它与其他规范性文件的区别主要是从文件的内容来判断。

技术规范主要是用于对标准化对象提出技术要求,也就是用于规定标准化对象的能力。当经协商一致并由公认机构批准时,它可以是标准或标准的一部分,否则它就与标准无关。

这里的技术规范其原文是小写字母开头的,意思是泛指的技术规范。在 ISO 的文件中还有一种大写字母开头的技术规范,是专指由 ISO 用 ISO/TS 为代号发布的技术规范,应注意区分。

2. 规程

ISO 和 GB/T 20000.1—2002 对"规程"的定义:"为设备、构件或产品的设计、制造、安装、维护或使用而推荐惯例或程序的文件"。

规程也是规范性文件之一,它与其他规范性文件的区别主要是从文件的内容来判断。

规程主要用于对标准实施者的行为或行动步骤推荐惯例或程序。当经协商一致并由公认机构批准时,它可以是标准或标准的一部分,否则它就与标准无关。

3. 法规

ISO 和 GB/T 20000.1—2002 对"法规"的定义:"由权力机构通过的有约束力的法律文件"。可见法规与其他规范性文件的区别在于批准或发布机构不同。法规是由权力机构批准或发布的。

4. 技术法规

ISO 和 GB/T 20000.1—2002 对"技术法规"的定义："规定技术要求的法规，它或者直接规定技术要求，或者通过引用标准、技术规范或规程来规定技术要求……或者将标准、技术规范或规程的内容纳入法规中"。

可见，技术法规与其他规范性文件的区别主要在于包含了技术内容，并经过权力机构的批准或发布。

5. 权力机构

具有法律上的权力和权利的机构。也就是说权力机构与公认机构的区别在于它有国家或地方的行政权力作为后盾。

6. 中国国家标准制定程序

中国国家标准制定程序划分为九个阶段：预阶段、立项阶段、起草阶段、征求意见阶段、审查阶段、批准阶段、出版阶段、复审阶段、废止阶段。

7. 国际标准

国际标准一般是指由国际标准化组织 ISO（International Organization for Standardization）或国际标准组织，如国际电工委员会 IEC（International Electrotechnical Commission），制定通过并公开发布的标准。

国外常用标准代号见表 3-1。

表 3-1　国外常用标准代号

序号	代号	含义	负责机构
1	ANSI	美国国家标准	美国国家标准学会（ANSI）
2	API	美国石油学会标准	美国石油学会（API）
3	ASME	美国机械工程师协会标准	美国机械工程师协会（ASME）
4	ASTM	美国试验与材料协会标准	美国试验与材料协会（ASTM）
5	BS	英国国家标准	英国标准学会（BSI）
6	DIN	德国国家标准	德国标准化协会（DIN）
7	FDA	美国食品与药品管理局标准	美国食品与药品管理局（FDA）
8	JIS	日本工业标准	日本工业标准调查会（JISC）
9	NF	法国国家标准	法国标准化协会（AFNOR）
10	SAE	美国机动车工程师协会标准	美国机动车工程师协会（SAE）
11	TIA	美国电信工业协会标准	美国电信工业协会（TIA）
12	VDE	德国电气工程师协会标准	德国电气工程师协会（VDE）

8. 中国标准与国际标准的关系

《标准化法》中规定"国家鼓励积极采用国际标准",即把国际标准和国外先进标准的技术内容,通过分析,不同程度地纳入中国标准并贯彻执行。

GB/T 20001—2001《标准化工作指南第 2 部分:采用国际标准的规则》中规定,将原来的等同、等效、参照采用国际标准,改为等同采用、修改采用和非等效采用三种形式。

（1）等同采用（identical）。即标准的内容与国际标准完全一样。

（2）修改采用（modified），占标准的绝大多数。即标准的内容与国际标准的效果相同。

（3）非等效采用（not equivalent）。即标准的某些指标与国际标准存在较大差异,而不能等效。

二、压力容器零部件标准化概述

（一）压力容器零部件标准化的意义

就广义而言,从产品的设计、制造、检验和维修等方面来看,标准化是组织现代化生产的重要手段之一。实现标准化,有利于成批生产,缩短生产周期,提高产品质量,降低成本,从而提高产品的竞争力。标准化为组织专业化生产提供了有利条件,有利于合理地利用国家资源,节省原材料,有效地保障人民的安全与健康;采用国际性的标准化,可以消除贸易障碍,提高竞争能力。我国加入世界贸易组织后,经济与世界接轨,标准化的意义更加重要。实现标准化可以增加零部件的互换性,有利于设计、制造、安装、检修,提高劳动生产率。我国有关部门已经制定了一系列容器零部件的标准,如圆筒体、封头、法兰、支座、人孔、手孔、视镜和液面计等。

（二）标准化的基本参数

容器零部件标准化的基本参数有两个,即公称直径 DN 和公称压力 PN。

1. 公称直径

对由钢板卷制的筒体和成形封头,公称直径是指它们的内径,其值见表 3-2。设计时应使容器内径符合表 3-2 中直径标准。例如,工艺计算得到容器内径为 970mm,则应调整为最接近的标准值 1000mm,这样就可以选用 DN 1000 的各种标准零部件。

表 3-2　压力容器的公称直径 DN（GB/T 9019—2015）

公称直径/mm									
300	350	400	450	500	550	600	650	700	750
800	850	900	950	1000	1100	1200	1300	1400	1500
1600	1700	1800	1900	2000	2100	2200	2300	2400	2500
2600	2700	2800	2900	3000	3100	3200	3300	3400	3500
3600	3700	3800	3900	4000	4100	4200	4300	4400	4500

续表

公称直径/mm									
4600	4700	4800	4900	5000	5100	5200	5300	5400	5500
5600	5700	5800	5900	6000	6100	6200	6300	6400	6500
6600	6700	6800	6900	7000	7100	7200	7300	7400	7500
7600	7700	7800	7900	8000	8100	8200	8300	8400	8500
8600	8700	8800	8900	9000	9100	9200	9300	9400	9500
9600	9700	9800	9900	10 000	10 100	10 200	10 300	10 400	10 500
10 600	10 700	10 800	10 900	11 000	11 100	11 200	11 300	11 400	11 500
11 600	11 700	11 800	11 900	12 000	12 100	12 200	12 300	12 400	12 500
12 600	12 700	12 800	12 900	13 000	13 100	13 200	—	—	—

对于管子来说，公称直径也称公称通径，它既不是指管子的外径，也不是指管子的内径，而是小于外径的一个数值。只要管子的公称直径一定，管子的外径也就确定，管子的内径因壁厚不同而有不同的数值，见表 3-3。如果采用无缝钢管作为筒体，筒体或封头的公称直径就不是管子原来的公称直径，而是指钢管的外径。

表 3-3　无缝钢管的公称直径 DN 与规格　　　　单位：mm

公称直径 DN	10	15	20	25	32	40	50	65	80	100	125
外径 D_o	14	18	25	32	38	45	57	76	89	108	133
厚度	3	3	3	3.5	3.5	3.5	3.5	4	4	4	4
公称直径 DN	150	175	200	225	250	300	350	400	450	500	—
外径 D_o	159	194	219	245	273	325	377	426	480	530	—
厚度	4.5	6	6	7	8	8	9	9	9	9	—

化工厂用来输送水、煤气及采暖的管子往往采用有缝钢管。这种有缝钢管的公称直径既可用米制（mm）表示，也可用英制表示，其尺寸系列见表 3-4。

表 3-4　水、煤气输送钢管的公称直径 DN 和外径 D_o

公称直径 DN	mm	6	8	10	15	20	25	32	40	50	70	80	100	125	150
	in	1/8	1/4	3/8	1/2	3/4	1	$1\frac{1}{4}$	$1\frac{1}{2}$	2	$2\frac{1}{2}$	3	4	5	6
外径 D_o	mm	10	13.5	17	21.25	26.75	33.5	42.5	48	60	75.5	88.5	114	140	165

有些零部件如法兰、支座等，其公称直径是指与其相配的筒体、封头或管子的公称直径。例如，公称直径为 200mm 的管法兰，指的是连接公称直径为 200mm 的管子的管法兰；公称直径为 1000mm 的压力容器法兰，指的是连接公称直径为 1000mm 容器筒体

和封头的法兰；*DN* 2000 鞍座是指支承 *DN* 2000mm 容器的鞍式支座。还有一些零部件的公称直径是用与它相配的管子的公称直径表示的，如管法兰，*DN* 200 管法兰是指连接 *DN* 200mm 管子的管法兰。另有一些容器零部件，其公称直径是指结构中的某一重要尺寸，如视镜的视孔、填料箱的轴径等。例如 *DN* 80（*Dg* 80）视镜，其窥视孔的直径为 80mm。

2. 公称压力

在制定零部件标准时，仅有公称直径这一个参数是不够的。因为对于公称直径相同的筒体、封头或法兰，只要它们的工作压力不同，它们的其他尺寸就不同。所以还需要将压力容器和管子等零部件所承受的压力也分成若干个规定的压力等级，这些等级就是公称压力，以 *PN* 表示。目前我国所规定的公称压力等级为常压、0.25MPa、0.6MPa、1.0MPa、1.6MPa、2.5MPa、4.0MPa、6.4MPa。

压力容器的筒体和封头消耗钢材最多，但设计计算较为简单，为节省钢材，通常是按工作压力自行设计，确定材料、壁厚等。法兰、人孔等压力容器零部件已标准化，不必自行设计，可直接选用。选择时，必须将设计压力调整为所规定的某一公称压力等级，然后根据 *DN* 与 *PN* 选定该零部件的尺寸。如果不选用标准的零部件，而是进行非标准设计，则设计压力不必符合规定的公称压力。

第三节 常用压力容器规范

由于压力容器应用的广泛性和特殊性以及事故率高、危害性大等特点，如何确保压力容器的安全运行，使之不发生事故，尤其是重大事故，便成了十分重要的问题。为了确保压力容器和化工设备的安全运行，世界各国都制定了一系列有关的规范和标准。在材料、设计、制造、使用、检验等方面提出了明确的基本要求。

一、压力容器安全监察管理重要文件

1. 《特种设备安全监察条例》（2009 年 5 月）

特种设备是指涉及生命安全、危险性较大的锅炉、压力容器（含气瓶，下同）、压力管道、电梯、起重机械、客运索道、大型游乐设施和场（厂）内专用机动车辆。

《特种设备安全监察条例》规定了特种设备设计、制造、安装、改造、维修、使用、检验检测全过程安全监察的基本制度，是所有有关压力容器标准、法规制定的总依据。

2.《固定式压力容器安全技术监察规程》（TSG 21—2016）

为了更全面地保证压力容器的安全运行，把过去的《压力容器安全技术监察规程》修订为几个部分：《超高压压力容器安全技术监察规程》《简单压力容器安全技术监察规

程》《移动式压力容器安全技术监察规程》《固定式压力容器安全技术监察规程》《非金属压力容器安全技术监察规程》。就本书所涉及内容而言，主要是《固定式压力容器安全技术监察规程》，简称《固容规》。《固容规》突出了保证压力容器本质安全与节能降耗的思想，在容器的分类、材料安全系数的调整、换热器效率及保温保冷要求、定期检验等问题上均有较大进展。另外《固容规》还贯彻压力容器定期检验制度的具体操作要求，并对运行中经过检验的压力容器确定其安全等级，判定每台受检容器是否能够在维修后继续正常使用，或者是需要降压使用、监控使用还是予以报废，杜绝可能发生的灾害。同时《固容规》还给新材料、新工艺及新技术的应用留出了渠道和空间。

3. 《锅炉压力容器制造监督管理办法》（2003 年）、《压力容器压力管道设计许可规则》（TSG R1001—2008）

这两个文件是为了加强对压力容器压力管道设计和制造质量的监督和分级管理制定的。这两个文件在把压力容器分成不同级别的基础上，对压力容器的设计和制造单位所必须具备的条件、资格认可和许可证的颁发程序都做了极为详细的规定；对从事压力容器设计和制造的不同岗位、具有不同职责人员的条件、考核也都有详细的要求，取得资格后才能上岗。

4. 《特种设备使用管理规则》（TSG 08—2017）

本文件规定，拥有压力容器所有权的使用单位不能像使用一般设备那样，可以随便使用、停止、更换使用场地和使用者，所有这些都必须办理一定的手续，都要经过一定的认可、登记程序。

5. 《压力容器》（GB 150.1～150.4—2011）

本文件是我国压力容器方面最重要的强制性国家标准。它是中国第一部压力容器国家标准，现行为2011年版。该标准适用于设计压力不大于35MPa的钢制压力容器设计、制造、检验及验收。它以第一强度理论为设计准则，将最大主应力限制在许用应力之内，对局部应力参照应力分析设计法做了适当处理，采用第三强度理论，允许一些特定的局部应力值超过材料的屈服点。本标准适用的设计温度范围根据钢材的允许使用温度确定，从−190℃到钢材的蠕变极限温度。

除了上述法规外，压力容器的设计、制造、检验及验收还要遵循相关技术标准，这些标准包括《钢制压力容器分析设计标准》（JB 4732—1995）、《热交换器》（GB/T 151—2014）、《钢制球形储罐》（GB 12337—2014）等，以上所列标准也是《固容规》引用标准。

二、化工设备常用标准规范

GB 912—2008 《碳素结构钢和低合金结构钢热轧薄钢板及钢带》；
GB/T 3274—2007 《碳素结构钢和低合金结构钢热轧厚钢板及钢带》；
GB/T 4237—2015 《不锈钢热轧钢板钢带》；

GB/T 713—2014《锅炉和压力容器用钢板》;

GB/T 8163—2008《输送流体用无缝钢管》;

GB/T 9948—2013《石油裂化用无缝钢管》;

GB/T 6479—2013《高压化肥设备用无缝钢管》;

GB/T 5310—2008《高压锅炉用无缝钢管》;

GB/T 9019—2015《压力容器公称直径》;

GB 150—2011《钢制压力容器》;

GB 151—2012《热交换器》;

GB 50341—2014《立式圆筒形钢制焊接油罐设计规范》;

GB/T 10478—2006《液化气体铁道罐车》;

GB/T 10479—2009《铝制铁道罐车》;

GB/T 11943—2008《锅炉制图》;

GB 18564.1—2006《汽车运输液体危险货物常压容器(罐体)通用技术条件》;

GB 50461—2008《石油化工静设备安装工程施工质量验收规范》;

SH/T 3098—2011《石油化工塔器设计规范》;

SH/T 3530—2011《石油化工立式圆筒形钢制储罐施工技术规程》;

NB/T 47020—2012《压力容器法兰分类与技术条件》;

NB/T 47021—2012《甲型平焊法兰》;

NB/T 47022—2012《乙型平焊法兰》;

NB/T 47023—2012《长颈对焊法兰》;

NB/T 47024—2012《非金属软垫片》;

NB/T 47025—2012《缠绕垫片》;

NB/T 47026—2012《金属包垫片》;

NB/T 47015—2011《压力容器焊接规程》;

GB/T 25198—2010《压力容器封头》;

JB/T 4736—2002《补强圈钢制压力容器用封头》;

HG/T 21514—2014《钢制人孔和手孔的类型与技术条件》;

HG/T 21515—2014《常压人孔》;

HG/T 21516—2014《回转盖板式平焊法兰人孔》;

HG/T 21517—2014《回转盖带颈平焊法兰人孔》;

HG/T 21518—2014《回转盖带颈对焊法兰人孔》;

HG/T 21519—2014《垂直吊盖板式平焊法兰人孔》;

HG/T 21520—2014《垂直吊盖带颈平焊法兰人孔》;

HG/T 21521—2014《垂直吊盖带颈对焊法兰人孔》;

HG/T 21522—2014《水平吊盖板式平焊法兰人孔》;

HG/T 21523—2014《水平吊盖带颈平焊法兰人孔》;

HG/T 21524—2014《水平吊盖带颈对焊法兰人孔》;

HG/T 21525—2014《常压旋柄快开人孔》;

HG/T 21526—2014《椭圆形回转盖快开人孔》；

HG/T 21527—2014《回转拱盖快开人孔》；

HG/T 21528—2014《常压手孔》；

HG/T 21529—2014《板式平焊法兰手孔》；

HG/T 21530—2014《带颈平焊法兰手孔》；

HG/T 21531—2014《带颈对焊法兰手孔》；

HG/T 21532—2014《回转盖带颈对焊法兰手孔》；

HG/T 21533—2014《常压快开手孔》；

HG/T 21534—2014《旋柄快开手孔》；

HG/T 21535—2014《回转盖快开手孔》；

JB/T 4712.1—2007《容器支座第 1 部分：鞍式支座》；

JB/T 4712.2—2007《容器支座第 2 部分：腿式支座》；

JB/T 4712.3—2007《容器支座第 3 部分：耳式支座》；

JB/T 4712.4—2007《容器支座第 4 部分：支承式支座》；

GB 50205—2001《钢结构工程施工质量验收规范》。

三、国外压力容器规范简介

1. 美国 ASME 规范

美国《锅炉和受压容器规范》（简称 ASME 规范），由美国机械工程师协会制定，共有 11 卷 22 册，包括锅炉、压力容器、核动力装置、焊接、材料、无损检测等内容。它是一部封闭型的成套标准，自成体系、无须旁求，篇幅庞大、内容丰富，全面包括了锅炉与压力容器质量保证的要求。

ASME 规范中与压力容器设计有关的主要是第Ⅷ篇《压力容器》，共有三个分篇。第一分篇 ASME Ⅷ-1《压力容器》(2013)，属于常规设计标准，适用于压力小于 20MPa 的压力容器。它以弹性失效准则为依据，根据经验确定材料的许用应力，并对零部件尺寸做出一些具体规定。第二分篇 ASME Ⅷ-2《压力容器建造另一规则》(2013)，采用的是分析设计标准。它要求对压力容器各区域的应力进行详细的分析，并根据应力对容器失效的危害程度进行应力分类，再按不同的设计准则分别予以限制。第三分篇 ASME Ⅷ-3《高压容器》(2013)，主要适用于设计压力不小于 70MPa 的高压容器。它不仅要求对容器零部件进行详细的应力分析和分类评价，而且要求进行疲劳分析和断裂力学评估，是一个到目前为止要求最高的压力容器规范。

美国的 ASME 规范是世界上制定最早（1915 年）、最完备的压力容器规范。其他国家大多参照 ASME 规范，结合本国实际情况制定各自的压力容器规范，我国的 GB 150.1～150.4—2011《压力容器》也不例外。GB 150.1～150.4—2011 的基本思路与 ASME Ⅷ-1 相同，不同之处在于以极限强度为基准的安全系数，我国取 $n_b=3$，ASME Ⅷ-1 取 $n_b=4$。另一不同之处是 GB 150.1～150.4—2011 对局部应力参照应力分析设计法做了适当处理，采用第三强度理论，允许一些特定的局部应力值超过材料的屈服点。

2. 日本 JIS 标准

JIS B8265—2010《压力容器的构造——一般规则》；

JIS B8266—2006《压力容器的构造——特定标准》；

JIS B8267—2008《压力容器的设计》；

JIS B8271—8285《压力容器（单项标准）》。

3. 欧盟规范

PD 5500—2006《非直接受火压力容器》。

 知识拓展

化工设备机械通用制造技术

在化工、炼油、制药等生产中，要用到大量的工艺设备，如塔器、反应器、换热器、蒸发器、反应釜、加热炉、储罐、传质设备、普通分离设备及离子交换设备等。这些工艺设备在生产过程中盛装的介质具有高温、高压、高真空、易燃、易爆的特性，或是有腐蚀性甚至是有毒性的气体或液体。不同的设备其结构特点不同、工艺参数不同，且完成的物理或化学过程的步骤也不同。

化工设备机械虽然种类繁多、形式各样，但它们的基本结构不外乎一个密闭的壳体或装有内件的密闭壳体，装有不同内件的壳体构成不同设备，以实现不同的物理或化学过程。从结构上讲，化工设备机械实质上是一个装有不同内件的容器。按所承受的压力大小分为常压容器和压力容器两大类。压力容器和常压容器相比，不仅在材料、结构上有较大差别，而且在使用和制造要求上也有较大区别。化工设备机械制造实质上是压力容器的制造。

一、化工设备机械制造工艺过程的特点

1. 设备机械的外形尺寸庞大

随着石油化工生产装置的大型化，化工设备机械相应地也向大型化发展。一般的压力容器直径为 2～6m，壁厚为 30～60mm，质量为 30～100t。大型设备质量就更大，如国产板焊结构的加氢反应器直径为 3000mm，壁厚为 128mm，单台质量为 265t；锻焊结构加氢反应器直径为 4200mm，壁厚为 281mm，单台质量为 961t。其制造技术要求高，施工周期长，运输、安装难度大。

2. 压力容器的制造方法受安装条件的限制

压力容器大部分是单件非标设备，很难形成批量，且制造难度大、质量要求高。根据压力容器结构特点、制造技术和运输条件的不同，制造方法分为整体制造和分段制造。不受运输条件限制的压力容器在制造厂整体制造，然后运到现场进行安装；受运输条件限制的压力容器在制造厂分段制造，运到现场组装成整体再进行安装。

3. 压力容器制造使用的材料种类繁多

容器采用的材料有碳素钢、低合金钢、耐热钢、不锈钢、低温钢、抗氢钢和特殊合金钢等材料，品种越来越多，对钢材的品质要求越来越严。高强度钢的大量使用，要求焊接过程采用相应的工艺措施，如焊前预热、焊接保温、焊后热处理等。

4. 焊接是压力容器制造的主要手段

焊接是压力容器质量的重要控制环节。在压力容器的焊接中，焊条电弧焊的比例正在降低，埋弧自动焊、二氧化碳气体保护焊、氩弧焊的比例正在加大。自动焊接技术和焊接机器人的使用使大型容器的焊接实现了自动化。等离子堆焊，多丝、大宽度带极堆焊，电渣焊等焊接方法，已在压力容器制造上得到广泛应用。

5. 压力容器制造须取得相应资质

制造压力容器的企业，必须取得国家市场监督管理总局或地方质量技术监督部门认可的资质，按照技术监督部门批准的容器制造许可证的等级来生产压力容器，未经批准或超过批准范围生产压力容器都是非法的。容器制造许可证每隔四年要进行换证审核，达不到要求的会取消容器制造许可证。

6. 制造压力容器应具备相应条件

制造压力容器的硬性条件是，必须具有专业的生产厂房、材料库、加工设备和施工机具；软性条件是，必须有一支经验丰富的技术管理、技术施工队伍和完善的压力容器质量保障体系，以及与之相配套的管理措施和制度。

7. 压力容器制造实行国家法规和技术标准的法制化管理

由于压力容器的特殊性，国家对压力容器实行法治化管理。20 世纪 80 年代初国家就颁布了压力容器设计、制造、使用和管理的各项法规和技术标准，制造过程必须受这些法规、标准的约束。

8. 压力容器制造依靠社会化分工协作

随着压力容器趋向大型化，制造企业需要大型厂房，并配有大吨位的行车、大型卷板机、大型水压机、大型热处理炉和各种类型的焊接变位机等。具备上述设备，已成为提升制造压力容器能力的关键因素。一个制造企业购置所有的加工设备需要花费大量的资金，而大部分设备又长时间处于闲置状态，势必造成巨大的浪费。因此，专业化生产和社会化分工协作，是提升制造能力和制造水平的最佳方式。

二、压力容器制造的工艺流程

压力容器制造工艺流程是容器制造的一个工艺路线，制造单位的各个部门应按工艺流程进行压力容器的生产。将压力容器制造的各个工序，按先后顺序排列出工艺图形，称为工艺流程图。下面就以图 3-3 所示脱硫滤液罐制造工艺流程为例说明压力容器的制造工艺流程。

首先，施工技术人员根据施工图纸及制造单位的施工能力和运输条件，确定压力容器的制造深度。其次，由设计、制造工程技术人员共同对施工图纸进行审核。

审核图纸是为了解决施工图中可能存在的问题。主要环节是图纸批准手续的合法性，图纸技术要求标准的规范性，零部件的规格、材质、数量和质量的准确性，图纸结构尺寸的相符性，制造工艺的可行性。最后，确定压力容器所用的材料品种、规格及配件，并按现行技术标准规范的要求，确定压力容器制造所要采用的工艺和技术措施。

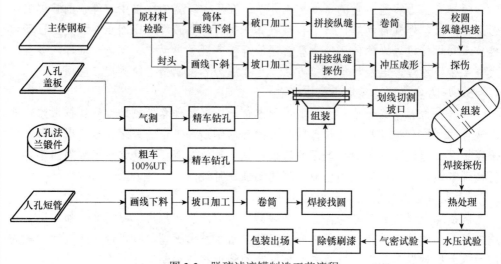

图 3-3　脱硫滤液罐制造工艺流程

在施工前对制造压力容器的原材料进行验收和复验。材料合格后，按工艺工程师制定的工艺过程进行制造。其制造过程可分为原材料的检验、画线、切割，受压元件的成形、焊接、组装、无损检验、水压试验和气密性试验、除锈刷漆等。

 课程作业

简答题

1．压力容器由哪些主要部件组成？各部件的作用是什么？

2．压力容器设计的要求是什么？

3．国家标准、行业标准、地方标准、企业标准的区别是什么？

4．由全国锅炉压力容器标准化技术委员会编制的我国压力容器方面最重要的强制性国家标准是什么？

5．什么是特种设备？

6．我国现行的《压力容器安全技术监察规程》包括哪些？

7．GB 150.1～150.4—2011 与 ASME 规范有何区别与联系？

第四章 内压薄壁圆筒与封头的强度设计

【知识目标】 掌握内压容器设计知识。
【技能目标】 能进行内压薄壁容器筒体及封头的壁厚计算与强度校核；
能利用压力容器相关标准和规范查取所需数据和资料。

据国家质量监督检验检疫总局公布数据：截至 2016 年年底，全国特种设备总量达 1197.02 万台，其中：锅炉 53.44 万台，压力容器 359.97 万台，电梯 493.69 万台，起重机械 216.19 万台，客运索道 1008 条，大型游乐设施 2.23 万台，场（厂）内机动车辆 71.38 万台。

我国 2016 年共发生特种设备事故和相关事故 233 起，死亡269 人，受伤140 人，与 2015 年相比，事故数量减少 24 起，降幅 9.34%；死亡人数减少9 人，降幅 3.24%；受伤人数减少180 人，降幅 56.25%。2016 年全国万台特种设备死亡率为 0.33，同比下降 8.33%，全年未发生重特大事故，特种设备安全形势总体平稳向好。

在这 233 起事故中，按设备类型分，发生锅炉事故 17 起，压力容器事故 14 起，气瓶事故 13 起，压力管道事故两起。

事故原因：

（1）锅炉事故：违章作业或操作不当七起，设备缺陷和安全附件失效三起。

（2）压力容器事故：违章作业或操作不当四起，设备缺陷和安全附件失效三起。

（3）气瓶事故：违章作业或操作不当六起，设备缺陷和安全附件失效二起，非法经营一起。

（4）压力管道事故：一起为山体滑坡导致管道破裂引发爆燃，一起为人员违章操作。

第一节 强度设计基本知识

在压力容器的设计中，一般都是根据工艺要求确定其公称直径，强度计算的任务是选择合适的材料，然后根据给定的公称直径及设计压力和设计温度，设计出合适的厚度，以保证设备安全可靠地运行。

一、内压薄壁圆筒与球壳的应力计算

1. 内压薄壁圆筒的应力计算

化学工业中，应用最多的是薄壁容器。对压力容器进行应力分析是强度计算中首先要解决的问题。图 4-1 所示为一受内压的圆筒形薄壁容器，其中间面直径为 D，壁厚为 δ，内部受到介质压力 p 的作用。

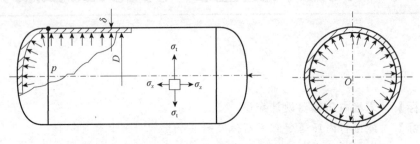

图 4-1 受内压的圆筒形薄壁容器

筒体在内部压力作用下，在纵向（沿筒体轴线方向）上，作用于两端封头的内压 $p_{内}$ 产生的合力 $F_{合}$ 使筒体发生拉伸变形，因而在垂直于筒体轴线的横截面内存在均匀分布的拉应力，如图 4-2 所示，称为轴向应力，用 σ_z 表示；在横向上（即筒体的径向）将发生直径增大的变形，经理论分析，在经过筒体轴线的纵截面内同时存在弯曲应力和拉应力。对于薄壁容器来说，由于器壁很薄，经理论分析，弯曲应力与拉应力比起来要小得多。为使问题简化，可以认为，在筒体器壁的纵截面内只存在均匀分布的拉应力，并称为环向应力，如图 4-3 所示，用 σ_t 表示。

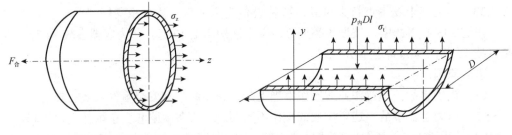

图 4-2 筒体横向截面受力分析   图 4-3 筒体纵向截面受力分析

1）轴向应力

用一个垂直于筒体轴线的平面将筒体截成左右两部分，移去右面部分而研究左面部分的平衡，如图 4-2 所示。首先计算作用于封头的内压 $p_{内}$ 产生的合力 $F_{合}$。作用在任一曲面上的介质压力，其合力 $F_{合}$ 等于压力 $p_{内}$ 与该曲面沿合力方向所得投影面积 A 的乘积，而与曲面形状无关。在本节中，内压 $p_{内}$ 作用于封头的合力 $F_{合}$ 沿筒体轴线水平向左，则左侧封头曲面的投影面积 A 为

$$A = \frac{\pi}{4} D^2$$

所以，作用于封头的内压 $p_{内}$ 产生的合力 $F_{合}$ 为

$$F_{合} = p_{内} A = p_{内} \frac{\pi}{4} D^2$$

$F_{合}$ 使左面部分有向左移动的趋势，为了保持原来的平衡，被移去的右面部分必给左面部分以作用力（内力），即在筒体器壁的横截面内产生轴向应力 σ_z。由于对称，σ_z

在筒体横截面上的分布是均匀的。根据轴向平衡条件 $\sum p_z = 0$ 有

$$\sigma_z \pi D \delta - p_{内} \frac{\pi}{4} D^2 = 0$$

整理后得

$$\sigma_z = \frac{p_{内} D}{4\delta} \tag{4-1}$$

2）环向应力

为简便起见，由筒体中取出长为 l 的一段进行分析，用通过筒体轴线的平面（称为轴平面）将筒体截成上、下两部分，移去上面部分而研究下面部分的平衡，如图 4-3 所示。与作用于封头的合力 $F_合$ 的计算相似，作用在下面部分上的内压 $p_{内}$ 的合力 $F_合 = pA$，A 为下面部分在轴平面上的投影面积，$A = Dl$，所以有 $F_合 = pDl$。$F_合$ 有使下面部分向下移动的趋势，为了保持原来的平衡，被移去的上面部分必给下面部分以作用力（内力），即在筒体器壁的纵截面内产生环向应力 σ_t。根据平衡条件 $\sum F_y = 0$ 有

$$\sigma_t 2l\delta - p_{内} Dl = 0$$

整理后得

$$\sigma_t = \frac{p_{内} D}{2\delta} \tag{4-2}$$

对比式（4-1）和式（4-2）可以看出，薄壁圆筒承受内压时，在其轴向和环向都有拉应力存在，而且环向应力是轴向应力的 2 倍，即 $\sigma_t = 2\sigma_z$。实践证明，圆筒形内压容器往往从强度薄弱的纵向破裂。因此在设计过程中必须注意：如果需要在圆筒上开设椭圆形孔，应使其短轴与筒体的纵向一致，如图 4-4 所示，以减少筒体纵向截面的削弱程度。根据这个特点，在焊接或检验容器时，纵向焊缝的质量必须保证。

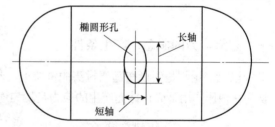

图 4-4　薄壁圆筒上开孔的有利形状图

2. 内压薄壁球壳的应力计算

化工设备中的球罐以及其他压力容器中的球形封头均属球壳。球壳的特点是中心对称，因此应力分布有两个特点：一是各处的应力均相等；二是轴向应力与环向应力相等。在内压 $p_{内}$ 作用下，球壳直径将增大，其变形及应力与筒体的横向是相似的，即可认为在通过球心的截面内只存在均匀分布的拉应力。下面使用截面法计算球壳内的应力。

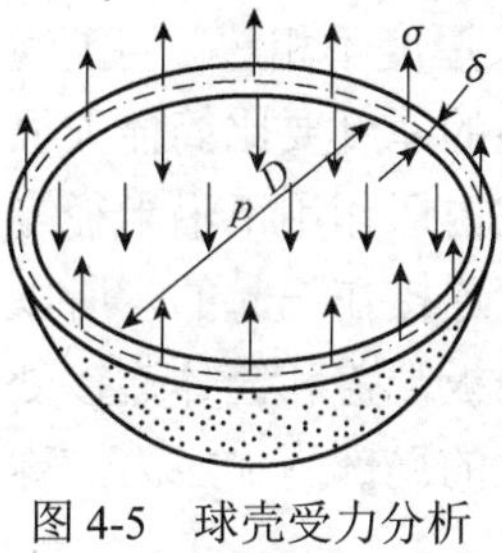

用通过球心的截面将球壳截为上、下两部分，取下面部分为研究对象，如图 4-5 所示。内压 $p_{内}$ 产生的向下的合力为 $F_合 = p_{内} \frac{\pi}{4} D^2$。根据平衡条件 $\sum p_y = 0$ 有

$$\sigma \pi D \delta - p \frac{\pi}{4} D^2 = 0$$

图 4-5　球壳受力分析

整理后得

$$\sigma = \frac{p_{内}D}{4\delta} \qquad (4\text{-}3)$$

二、弹性失效的设计准则

设计压力容器时，确定容器壁内允许应力的限度（即容器的判废标准）有不同的理论依据和准则，对于中、低压薄壁容器，目前通用的是弹性失效理论。依据这一理论，容器上某处的最大应力达到材料在设计温度下的屈服点，容器即告破坏。为了保证容器安全可靠地工作，必须留有一定的安全裕度，容器的每一部分所受应力必须小于材料的屈服应力，使结构中的最大工作应力与材料的许用应力之间满足一定的关系，这就是强度安全条件，即

$$\sigma_{当} \leqslant \frac{\sigma^0}{n} = [\sigma] \qquad (4\text{-}4)$$

式中：$\sigma_{当}$——器壁内的相当应力，可由主应力借助于强度理论来确定；

σ^0——极限应力；

$[\sigma]$——许用应力；

n——安全系数，$n \leqslant 1$。

第二节　边缘应力

一、边缘应力的概念、产生条件

以上讨论都是假设在远离封头的位置上，此时所有壳体承受的力都简化为拉应力，并认为在内压作用下壳体截面产生的应力是均匀连续的。但在实际生产中，除了球壳外，圆柱形容器是用圆筒与圆形平板、圆锥组合而成的，零部件受压后，各自产生的变形不一致，即变形不连续，这类壳体的连接边缘处必然存在应力的不连续性。另外，壳体材料的变化、厚度的变化、局部承受载荷等都会引起壳体应力的不连续性。

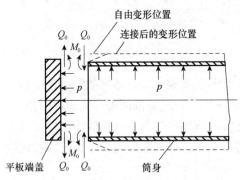

图 4-6　圆筒与平板形封头连接处的弯曲变形

以筒体与封头连接部分为例，如图 4-6 所示为一带有平板形封头的圆筒形容器。圆筒形容器的厚度与平板形封头厚度不相等。为了满足承压需要，平板形封头的厚度要比筒体大很多，因此其刚度也大，在内压作用下沿半径方向的变形很小；而圆筒较薄，半径方向变形较大，但两者又是刚性连接在一起的，所以在连接处圆筒的变形就受到平板形封头的约束而不能自由膨胀。平板端盖和筒体连接处称为边缘部分。在边缘处由于筒体和平板端盖之间互相约束而产生的局部附加应力，称为边缘应力。

壳体连接的两部分受力后变形不同而产生相互约束。因此当组合壳体存在互相约束时，即使不在封头和筒体连接的边缘部位，仍然会产生边缘应力。常见的连接边缘部位如图 4-7 所示。

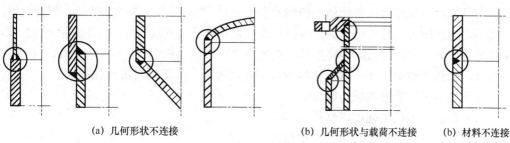

(a) 几何形状不连接　　　　(b) 几何形状与载荷不连接　　(b) 材料不连接

图 4-7　连接边缘

（1）壳体与封头的连接处两部分母线有突变。

（2）直径和材料相同，但厚度不同的两圆筒连接处，由于厚度不同、刚度不同，变形也不同。

（3）同直径、同厚度但材料性能不同的两圆筒的连接处，因为材料性能不同，变形也不同。

（4）壳体上有集中载荷，因为有局部载荷，导致变形受约束。

（5）圆筒上有法兰、管板、支座等部位，因为法兰、管板、支座等导致壳体局部受约束。

可见，边缘应力是因为几何形状不同、材料的物理性能不同或载荷不连续等原因而使边界处的变形受到约束而产生的局部应力。边缘应力数值较高，有时甚至会导致容器失效，往往成为容器破裂的原因。因此进行容器设计时必须重视边缘应力。

二、边缘应力的特性

1. 局限性

不同形状的组合壳体，在边缘处产生的边缘应力大小不同。研究表明，它们有明显的衰减特性，影响范围很小，应力只存在于连接处附近的区域，随着离连接边缘处距离的增大，边缘应力会沿着圆筒的轴线方向呈波形曲线迅速衰减至零（图 4-8），而且壳壁越薄衰减得越快。这就是边缘应力的特性之一 ——局限性。

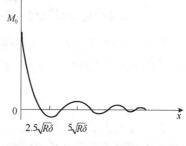

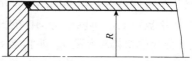

图 4-8　带平板形封头的圆筒形容器边缘力矩变化示意

2. 自限性

边缘应力是由变形不协调而引起的局部应力，一旦连接处材料产生塑性变形，这种弹性约束就会开始缓解，使变形趋于协调，边缘应力自行得到限制。根据设计准则，对由塑性较好材料制成的容器，由于载荷部分被邻近的弹性区分担，整个容器并不会因边缘应力高而在边缘区域发生破裂。这就是边缘应力自限性的特点。

三、边缘应力的影响和处理

塑性较好的低碳钢或奥氏体不锈钢及有色金属（如铜、铝）制作的容器，塑性较好，一般不对边缘应力进行特殊考虑。容器厚度按设计计算公式确定即可，只需在结构上做某些处理，如对焊缝采取焊后热处理，以减小热应力；结构上要尽量合理，如采取等厚度连接，折边要圆滑过渡，焊缝要尽量远离连接边缘；要正确使用加强圈等。

在下列情况下需要考虑边缘应力。

（1）塑性较差的高强度钢制压力容器。

（2）低温下操作的铁素体制得重要压力容器。

（3）受疲劳载荷作用的压力容器。

（4）受核辐射作用的压力容器。

这些压力容器，若不注意控制边缘应力，在边缘高应力区有可能导致脆性破坏或疲劳。因此，必须正确计算边缘应力并按 JB 4732—1995《钢制压力容器分析设计标准》进行设计。

第三节　内压薄壁圆筒与球壳强度设计

一、强度条件与壁厚计算

1. 内压薄壁圆筒的强度条件与壁厚计算

对内压薄壁圆筒而言，其环向应力 σ_t 远大于轴向应力 σ_z，故应按环向应力 σ_t 建立强度条件，式中的 p 换为计算压力 p_c，设器壁材料的许用应力为 $[\sigma]^t$，则筒体的强度条件为

$$\sigma_t = \frac{p_c D}{2\delta} \leqslant [\sigma]^t$$

钢制压力容器大多用钢板卷焊而成，在焊缝及其附近，往往存在焊接缺陷（夹渣、气孔及未焊透等）以及加热冷却造成的内应力和晶粒粗大，使得焊缝及其附近材料的强度比钢板略低，所以要将钢板的许用应力适当降低。将许用应力乘以一个小于 1 的数值 ϕ（称为焊接接头系数），即将钢板材料的许用应力打一个折扣，来弥补在焊接时可能出现的强度削弱。引入焊接接头系数后的强度条件为

$$\sigma_t = \frac{p_c D}{2\delta} \leqslant [\sigma]^t \phi$$

此外，一般工艺条件确定的是圆筒内直径 D_i（符合公称直径的标准值），在计算公式中，用内直径比用中间面直径方便，为此，可将中间面直径 $D = D_i + \delta$ 代入上式，得

$$\sigma_t = \frac{p_c (D_i + \delta)}{2\delta} \leqslant [\sigma]^t \phi$$

解出式中的 δ，即得到内压薄壁圆筒的计算壁厚公式

$$\delta=\frac{p_{c}D_{i}}{2[\sigma]^{t}\phi-p_{c}} \tag{4-5}$$

式中：δ——圆筒的计算厚度，mm；

p_{c}——圆筒的计算压力，MPa；

D_{i}——圆筒的内直径，mm；

$[\sigma]^{t}$——圆筒材料在设计温度下的许用应力，MPa；

ϕ——圆筒的焊接接头系数。

2. 内压薄壁球壳的强度条件与壁厚计算

内压薄壁球壳的强度条件为

$$\sigma=\frac{p_{c}D}{4\delta}\leqslant[\sigma]^{t}$$

考虑焊缝的影响，并将中间面直径 $D=D_{i}+\delta$ 代入上式，则有

$$\sigma_{t}=\frac{p_{c}(D_{i}+\delta)}{4\delta}\leqslant[\sigma]^{t}\phi$$

解出式中的 δ，于是可得承受内压的球壳的计算壁厚 δ 为

$$\sigma_{t}=\frac{p_{c}D_{i}}{4[\sigma]^{t}\varphi-p_{c}} \tag{4-6}$$

式（4-6）中各项参数的意义及单位与式（4-5）相同。

对比内压薄壁球壳 [式（4-6）] 与内压薄壁圆筒壁厚的计算公式 [式（4-5）] 可知，当条件相同时，球壳的壁厚约为圆筒壁厚的一半。例如，内压为 0.5MPa、容积为 5000m³ 的容器，若为圆筒形，其用材量是球形的 1.8 倍；而且在相同容积下，球体的表面积比圆柱体的表面积小，因而防护用剂和保温等费用也较少。所以，目前在化工、石油、冶金等工业中，许多大容量储罐都采用球形容器。但因球形容器制造比较复杂，所以，通常直径小于 3m 的容器仍为圆筒形。

3. 容器厚度的概念

1）计算厚度 δ

计算厚度指按各强度公式计算得到的厚度。

2）设计厚度 δ_{d}

设计厚度指计算厚度与腐蚀裕量 C_{2} 之和，即 $\delta_{d}=\delta+C_{2}$。

3）名义厚度 δ_{n}

名义厚度指设计厚度加上钢材厚度负偏差 C_{1} 后向上圆整至钢材标准规格的厚度。常用钢板厚度（mm）为 3、4、5、6、8、10、12、14、16、18、20、22、25、28、30 等。此值应标注在设计图纸上。

4）有效厚度 δ_{e}

有效厚度指名义厚度减去钢材厚度负偏差和腐蚀余量，即 $\delta_{e}=\delta_{n}-(C_{1}+C_{2})=\delta_{n}-C$。式中 $C=C_{1}+C_{2}$ 称为厚度附加量。

5）最小厚度 $\delta_{\min}$

工作压力很低的容器，按强度公式计算所得的厚度往往是很小的，在焊接时无法获得较高的焊接质量，在运输、吊装过程中也不易保持它原来的形状。所以对常压或低压容器应该首先考虑它的刚度够不够，在 GB 150—2011 中对容器的壳体加工成形后满足刚度要求、不包括腐蚀余量的最小厚度 $\delta_{\min}$ 做了如下限制：

（1）碳素钢、低合金钢制容器，不小于 3mm。

（2）高合金钢制容器，一般不应小于 2mm。

容器元件的名义厚度和最小成形厚度一般应标注在设计图纸上。

容器各厚度之间的关系如图 4-9 所示，名义厚度可按图 4-10 的方法确定。

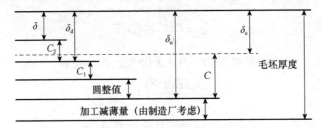

图 4-9　各厚度间的关系

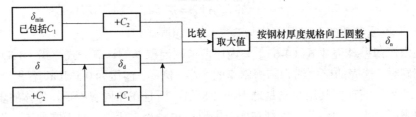

图 4-10　容器的名义厚度

4. 容器的校核计算

由设计条件求容器的厚度称为设计计算，但在工程实际中也有不少情况属于校核性计算，如旧容器的重新启用、正在使用的容器改变操作条件等。这时容器的材料及厚度是已知的，对式（4-5）和式（4-6）稍加变形便可得到相应的校核公式。

对圆筒形容器，有

$$[p_{\mathrm{w}}] = \frac{2[\sigma]^{\mathrm{t}}\phi\delta_{\mathrm{e}}}{D_{\mathrm{i}}+\delta_{\mathrm{e}}} \tag{4-7}$$

对球形容器，有

$$[p_{\mathrm{w}}] = \frac{4[\sigma]^{\mathrm{t}}\phi\delta_{\mathrm{e}}}{D_{\mathrm{i}}+\delta_{\mathrm{e}}} \tag{4-8}$$

式中：$[p_{\mathrm{w}}]$——容器的最大允许工作压力，MPa。

其他符号含义同前。

二、设计参数的确定

在内压薄壁圆筒与球壳的壁厚设计与强度校核公式中，直接或间接涉及设计压力、设计温度、许用应力、焊接接头系数及厚度附加量等参数，这些参数的值应按有关规定确定。

1. 设计压力

（1）工作压力 p_w。工作压力是指正常操作情况下容器顶部可能出现的最高压力。

（2）设计压力 p。设计压力是指设定的容器顶部的最高工作压力，与相应的设计温度一起作为设计载荷条件，其值不低于工作压力。

（3）计算压力 p_c。计算压力是指在相应设计温度下，用以确定元件厚度的压力，其中包括液柱静压力，即计算压力等于设计压力加上液柱静压力。当元件各部位所受的液柱静压力小于 5% 的设计压力时，可忽略不计，此时计算压力 p_c 等于设计压力 p。

2. 设计温度

设计温度 t 是指容器在正常工作情况下，设定的元件的金属温度。金属温度是指沿元件金属截面温度的平均值。设计温度不得低于元件金属在工作状态可能达到的最高温度；对于 0℃ 以下的金属温度，设计温度不得高于元件金属可能达到的最低温度。容器各部分在工作状态下的金属温度不同时，可分别设定每部分的设计温度。设计温度虽不直接用于计算，但它对选择钢材和确定许用应力有直接的影响。

设计温度与设计压力一起作为设计载荷条件。设计温度应按下列原则来确定：

（1）容器内介质被热载体或冷载体间接加热或冷却时，设计温度按表 4-1 确定。

（2）容器内壁与介质直接接触且有外保温时，设计温度按表 4-2 确定。

表 4-1　设计温度的取法（一）

传热方式	设计温度 t	传热方式	设计温度 t
外加热	热载体的最高工作温度	内加热	被加热介质的最高工作温度
外冷却	冷载体的最低工作温度	内冷却	被冷却介质的最低工作温度

表 4-2　设计温度的取法（二）　　　　　　　　　　　　　　单位：℃

最高或最低工作温度 t_w	设计温度 t	最高或最低工作温度 t_w	设计温度 t
$t_w \leqslant -20$	t_w-10	$15<t_w\leqslant350$	t_w+20
$-20<t_w\leqslant15$	t_w-5（但最低仍为-20）	$t_w>350$	$t_w+（5\sim15）$

注：1. 当工作温度范围在 0℃ 以下时，考虑最低工作温度；当工作温度范围在 0℃ 以上时，考虑最高工作温度；当工作温度范围跨越 0℃ 时，则按对容器不利的情况考虑。

2. 当碳素钢容器的最高工作温度为 450℃ 以上，铬钼钢容器的最高工作温度为 450℃ 以上，不锈钢容器的最高工作温度为 550℃ 以上时，其设计温度不再增加裕度。

3. 容器内介质用蒸汽直接加热或插入式电热元件间接加热时，其设计温度取被加热介质的最高工作温度。

4. 对有可靠内保温层的容器及容器壁同时与 2 种温度的介质接触而不会出现单一介质接触的容器，应由传热计算求得容器壁温作为设计温度。

5. 对液化气用压力容器，当设计压力确定后，其设计温度就是与其对应的饱和蒸气的温度。

6. 对储存用压力容器（包括液化气储罐），当壳体温度仅由大气环境条件确定时，其设计温度的最低值可取该地区历年来月平均最低气温的最低值，或据实计算。

3. 许用应力

GB 150—2011 规定，根据材料各项强度指标分别除以相应的安全系数，取其中最小值作为许用应力。为了设计方便，在 GB 150—2011 中，直接给出了常用钢板的许用应力，可直接查用。表 4-3 为部分钢板的许用应力，遇设计温度的中间值时，可用内插法确定。

表 4-3　部分钢板的许用应力

钢号	厚度/mm	常温强度指标		在下列温度（℃）下的许用应力/MPa																
		σ_b/MPa	σ_s/MPa	≤20	100	150	200	250	300	350	400	425	450	475	500	525	550	575	600
Q235-A.F	3~4	375	235	113	113	113	105	94	—	—	—	—	—	—	—	—	—	—	—
	4.5~16	375	235	113	113	113	105	94	—	—	—	—	—	—	—	—	—	—	—
Q235-A	3~4	375	235	113	113	113	105	94	86	77	—	—	—	—	—	—	—	—	—
	4.5~16	375	235	113	113	113	105	94	86	77	—	—	—	—	—	—	—	—	—
	>16~40	375	225	113	113	107	99	91	83	75	—	—	—	—	—	—	—	—	—
20R	6~16	400	245	133	133	132	123	110	101	92	86	83	61	41	—	—	—	—	—
	>16~36	400	235	133	132	126	116	104	95	86	79	78	61	41	—	—	—	—	—
	>36~60	400	225	133	126	119	110	101	92	83	77	75	61	41	—	—	—	—	—
	>60~100	390	205	128	115	110	103	92	84	77	71	68	61	41	—	—	—	—	—
16MnR	6~16	510	345	170	170	170	170	156	144	134	125	93	66	43	—	—	—	—	—
	>16~36	490	325	163	163	159	159	147	134	125	119	93	66	43	—	—	—	—	—
	>36~60	170	305	157	157	150	150	138	126	116	109	93	66	43	—	—	—	—	—
	>60~100	460	285	153	153	141	141	128	116	109	103	93	66	43	—	—	—	—	—
	>100~200	450	275	150	150	138	138	125	113	106	100	93	66	43	—	—	—	—	—
0Cr18Ni10Ti	2~60	—	—	137	137	130	130	122	114	111	108	106	105	104	103	101	83	58	44

4. 焊接接头系数

大部分的圆筒均由钢板卷焊而成，而焊缝内可能有夹渣、气孔、未焊透、加热冷却造成的内应力和晶粒粗大等焊接缺陷。焊接接头系数 ϕ 就是为了补偿焊接时可能出现的焊接缺陷对容器强度的影响而引入的，其值的大小由焊接接头形式及无损检测的长度比例确定，可按表 4-4 选取。

表 4-4　焊接接头系数 ϕ

焊缝结构	焊接接头系数	
	100%无损检测	局部无损检测
双面焊对接接头，相当于双面焊的全焊透对接接头	1.0	0.85
单面焊对接接头（沿焊缝根部全长有紧贴基本金属的垫板）	0.9	0.8

双面焊对接接头的焊缝质量较好，因而 ϕ 较高；单面焊对接接头不易焊透，ϕ 稍低。

压力容器的焊缝一般都要进行无损探伤（X 射线透视或超声波探伤），以检查其质量。按检验标准做无损探伤的焊缝可以保证质量，因而 ϕ 可以相应提高；无损探伤的区域越大，ϕ 越高。

5. 厚度附加量

对于常压、低压和压力不很大的中压容器，其壁厚较薄，圆柱形筒体通常是由钢板冷卷后焊成，钢板或钢管在轧制过程中，其厚度可能出现正偏差，也允许出现一定大小的负偏差，出现负偏差会使其实际厚度略小于名义厚度，这将影响其强度；压力容器在使用时会受到介质的腐蚀及机械磨损而使壁厚减薄。考虑这些情况，在设计容器时预先给壁厚一个增量，这就是厚度附加量。厚度附加量 C 包括钢板或钢管的厚度负偏差 C_1、腐蚀裕量 C_2，即

$$C = C_1 + C_2$$

钢板的厚度负偏差按表 4-5 选取。

表 4-5　钢板的厚度负偏差　　　　　　　　　　　　单位：mm

名义厚度 δ_n	2	2.2	2.5	2.8～3.0	3.2～3.5	3.8～4.0	4.5～5.5	6～7	8～25	26～30	32～34	36～40	42～50	52～60
厚度负偏差 C_1	0.18	0.19	0.20	0.22	0.25	0.30	0.5	0.6	0.8	0.9	1.0	1.1	1.2	1.3

腐蚀裕量 C_2 根据介质的腐蚀性及容器的设计寿命确定。对介质为压缩空气、水蒸气及水的碳素钢、低合金钢制容器，腐蚀裕量不小于 1mm；当资料不全难以具体确定时，可参考表 4-6。

表 4-6　腐蚀裕量 C_2　　　　　　　　　　　　　　单位：mm

容器类别	碳素钢低合金钢	铬钼钢	不锈钢	备注	容器类别	碳素钢低合金钢	铬钼钢	不锈钢	备注
塔器及反应器壳体	3	2	0	—	不可拆内件	3	1	0	包括双面
容器壳体	1.5	1	0	—	可拆内件	2	1	0	包括双面
换热器壳体	1.5	1	0	—	裙座	1	1	0	包括双面
热衬里容器壳体	1.5	1	0	—	—	—	—	—	—

三、容器压力试验

容器制成或检修后，必须进行压力试验。压力试验的目的是验证容器在超工作压力的条件下，器壁的宏观强度（主要指焊缝的强度）、焊缝的致密性和容器密封结构的可靠性，可以及时发现钢材、制造或检修过程中的缺陷，是对材料、设计、制造或检修的综合性检查，使压力容器的不安全因素在投产前充分暴露出来，防患于未然。因此，压力试验是保证设备安全运行的重要措施，应认真执行。容器经过压力试验合格后才能投入生产运行。

压力试验包括液压试验、气压试验和气密性试验。

1. 液压试验

1）试验介质及要求

凡是在压力试验时不会发生危险的液体，在低于其沸点温度下都可作为液压试验的介质。供试验用的液体一般为洁净的水，故又称为水压试验。

为了避免液压试验时容器发生低温脆性破坏，必须控制液体温度不能过低。容器材料为碳素钢、16MnR 和正火 15MnVR 钢时，液体温度不得低于 5℃；容器材料为其他低合金钢时，液体温度不得低于 15℃。由于板厚等因素造成材料脆性转变温度升高时，还要相应提高试验液体的温度。其他钢种的容器液压试验温度按图纸规定确定。

2）水压试验装置及过程

水压试验是将水注满容器后，再用泵逐步增压到试验压力，检验容器的强度和致密性。图 4-11 所示为水压试验示意图。试验时将装设在容器最高处的排气阀打开，灌水将气排尽后关闭。开动试压泵使水压缓慢上升，达到规定的试验压力后，关闭直通阀保持压力 30min，在此期间容器上的压力表读数应该保持不变。然后降至工作压力并保持足够长的时间，对所有焊缝和连接部位进行检查。在试验过程中，应保持容器观察表面的干燥，如发现焊缝有水滴出现，表明焊缝有泄漏（压力表读数下降），应做标记，卸压后修补，修好后重新试验，直至合格为止。

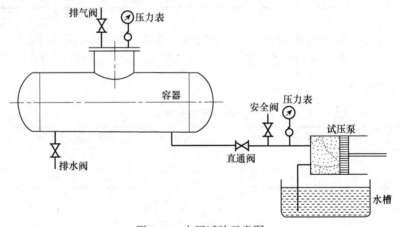

图 4-11　水压试验示意图

3）试验应力的校核

由于液压试验的压力比设计压力高，所以在进行液压试验前应对容器在规定试验压力下的强度进行理论校核，满足要求时才能进行压力试验的实际操作。

试验压力是进行压力试验时规定容器应达到的压力，其值反映在容器顶部的压力表上。液压试验时试验压力为

$$p_{\mathrm{T}} = 1.25p\frac{[\sigma]}{[\sigma]^{\mathrm{t}}} \tag{4-9}$$

式中：p_{T}——容器的试验压力，MPa；

p——容器的设计压力，MPa；

[σ]——容器元件材料在试验温度下的许用应力，MPa；

[σ]^t——容器元件材料在设计温度下的许用应力，MPa。

在确定试验压力时应注意以下几点。

（1）容器铭牌上规定有最大允许工作压力时，公式中应以最大允许工作压力代替设计压力。

（2）容器各元件（圆筒、封头、接管、法兰及紧固件等）所用材料不同时，应取各元件材料 [σ]/[σ]^t 比值中的最小者。

（3）立式容器（正常工作时容器轴线垂直地面）卧置（容器轴线处于水平位置）进行液压试验时，其试验压力应为按式（4-9）确定的值再加上容器立置时圆筒所承受的最大液柱静压力。容器的试验压力（液压试验时为立置和卧置两个压力值）应标在设计图纸上。

液压试验时，要求容器在试验压力下产生的最大应力，不超过圆筒材料在试验温度（常温）下屈服点的90%，即

$$\sigma_T = \frac{(p_T + p_L)(D_i + \delta_e)}{2\delta_e} \leqslant 0.9\phi\sigma_s(\sigma_{0.2}) \tag{4-10}$$

式中：σ_T——试验压力下圆筒的应力，MPa；

p_L——压力试验时圆筒承受的最大液柱静压力，MPa；

σ_s（$\sigma_{0.2}$）——圆筒材料在试验温度下的屈服点（或0.2%屈服强度），MPa。

其他符号含义同前。

2. 气压试验

一般容器的试压都应首先考虑液压试验，因为液体的可压缩性极小，液压试验是安全的，即使容器爆破，也没有巨大声响和碎片，不会伤人。而气体的可压缩性很大，因此气压试验比较危险，试验时必须有可靠的安全措施，该措施需经试验单位技术总负责人批准，并经本单位安全部门现场检查监督。试验时若发现有不正常情况，应立即停止试验，待查明原因采取相应措施后，方能继续进行试验。只有不宜进行液压试验的容器才进行气压试验，如内衬耐火材料不易烘干的容器、生产时装有催化剂不允许有微量残液的反应器壳体等。

气压试验所用的气体应为干燥洁净的空气、氮气或其他惰性气体。对于碳素钢和低合金钢制容器，试验用气体温度不得低于15℃，其他钢种的容器气压试验温度按图纸规定确定。

试验时压力应缓慢上升，当升压至规定试验压力的10%，且不超过0.05MPa时，保持压力5min，对容器的全部焊缝和连接部位进行初步检查，合格后再继续升压到试验压力的50%。其后按每级为试验压力10%的级差，逐级升到试验压力，保持压力10min。最后将压力降至设计压力，至少保持30min，进行全面检查，无渗漏为合格。若有渗漏，经返修后重新试验。

气压试验的试验压力规定要比液压试验稍低些，为

$$p_T = 1.15p \frac{[\sigma]}{[\sigma]^t} \qquad (4\text{-}11)$$

式中：p_T——容器的试验压力，MPa；

　　　p——容器的设计压力，MPa；

　　　$[\sigma]$——容器元件材料在试验温度下的许用应力，MPa；

　　　$[\sigma]^t$——容器元件材料在设计温度下的许用应力，MPa。

使用式（4-11）确定试验压力时应注意当容器铭牌上规定有最大允许工作压力时，公式中应以最大允许工作压力代替设计压力；当容器各元件（圆筒、封头、接管、法兰及紧固件等）所用材料不同时，应取各元件材料 $[\sigma]/[\sigma]^t$ 比值中的最小者。

对于在气压试验时产生的最大应力，也应进行校核。要求最大应力不超过圆筒材料在试验温度（常温）下屈服点的80%，即

$$\sigma_T = \frac{p_T(D_i + \delta_e)}{2\delta_e} \leqslant 0.8\phi\sigma_s(\sigma_{0.2}) \qquad (4\text{-}12)$$

式中各符号的含义与液压试验相同。

3. 气密性试验

介质的毒性程度为极度或高度危害（《压力容器安全技术监察规程》）的容器，应在压力试验合格后进行气密性试验。需进行气密性试验的，试验压力、试验介质和检验要求应在图纸上注明。进行过气压试验的容器可不进行气密性试验。

试验方法：容器需经液压试验合格后方可进行气密性试验。压力应缓慢上升，达到规定试验压力后保压 10 min，然后降至设计压力，对所有焊接接头和连接部位进行泄漏检查。小型容器也可浸入水中检查。如有泄漏，修补后重新进行液压试验和气密性试验。

介质：干燥洁净的空气、氮气或其他惰性气体。

介质温度：碳素钢和低合金钢制压力容器，其试验用气体的温度应不低于 5℃，其他材料制压力容器试验温度按设计图纸规定确定。

介质压力：

$$p_T = 1.05p \frac{[\sigma]}{[\sigma]^t} \qquad (4\text{-}13)$$

容器上设置了安全泄放装置，气密性试验压力应低于安全阀的开启压力或爆破片的设计爆破压力。

[例 4-1] 某化工厂液氨储罐，内径 $D_i = 1600$mm，置于室外，气温为−35～42℃，罐上装设安全阀，试选材并确定该罐体的壁厚。

解：（1）选择钢材。

因液氨对罐体的腐蚀性极小，又是常温操作，故可用一般钢材，选定 16MnR 钢。

（2）确定各设计参数。

由最高操作温度 42℃查得液氨饱和蒸气压为 1.55MPa（表压，可查化工工艺设计手册），这就是储罐的最大操作压力，因装设安全阀，取设计压力 $p = 1.7$MPa；计算压力等于设计压力加上液柱静压力，本题中液柱静压力较小，可忽略不计，因此 $p_c = p = 1.7$MPa。

按表 4-2，设计温度 $t=62℃$。

按表 4-3，假设壁厚为 6～16mm，查得 16MnR 钢在设计温度 62℃时的许用应力为 $[\sigma]^t=170\text{MPa}$。

因罐径较大，罐体能采用双面焊对接接头。液氨储罐为一般容器，采用局部无损检测，由表 4-4 查得焊接接头系数 $\phi=0.85$。

按表 4-5，假设其名义厚度为 8～25mm，则钢板厚度负偏差 $C_1=0.8\text{mm}$。

按表 4-6，取腐蚀余量 $C_2=1.5\text{mm}$。

厚度附加量 $C=C_1+C_2=0.8+1.5=2.3$（mm）。

（3）罐体厚度确定。

① 计算厚度。按式（4-5），罐体计算厚度为

$$\delta=\frac{p_c D_i}{2[\sigma]^t\phi-p_c}=\frac{1.7\times1600}{2\times170\times0.85-1.7}\approx9.5(\text{mm})$$

② 最小厚度及设计厚度。对低合金钢容器，其最小厚度 $\delta_{min}=3\text{mm}$，设计厚度 $\delta_d=\delta+C_2=9.5+1.5=11$（mm）。

③ 名义厚度。

$\delta_d+C_1=11+0.8=11.8$（mm），$\delta_{min}+C_2=4.5\text{mm}$，取二者中的较大值 11.8mm，按钢板厚度规格向上圆整后得罐体名义厚度 $\delta_n=12\text{mm}$（在假设的厚度范围内）。

（4）罐体水压试验时应力校核。

在常温 20℃下进行水压试验，$[\sigma]=170\text{MPa}$。按式（4-9），试验压力为

$$p_T=1.25p\frac{[\sigma]}{[\sigma]^t}=1.25\times1.7\times\frac{170}{170}\approx2.1(\text{MPa})$$

按式（4-10），水压试验时应满足的条件为

$$\sigma_T=\frac{(P_T+P_L)(D_i+\delta_e)}{2\delta_e}\leq0.9\phi\sigma_s(\sigma_{0.2})$$

查表 4-3，16MnR 钢在试验温度（按常温 20℃考虑）时 $\sigma_s=345\text{MPa}$，忽略水压试验时的液柱静压力，即 $p_L=0$；$\delta_e=\delta_n-C=12-2.3=9.7$（mm），所以

$$\sigma_T=\frac{2.1\times(1600+9.7)}{2\times9.7}\approx174(\text{MPa})$$

$$0.9\phi\sigma_s=0.9\times0.85\times345\approx264（\text{MPa}）$$

$\sigma_T<0.9\phi\sigma_s$，故水压试验时罐体强度满足要求。

[例 4-2] 某化工厂反应釜，内径 $D_i=1500\text{mm}$，工作温度为 $t_w=5～105℃$，工作压力 $p_w=1.5\text{MPa}$，釜体上装有安全阀，其开启压力为 1.6MPa。接头采用双面对接焊、全部无损检测。介质对碳钢有腐蚀性，但对不锈钢腐蚀极微。试选材并确定该釜体的厚度。

解：（1）选择钢材。

根据题中条件，介质有一定的腐蚀性，故选定 0Cr18Ni10Ti 钢板作为釜体材料。

（2）确定各设计参数。

因釜体上装有安全阀，所以取设计压力等于安全阀的开启压力，即 $p_c=p=1.6\text{MPa}$；计算压力等于设计压力加上液柱静压力，但题中未给出计算反应釜工作时液柱静压力的

条件，故可不考虑，即 $p_c = p = 1.6\text{MPa}$。

按表 4-2，设计温度 $t = 125℃$。

按表 4-3，0Cr18Ni10Ti 在 125℃时的许用应力为 $[\sigma]^t = 137\text{MPa}$，在 20℃时的许用应力也为 $[\sigma]^t = 137\text{MPa}$。

按表 4-4，釜体双面对接焊，全部无损检测，焊接接头系数 $\varphi = 1.0$。

按表 4-5，钢板厚度负偏差 $C_1 = 0.8\text{mm}$（假设其名义厚度为 8～25mm）。

按表 4-6，腐蚀裕量 $C_2 = 0$。

厚度附加量 $C = C_1 + C_2 = 0.8\text{mm}$。

（3）釜体厚度确定。

① 计算厚度。按式（4-5），釜体计算厚度为

$$\delta = \frac{p_c D_i}{2[\sigma]^t \varphi - p_c} = \frac{1.6 \times 1500}{2 \times 137 \times 1.0 - 1.6} \approx 8.8 \,(\text{mm})$$

② 最小厚度及设计厚度。

对不锈钢容器，其最小厚度 $\delta_{\min} = 2\text{mm}$，设计厚度 $\delta_d = \delta + C_2 = 8.8\text{ mm}$。

③ 名义厚度。

$\delta_d + C_1 = 8.8 + 0.8 = 9.6\,(\text{mm})$，$\delta_{\min} + C_2 = 2\text{mm}$，取二者中的较大值 9.6mm 按钢板厚度规格向上圆整后得釜体名义厚度 $\delta_n = 10\text{mm}$（在初始假设的 8～25mm）。

（4）釜体水压试验时应力校核。

按式（4-9），试验压力为

$$p_T = 1.25 p \frac{[\sigma]}{[\sigma]^t} = 1.25 \times 1.6 \times \frac{137}{137} = 2(\text{MPa})$$

按式（4-10），水压试验时应满足的条件为

$$\sigma_T = \frac{(p_T + p_L)(D_i + \delta_e)}{2\delta_e} \leqslant 0.9\varphi\sigma_s \,(\sigma_{0.2})$$

查 GB 150—2011，0Cr18Ni10Ti 在试验温度（按 20℃考虑）时 $\sigma_{0.2}(\sigma_s) = 205\text{MPa}$，题中未给出反应釜的高度，故不考虑水压试验时液柱静压力，即 $p_L = 0$；$\delta_e = \delta_n - C = 10 - 0.8 = 9.2\,(\text{mm})$，所以

$$\sigma_T = \frac{2 \times (1500 + 9.2)}{2 \times 9.2} \approx 164\,(\text{MPa})$$

$$0.9\varphi\sigma_s = 0.9 \times 1.0 \times 205 = 184.5\,(\text{MPa})$$

$\sigma_T < 0.9\varphi\sigma_s$，故水压试验时釜体强度满足要求。

第四节　内压圆筒封头设计

封头按其形式可分为三类：凸形封头、锥形封头和平板形封头，如图 4-12 所示。其中平板形封头根据它与筒体连接方式的不同也有多种结构。

在化工生产中最先采用的是平板形封头、球冠形封头及无折边锥形封头，这几种封头加工制造比较容易，但当压力较高时，不是在平板中央，就是在封头与筒体连接处产生变形甚至破裂，因此，这几种封头只能用于低压。

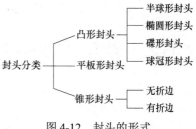

图 4-12　封头的形式

为了提高封头的承压能力，在球冠形封头或无折边锥形封头与筒体相连接的地方加一段小圆弧过渡，这就形成了碟形封头与有折边的锥形封头。这两种封头所能承受的压力与不带过渡圆弧的封头相比要大得多。

随着生产的进一步发展，要求化学反应在更高的压力下进行，这就出现了半球形与椭圆形的封头。

在封头形状发展的过程中，从承压能力的角度来看，半球形、椭圆形较好，碟形、有折边的锥形次之，而球冠形、无折边的锥形和平板形较差。不同形状的封头之所以承压能力不同，主要是因为它们与筒体之间的连接不同，导致边缘应力大小不同。

在筒体与封头的连接处，筒体的变形和封头的变形不相协调，互相约束，自由变形受到限制，就会在连接处出现局部的边缘应力。边缘应力大小随封头形状不同而异，但其影响范围很小，只存在于连接边缘附近的局部区域，离开连接边缘稍远一些，边缘应力迅速衰减，并趋于零。正因为如此，在工程设计中，一般只在结构上做局部处理，如改善连接边缘的结构、对边缘局部区域进行加强、提高边缘区域焊接接头的质量及尽量避免在边缘区域开孔等。

一、凸形封头

凸形封头包括以下四种结构形式，如图 4-13 所示。

1. 椭圆形封头

椭圆形封头是由半椭球和高度为 h 的短圆筒（通称直边）两部分构成，如图 4-13（a）所示。直边的作用是保证封头的制造质量和避免筒体与封头间的环向焊缝受边缘应力作用。虽然椭圆形封头各点曲率半径不一样，但变化是连续的，受内压时，薄膜应力分布没有突变。因此椭圆形封头边缘应力小，承压能力强，获得了广泛的应用。

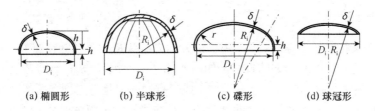

(a) 椭圆形　　　(b) 半球形　　　(c) 碟形　　　(d) 球冠形

图 4-13　凸形封头

受内压的椭圆形封头的计算厚度按下式确定：

$$\delta = \frac{KpD_i}{2[\sigma]^t \phi - 0.5p} \tag{4-14}$$

式中：K——椭圆形封头形状系数，由下式计算。

$$K = \frac{1}{6}\left[2 + \left(\frac{D_i}{2h}\right)^2\right]$$

我国将长短轴之比为 2 的椭圆形封头定为标准椭圆形封头，此时 $K=1$。理论分析证明，此时椭圆形封头的应力分布较好，且封头的壁厚与相连接的筒体壁厚大致相等，便于焊接，经济合理。标准椭圆形封头的壁厚计算公式为

$$\delta = \frac{p_c D_i}{2[\sigma]^t \phi - 0.5p_c} \tag{4-15}$$

标准椭圆形封头的校核计算公式为

$$[p_w] = \frac{2[\sigma]^t \phi \delta_e}{D_i + 0.5\delta_e} \tag{4-16}$$

标准椭圆形封头的直边高度由表 4-7 确定。

表 4-7　标准椭圆形封头的直边高度 h　　　　　　　单位：mm

封头材料	碳素钢、低合金钢、复合钢板			不锈钢、耐酸钢		
封头壁厚	4~8	10~18	≥20	3~9	10~18	≥20
直边高度	25	40	50	25	40	50

2. 半球形封头

半球形封头是由半个球壳构成的，如图 4-13（b）所示。它的受力情况要好于椭圆形封头，但因其深度大，当直径较小时采用整体冲压制造较困难，因此，中小型的容器很少采用半球形封头。对于大直径（$D_i > 2.5m$）的半球形封头，通常将数块钢板先在水压机上用模具压制成形后再进行拼焊。

受内压的半球形封头的计算壁厚与球壳相同，即式（4-6）。

虽然计算所得相同压力下球形封头壁厚只有相同直径圆筒体壁厚的一半。但在实际生产中，考虑到封头上开孔对强度的削弱，为了使封头与筒体对焊方便以及降低边界处的边缘压力，半球形封头的壁厚通常取和圆筒体的壁厚相同的值。

3. 碟形封头

碟形封头又称带折边球形封头，由三部分构成：以 R_i 为半径的球面、以 r 为半径的过渡圆弧（即折边）和高度为 h 的直边，如图 4-13（c）所示。球面半径 R_i 越大，过渡圆弧 r 越小，则封头的深度将越小，这对于加工成形有利。但是考虑到球面部分与过渡区连接处的局部高应力，规定碟形封头球面部分的半径一般不大于筒体内径，而折边内半径 r 在任何情况下均不得小于筒体内径的 10%，且应不小于 3 倍封头名义壁厚。GB 150—2011 中推荐取 $R_i = 0.9D_i$，$r = 0.17D_i$（也可认为是标准碟形封头），其有效厚度应不小于封头内

直径的 0.15%。这时球面部分的壁厚与圆筒相近，封头深度也不大，便于制造。

碟形封头的壁厚计算公式为

$$\delta = \frac{Mp_cR_i}{2[\sigma]^t\phi - 0.5p_c} \tag{4-17}$$

碟形封头的校核计算公式为

$$[p_w] = \frac{2[\sigma]^t\phi\delta_e}{MR_i + 0.5\delta_e} \tag{4-18}$$

式中：R_i——碟形封头球面部分内半径，mm；

M——碟形封头形状系数，可查表确定，对于 $R_i=0.9D_i$、$r=0.17D_i$ 的碟形封头，$M=1.33$。

由于在相同受力条件下，碟形封头的壁厚比相同条件下的椭圆形封头壁厚要大些，而且碟形封头存在应力不连续，因此没有椭圆形封头应用广泛。碟形封头与筒体可用法兰连接，也可用焊接连接。当采用焊接连接时，应采用对接焊缝。如果封头与筒体的厚度不同，须将较厚的一边切去一部分。

4. 球冠形封头

为了进一步降低凸形封头的高度，将碟形封头的直边及过渡圆弧部分去掉，只留下球面部分，并把它直接焊在筒体上，就构成了球冠形封头，如图 4-13（d）所示。这种封头也称为无折边球形封头。

[例 4-3] 为例 4-1 中液氨储罐选配凸形封头。已知圆筒体材料为 16MnR，内径 $D_i=1600$mm，$p_c=1.7$MPa，$t=62℃$，$[\sigma]^t=170$MPa，$C_2=1.5$mm，壁厚 $\delta_n=12$mm。

解：封头的材料和操作条件与筒体相同。因封头的直径 $D_i>1.2$mm，受钢板宽度的限制，封头成形前的毛坯由钢板拼接而成，取 $\phi=0.85$。

（1）半球形封头。

按式（4-6），半球形封头的计算厚度为

$$\delta = \frac{p_cD_i}{4[\sigma]^t\phi - p_c} = \frac{1.7\times1600}{4\times170\times0.85 - 1.7} \approx 4.7(\text{mm})$$

$\delta_d = \delta + C_2 = 4.7+1.5 = 6.2$（mm），$\delta_d+C_1 = 6.2+0.8 = 7$（mm），按钢板厚度规格向上圆整后得名义厚度 $\delta_n=8$mm（厚度为 8~25mm 时，$C_1=0.8$mm）。

（2）椭圆形封头。

采用标准椭圆形封头，按式（4-15），计算厚度为

$$\delta = \frac{p_cD_i}{2[\sigma]^t\phi - 0.5p_c} = \frac{1.7\times1600}{2\times170\times0.85 - 0.5\times1.7} \approx 9.4(\text{mm})$$

$\delta_d = \delta + C_2 = 9.4+1.5 = 10.9$（mm），$\delta_d+C_1 = 10.9+0.8 = 11.7$（mm），按钢板厚度规格向上圆整后得名义厚度 $\delta_n=12$mm（厚度 8~25mm 时，$C_1=0.8$mm）。

（3）碟形封头。

采用 GB 150—2011 中推荐的 $R_i=0.9D_i$，$r=0.17D_i$ 的碟形封头，其形状系数 $M=1.33$。按式（4-17）计算厚度为

$$\delta = \frac{Mp_c R_i}{2[\sigma]^t \phi - 0.5 p_c} = \frac{1.33 \times 1.7 \times 0.9 \times 1600}{2 \times 170 \times 0.85 - 0.5 \times 1.7} \approx 11.3 (\text{mm})$$

$\delta_d = \delta + C_2 = 11.3 + 1.5 = 12.8$（mm），$\delta_d + C_1 = 12.8 + 0.8 = 13.6$（mm），按钢板厚度规格向上圆整后得名义厚度 $\delta_n = 14\text{mm}$。

比较上述三种封头，半球形封头用材最少，但深度大，制造困难；碟形封头比较浅，制造较容易，但比半球形封头多耗材近 1 倍，且封头与筒体厚度相差悬殊，结构不合格；椭圆形封头用材不多，制造较容易，故应选配椭圆形封头。

二、锥形封头

锥形封头广泛用于许多化工设备（如蒸发器、喷雾干燥器、结晶器及沉降器等）的底盖，它的优点是便于收集与卸除这些设备中的固体物料，避免凝聚物、沉淀等堆积和利于悬浮、黏稠液体排放。此外，有一些塔设备上、下部分的直径不等，也常用锥形壳体将直径不等的两段塔体连接起来，使气流均匀。这时的圆锥形壳体称为变径段。

锥形封头如图 4-14 所示，分为两端都不折边、大端有折边而小端无折边、两端都有折边 3 种形式。工程设计中根据封头半顶角 α 的不同采用不同的结构形式：当半顶角 $\alpha \le 30°$ 时，大、小端均可无折边；当半顶角 $30° < \alpha \le 45°$ 时，小端可无折边，大端须有折边；当 $45° < \alpha \le 60°$ 时，大、小端均须有折边；当半顶角 $\alpha > 60°$ 时，按平板形封头考虑或用应力分析方法确定。有折边锥形封头的受力状况优于无折边锥形封头，但制造困难。

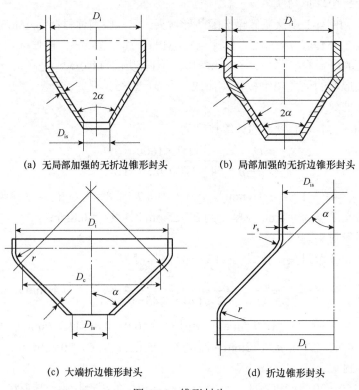

(a) 无局部加强的无折边锥形封头　　　　　(b) 局部加强的无折边锥形封头

(c) 大端折边锥形封头　　　　　(d) 折边锥形封头

图 4-14　锥形封头

无折边锥形封头锥体部分壁厚计算公式为

$$\delta_c = \frac{p_c D_i}{2[\sigma]^t \phi - p_c} \times \frac{1}{\cos\alpha}$$ （4-19）

式中：δ_c——锥体部分计算厚度，mm；

　　　α——锥形封头半顶角，（°）。

其他符号含义同前。

对无折边锥形封头来说，锥体大、小端与筒体连接处存在着较大的边缘应力，由于边缘应力的影响，有时按式（4-19）计算的壁厚强度仍然不足，需要加强。关于无折边锥形封头大、小端的加强计算及折边锥形封头的设计计算可参见有关标准。

三、平板形封头

平板形封头也称平盖，是化工设备常用的一种封头。平板形封头的几何形状有圆形、椭圆形、长圆形、矩形和方形等，最常用的是圆形平板形封头。与承受内压的圆筒体和其他形状的封头不同，平板形封头在内压作用下发生的是弯曲变形，平板形封头厚度比其他封头的厚度要大得多。由于这个缺点，平板形封头的应用受到很大限制。由于平板形封头结构简单，制造方便，在压力不高、直径较小的容器中，采用平板形封头比较经济简便。而承压设备的封头一般不采用平板形，只是压力容器的人孔、手孔以及在操作时需要用盲板封闭的地方，才用平板形封头。

但是，在高压容器中，平板形封头却用得较为普遍。这是因为高压容器的封头很厚，直径又相对较小，凸形封头的制造较为困难。

平板形封头的壁厚计算公式为

$$\delta_p = D_c \sqrt{\frac{K p_c}{[\sigma]^t \phi}}$$ （4-20）

式中：δ_p——平板形封头的计算厚度，mm；

　　　K——平盖系数，随平板形封头结构不同而不同，查有关标准确定；

　　　D_c——平板形封头计算直径，mm。

其他符号同前。

[例4-4] 某容器筒体内径 $D_i = 1200$mm，上部为平板形封头，焊接接头系数 $\phi = 1.0$，下边为半锥角 $\alpha = 30°$ 的锥形封头，焊接接头系数 $\phi = 0.85$，计算压力 $p_c = 1$MPa，设计温度 $t = 200℃$，腐蚀余量 $C_2 = 1$mm，材料为 16MnR 钢。试设计上、下封头壁厚。平盖系数 $K = 0.27$。

解：（1）平板形封头壁厚设计。

$D_c = D_i = 1200$mm，按表 4-3，16MnR 钢在 200℃时的许用应力为 $[\sigma]^t = 150$MPa（假设名义厚度为 36～60mm）；焊接接头系数 $\phi = 1.0$。按式（4-20），平板形封头的计算厚度为

$$\delta_p = D_c \sqrt{\frac{K p_c}{[\sigma]^t \phi}} = 1200 \times \sqrt{\frac{0.27 \times 1}{150 \times 1.0}} \approx 50.91 (\text{mm})$$

设计厚度 $\delta_d = \delta_p + C_2 = 50.91 + 1 = 51.91$（mm），$\delta_d + C_1 = 51.91 + 1.3 = 53.21$（mm），按钢板厚度规格向上圆整后得平板形封头名义厚度 $\delta_n = 54$mm。

（2）锥形封头壁厚设计。

按表 4-3，16MnR 在 200℃时的许用应力为 $[\sigma]^t = 170$MPa（假设名义厚度为 6～16mm）；按表 4-5，$C_1 = 0.8$mm；由于半顶角为 30°，所以大、小端都可无折边。按式（4-19），锥体部分计算壁厚为

$$\delta_c = \frac{p_c D_i}{2[\sigma]^t \phi - p_c} \times \frac{1}{\cos\alpha} = \frac{1.0 \times 1200}{2 \times 170 \times 0.85 - 1.0} \times \frac{1}{\cos 30°} \approx 4.81\,(\text{mm})$$

$\delta_d = \delta_c + C_2 = 4.81 + 1 = 5.81$（mm），$\delta_d + C_1 = 5.81 + 0.8 = 6.61$（mm），按钢板厚度规格向上圆整后得锥形封头名义厚度 $\delta_n = 8$mm。

 知识拓展

压力容器的维护和检修

压力容器在化工生产中数量多，工作条件复杂，危险性大。因此，加强压力容器的技术管理、精心操作和维护、定期进行检查是非常重要的。

一、压力容器的维护与检查

为了用好、管好和修好压力容器，容器操作人员须经过安全技术培训，熟悉生产工艺流程，懂得压力容器的结构原理，严格遵守安全操作规程，明确操作要点，能及时分析和处理异常现象，这是保证压力容器安全使用的基本环节。这里简要介绍压力容器维护与检查的一般知识。

1. 压力容器的正确使用

正确和合理使用压力容器主要包括以下几方面：

（1）启用压力容器，一定要检查各阀门的开关状态、压力表的数值、安全阀和报警装置的灵敏性。

（2）在开关进、出口阀门时，要核实无误后才能操作，操作要平稳，阀门的开启与关闭应缓慢进行，使容器有一个预热过程和平稳升降压过程，严防容器骤冷骤热而产生较大的温差应力。

（3）压力容器不得超压、超温、超负荷运行，定时查看压力表、流量表、温度表的读数，注意设备内工艺参数的变化，发现异常应及时调整至工艺控制指标范围内。

（4）当容器的主要受压元件发生裂纹、鼓包、变形，容器附近处发生火灾或相邻设备管道发生故障，安全附件失效，接管管件断裂，紧固件损坏等情况时，应立即采取安全保护措施并及时向有关领导报告。

2. 压力容器的科学管理

化工生产是连续性生产，为使设备长周期运转，关键要对压力容器做好科学管理，管理内容主要有两大方面：

（1）建立健全压力容器技术档案，如原始技术资料，使用检修记录，技术改造、拆迁和事故记录，当操作条件变化时应记录变更日期及变更后实际操作条件下的运行情况。

（2）技术管理制度，如厂、车间、班组人员的岗位责任制，安全操作规程，事故报告制度，定期检验制度等。

3. 维护检查的主要内容

维护检查主要是运行中及停车后的维护与检查。

1）运行中的经常性检查

运行中的经常性检查是对全厂设备进行定期检修、更新，起着至关重要的作用，重点检查内容见表 4-8。

表 4-8　运行中经常性检查的内容

检查项目		检查方法	说明
设备操作记录		观察、对比、分析	了解设备运行状态
压力变化		查看仪表	1. 压力上升可能是污垢堆积导致 2. 压力突然下降可能是泄漏
温度变化		1. 触感 2. 查看仪表	1. 注意设备外壁超温和局部过热现象 2. 内部耐火层损坏引起壁温升高 3. 流体出口温度变化可能是设备传热面结垢
流量变化		查看仪表	开大阀门，流量仍不能增加时设备可能堵塞
物料性质变化		1. 目视 2. 物料成分	产品变色，混入杂质可能是设备内漏或锈蚀物剥落所致
外观检查	保温层	目视	1. 应无裂口、脱落等现象 2. 外表防水层接口处不得有雨水浸入
	防腐层	目视	涂料剥落、损坏时要注意检查壁面腐蚀情况
	各部连接螺栓	1. 目视 2. 用扳手检查	应无腐蚀、无松动
	主体、支架、附件	目视	应无腐蚀、无变形、接地良好
	基础	1. 目视 2. 水平仪	应无下沉、倾斜、裂纹
内部声响		听音棒	1. 内件固定点脱落时常发生振动和异常声响 2. 塔设备内件松脱或堵塞时，可引起液面变化
外部泄漏		1. 嗅、听、目视 2. 发泡剂（肥皂水等） 3. 试纸或试剂 4. 气体检测器 5. 超声波泄漏探测器 6. 红外线温度分布器	除检查设备主体及共焊缝外，还要特别注意法兰、接管口、密封、信号孔等处的泄漏情况
设备缺陷		声发射无损探伤技术	根据所发射声波的特点及引起声发射的外部条件能够检查出发声的地点，即缺陷所在部位。不但能了解缺陷的目前情况，而且能了解缺陷的发展趋势。所以，声发射技术可以对运行中的容器进行连续监控，在预测危险后停止运动，确保安全

2）压力容器的定期检查

压力容器的定期检查就是在容器的使用过程中每隔一定的期限，采用各种适当而有效的方法，对容器的各个承压部件和安全附件进行检查和必要的试验，以便及早发现问题，并予以妥善处理，防止在运行中发生事故。压力容器的定期检查根据其检验项目、范围和期限分为外部检查、内部检查和全面检查。

（1）外部检查。容器的外部检查通常在运行中进行，当发现有危及安全的现象及缺陷（如受压元件开裂、变形、严重泄漏等）时，应予停车。外部检查既是检验人员的工作，也是操作人员日常巡回检查的重要工作。压力容器的检验人员应每年至少对容器进行一次外部检查。外部检查的主要内容有如下：

① 容器的防腐蚀层、保温层及设备铭牌是否完好；

② 容器外表面有无裂纹、变形、局部过热等不正常现象；

③ 容器接管焊缝、受压元件及密封结构等有无泄漏；

④ 安全附件是否齐全、灵敏、可靠；

⑤ 紧固螺栓是否完好，基础有无下沉、倾斜等现象。

（2）内部检查。容器的内部检验需要停车进行。通过检验，对存在的缺陷要分析原因和提出处理意见，需要检修的由修理人员修复后再进行复验。压力容器的内部检查每 3 年进行一次，但有强烈腐蚀介质、剧毒介质的容器检验周期应予缩短；运行中发现有严重缺陷的容器、制造质量差及上次检验发现缺陷提出监控要求的容器应缩短检验周期。容器内部检查的主要内容包括：

① 外部检查的全部内容；

② 容器内外表面、开孔接管处有无介质腐蚀或冲刷磨损等现象；

③ 容器的所有焊接接头、封头过渡区和其他应力集中的部位有无裂纹，必要时采用超声波或射线检测焊接接头的内部质量；

④ 对有衬里的容器，发现衬里损坏，有可能影响容器本体时，应去掉衬里对容器进行进一步检查；

⑤ 对腐蚀、磨损等有怀疑的部位测量其壁厚，并进行强度校核，对可能引起金属金相组织变化的容器，必要时进行金相和表面硬度测定；

⑥ 高压、超高压容器的主要紧固螺栓，应进行外形宏观检查，并用磁粉和着色法检查有无裂纹。

（3）全面检查。容器全面检验的主要内容除了内、外部检验的项目外，还要进行压力试验，并根据容器的特性确定对主要焊接接头进行无损检测抽查或对全部焊接接头进行无损检测。对压力很低、体积较小且介质为非易燃或无毒的压力容器，经宏观检查和表面检测未发现缺陷，可以不进行射线或超声波检测抽查。压力容器的全面检查规定每 6 年进行一次，通过全面检查对设备的技术状况做出全面评价，并确定能否使用。

容器检查结束后，检验人员及检验单位应及时整理检验资料，写出检验报告，并纳入压力容器技术档案。第三类压力容器及当地压力容器安全监察机构规定的其他容器，其检验报告还应抄报当地压力容器安全监察机构。

二、压力容器的检修

压力容器的检修通常为计划检修，根据检修内容、周期和要求的不同，分为小修、中修和大修。还有一种为计划外检修，是在生产过程中设备突然发生故障或事故时，必须进行不停车或停车的计划外检修。这里重点介绍一些常见故障及修理方法。

1. 积垢原因及修理方法

1）化工生产过程中设备工作表面形成积垢的原因

（1）水垢：水垢通常是指附着在设备传热表面上的一层不溶性盐类，因温度升高而从水中结晶析出。

（2）晶体积附：当设备的工作条件适合溶液析出晶体时，传热表面即可积附由物料结晶形成的垢层。

（3）机械物杂质或有机物沉积：流体中的尘埃、泥沙、植物碎屑、脱落的金属腐蚀产物等称为机械杂质；藻类、菌类、各种原生动物等称为有机物。当机械杂质和有机物较多时，就会在设备内沉积，形成疏松、多孔或凝胶状污垢。

（4）产品分解：有机物料在加热、水解、胶化等生产过程中，可分解出焦化物而附着于设备工作表面，形成较硬的垢层。

（5）结构材料的腐蚀：常见的是以氧化铁为主体的铁锈，其基本不溶于水，随着腐蚀的不断进行，设备工作表面附着的锈层就会越来越厚。

2）清理设备工作表面积垢的方法

可根据污垢的性质和工作量的大小选用适宜的除垢方法，目前常用的除垢方法有机械清理法、化学清洗法和高压水冲洗法。

（1）机械清理法：利用器械或使用简单工具的手工清理除垢的方法。该法用于管子内部清洗，在一根圆棒或管子的前端将与管子内径相同的刷子、钻头、刀具等插入管内，一边旋转一边向前（或向下）推进以除去污垢。这种方法对设备的材料没有腐蚀性，但其效率低于化学清洗法。若清理换热器管内的积垢，可用管式冲水钻，当管径较大时，可用铰锥式刀头。对于设备或瓷环内部的积垢，也可用喷砂法进行清除。

（2）化学清洗法：利用化学溶液与污垢作用而除去积垢的方法。这种方法效率高，适用于复杂装置及大型设备的清洗，可在不拆卸设备的情况下进行，且不损伤金属衬里，应用极为广泛。常见的化学清洗法有循环法和浸渍法，化学溶液可为酸性或碱性，视机构的性质而定。目前有一种泡沫清洗技术可以解决大容积设备的清洗问题。

（3）高压水冲洗法：利用高压水流冲击力除垢的方法，可用于设备壳体内壁、管束的管外空间及其他零部件外表面积垢的清理。清洗用的水流经高压泵加压后由喷枪以高速喷出，迫使污垢脱离金属表面。当积垢较坚硬时，可在喷水中混入细石英砂，以提高水流的冲刷力。这种方法冲洗效率较高，应用十分广泛。

2. 泄漏原因及修理方法

化工生产一般是在气相和液相下进行，介质许用管道输送。在生产和输送过程中，设备和管道密封不良、腐蚀严重或操作不当等往往造成物料泄漏。容器泄漏通常有四种类型：静密封点泄漏、焊接点泄漏、腐蚀和磨损引起的泄漏及铸件缺陷泄漏。典型泄漏原因及修理方法如下：

（1）对高温、高压下密封连接结构选择不当。对于受高温高压的法兰、垫片、螺栓等，即使正确操作、紧固很好，也仍然泄漏不止或由于热应力等经常发生泄漏。这就需要重新研究法兰、垫片、螺栓等的结构和材质等是否合理。另外，高压密封连接件有着极高的配合要求，不能调配，金属垫片不允许重复使用，以保持配合严密性从而减少泄漏。

（2）由管系的热应力等异常应力而引起的法兰或螺栓的损伤。这种损伤使垫片受压面发生变化而产生泄漏，修理方法是增加管系的可挠性（如温度补偿器）。

（3）连接件的热膨胀不均匀。由于法兰、垫片、螺栓的热膨胀不均匀，法兰部位易产生温度梯度，也易发生泄漏。因此要缓和法兰部位的温度梯度，均化热膨胀。

（4）法兰刚性不足导致垫片配合面产生缺陷。原因是法兰变形后，不能均匀压紧垫片压面而产生泄漏。修理方法是提高法兰的刚性，降低垫片系数。

（5）法兰平行性不好，中心偏差。安装不当或机械损伤使垫片与密封面不贴合处泄漏。修理方法是重点加工垫片配合面或更换法兰，校正法兰的平行性和中心线。

（6）螺栓强度不够、松动或腐蚀。高温螺栓易发生蠕变或因振动、热变化、应力缓和而松动，且螺栓外部易产生腐蚀从而发生泄漏。修理方法是更换螺栓材质，增大螺栓尺寸，使热变化均匀，经常紧固螺栓，若发生腐蚀，则更换新螺栓。

（7）垫片承受压力不足、腐蚀、变质或材质产生缺陷。由于各种综合情况而引起垫片承压力不足；因介质的作用，垫片产生腐蚀，或随使用时间的增加，垫片发生变质等使连接部位发生泄漏。修理方法是紧固螺栓，改变尺寸或材质，更换垫片。

（8）带压堵漏法（不停车带压密封技术）。当中、高压管道，法兰，阀门和设备等发生泄漏时也可采用特制夹具填充密封剂堵漏，此法操作简单，应急措施好，但不能完全代替设备检修。

3. 壁厚减薄的原因及修理方法

化工生产中造成设备壁厚减薄的主要原因是腐蚀、冲蚀和磨损，其中常见的是腐蚀减薄。其减薄形式有全面性和局部性两种，全面性壁厚减薄是由均匀腐蚀或磨损造成的。如果设备的壁厚已小于最小允许厚度，设备应降压使用或报废停用。

局部性壁厚减薄是由局部腐蚀、冲蚀或磨损造成的。一般减薄速度较快，易形成局部穿孔泄漏。当局部减薄比较严重时，可对减薄部位进行挖补修理。

4. 局部变形的原因及修理方法

局部变形是指设备壳体上出现局部凹入或凸出等现象，使设备的可靠性降低。

造成局部变形的主要原因是结构或操作上的不合理。例如，设备在开孔时未按规定补强，焊缝交叉过于密集等。在操作不当时设备局部过热，使材料强度降低，使相应部位产生塑性变形。

修理方法主要采用压模矫正器矫正局部凸出变形。

对于碳钢设备，工作压力不大、局部变形不严重且未产生裂纹时，可施加静压力或用冲击的方法对局部变形进行热矫形。矫正可一次完成，也可数次完成，在矫正过的壁面上可敷焊一层低碳钢板，防止此处再次变形。

5. 裂纹

裂纹是指设备壳体发生开裂现象，导致设备出现泄漏。有诸多原因可使设备产生裂纹，如局部变形、应力集中、应力腐蚀、氢损害、载荷及材料缺陷等。裂纹可分为三大类。

（1）未穿透的裂纹：若裂纹深度小于壁厚的 10%且不大于 1mm，可以用砂轮把裂纹磨掉，并与金属表面圆滑过渡。若裂纹深度不超过壁厚的 40%，可在裂纹深度范围内铲出 50°～60°的坡口后补焊。若裂纹深度已超过壁厚的 40%（又称窄裂缝），可在整个壁厚内开出坡口并进行补焊。

（2）穿透的窄裂缝：裂纹宽度在 15mm 以下的称为窄裂缝，补焊时根据设备壁厚确定补焊方法。当壁厚小于 12mm 时可采用单面坡口，壁厚大于 15mm 时应采用双面坡口。设备上的各部位（除应力集中的部位外）都可以采用补焊方法修理。

（3）穿透的宽裂缝：裂缝宽度在 15mm 以上的称为宽裂缝，采用挖补修理的方法，即将缺陷部位挖除并补焊上新板。

以上三类裂纹的补焊均参照原设备图纸和技术条件，并执行 NB/T 47015—2011。

6. 静电电击和火花

静电是指在生产和运输过程中，在物料、设备装置、人体、器材和构筑物上产生和积累起来的电荷。静电的产生与很多因素有关，如固体的带电、粉体的带电、液体的带电、气体的带电、感应带电（如人体带电）等。

静电会给生产造成严重的损失和危害，因为静电火花常成为引起燃烧、爆炸的源头。因此，易燃、易爆危险场所中可能产生静电的物体，应采取静电接地。对非易燃、易爆危险场所内的物体，如其静电会妨碍生产操作、影响产品质量或使人体受静电电击，也应采取静电接地。

有关静电接地的其他规定，可按《化工企业静电接地设计规程》执行。

压力容器经修理后还应进行检验，即对修理质量进行检查。拆开后的设备要按照原图纸和化工工艺要求进行组装。然后进行水压试验和气密性试验。最后撤除检修时的临时设施，清理杂物和垃圾，保证安全文明生产。

 课程作业

一、简答题

1. 试比较内压薄壁圆筒和球壳的强度。
2. 内压圆筒形容器的轴向应力和环向应力哪个大？
3. 从强度分析来看，内压薄壁圆筒采用无缝钢管制造比较理想。但是无缝钢管的长度是有限的，对较长的管道需要用焊接方法把管子接长。试问，在这种情况下使用无缝钢管是否还有意义？

4．解释 δ、δ_d、δ_e、δ_n、δ_{min}、p、p_w、p_c、p_T、t、C_1、C_2、ϕ 的含义。

5．为什么要对压力容器进行压力试验？为什么一般容器的压力试验应首先考虑液压试验？在什么情况下才进行气压试验？

6．液压试验时为什么要控制液体温度不能过低？对各种容器进行液压试验时的液体温度是如何规定的？

7．说明水压试验的大致过程。

8．什么是边缘应力？边缘应力有何特点？工程设计中一般采用什么方法来减小边缘应力？

9．圆筒形容器有哪几种封头？各有什么特点？

二、计算题

1．某化工厂的反应釜，内径为 1600mm，工作温度为 5～100℃，工作压力为 1.6MPa，有安全阀，如釜体材料选用 0Cr18Ni9Ti，采用双面对接焊，局部无损探伤，试计算釜体厚度。

2．材料为 20 的无缝钢管，规格为 ϕ57mm×3.5mm，求在室温和 400℃时，各能耐多大的压力，按不考虑壁厚附加量和 $C=1.5$mm 两种情况计算。

3．某化工厂设计一台用于石油气分离的乙烯精馏塔。工艺要求如下：塔体内径 $D_i=$ 600mm，设计压力为 2.2MPa，工作温度为−20～−3℃。试选择塔体材料并确定壁厚。

4．有一长期不用的压力容器，实测壁厚为 10mm，内径为 1200mm，材料为 Q235-A，纵向焊缝为双面对接焊，是否做过无损探伤不清楚。今要用该容器承受 1MPa 的内压，工作温度为 200℃，介质无腐蚀性，并装有安全阀，试判断该容器是否能用。

5．乙烯储罐，内径为 1600mm，壁厚为 16mm，设计压力为 2.5MPa，工作温度为 −35℃，材料为 16MnR。采用双面对接焊，局部无损探伤，壁厚附加量 $C=1.5$mm，试校核强度。

6．一装有液体的储罐，罐体内径为 2000mm，两端为标准椭圆封头，材料为 Q235-A，考虑腐蚀裕量 2mm，焊接接头系数为 0.85；罐底至罐顶高度为 3200mm，罐底至液面高度为 2500mm，液面上气体压力不超过 0.15MPa，罐内最高工作温度为 50℃，液体密度为 1160kg/m³，随温度变化很小。试确定该容器壁厚并校核水压试验压力。

7．设计容器筒体和封头壁厚。已知内径为 1200mm，设计压力为 1.8MPa，设计温度为 40℃，材质为 20R，介质无强腐蚀性。双面对接焊缝，100%探伤。讨论所选封头的形式。

8．设计一台不锈钢制（0Gr18Ni10Ti）承压容器，工作压力为 1.6MPa，装防爆膜防爆，工作温度为 150℃，容器内径为 1200mm，纵向焊缝为双面对接焊，局部无损探伤。试确定筒体壁厚，确定合理的封头类型及其壁厚。

9．一内压圆筒，给定设计压力 0.8MPa，设计温度为 100℃，圆筒内径为 100mm，接头采用双面对接焊，局部无损检测；工作介质对碳钢、低合金钢有轻微腐蚀，腐蚀速率为每年 0.1mm，设计寿命 20 年。试在 Q235-A.F、Q235-A、16MnR 3 种材料中选两种作为筒体材料，并分别确定两种材料下筒体壁厚各为多少。由计算结果讨论选哪种材料更经济。

10. 某化工厂一反应釜，釜体为圆筒，内径为 1400mm，工作温度为 5～150℃，工作压力为 1.5MPa；介质无毒且非易燃易爆；材料为 0Cr18Ni10Ti，腐蚀余量 $C_2=0$，接头采用双面对接焊，局部无损检测；其凸形封头上装有安全阀，开启压力为 1.6MPa。

① 试设计釜体厚度，并说明本题采用局部无损检测是否符合要求？为什么？

② 试确定分别采用半球形、椭圆形、碟形封头时封头的壁厚。

11. 某容器的锥形过渡段，大端内径为 1200mm，小端内径为 400mm，半顶角为 30°，计算压力为 1.0MPa，设计温度为 200℃，腐蚀裕量为 3mm，焊接接头系数为 0.85，材料为 20R。试确定该锥壳的厚度。

第五章 外压圆筒与封头的设计

【知识目标】 掌握外压容器基本设计知识。

【技能目标】 能判断外压容器失稳；

能进行外压薄壁容器筒体与封头壁厚的计算和强度校核；

能设计外压容器加强圈。

案例 5-1： 某制药厂需要一台套管空气加热器，内筒直径为 630mm，材质为 304（0Cr18Ni9）；外管直径为 720mm，长度为 8000mm。内筒介质为压缩空气，压力为 0.2MPa，管间介质为蒸汽，压力为 0.2～0.3MPa，没有设计图纸。制造单位初步计算后，建议内筒壁厚为 8mm 或者 10mm；但业主为了节省造价，要求采用 6mm 厚 304 钢板卷制内筒，制造方认为有问题，至少应采用 8mm 壁厚，但业主技术人员坚持己见，原因是内筒两侧压差很小，6mm 厚完全能够承受 0.1MPa 外压差。使用一段时间后，液体泄漏流入配电箱导致跳闸而突然停电。压缩机停车，内筒失压，随着一声爆响，内筒严重失稳，箱内瘪陷、焊缝断裂，裂口达 300mm×60mm，再次起动空气压缩机后，裂口处发生严重泄漏，几乎导致严重事故。

事故原因分析：①套管换热器也是压力容器，应该有正规的设计图纸，业主自作主张是导致这起事故的主要原因。②业主技术人员所学专业不对口，设计应该按照最不利的情况考虑，即当内压为零时的最大外压数值为计算内筒刚度的设计压力值。

案例 5-2： 北方某厂有一台伞盖平底直径为 7000mm、高度为 9000mm 的醋酸储罐，顶部有一连接空气的接管，设备放置在车间内部。当进醋酸时，储罐内上方的酸气从接管排到车间内，很是呛人。于是有人想出了一个"好"办法，从该接管接出一根管道引至地面的水池内，以洗去酸气。到了冬天水池内的水结冰，将出气口冻死，在抽出罐内醋酸时，导致设备承受负压发生失稳，设备报废，直接经济损失达到 70 余万元。

事故原因分析：常压容器在使用时务必保证设备内部与大气相通，否则当设备进料时，罐内气体不能及时排出而使设备承受内压；在出料时，空气不能进入设备内，导致设备承受负压，到一定程度会导致失稳事故。

在化工生产中，除了承受内压的容器外，还有很多承受外压的容器，如真空储罐、减压蒸馏塔、蒸发器及蒸馏塔所用的真空冷凝器、真空结晶器。对于带有夹套加热或冷却的反应器，当夹套中介质的压力高于容器内介质的压力时，也构成外压容器。因此，壳体外部压力大于壳体内部压力的容器均称为外压容器。

第一节 外压容器失稳与临界压力

一、外压容器的失效形式

当容器受到外压作用时，其强度计算与受内压作用时的强度计算一样，将产生轴向和环向应力，应力的大小与内压容器相同，只是应力的方向发生改变，外压容器的筒体内将产生轴向和环向压缩应力。这种压缩应力如果增大到材料的屈服点或强度极限，将和内压圆筒一样，引起筒体破坏。然而这种情况是极为少见的。这是因为当外压容器圆筒壁内的压缩应力远低于材料屈服点时，筒壁就已经被突然压瘪，筒体的圆环形截面一瞬间变成曲波形，如图 5-1 所示。波数最少为两个，有的可能为三个或者更多。这种在外压下突然发生的筒体失去原形，即突然失去原来稳定性的现象称为弹性失稳。

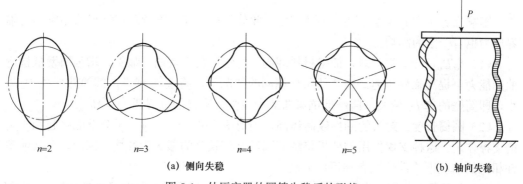

| n=2 | n=3 | n=4 | n=5 |

(a) 侧向失稳   (b) 轴向失稳

图 5-1 外压容器的圆筒失稳后的形状

因此，对于外压容器，其失效形式有两种：一种是因强度不足，发生压缩屈服破坏；另一种是因刚度不足，发生失稳破坏。而且失稳是外压容器失效的主要形式。外压容器圆筒的失稳不仅破坏了设备，造成经济损失，甚至会导致生产和人身安全事故。因此保证壳体的稳定性是维持外压容器正常工作的必要条件，也是外压容器计算和分析的主要内容。

二、临界压力

1. 外压容器的失稳过程及临界压力概念

外压容器筒体在失稳前，筒壁内只有压缩应力，在失稳时，伴随着突然的变形，在圆筒内产生以弯曲应力为主的复杂的附加应力。其实质是容器由一种平衡状态跃变到另一种平衡状态，即器壁内的应力由单纯的压应力跃变到以弯曲应力为主的状态。

外压容器失稳需要一定的条件。对于特定的外压容器，在筒壁所承受的外压达到某一临界值前，在压应力作用下筒壁处于一种稳定的平衡状态。这时增加外压并不引起筒体形状及应力状态的改变，外压卸除后，壳体能恢复原来形状。在这一阶段的圆筒仍处于相对静止的平衡状态。但是，当外压增大到某一临界值时，筒壁内的应力状态及筒体形状发生突变，原来的平衡遭到破坏，壳体的横截面产生曲波形或褶皱现象，即圆筒失稳。失稳过程是瞬间发生的。外压容器发生失稳时的临界值称为该筒体的临界压力，用 p_{cr} 表示，此时壳壁中的压应力称为临界应力，用 σ_{cr} 表示。

容器之所以失稳，是因为其实际承受的外压力超过它本身所具有的临界压力。所以说临界压力是导致容器失稳的最小外压力或保证容器不失稳的最大外压力，它的大小反映了外压容器元件抵抗失稳的能力。

筒体允许的工作外压（即筒体外部压力与筒体内部压力之差）应小于该筒体的临界压力。考虑到应使设备足够安全并能有一定的安全储备，规定外压容器圆筒的计算外压力应当满足如下条件：

$$p_c \leqslant [p] = \frac{p_{cr}}{m} \tag{5-1}$$

式中：m——稳定安全系数，圆筒取 $m=3$，凸形封头取 $m=14.52$。

2. 影响临界压力的因素

影响临界压力的因素主要是筒体尺寸，此外材料性能、质量及圆筒形状精度等对临界压力也有一定的影响。

（1）δ_e/D_o。圆筒失稳时，筒壁材料环向"纤维"发生弯曲。显然，增强筒壁抵抗弯曲的能力可提高临界压力。在其他条件相同的情况下，筒壁 δ_e 越厚，圆筒外直径 D_o 越小，即筒壁的 δ_e/D_o 越大，筒壁抵抗弯曲能力越强，圆筒的临界压力越高。

（2）圆筒长度。封头的刚性较筒体高，圆筒承受外压时，封头对筒壁能够起到一定的支撑作用。这种支撑作用的效果将随着圆筒几何长度的增大而减弱。因而，在其他条件相同的情况下，筒体短者临界压力高。

（3）加强圈的作用。当圆筒长度超过某一限度后，封头对筒壁中部的支承作用将全部消失，这种得不到封头支承的圆筒称为长圆筒。反之，称为短圆筒。显然，当两类圆筒的 δ_e/D_o 相同时，长圆筒的临界压力将低于短圆筒。为了在不变动圆筒几何长度的条件下提高临界压力，可在筒体外壁（或内壁）焊上一至数个加强圈。只要加强圈有足够大的刚性，同样可以对筒壁起到支撑作用，从而使原来得不到封头支承的筒壁，得到加强圈的支撑。

筒体焊上加强圈以后，筒体的几何长度对于计算临界压力就没有直接意义了。这时需要的是计算长度，这一长度是指两相邻加强圈的间距，对与封头相连的那段筒体来说，应把凸形封头中 1/3 的凸面高度计入。图 5-2 所示为常见外压容器圆筒的形状示意图和计算长度。

（4）筒体材料性能：如前所述，圆筒的失稳不是由强度不足引起的，筒体的临界压力与材料的屈服点没有直接关系，而是取决于刚度。材料弹性模量 E 越大，则刚度越大，材料抵抗变形能力越强，因而其临界压力也就越高。但是由于各种钢的 E 相差不大，所以选用高强度钢代替一般碳钢制造容器，并不能提高筒体的临界压力，反而提高了容器的成本。此外，材料组织的不均匀也会导致临界压力的降低。

（5）筒体椭圆度和材料的不均匀性：材料的组织不均匀和圆筒形状不精确也会导致临界压力值的降低。我国规定外压容器筒体的初始椭圆度（最大直径与最小直径之差）不能超过公称直径的 0.5%，且不大于 25mm。圆筒横截面的椭圆度如图 5-3 所示。

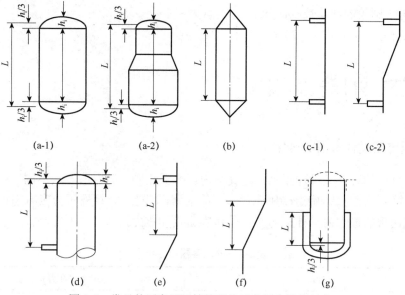

图 5-2　常见外压容器圆筒的形状示意图和计算长度

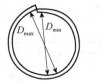

图 5-3　圆筒横截面的椭圆度

除上述因素外，载荷的不对称性、边界条件等因素也会对临界压力有一定影响。

3. 临界压力的计算

1）长圆筒

长圆筒最容易被压扁，其失稳破坏时总是出现两个波形。长圆筒的临界压力按下式计算：

$$p_{cr}=2.2E\left(\frac{\delta_e}{D_o}\right) \tag{5-2}$$

式中：p_{cr}——临界压力，MPa；

　　　E——材料在设计温度下的弹性模量，MPa；

　　　δ_e——圆筒的有效厚度，mm；

　　　D_o——圆筒的外直径，mm。

2）短圆筒

短圆筒的临界压力按下式计算：

$$p_{cr}=2.6E\frac{\left(\dfrac{\delta_e}{D_o}\right)^{2.5}}{\dfrac{L}{D_o}} \tag{5-3}$$

式中：L——圆筒的计算长度，mm。

其他符号含义同式（5-2）。

第二节　外压圆筒设计

一、外压容器设计参数的确定

承受外压的容器其设计压力的定义与内压容器相同，但取值方法不同。对外压容器而言，计算外压力 p_c 是确定受压元件厚度的依据，因此，计算外压力应考虑正常工作条件下可能出现的最大内、外压力差。外压容器设计压力可按表 5-1 确定。

表 5-1　外压容器设计压力

类型			设计压力 p
外压容器			取不小于正常工作过程中可能产生的最大内、外压差
真空容器	无夹套	设安全控制装置	取 1.25 倍最大内、外压差或 0.1MPa 两者中的较小值
		无安全控制装置	0.1MPa
	带夹套	夹套内为内压的真空容器器壁	取无夹套真空容器设计压力，再加上夹套内设计压力
		夹套内为真空的夹套壁（内筒为内压）	按无夹套真空容器规定选取

在以上基础上考虑相应的液柱静压力，当计算外压力 p_c 时，对由两室或两个以上压力室组成的容器如夹套容器，应考虑各室之间的最大压力差。

外压容器的其他设计参数，如设计温度、焊接接头系数、许用应力等与内压容器相同。

二、外压圆筒壁厚的计算——图算法

外压薄壁圆筒的壁厚计算有解析法和图算法两种，解析法一般先假定一个名义厚度 δ_n（已圆整至钢板厚度规格），通过公式推导，经反复计算校核后才能得出结果。该方法非常繁杂，所以工程上常用图算法来简化计算过程。图算法是借助特制的算图来确定壁厚的，这种方法比较简便，在设计中得到了广泛的应用。

1. $D_o/\delta_e \geqslant 20$ 的外压圆筒和管子

这类圆筒或管子承受外压时仅需进行稳定性校核。

（1）假设外压圆筒或管子的名义厚度为 δ_n，并按 $\delta_e = \delta_n - C$ 计算得 δ_e，按 $D_o = D_i + 2\delta_n$ 计算得 D_o，定出 L/D_o 和 D_o/δ_e。

（2）在图 5-4 左侧纵坐标上找到 L/D_o，过此点向右做水平线与 D_o/δ_e 线相交得一交点，过此交点做铅垂线与横坐标相交，得系数 A。

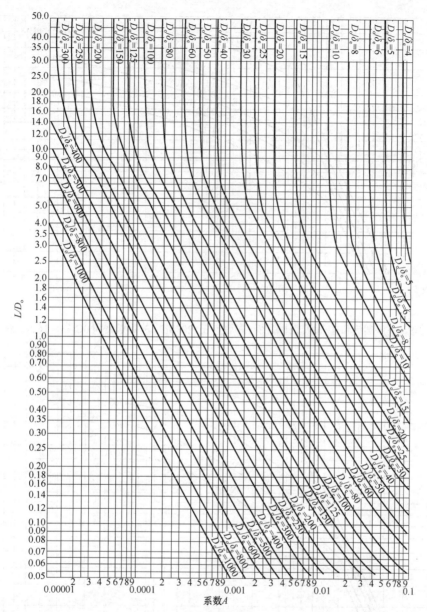

图 5-4　外压或轴向受压圆筒和管子几何参数计算图（适用于所有材料）

注意：若 $L/D_o > 50$，则用 $L/D_o = 50$ 查图；若 $L/D_o < 0.05$，则用 $L/D_o = 0.05$ 查图。当 L/D_o、D_o/δ_e 遇中间值时用内插法。

（3）按所用材料选用外压圆筒和球壳厚度计算图（如图 5-5 和图 5-6 所示，其余材料可查 GB 150—2011 确定），在图的横坐标上找到系数 A。若 A 位于设计温度下材料线与横坐标交点的右方，则过此点向上作铅垂线，与设计温度下的材料线相交（遇中间温度值用内插法），再过此交点做水平线，与左侧纵坐标相交得系数 B，并按下式计算许用外压力 $[p]$：

$$[p] = \frac{B}{D_o / \delta_e} \text{MPa} \tag{5-4}$$

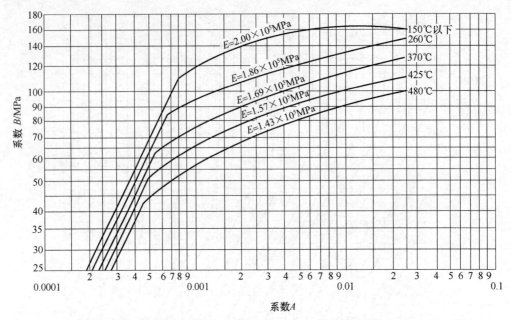

图 5-5　外压圆筒和球壳厚度计算图（屈服点 $\sigma_s > 207$MPa 的碳素钢和 0Cr13、1Cr13 钢）

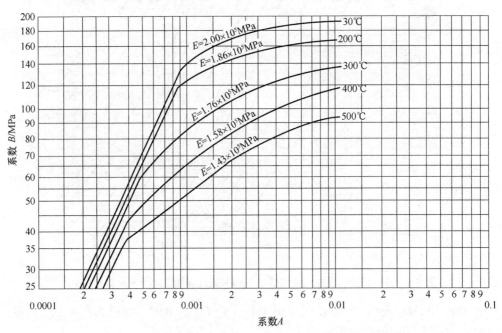

图 5-6　外压圆筒和球壳厚度计算图（16MnR、09Mn2VDR）

若所得 A 位于设计温度下材料线与横坐标交点的左方，则用下式计算许用外压力 $[p]$（MPa）：

$$[p] = \frac{2AE}{3(D_o / \delta_e)} \qquad (5\text{-}5)$$

（4）比较计算压力 p_c 与许用外压力 $[p]$，$[p]$ 应大于并接近 p_c，否则须重新假定圆筒的名义厚度 δ_n，重复上述计算，直至 $[p]$ 大于并接近 p_c 时为止。

2. $D_o/\delta_e < 20$ 的外压圆筒和管子

对于 $D_o/\delta_e < 20$ 的外压圆筒和管子，应同时考虑强度和稳定性问题。

（1）计算 A。

当 $4 \leqslant D_o/\delta_e < 20$ 时，按 $D_o/\delta_e \geqslant 20$ 的方法计算系数 A。

当 $D_o/\delta_e < 4$ 时，用下式计算 A：

$$A = \frac{1.1}{(D_o/\delta_e)^2} \tag{5-6}$$

若按式（5-6）计算得到的 $A > 0.1$，取 $A = 0.1$。

（2）按 $D_o/\delta_e \geqslant 20$ 的方法确定系数 B。

（3）用下式计算许用外压力：

$$[p] = \min\left[\left(\frac{2.25}{D_o/\delta_e} - 0.0625\right)B, \ \frac{2\sigma_o}{D_o\delta_e}\left(1 - \frac{1}{D_o\delta_e}\right)\right] \tag{5-7}$$

式中：σ_o——应力，MPa，按下式计算：

$$\sigma_o = \min\left[2[\sigma]^t, \ 0.9\sigma_s^t \ 或 \ 0.9\sigma_{0.2}^t\right] \tag{5-8}$$

其中：$[\sigma]^t$——圆筒材料在设计温度下的许用应力，MPa；

　　　σ_s^t——设计温度下圆筒材料的屈服点，MPa；

　　　$\sigma_{0.2}^t$——设计温度下圆筒材料应变为 0.2% 时的屈服强度，MPa。

（4）比较计算外压力 p_c 与许用外压力 $[p]$，$[p]$ 应大于并接近 p_c，否则须重新假定圆筒的名义厚度 δ_n，重复上述计算，直至 $[p]$ 大于并接近 p_c 时为止。

[例 5-1] 某一真空容器，工作温度为 260℃，介质为水蒸气，材料为 Q235-A 钢，内径为 1000mm，筒体长度为 2160mm（不包括封头高），椭圆形封头直边高度 h 为 25mm，曲面深度 h_i 为 250mm，C_2 取 1.2mm，容器未设置安全控制装置，试确定该容器的壁厚 δ_n。

解： 用图算法进行计算。

（1）因是真空容器，且无安全控制措施，故取计算外压力 $p_c = 0.1$MPa。

（2）设塔体名义厚度 $\delta_n = 8$mm，则

$$\delta_e = \delta_n - C = \delta_n - (C_1 + C_2) = 8 - (0.8 + 1.2) = 6 \ (\text{mm})$$

$$D_o = D_i + 2\delta_n = 1000 + 2 \times 8 = 1016 \ (\text{mm})$$

$$L = l + 2 \times (1/3)h_i + 2h = 2163 + 2 \times (1/3) \times 250 + 2 \times 25 \approx 2380 \ (\text{mm})$$

$$L/D_o = 2380/1016 \approx 2.34$$

$$D_o/\delta_e = 1016/6 \approx 169 > 20$$

（3）查图。据图 5-4，L/D_o 和 D_o/δ_e 在图中交点处对应的 A 值为 0.00025。

（4）因所用材料为 Q235-A 钢，故查图 5-5，由 A 及 $t = 260$℃读图得系数 $B = 32.5$MPa，用式（5-4）计算：

$$[p] = \frac{B}{D_o / \delta_e} = \frac{32.5}{1016 / 6} \approx 0.192 (\text{MPa})$$

（5）因 $[p] > p_c$，故假定壁厚符合计算要求；如果通过了试验压力下的应力校核，那么可以确定容器壁厚为 8mm。

第三节　外压圆筒加强圈的设计

一、加强圈的作用、结构及要求

影响临界压力的因素都影响稳定性。如前所述，增大 δ_e/D、设置加强圈、选用 E 大的钢种、提高材料的组织均匀性及圆筒形状精度等均可提高临界压力，因而可提高稳定性。

生产实践中一般从改变某些尺寸角度考虑提高稳定性。在外压圆筒材料和直径已定的条件下，增加筒体壁厚或者缩短筒体的计算长度，都能提高筒体的临界压力，因而可提高稳定性。从减轻容器质量、节约贵重金属的角度出发，减小计算长度更有利。从结构角度考虑，就是在筒体上焊接加强圈。

加强圈应具有足够的刚性，常用工字钢、角钢、扁钢等做成圆环，如图 5-7 所示。加强圈与筒体的连接，大多采用焊接，可以是连续焊缝，也可以是间断焊缝，但必须保证加强圈与筒体紧密贴合和焊牢，否则起不到加强作用。加强圈可以设置在筒体的外部或内部，如加强圈焊在容器外壁，焊缝总长度不应小于设备圆周长度的 1/2，间断焊缝的最大间距为筒体壁厚的 8 倍；如加强圈焊在容器内壁，则焊缝总长度不应小于内圆周长度的 1/3，间断焊缝的最大间距为筒体壁厚的 12 倍。

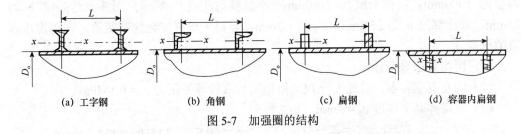

(a) 工字钢　　　(b) 角钢　　　(c) 扁钢　　　(d) 容器内扁钢

图 5-7　加强圈的结构

为了保证强度，加强圈不能任意削弱或割断。对装在筒体外面的加强圈，这一点是比较容易做到的。但是对装在内部的加强圈，有时就不能满足这一要求。例如在水平容器中的加强圈，往往必须开一个排液用的小孔（图 5-8）。加强圈允许割开或削弱而不需补强的最大弧长间断值，可查有关标准。

二、加强圈的间距

在设计外压圆筒时，如果加强圈间距已选定，则可按上述图算法确定筒体的厚度；

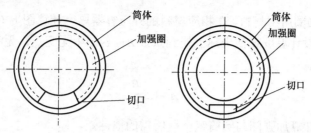

图 5-8　加强圈上的排液孔

如果筒体的 D_o/δ_e 已确定，为了保证筒体能够承受设计的外压，可以利用下式解出加强圈最大间距 L_{max}：

$$L_{max}=\frac{2.59ED_o(\delta_o/D_o)^{2.5}}{mp_c}\qquad (5\text{-}9)$$

如果加强圈是均布的，则筒体所需加强圈数量 n 为

$$n=L/L_{max}-1\ （取整）\qquad (5\text{-}10)$$

加强圈的距离为

$$L_s=L/（n+1）$$

若加强圈的实际间距 $L_s \leqslant L_{max}$，表示加强圈的间距合适，该圆筒能够安全承受设计外压力 p。

在圆筒上设置多少加强圈合适，没有确切的定论。加强圈多、间距小，节省筒体材料；但加强圈太多，则自身耗材也多，制造费用也高。最佳方案是圆筒材料和制造费用与加强圈材料和制造费用之和最小，但在工程实际中很难实现。根据经验，一般认为每隔 $1\sim2m$ 设置一个加强圈为宜。

三、加强圈的图算法计算

1. 加强圈的稳定条件

加强圈和圆筒一样，它本身也有稳定性问题。当加强圈具有的临界压力大于加强圈实际承受的外压力时，加强圈才不会失稳，才能对圆筒起到承载作用。而临界压力与截面几何尺寸有关，所以上述条件可转化为加强圈组合截面实际具有的惯性矩 I_s 不小于保持加强圈不失稳所需要的组合截面惯性矩 I，即 $I_s \geqslant I$。

2. 加强圈稳定性设计步骤

1）保持加强圈稳定所需要的组合截面惯性矩的计算

（1）初定加强圈的数目和间距，应使加强圈间距 $L_s \leqslant L_{max}$，L_{max} 按式（5-9）求得。

（2）根据加强圈所选的材料，按材料规格初定截面尺寸，并计算它的横截面面积 A_s 和加强圈与圆筒有效组合截面的惯性矩 I_s。

（3）用下式计算 B，即

$$B=\frac{p_cD_o}{\delta_e+A_s/L_s}\qquad (5\text{-}11)$$

（4）根据加强圈所用材料，在相应材料的外压容器厚度计算图上（图 5-5 和图 5-6），由计算出的 B 和设计温度在横坐标上找到系数 A；若图中无交点，无法得到 A，则可直接用下式计算：

$$A=1.5\frac{B}{E} \tag{5-12}$$

（5）用下式计算加强圈与圆筒组合段所需的惯性矩，即

$$I=\frac{D_o^2 L_s(\delta_e+A_s/L_s)}{10.9}A \tag{5-13}$$

（6）检验。I_s 应大于或等于 I，否则须另选一具有较大惯性矩的加强圈。重复上述步骤，直到 I_s 大于 I 为止。

2）组合截面实际具有的截面惯性矩 I_s 的计算

如图 5-9 和图 5-10 所示，先假设一加强圈的截面尺寸，则组合截面实际具有的截面惯性矩按式（5-14）计算。

$$I_s=I_1+A_s d^2+I_2+A_2 a^2 \tag{5-14}$$

式（5-10）～式（5-14）中：

A_2——圆筒有效段的截面面积，$A_2=2L_e\delta_e$，L_e 取 $L/2$ 和 $0.55\sqrt{D_o\delta_e}$ 二者中的最小值；

I_2——圆筒有效段对其自身形心轴 x_1-x_1 轴的惯性矩，$I_2=\dfrac{L_e\delta_e^3}{6}$；

a——圆筒有效段形心轴 x_1-x_1 至组合截面形心轴 $x-x$ 的距离，$a=\dfrac{A_s c}{A_s+A_2}$；

I_1——加强圈对其自身形心轴 x_0-x_0 轴的惯性矩，可查型钢表；

A_s——加强圈的截面面积，可查型钢表；

d——加强圈形心轴 x_0-x_0 至组合截面形心轴 $x-x$ 的距离，$d=c-a$；

c——圆筒有效段形心轴 x_1-x_1 与加强圈形心轴 x_0-x_0 的距离；

L_s——加强圈形心至其左右相邻两加强圈形心轴距离之和的一半，对于均匀设置的加强圈，有 $L_s=L$。

比较：若 $I_s\geqslant I$，则所选加强圈满足要求，否则重选、重做、重新计算，直至满足要求。

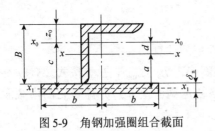

图 5-9　角钢加强圈组合截面

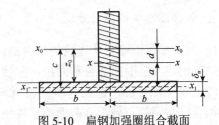

图 5-10　扁钢加强圈组合截面

第四节 外压球壳与凸形封头设计

外压容器封头的结构类型与内压容器相同,在外压力作用下的封头与圆筒一样,也存在失稳问题。因而外压封头设计计算的出发点与外压容器一样,主要考虑稳定性问题。采用图算法计算外压封头的壁厚时所用计算图与外压圆筒相同,下面介绍采用图算法计算受外压的半球形封头、椭圆形封头、碟形封头及锥形封头的壁厚,并介绍外压容器的压力试验。

一、半球形封头

受外压的半球形封头壁厚的设计步骤如下。

(1)假设球壳名义厚度 δ_n,并按 $\delta_e = \delta_n + C$ 计算得 δ_e,按 $R_o = R_i + \delta_n$ 计算得球形封头的外半径 R_o,定出 R_o/δ_e。

(2)按下式计算 A:

$$A = \frac{0.125}{R_o / \delta_e} \tag{5-15}$$

(3)根据球壳材料,从图 5-5 或图 5-6 中(其余材料查 GB 150—2011),在横坐标上找出系数 A。

① 若 A 落在设计温度下材料线与横坐标交点的右方,过此点做铅垂线与设计温度下材料线相交(遇中间温度值用内插法),再过此交点做水平线与左侧纵坐标相交得 B。于是许用外压力用式(5-16)计算:

$$[p] = \frac{B}{R_o / \delta_e} \tag{5-16}$$

② 若 A 落在设计温度下材料线与横坐标交点的左方,则用下式计算许用外压力 $[p]$:

$$[p] = \frac{0.0833E}{(R_o / \delta_e)^2} \tag{5-17}$$

(4)比较计算外压力 p_c 与许用外压力 $[p]$,$[p]$ 应大于并接近 p_c,否则须增大所设壁厚,重复上述计算,直至 $[p]$ 大于并接近 p_c 时为止。

二、椭圆形封头

受外压(凸面受压)椭圆形封头的设计步骤与外压半球形封头设计步骤相同,只是半径 R_o 为椭圆形封头的当量球壳外半径,即

$$R_o = K_1 D_o \tag{5-18}$$

式中:K_1——由椭圆形长短轴之比决定的系数,其值见表 5-2。

表 5-2　系数 K_1 值

$D_o/2h_o$	2.6	2.4	2.2	2.0	1.8	1.6	1.4	1.2	1.0
K_1	1.18	1.08	0.99	0.90	0.81	0.73	0.65	0.57	0.50

注：1. 中间值用内插法求得；

2. $K_1 = 0.9$ 为标准椭圆形封头；

3. $h_o = h_i + \delta_n$。

三、碟形封头与锥形封头

1. 碟形封头

凸面受外压的碟形封头，其过渡区承受拉应力，而球冠部分承受压应力，需防止发生失稳。碟形封头的壁厚计算，采用与半球形封头相同的图算步骤，其中 R_o 为碟形封头球面部分外半径，即 $R_o = R_i + \delta_n$。

2. 锥形封头

受外压的锥形封头或锥形筒体，其稳定性是一个在数学、力学上很复杂的问题。因此，工程上依赖试验结果，根据锥壳半顶角 α 的大小，分别按圆筒和平盖进行计算。当锥壳半顶角 $\alpha \leqslant 60°$ 时，按相当的外压圆筒计算，锥壳大端外径相当于圆筒体的直径 D_o。圆筒长度为锥壳当量长度 L_e。

1）锥壳当量长度 L_e 的计算（图 5-11）

（1）如图 5-11（a）、（b）所示，对于无折边锥壳或锥壳上相邻两加强圈之间的锥壳段，其当量长度 L_e 按式（5-19）计算，即

$$L_e = \frac{L_x}{2}\left(1 + \frac{D_s}{D_l}\right) \tag{5-19}$$

（2）大端折边锥壳如图 5-11（c）所示，其当量长度 L_e 按式（5-20）计算，即

$$L_e = r\sin\alpha + \frac{L_x}{2}\left(1 + \frac{D_s}{D_l}\right) \tag{5-20}$$

（3）小端折边锥壳如图 5-11（d）所示，其当量长度 L_e 按式（5-21）计算，即

$$L_e = r\frac{D_s}{D_l}\sin\alpha + \frac{L_x}{2}\left(1 + \frac{D_s}{D_l}\right) \tag{5-21}$$

（4）折边锥壳如图 5-11（e）所示，其当量长度 L_e 按式（5-22）计算，即

$$L_e = r\sin\alpha + r\frac{D_s}{D_l}\sin\alpha + \frac{L_x}{2}\left(1 + \frac{D_s}{D_l}\right) \tag{5-22}$$

2）外压锥形封头的计算

承受外压的锥壳，所需有效厚度按下述方法确定。

（1）假设锥壳的名义厚度为 δ_{nc}。

（2）计算 $\delta_{ec} = (\delta_{nc} - C)\cos\alpha$。

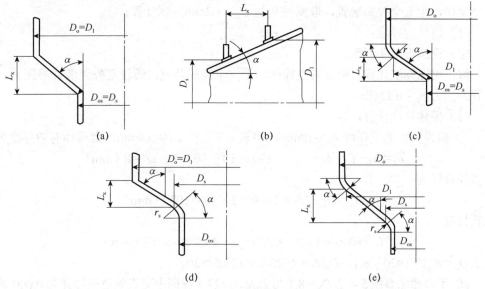

图 5-11 锥壳当量长度

D_1. 所考虑锥壳段的大端外直径，mm；D_{os}. 锥形封头小端外直径，mm；D. 圆筒外直径，mm；

D_s. 所考虑锥壳段的小端外直径，mm；L_x. 锥壳轴向长度，mm；r. 折边锥壳大端过渡段转角半径，mm；

r_s. 折边锥壳小端过渡段转角半径，mm；α. 锥壳半顶角

（3）按外压圆筒的规定进行外压校核计算，并以 L_e/D_1 代替 L/D_o，以 D_1/δ_{ec} 代替 D_o/δ_e。

当锥形封头半角 $\alpha > 60°$ 时，其壁厚按平盖计算，计算直径取锥体的最大内直径。

四、外压容器的压力试验

外压容器和真空容器以内压进行压力试验，其试验压力按下列方法确定。

对液压试验，有

$$p_T = 1.25p \qquad (5\text{-}23)$$

对气压试验，有

$$p_T = 1.15p \qquad (5\text{-}24)$$

式中：p_T——试验压力，MPa；

p——设计外压力，MPa。

对于由两室或两个以上压力室组成的容器，如夹套容器，进行压力试验时应考虑校核相邻壳壁在试验压力下的稳定性，如果不满足稳定要求，则应规定在做压力试验时，相邻压力室内必须保持一定压力，以使在整个试验过程中（包括升压、保压和卸压）的任何时间内，各压力室的压力差不超过允许压力差，这一点也应注在设计图纸上。

外压容器压力试验的方法、要求及试验前对圆筒应力的校核与内压容器相同。

［例 5-2］某一外压圆筒形塔体，内径为 1000mm，筒体总长 8000mm（不包括封头），标准椭圆形封头高（半椭球）为 250mm，设计温度为 150℃，材料为碳素结构钢 Q235-A，

真空操作，无安全控制装置，取腐蚀裕量 $C_2=1.2$ mm，试计算：

（1）筒体的厚度；

（2）椭圆形封头厚度。

解：用图算法计算。根据真空操作，无安全控制装置，假设塔外无液柱静压力，则计算外压力 $p_c=0.1$ MPa。

（1）筒体厚度计算。

① 假设筒体名义厚度 $\delta_n=10$ mm，由表 4-5 查得 $C_1=0.8$ mm，则筒体有效厚度为

$$\delta_e=\delta_n-C=\delta_n-(C_1+C_2)=10-(0.8+1.2)=8 \text{（mm）}$$

筒体外直径为

$$D_o=D_i+2\delta_n=1000+2\times10=1020 \text{（mm）}$$

计算长度

$$L=8000+(1/3)\times250\times2+25\times2\approx8217 \text{（mm）}$$

故 $L/D_o=8217/1020\approx8.1$，$D_o/\delta_e=1020/8=127.5>20$。

② 用内插法查图 5-4，$L/D_o\approx8.1$ 与 $D_o/\delta_e=127.5$ 在图中交点处对应的 A 为 0.000 099。

③ 根据筒体材料 Q235-A 钢、设计温度 150℃ 及 $A=0.000\,099$ 查图 5-5 知，系数 A 落在设计温度下材料线与横坐标交点的左方，用式（5-5）计算许用外压力 $[p]$：

$$[p]=\frac{2AE}{3(D_o/\delta_e)}=\frac{2\times0.000\,099\times2\times10^5}{3\times127.5}\approx0.104 \text{（MPa）}$$

④ 因 $[p]>p_c$ 且接近 p_c，故假定壁厚符合设计要求，确定壁厚为 10mm。

（2）椭圆形封头的厚度计算。

① 假设封头名义厚度 $\delta_n=4$ mm，由表 4-5 查得 $C_1=0.3$ mm，则封头有效厚度为

$$\delta_e=\delta_n-C=\delta_n-(C_1+C_2)=4-(0.3+1.2)=2.5 \text{（mm）}$$

查表 5-2 知标准椭圆形封头 $K_1=0.90$，则封头的当量球壳外半径 $R_o=K_1D_o=0.90\times1020=918$（mm）。

计算可得 $R_o/\delta_e=918/2.5=367.2$。

② 用式（5-15）计算系数 A：

$$A=\frac{0.125}{R_o/\delta_e}=\frac{0.125}{367.2}\approx0.000\,34$$

③ 查图 5-5 知，系数 A 落在材料线右方，因此由图中查得 $B=47$，用式（5-16）计算许用外压力 $[p]$：

$$[p]=\frac{B}{R_o/\delta_e}=\frac{47}{367.2}\approx0.13 \text{（MPa）}$$

④ 因 $[p]>p_c$ 且接近 p_c，故假定壁厚符合设计要求，确定壁厚为 4mm。

知识拓展

低温储运容器

一、气体的储运和低温容器

气体通过深冷法液化成液体后就必须设法储存和运输。现代工业、国防和科研工作对于低温液体的需求量很大，相应推动了低温储运技术的迅速发展。储运各种低温液体的设备称为低温储运设备。气体的储运一般有三种方法：

（1）用常温气瓶储运：这种方法使用普遍，其优点是机动性好、适应性强，但气瓶的投资大，无效运输质量大。

（2）用低温容器储运：这种方法一般用于液化天然气、液氧、液氮、液氢、液氦等低温液体，其优点是可以保持产品的低温状态，储存量大，无效运输质量小，缺点是容器需要有很好的绝热结构，且在储运过程中有汽化损失。用这种方法代替气瓶运输可使无效运输质量大为减小。例如，一个 3650L 的液氧罐可以运输 3000m^3 的氧气，其质量只约 1250kg；如用常温气瓶储存则需气瓶 500 只，其总质量达 38 500kg。

（3）用管道输送：气体及液体产品均可采用这种方法，但仅限于流量较大、输送距离比较短的情况。大型低温容器之间的移注通常也用管道输送。

随着天然气工业的发展，特别是随着火箭技术和空间技术的发展，要求建造相当大的低温液体的储运设备及运输管道。例如，液氧储罐已达 3600m^3，液氢储罐已达 2000m^3，液氦储罐已达 40m^3，而最大的还是液化天然气储罐，已达 100 000m^3；液氧、液氢的输送管道管径可至 500mm，输送距离长达 150～500m，而液化天然气的输送管道距离长达 9000m，管径也可达到 450mm。今后随着科学技术的发展，尤其是空间技术和超导技术的发展，对低温液体储运必然提出更高的要求。

低温容器通常以所储存或运输的液化气体命名。在工业上储运的液化气体有液化天然气、液氧、液氮、液氢、液氦及液氟等。

低温是指温度低于 120K 以下的温度区域。在这个温度区内的气体，其标准蒸发温度（沸点）和三相点温度（或熔点）均较低，因此，较难液化。在常温下，压力不高时，它们的比热容较大，均可近似视为理想气体。在一定压力下，当温度降到低于其临界温度时，都会变成液态乃至固态。设计温度低于−20℃的容器，应当按照低温容器设计，设计温度的下限由特定的工况确定。

待储运低温液体的性质是选择容器形式和容器工艺系统设计的重要因素。与容器有关的液体的主要化学和物理性质有闪点、沸点、饱和蒸气压、毒性、腐蚀性、化学反应活性、密度等。闪点、沸点和蒸气压都与液体的可燃性和挥发性密切相关，是选择容器形式和安全附件的主要依据。储存有毒液体要考虑防止环境污染和确保操作人员的安全。材料的耐蚀性是选择容器材料的依据。在选材过程中除了要考虑腐蚀裕量外，还要考虑罐体材料对储液的污染。储液的化学反应活性包括在一定温度下进行聚合反应、分解反应以及储液被空气污染或和空气发生化学反应等。通常储液的密度会影响罐壁和罐基础,设计时罐壁的厚度与密度成正比。

二、低温容器的分类

　　低温容器按绝热类型可以分为两大类:一类是非真空绝热性低温容器,它主要是大型的液氧、液氮和液化天然气的储存和运输容器;另一类是真空绝热性低温容器,它主要是中、小型的液氧、液氮、液氢和液氦等的储存和运输容器。真空绝热性低温容器又分为以下三类:①高真空绝热低温容器,这类容器体积小,适用于液氧、液氮和液氩的储运,也常用于短期实验;②真空粉末(或纤维)绝热低温容器,这类容器适用于较大量的液氧、液氮、液氢的储运;③高真空多层绝热低温容器,这类容器主要用于液氢和液氦的储运,也可以用于液氮的长期储存(如液氮生物容器)。真空绝热性低温容器均采用双层壁结构,两壁之间为真空绝热夹层,内装绝热材料,或者装入保护屏,并抽真空。低温容器在设计中选用何种绝热形式主要取决于成本、可操作性、质量及刚度等综合因素。

　　低温容器按用途分,可以分成固定式和运输式两种。固定式是为了储存,安装在生产低温液体的地方、低温液体使用地点或供液站。运输式用于运输,把低温液体从生产地或供液站运往使用地点。运输容器有陆运、水运、空运几种形式,分别称为罐车、拖车、槽船、运输储罐(图 5-12)。

(a) 低温液体罐车　　　　　　　　　　　　(b) 低温液体槽船

图 5-12　常用低温储运设备

　　低温容器按工作压力又可分为常压容器和带压容器,在接近大气压的压力下工作的容器称为常压容器,在高于大气压力下工作的容器称为带压容器。常压容器适用于一般的储存与运输,也适用于常规的低温试验研究。带压容器一般用于直接供液、供气或带压储运等。

　　低温容器按结构可分为气瓶、储罐、罐车、罐箱、槽船和可用于宇宙飞船的航运容器。

三、低温容器的结构

　　低温容器的结构形式主要有球形和圆柱形两种。球形容器单位体积的表面积最小,受力性能较好,它既节约了原材料又减少了冷损耗,同时可以缩短冷却周期。例如,一台 1000L 的球形液氧容器,其蒸发率和预冷周期比同样体积的圆柱形容器分别小 43%和 50%。圆柱形容器容易成形，加工方便并且有较好的结构尺寸，比较适用于车辆运输及操作压力不高的场合。此外，还有椭圆形、菱形、矩形等结构。封头以标准椭圆形封头居多，因为这类封头的转角处在变形不一致时产生的边缘应力小，易于制造。也有采用球形、碟形或锥形封头的。

低温容器的总体结构一般包括以下几项，具体结构如图 5-13 所示。

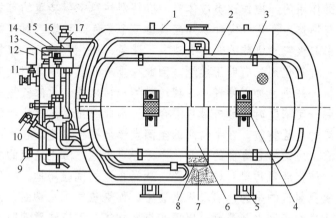

图 5-13　ZY-300 型液氧储槽

1. 外壳；2. 内胆；3. 抽气管；4. 支架；5. 加强圈；6. 吸附器；7. 绝热层；8. 吸附剂；
9. 液面计阀；10. 增压阀；11. 压力表阀；12. 压力表；13. 真空阀；14. 安全阀；
15. 进液阀；16. 放空阀；17. 安全膜片

（1）容器本体，即储液内容器、绝热结构、外壳体和连接内外壳体的构件等。

（2）低温液体注入、排放及蒸发气体回收系统。

（3）压力、温度、液位、真空等检查仪表及管道阀门配件。

（4）安全设施，如内外壳体的防爆装置、安全阀、紧急排液阀。

（5）其他附件，如底盘、把手、抽气口，对自增压储运设备还有增压器等。

四、低温容器的使用及安全要求

低温容器的使用和操作要求必须符合相关的规定和要求。在投入使用之前要进行预冷，不同绝热结构的容器，储存不同的低温液体，预冷的方式有差异。充液之前必须对容器进行吹除处理，吹除与置换的目的是排尽内部可能在工作温度下被冻结的气体或有害气体。对不同的储存介质，选择不同的储存容器，即使相同的介质，用于不同的目的时也要选用不同的储存容器。

低温工程中安全问题是非常重要的，在实际工作中应严格注意安全，防止以下事故发生：

（1）低温流体对人体的冻伤。皮肤与任何一种低温液体接触都有可能冻伤。如果皮肤与很冷的固体接触，两者会很快粘接在一起，强行撕开可能会把皮肤撕下来。因此在处理各种低温液体时要带好手套，同时还需防止低温液体的飞溅和大量外溢。

（2）窒息。窒息是由人体吸入了大量其他气体而引起缺氧所致，分突然窒息和逐渐窒息。如果人体吸入了纯氮，就很可能突然窒息甚至死亡。在室内进行液体操作时，要防止大量的液体溢出，因为这些液体溢出时很快气化，产生大量蒸气，使室内空气的含量降低。如果没有通风设备或空气不流通，局部地方的氧含量可能很低，对现场工作人员的身体是不利的。

（3）有害气体对人体的毒害。常用的低温液体都没有毒性。只是少数不常用的液氟、液态一氧化碳等有毒。有些液化气体虽然没有毒性，但有麻醉性，如乙烯、乙烷都是有麻醉作用的。操作这类液体时，应特别注意密封装置的可靠性。

（4）燃烧与爆炸。产生火灾和爆炸应具备三个条件：可燃、氧化物、火源。低温工程中容易引起火灾和爆炸的介质有液氧、液氢、液化天然气。液氧本身没有可燃性，但它是一种氧化剂，有助于燃烧。因此在排放液氧、液态空气时，不应靠近明火及可燃材料，并迅速加以稀释，在现场排除一切火源。天然气是一种易燃的气体，与氧混合到一定浓度时会形成爆炸混合物，因此液化天然气应严防泄漏。液氢是一种易燃易爆的危险物质，在半封闭的空间点燃会发生爆炸。在生产及储运液氢时必须特别注意，应做好各方面的工作，千万不可大意。防止液氢的燃烧事故主要从三方面着手：防止液氢污染、杜绝火源、选择合适的试验场地。一旦事故发生，应立即切断液氢及氢气的来源，启动灭火装置。如果氢气无法切断，火势蔓延，可以用消防水龙头喷水控制火势蔓延，以保护重要物体。但应注意消防水不能对准液氢漏出处喷射，因为水会加速液氢的汽化，使火势更猛。

 课程作业

简答题

1. 什么是临界压力？影响临界压力的因素有哪些？
2. 请简述外压容器的主要失效形式，并简述原因和解决方法。
3. 外压圆筒设计有几种方式？最常用的方法是什么？
4. 外压容器设置加强圈的作用是什么？加强圈常用什么材料制造？加强圈与筒体如何连接？
5. 今需制造一台分馏塔，塔的内径为2000mm，塔身（不包括两端的椭圆形封头）长度为6000mm，封头深度为500mm。分馏塔在370℃及真空条件下操作。现库存有9mm、12mm、14mm厚的20g钢板。问能否用这三种钢板来制造这台设备。
6. 某一外压容器，其内径为2000mm，筒体计算长度为6000mm，材料为20R，最高操作温度为150℃，最大压力差为0.15MPa。求筒体厚度。腐蚀裕量 $C_2=1mm$。
7. 某石油化工厂需要一台减压分馏塔。它的内直径为6000mm，筒体长度为15 600mm，采用球形封头，筒体与封头材料均为 Q235-A。操作时塔内绝对压力为0.005MPa，最高操作温度为420℃。塔的壁厚附加量为2mm，焊接接头系数为1.0，试确定塔体壁厚及加强圈尺寸。
8. 今有一直径为640mm、壁厚为4mm、筒长为5000mm 的容器，材料为 Q235-A，工作温度为200℃，试问该容器是否能承受0.1MPa的外压，如不能承受，应加几个加强圈？

第六章 容器零部件

【知识目标】　　了解化工设备、压力容器主要零部件知识。

【技能目标】　　能根据工艺及介质正确选择压力容器零部件；

　　　　　　　　能设计简单压力容器；

　　　　　　　　具备使用与维护常见压力容器的技能。

案例6-1： 2002年7月，江苏南通一工厂液氨罐因玻璃管液位计破碎引起泄漏，大量氨气弥漫整个车间并随时都有发生爆炸的危险。该市消防支队出动两个中队50余人抢救，才及时将险情排除。同时期，广西某氯碱厂因氯泵电缆老化短路引发氢泵、隔膜整流相继跳闸，而与隔膜电解整流联锁的氯气透平机却未按预定程序跳闸停机（事后查明联锁装置因设备故障未同时联动），造成电解槽氢气从阴极室窜入阳极室进入氯气管，形成爆炸性混合气体。在静电作用下，混合性爆炸气体在氯气干燥系统发生爆炸，部分氯气管道被炸坏，直接经济损失14万元，影响全厂停产近1个月。

案例6-2： 2005年起，为了保证安全附件的产品质量，确保锅炉压力容器的安全运行，加强对安全附件制造单位的安全技术质量管理，根据国家质量监督检验检疫总局令第22号《锅炉压力容器制造监督管理办法》、《锅炉压力容器制造许可条件》、《锅炉压力容器制造许可工作程序》和《锅炉压力容器产品安全性能监督检验规则》等法规的规定，未取得国家质检总局颁发相应许可证的单位制造的安全阀、爆破片、紧急切断阀及液面计不得安装在锅炉、压力容器和移动式压力容器（铁路罐车、汽车罐车或长管拖车和罐式集装箱）上。

组成一台压力容器除了筒体和封头基本零件外，还有法兰、支座、人孔（或手孔）、视镜、液面计和各种用途的接管等，这些统称为容器附件。外压容器与内压容器的容器附件选择和计算方法基本一致。为方便化工设备的设计工作、有利于专业生产、提高制造质量、便于零部件互换、降低成本、提高劳动生产率，我国有关部门已对压力容器的零部件制定了一系列标准，如封头、法兰、支座、人孔、手孔、液面计均已有各自的标准。某些化工设备，如反应釜、换热器、储罐等也有标准系列。设计时应尽量采用标准件。

第一节 法 兰 连 接

在石油、化工设备和管道中，由于生产工艺的要求，或者为制造、运输、安装、检修方便，常采用可拆卸的连接结构。常见的可拆卸结构有法兰连接、螺纹连接和承插式连接。采用可拆卸连接之后，确保接口密封的可靠性，是保证化工装置正常运行的必要条件。设备法兰与管法兰均已制定标准。在很大的公称直径和公称压力范围内，法兰规格尺寸都可以从标准中查到，只有少量超出标准规定范围的法兰，才需进行设计计算。

一、法兰连接结构与密封原理

法兰连接结构是一个组合件，是由一对法兰，若干螺栓、螺母和一个垫片所组成。图 6-1（a）为管子法兰连接整体结构装配图，图 6-1（b）为设备法兰的剖面图。在实际应用中，压力容器由于连接件或被连接件的强度破坏所引起法兰密封失效是很少见的，较多的是因为密封不好而泄漏。故法兰连接的设计中主要解决的问题是防止介质泄漏。

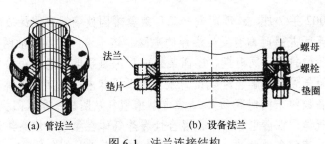

(a) 管法兰　　　　　　　(b) 设备法兰
图 6-1　法兰连接结构

法兰密封的原理如下：法兰在螺栓预紧力的作用下，把处于密封面之间的垫片压紧。施加于单位面积上的压力（压紧应力）必须达到一定的数值才能使垫片变形而被压实，密封面上由机械加工形成的微隙被填满，形成初始密封条件。所需的这个压紧应力称为垫片密封比压力，以 y 表示，单位为 MPa。密封比压力主要取决于垫片材质。显然，当垫片材质确定后，垫片越宽，为保证应有的比压力，垫片所需的预紧力就越大，从而螺栓和法兰的尺寸也要求越大，所以法兰连接中垫片不应过宽，更不应该把整个法兰面都铺满垫片。当设备或管道在工作状态时，介质内压形成的轴向力使螺栓被拉伸，法兰密封面沿着彼此分离的方向移动，降低了密封面与垫片之间的压紧应力。如果垫片具有足够的回弹能力，使压缩变形的回复能补偿螺栓和密封面的变形，而使预紧密封比压至少降到不小于某一值（这个比压值称为工作密封比压），则法兰密封面之间能够保持良好的密封状态。反之，垫片的回弹力不足，预紧密封比压下降到工作密封比压以下，甚至密封处重新出现缝隙，则此密封失效。因此，为了实现法兰连接处的密封，必须使密封组合件各部分的变形与操作条件下的密封条件相适应，即使密封元件在操作压力作用下，仍然保持一定的残余压紧力。为此，螺栓和法兰都必须具有足够大的强度和刚度，使螺栓在容器内压形成的轴向力作用下不发生过大的变形。

二、法兰的分类

图 6-2 给出了法兰分类的总体情况，下面来详细介绍各类法兰。法兰按整体性质程度可以分为以下几类。

（一）整体法兰

（1）平焊法兰［图 6-3（a）、（b）］。法兰
盘焊接在设备筒体或管道上，制造容易，应用
广泛，但刚性较差。法兰受力后，法兰盘的矩
形截面发生微小转动，与法兰相联的筒壁或管
壁随之发生弯曲变形。于是在法兰附近筒壁的截面上，将产生附加的弯曲应力。所以平
焊法兰适用的压力范围较低（$PN < 4.0\text{MPa}$）。

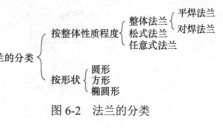

图 6-2　法兰的分类

(a) 平焊管法兰　　　(b) 平焊设备法兰　　　(c) 对焊法兰

图 6-3　整体法兰

（2）对焊法兰［图 6-3（c）］。对焊法兰又称高颈法兰或长颈法兰。颈的存在提高了
法兰的刚性，同时由于颈的根部厚度比筒体厚，所以降低了根部的弯曲应力。此外，法
兰与筒体（或管壁）的连接是对接焊缝，比平焊法兰的角焊缝强度好，故对焊法兰适用
于压力、温度较高或设备直径较大的场合。

（二）松式法兰

松式法兰的特点是法兰未能有效地与容器或管道连接成一整体，不具有整体式连接
的同等强度，如图 6-4 所示。由于法兰盘可以采用与设备或管道不同的材料制造，因此
这种法兰适用于铜制、铝制、陶瓷、石墨及其非金属材料的设备或管道上。另外，这种
法兰受力后不会对筒体或管道产生附加的弯曲应力，这是它的一个优点，但一般只适用
于压力较低的场合。

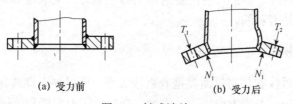

(a) 受力前　　　　　　　　(b) 受力后

图 6-4　松式法兰

（三）任意式法兰

任意式法兰的整体性介于整体法兰和松式法兰之间，如图 6-5 所示，包括未焊透的
焊接法兰。

按形状，法兰可以分为圆形、方形和椭圆形，如图 6-6 所示。

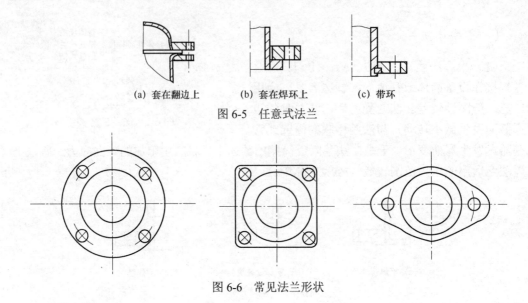

(a) 套在翻边上　　　(b) 套在焊环上　　　(c) 带环

图 6-5　任意式法兰

图 6-6　常见法兰形状

　　圆形法兰是最常见的，方形法兰有利于把管子排列紧凑，椭圆形法兰通常用于阀门和小直径的高压管子上。

三、影响法兰密封的因素

　　影响法兰密封的因素是多方面的，主要有螺栓预紧力、密封面形式、垫片性能等。下面分别进行讨论。

（一）螺栓预紧力

　　螺栓预紧力是影响密封的一个重要因素。预紧力必须使垫片压紧并实现初始密封条件。同时，预紧力也不能过大，否则将会使垫片被压坏或挤出。

　　由于预紧力是通过法兰密封面传递给垫片的，要达到良好的密封，必须使预紧力均匀地作用于垫片。因此，当密封所需要的预紧力一定时，采取增加螺栓个数、减小螺栓直径的办法对密封是有利的。

（二）密封面形式

　　法兰连接的密封性能与密封面类型有直接关系，所以要合理选择密封面的形状。法兰密封面类型的选择，主要考虑压力、温度、介质。压力容器和管道中常用的法兰密封面的类型和特点见表 6-1。法兰密封面如图 6-7 和图 6-8 所示。

表 6-1　法兰密封面的类型和特点

名称	特点说明
突面（RF）	表面是一个光滑的平面，也可车制密纹水线。密封面结构简单，加工方便，且便于进行防腐衬里。但是，这种密封面垫片接触面积较大，预紧时垫片容易往两边挤，不易压紧
凹凸面（MFM）	密封面由一个凸面和一个凹面相配合组成，在凹面上放置垫片，能够防止垫片被挤出，故可适用于压力较高的场合

名称	特点说明
榫槽面（TG）	密封面是由榫和槽所组成的，垫片置于槽中，不会被挤动。垫片可以较窄，因而压紧垫片所需的螺栓力也就相应较小。即使用于压力较高处，螺栓尺寸也不致过大。因而，它比以上两种密封面易获得良好的密封效果。密封面的缺点是结构与制造比较复杂，更换挤在槽中的垫片比较困难。此外，榫面部分容易损坏，在拆装或运输过程中应加以注意。榫槽面适于易燃、易爆、有毒的介质以及压力较高的场合。当压力不大时，即使直径较大，也能很好地密封
全平面（FF）与环连接面（RJ）	全平面密封适合于压力较小的场合（$PN \leq 1.6\mathrm{MPa}$）；环连接面主要用在带颈对焊法兰与整体法兰上，适用压力为 $6.3\mathrm{MPa} \leq PN \leq 25.0\mathrm{MPa}$
其他类型密封面	对于高压容器和高压管道的密封，密封面可采用锥形密封面或梯形槽密封面，它们分别与球面金属垫片（透镜垫片）和椭圆形或八角形截面的金属垫片配合。锥形密封面或梯形槽密封面可适用于压力较高的场合，但需要的尺寸精度和表面粗糙度高，不易加工

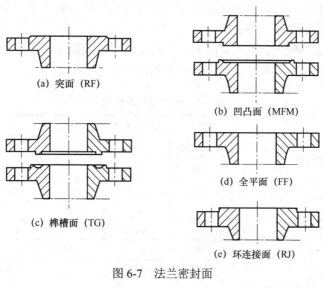

(a) 突面（RF）

(b) 凹凸面（MFM）

(c) 榫槽面（TG）

(d) 全平面（FF）

(e) 环连接面（RJ）

图 6-7　法兰密封面

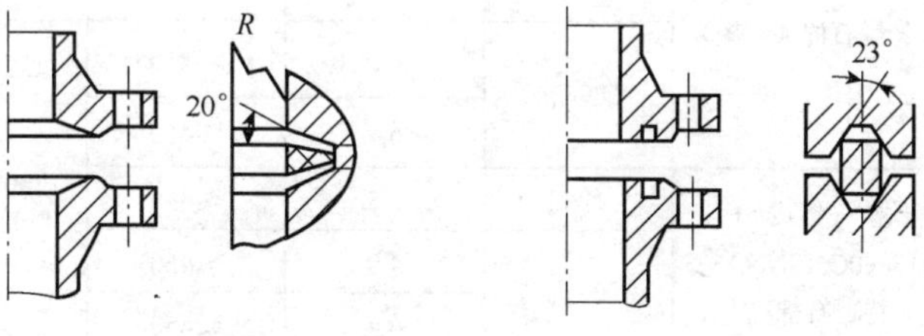

(a) 锥形密封面

(b) 梯形槽密封面

图 6-8　高压容器、高压法兰密封面

（三）垫片性能

　　垫片是构成密封的重要元件，适当的垫片变形和回弹能力是形成密封的必要条件。最常用的垫片可分为非金属垫片、金属垫片、非金属垫片与金属混合制垫片。

　　非金属垫片材料有橡胶石棉板、聚四氟乙烯等，如图 6-9（a）所示，这些材料的优

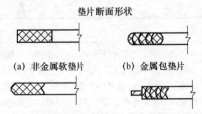

垫片断面形状

(a) 非金属软垫片　　(b) 金属包垫片

(c) 不带定位圈的缠绕垫片　(d) 带定位圈的缠绕垫片

图 6-9　非金属垫片

点是柔软。非金属垫片的耐温度和压力的性能较金属垫片差，通常只适用于常、中温及中、低压设备和管道的法兰密封。

金属垫片材料一般并不要求强度高，而是要求软韧。常用的是软铝、纯铜、铁（软钢）、蒙耐尔合金（含 Ni 67%，含 Cu 30%，含 Cr 4%～5%）钢等。金属垫片主要用于中、高温和中、高压的法兰连接密封。

金属与非金属混合制垫片有金属包垫片及缠绕垫片等，如图 6-9（b）～（d）所示。金属包垫片是用薄金属板（镀锌薄钢板、0Cr18Ni9 等）将非金属包起来制成的；金属缠绕垫片是薄低碳钢带（或合金钢带）与石棉带一起绕制而成的。这种缠绕垫片有不带定位圈的和带定位圈的两种。金属包垫片及缠绕垫片较单纯的金属垫片有较好的性能，适用的温度与压力范围稍高一些。

垫片材料的选择应根据温度、压力及介质的腐蚀情况确定，同时还要考虑密封面的形式、螺栓力的大小及装卸要求等，垫片材料的选用见表 6-2。

表 6-2　垫片材料的选用

材料		密封面	压力/MPa	温度/℃	介质
中压橡胶石棉板		光滑、凹凸	≤2.5	≤150	压缩空气、惰性气体、氨
		光滑	≤1.6	≤300	蒸汽、水
聚四氟氯乙烯		光（凹凸）	≤1.6	≤200	多种油品、油气、溶剂、石油化工原料及产品
耐油橡胶石棉板		光（凹凸）	2.5	≤200	多种油品、油气、溶剂、石油化工原料及产品
			≤1.6	≤50	液化石油气
金属缠绕垫片	0Cr13（0Cr19Ni9）钢带＋特制石棉（石墨）	凹凸	4.0～6.4	≤60	惰性气体
		光（凹凸）	2.5	≤450	多种油品、油气、溶剂、石油化工原料及产品
		凹凸	4.0	≤450	氢气、氢气与石油混合气
			6.4	≤450	
金属包垫片	铁皮（铝皮)＋0Cr13（0Cr19Ni9）＋特制石棉	光（凹凸）	2.5	≤450	
		凹凸	4.0	≤450	
			6.4	≤450	
柔性石墨混合垫	石墨＋金属骨架（0Cr13、0Cr19Ni9 等）	光（凹凸）	2.5	≤450	多种油品、油气、溶剂、石油化工原料及产品
		凹凸	4.0	≤450	氢气、氢气与石油混合气
			6.4	≤450	
金属环垫	10、0Cr13、0Cr19Ni9	梯形槽	6.4	≤450	

四、法兰标准及选用

石油、化工上用的法兰标准有两类，一类是压力容器法兰标准，一类是管法兰标准。

（一）压力容器法兰标准

压力容器法兰分类如图 6-10 所示。

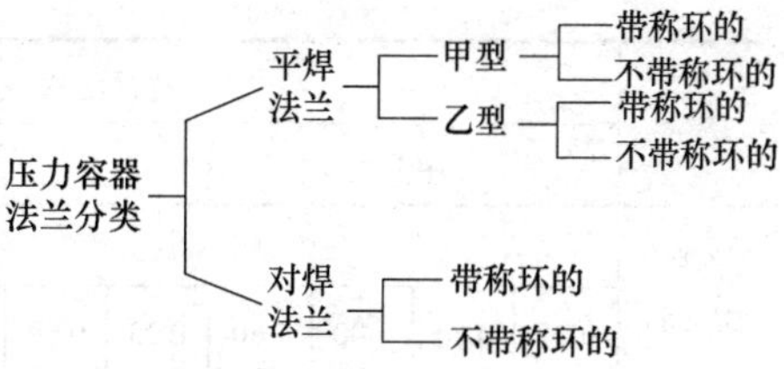

图 6-10　压力容器法兰分类

1. 平焊法兰

平焊法兰两种类型的比较见表 6-3。

表 6-3　平焊法兰两种类型的比较

名称		公称压力等级 *PN*/MPa	公称直径范围 *DN*/mm	温度范围/℃	备注
平焊法兰	甲型	0.25、0.6、1.0、1.6	300～2000	−20～300	乙型法兰有一个壁厚不小于 16mm 的圆筒形短节，因而乙型平焊法兰的刚度比甲型平焊法兰好；甲型的焊缝开 V 形坡口，乙型的焊缝开 U 形坡口，所以乙型也比甲型具有较高的强度
	乙型	0.25～1.6 压力等级中较大直径范围，还可用于 2.5 和 4.0 两个压力等级中较小直径范围	300～3000	−20～350	

表 6-3 中给出了甲型、乙型平焊法兰适用的公称压力和公称直径的对应关系和范围。

2. 对焊法兰

长颈对焊法兰由于具有厚度更大的颈，因而法兰盘刚性进一步增大了。故规定用于更高的压力范围（*PN* 0.6～6.4MPa）和直径范围（*DN* 2000～300mm），适用温度范围为−20～450℃。由表 6-4 可看出，乙型平焊法兰中 *DN* 2000mm 以下的规格均已包括在长颈对焊法兰的规定范围之内。这两种法兰的联接尺寸和法兰厚度完全一样。所以 *DN* 2000mm 以下的乙型平焊法兰，可以用轧制的长颈对焊法兰代替，以降低法兰的生产成本。

表 6-4　压力容器法兰的分类和规格

类型	平焊法兰		对焊法兰
	甲型	乙型	长颈
标准号	NB/T 47021—2012	NB/T 47022—2012	NB/T 47023—2012
简图	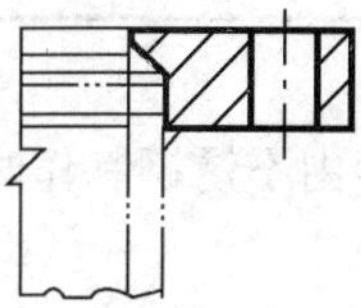	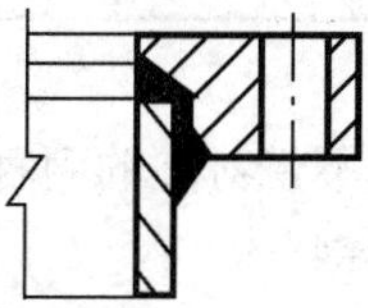	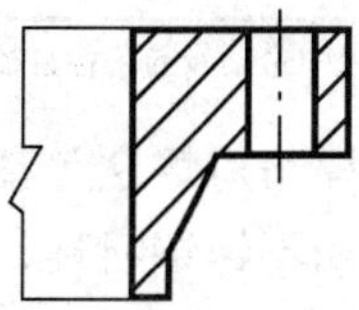

续表

类型	平焊法兰										对焊法兰					
	甲型				乙型						长颈					
公称直径 DN/mm	公称压力 PN/MPa															
	0.25	0.60	1.00	1.60	0.25	0.60	1.00	1.60	2.50	4.00	0.60	1.0	1.60	2.50	4.00	6.40
300	按 PN 1.00															
(350)					—	—	—	—			—					
400																
(450)	按 PN 1.00															
500																
(550)									—							
600							—									
(650)						—										
700											—					
800																
900																
1000																
(1100)																
1200																
(1300)																
1400				—												
(1500)			—							—						—
1600		—													—	
(1700)								—								
1800																
(1900)																
2000									—							
(2200)					按 PN 0.60											
2400							—									
2600	—															
2800															—	
3000											—	—	—	—		

注：表中带括号的公称直径应尽量不采用。

平焊与对焊法兰都有带衬环的与不带衬环的两种。当设备由不锈钢制作时，采用碳钢法兰加不锈钢衬环，可以节省不锈钢。

使用法兰标准确定法兰尺寸时，必须知道法兰的公称直径与公称压力。压力容器法兰的公称直径与压力容器的公称直径取同一系列数值。例如 DN 1000mm 的压力容器，应当配用 DN 1000mm 的压力容器法兰。

　　法兰公称压力的确定与法兰的最大操作压力、操作温度及法兰材料有关。因为在制定法兰尺寸系列、计算法兰厚度时，是以 16MnR 在 200℃时的力学性能为基准制定的。所以规定以此基准所确定的法兰尺寸，在 200℃时，它的最大允许操作压力就是具有该尺寸法兰的公称压力。例如，公称压力 PN 0.6MPa 的法兰，就是指具有这样一种具体尺寸的法兰，该法兰是用 16MnR 制造的，在 200℃时，它的最大允许操作压力是 0.6MPa。如果把这个 PN 0.6MPa 的法兰用在高于 200℃的条件下，那么它的最大操作压力将低于它的公称压力 0.6MPa。反之，如果将它用在低于 200℃的条件下，仍按 200℃确定其最高工作压力。如果把法兰的材料改为 Q235-A，那么 Q235-A 钢的力学性能比 16MnR 差，这个公称压力 PN 0.6MPa 的法兰，即使是在 200℃时操作，它的最大允许操作压力也将低于它的公称压力。反之，如果把法兰的材料由 16MnR 改为 15MnVR，那么，由于 15MnVR 的力学性能优于 16MnR，这个公称压力 PN 0.6MPa 的法兰在 200℃操作时，它的最大允许操作压力将高于它的公称压力。总之，只要法兰的公称直径、公称压力确定，法兰的尺寸也就确定。至于这个法兰允许的最大操作压力是多少，那就要看法兰的操作温度和制造材料。压力容器法兰标准中规定的法兰材料是低碳钢（Q235-A、20g 等）及普低钢（16Mn，16MnR 和 15MnVR 等）。表 6-5 是甲型平焊法兰和乙型平焊法兰在不同温度下，它们的公称压力与最大允许工作压力之间的换算关系。利用这个表，可以将设计条件中给出的操作温度与设计压力换算成查取法兰标准所需要的公称压力。例如，为一台操作温度为 300℃、设计压力为 0.6MPa 的容器选配法兰。查表 6-5 可见：如果法兰材料用 15MnVR，可按公称压力 0.6MPa 查取法兰尺寸；如果法兰材料用 20R，则必须按公称压力 1.0MPa 查取法兰尺寸。

表 6-5　甲型、乙型平焊法兰在不同温度下的公称压力最大允许工作压力之间的换算关系

公称压力 PN/MPa	法兰材料		工作温度/℃				备注
			>20~200	250	300	350	
0.25	板材	Q235-A，B	0.16	0.15	0.14	0.13	—
		Q235-C	0.18	0.17	0.15	0.14	
		20R	0.19	0.17	0.15	0.14	
		16MnR	0.25	0.24	0.21	0.20	
		15MnVR	0.27	0.27	0.26	0.25	
		15CrMoR	0.26	0.25	0.23	.22	
	锻件	20	0.19	0.17	0.15	0.14	
		16Mn	0.26	0.24	0.22	0.21	
		20MnMo	0.27	0.27	0.26	0.25	

续表

公称压力 PN/MPa	法兰材料		工作温度/℃				备注
			>20~200	250	300	350	
0.60	板材	Q235-A，B	0.40	0.36	0.33	0.30	—
		Q235-C	0.44	0.40	0.37	0.33	
		20R	0.45	0.40	0.36	0.34	
		16MnR	0.60	0.57	0.51	0.49	
		15MnVR	0.65	0.64	0.63	0.60	
		15CrMoR	0.63	0.60	0.56	0.53	
	锻件	20	0.45	0.40	0.36	0.34	
		16Mn	0.61	0.59	0.53	0.50	
		20MnMo	0.65	0.64	0.63	0.60	
1.00	板材	Q235-A，B	0.66	0.61	0.55	0.50	—
		Q235-C	0.73	0.67	0.61	0.55	
		20R	0.74	0.67	0.60	0.56	
		16MnR	1.00	0.95	0.86	0.82	
		15MnVR	1.09	1.07	1.05	1.00	
		15CrMoR	1.05	1.00	0.83	0.88	
	锻件	20	0.74	0.67	0.60	0.56	
		16Mn	1.02	0.98	0.88	0.83	
		20MnMo	1.09	1.07	1.05	1.00	
1.60	板材	Q235-A，B	1.06	0.97	0.89	0.80	—
		Q235-C	1.17	1.08	0.98	0.89	
		20R	1.10	1.08	0.96	0.90	
		16MnR	1.60	1.53	1.37	1.31	
		15MnVR	1.74	1.72	1.68	1.60	
		15CrMoR	1.67	1.60	1.49	1.41	
	锻件	20	1.19	1.08	0.96	0.90	
		16Mn	1.64	1.56	1.41	1.33	
		20MnMo	1.74	1.72	1.68	1.60	
2.50	板材	Q235-C	1.83	1.68	1.53	1.38	
		20R	1.86	1.69	1.50	1.40	
		16MnR	2.50	2.39	2.14	2.05	DN<1400mm
		15MnVR	2.72	2.68	2.63	2.50	DN≥1400mm
		15MnVR	2.67	2.63	2.59	2.20	
		15CrMoR	2.61	2.50	2.33		
	锻件	20	1.86	1.69	1.50	1.40	
		16Mn	2.56	2.44	2.20	2.08	
		20MnMo	2.92	2.86	2.82	2.73	DN<1400mm
		20MnMo	2.67	2.63	2.59		DN≥1400mm

续表

公称压力 PN/MPa	法兰材料		工作温度/℃				备注
			>20～200	250	300	350	
4.00	板材	20R	2.97	2.70	2.39	2.24	
		16MnR	4.00	3.82	3.42	3.27	
		15MnVR	4.36	4.29	4.20	4.00	DN<1400mm
		15MnVR	4.27	4.20	4.14	4.00	DN≥1400mm
		15CrMoR	4.18	4.00	3.73	3.52	
4.00	锻件	20	2.97	2.70	2.39	2.24	
		16Mn	4.09	3.91	3.52	3.33	
		20MnMo	4.64	4.56	4.51	4.36	DN<1400mm
		20MnMo	4.27	4.20	4.14	4.00	

（二）管法兰标准

由于容器筒体的公称直径和管子的公称直径所代表的具体尺寸不同，所以同样公称直径的容器法兰和管法兰，它们的尺寸也不相同，二者不能互相代用。管法兰的类型除平焊法兰、对焊法兰外，还有铸钢法兰、铸铁法兰、活套法兰、螺纹法兰等。管法兰标准的查选方法、步骤与压力容器法兰相同。管法兰标准除 GB/T 9119—2010《板式平焊钢制管法兰》外，常用标准还有化工部标准 HG/T 20592～20635—2009《钢制管法兰·垫片·紧固件》、HG/T 20602—1997《不锈钢衬里法兰盖》，中石化标准 SH/T 3406—2013《石油化工钢制管法兰》等。其中化工部标准中分为欧洲体系、美洲体系等，我国常用的为欧洲体系。

[例6-1] 为一台精馏塔配一对连接塔身与封头的法兰。塔的内径为1000mm，操作温度为280℃，设计压力为0.2MPa，材质为Q235-A。

解：根据操作温度、设计压力和所用材料，从表6-5中可知，所要选用的法兰应按公称压力为0.6MPa来查选它的尺寸。

由于操作压力不高、直径不大，由表6-5可采用甲型平焊法兰、平面密封面，垫片材料选用石棉橡胶板。法兰的各部尺寸可从标准中查得。

连接螺栓选用材料为Q235-A，M20共36个。

第二节　容器支座

容器的支座用来支承容器的质量、固定容器的位置并使容器在操作中保持稳定。支座的结构形式很多，主要由容器自身的形式决定，分卧式容器支座、立式容器支座和球形容器支座。下面介绍前两种支座。

一、卧式容器支座

卧式容器支座有三种：鞍式支座、圈式支座和腿式支座。

（一）鞍式支座

鞍式支座是应用广泛的一种卧式容器支座，常见的卧式容器和大型卧式储槽、热交换器等多采用这种支座。鞍式支座如图 6-11 所示，为了简化设计计算，鞍式支座已有标准 JB/T 4712.1—2007《容器支座　第 1 部分　鞍式支座》，设计时可根据容器的公称直径和容器的质量选用标准中的规格。鞍式支座由横向筋板、若干轴向筋板和底板焊接而成。在鞍式支座与设备连接处，有带加强垫板和不带加强垫板两种结构。

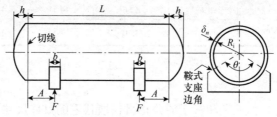

图 6-11　鞍式支座

鞍式支座的鞍座包角为 120° 或 150°，以保证容器在支座上安放稳定。鞍座的高度有 200mm、300mm、400mm 和 500mm 四种规格，但可以根据需要改变，改变后应进行强度校核。鞍式支座的宽度 b 可根据容器的公称直径查出。

鞍式支座分为 A 型（轻型）和 B 型（重型）两类，其中重型又分为 BⅠ～BⅤ五种型号。其中 BⅠ型结构如图 6-12 所示。A 型和 B 型的区别在于筋板和底板、垫板等尺寸不同或数量不同。

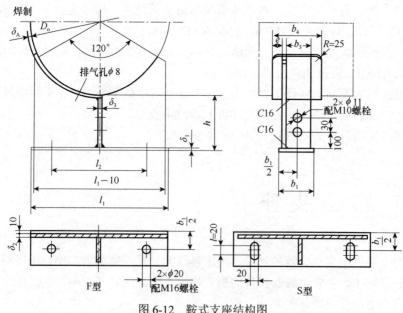

图 6-12　鞍式支座结构图

鞍式支座的底板尺寸应保证基础的水泥面不被压坏。根据底板上螺栓孔形状的不同，每种形式的鞍式支座又分为固定式支座（代号 F）和滑动式支座（代号 S）两种安装形式，如图 6-12 所示，固定式支座底板上开圆形螺栓孔，滑动式支座开长圆形螺栓孔。在一台容器上，圆形螺栓孔与长圆形螺栓孔总是配对使用。在安装活动支座时，地脚螺栓采用两个螺母。第一个螺母拧紧后倒退一圈，然后用第二个螺母锁紧，这样可以保证设备在温度变化时，鞍式支座能在基础面上自由滑动。长圆形螺栓孔的长度须根据设备的温差伸缩量进行校核。

一台卧式容器的鞍式支座，一般情况下不宜多于两个。因为鞍式支座水平高度的微小差异都会造成各支座间的受力不均，从而引起筒壁内的附加应力。采用双鞍式支座时，鞍式支座与筒体端部的距离 A 可按下述原则确定：当筒体的 L/D 较大，且鞍式支座所在平面内无加强圈时，应尽量利用封头对支座处筒体的加强作用，取 $A \leq 0.25D$；当筒体的 L/D 较小，δ/D 较大，或鞍式支座所在平面内有加强圈时，取 $A \leq 0.2L$。

（二）圈式支座（圈座）

在下列情况下可采用圈式支座：对于大直径薄壁容器和真空操作的容器，因其自身质量可能造成严重挠曲；多于两个支承的长容器。圈式支座的结构如图 6-13 所示。除常温常压下操作的容器外，若采用圈式支座则至少应有一个圈式支座是滑动支承的。

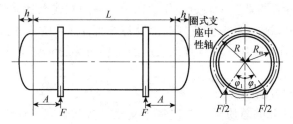

图 6-13　圈式支座

（三）腿式支座（支腿）

腿式支座简称支腿，结构如图 6-14 所示。因为这种支座在与容器壳壁连接处会造成严重的局部应力，故只适用于小型设备（$DN \leq 1600$mm，$L \leq 5$m）。腿式支座的结构形式、系列参数等参见标准 JB/T 4712.2—2007《腿式支座》。

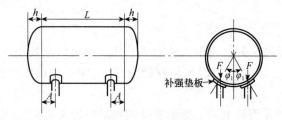

图 6-14　腿式支座

二、立式容器支座

立式容器支座主要有耳式支座、支承式支座和裙式支座三种。中、小型立式容器常采用耳式支座和支承式支座，高大的塔设备则广泛采用裙式支座。下面分别介绍这三种支座。

（一）耳式支座

耳式支座简称耳座，它由筋板和支脚板组成，广泛用在反应釜及立式换热器等直立设备上。它的优点是简单、轻便，但会对器壁产生较大的局部应力。因此，当设备较大或器壁较薄时，应在支座与器壁间加一垫板。对于不锈钢制设备，当用碳钢作支座时，为防止器壁与支座在焊接过程中不锈钢中的合金元素流失，也需在支座与器壁间加一个不锈钢垫板。图 6-15 是带有垫板的耳式支座。

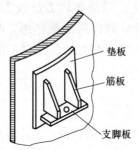

垫板
筋板

支脚板

图 6-15　带有垫板的耳式支座

耳式支座已经标准化，它们的形式、结构、规格尺寸、材料及安装要求应符合 JB/T 4712.3—2007《耳式支座》。该标准将耳式支座分为 A 型（短臂）和 B 型（长臂）两类，每类又分为带垫板与不带垫板两种。A 型耳式支座的筋板底边较窄，地脚螺栓距容器壳壁较近，仅适用于一般的立式钢制焊接容器。B 型耳式支座有较宽的安装尺寸，故又称长臂支座。当设备外面有保温层或者将设备直接放在楼板上时，宜采用 B 型耳式支座。标准耳式支座的材料为 Q235-A.F，若有改变，需在设备装备图中加以注明。

耳式支座选用的方法如下：

（1）根据设备估算的总质量，算出每个支座（按两个支座计算）需要承担的负荷 Q 值。

（2）确定支座的形式后，按照支座允许负荷 $Q_允$ 大于实际负荷 Q 的原则，选出合适的支座。每台设备可配置两个或四个支座，考虑到设备在安装后可能出现全部支座未能同时受力等情况，在确定支座尺寸时，一律按两个计算。

小型设备的耳式支座，可以支承在管子或型钢制的立柱上。大型设备的支座往往支承在钢梁或混凝土制的基础上。

（二）支承式支座

支承式支座可以用钢管、角钢、槽钢来制作，也可以用数块钢板焊成，如图 6-16 所示。它们的形式、结构、尺寸及所用材料应符合 JB/T 4712.4—2007《容器支座　第 4 部分　支承式支座》。

支承式支座分为 A 型和 B 型，适用的范围和结构如表 6-6 所示。A 型支座筋板和底板的材料为 Q235-A.F；B 型支座钢管材料为 10，底板材料均为 Q235-A.F。支承式支座的选用见标准中的规定，其尺寸可按表 6-7 查出。

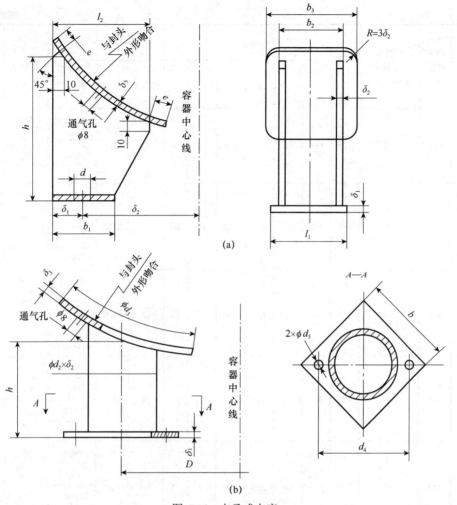

图 6-16 支承式支座

表 6-6 支承式支座的适用范围和结构

类型	支座号	适用的公称直径/mm	结构特征
A	1~6	DN 800~3000	钢板焊制，带垫板
B	1~8	DN 800~4000	钢管焊制，带垫板

表 6-7 支撑式支座的尺寸

支座的允许载荷 t/kN	支座的支撑面积 /cm²	支撑面上的单位压力/ ×10⁻¹ MPa	尺寸/mm							地脚螺栓尺寸/mm		容器公称直径 DN/mm	尺寸A的推荐值/mm	每个支座质量 /kg
			L	H	a	b	c	e	S	孔径 d	直径			
0.1	40.5	2.5	90	150	60	60	70	30	4	15	M12	300	105	0.79
												(350)	125	
												400	140	
												(450)	165	

续表

支座的允许载荷 t/kN	支座的支撑面积 /cm²	支撑面上的单位压力/×10⁻¹ MPa	尺寸/mm							地脚螺栓尺寸/mm		容器公称直径 DN/mm	尺寸A的推荐值/mm	每个支座质量/kg
			L	H	a	b	c	e	S	孔径d	直径			
0.25	85.5	2.9	110	180	80	95	110	40	6	20	M16	500	175	2.03
												(550)	200	
												600	210	
												650	235	
0.50	172	2.9	195	240	110	135	160	55	10	25	M20	700	245	6.63
												800	280	
												900	315	
												1000	350	
1.00	311	3.2	245	300	150	180	210	75	14	25	M20	(1100)	370	14.5
												(1200)	420	
												(1300)	475	
												1400	525	
2.50	444	5.6	290	350	180	215	250	90	16	30	M24	(1500)	550	23.4
												1600	600	
												(1700)	625	
												1800	675	
4.00	514	7.8	330	400	200	225	260	100	16	30	M24	(1900)	700	28.8
												2000	750	
												(2100)	775	
												2200	825	
6.00	711	8.4	370	450	240	260	300	110	18	36	M30	2400	900	59.8
												2600	975	
8.00	839	9.6	400	500	265	270	320	120	22	36	M30	2800	1050	75.8
												3000	1125	

注：1. 在确定的支座允许负荷下，DN 是推荐值，当确定支座允许负荷后，DN 不在推荐范围内时，尺寸由设计者自由确定；

2. 带括号的公称直径应尽量不采用；

3. 支座是否加垫板及板材料由设计者自行决定。

支承式支座的优点是简单轻便，但它和耳式支座一样，会对壳壁产生较大的局部应力，因此当容器壳体的刚度较小、壳体和支座的材料差异或温度差异较大，或壳体需焊后热处理时，在支座和壳体之间应设置加强板。加强板的材料应和壳体材料相同或相似。

（三）裙式支座（裙座）

高大的塔设备常用的支座是裙式支座。它与前两种支座不同，目前还没有标准。它的各部分尺寸均需通过计算或实践经验确定。

裙式支座按照形状不同分为圆筒形和圆锥形两种。圆筒形裙式支座（图6-17）制造方便，应用广泛。但对高而细的塔，为了防止风载荷或地震载荷使设备倾覆，需配置数量较多的地脚螺栓，此时可采用圆锥形裙式支座。

裙式支座由座体、基础环、螺栓座等组成。

（1）座体。座体又称裙座体，它的上端与塔体底封头焊接在一起，下端焊在基础环上。裙座体承受塔体的全部载荷，并把载荷传到基础环上。在裙座体上开有检修用的人孔、引出管孔、排气孔、排液孔等。

（2）基础环。它是一块环形垫板，把由座体传下来的载荷均匀地传到基础上。为了安装方便，基础环上的螺栓孔开成长圆缺口。

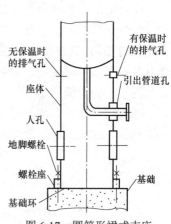

图6-17　圆筒形裙式支座

（3）螺栓座。螺栓座是由盖板和筋板组成的，盖板上开有圆孔，地脚螺栓从基础环上的螺栓孔及盖板上的圆孔中穿出，拧紧螺母即可固定塔设备。

第三节　容器的开孔补强

为了实现正常的操作和维修，设备上通常需要开孔，并安装接管，如物料的进出口接管孔、检测仪表的接管孔、人孔、手孔、检查孔等。压力容器开孔后，不仅会削弱器壁强度，而且孔周边由于结构的连续性被破坏，在孔口边缘应力值显著增加，其最大应力值往往高出正常应力的数倍，这就是常称的开孔应力集中现象。除了应力集中现象外，压力容器开孔焊上接管后，有时还有接管上其他外载荷及容器材质、制造缺陷等各种因素的综合作用，容器的破坏往往就是从开孔边缘开始的。因此，对于开孔边缘的应力集中，必须予以足够的重视，必须考虑容器开多大的孔较为安全，如何采取适当的补强措施，改善开孔边缘的受力情况，减轻其应力集中程度，以保证其具有足够的强度。

一、补强方法和局部补强结构

补强方法有两种：增加容器厚度即整体加强，适用于容器上开孔较多且分布比较集中的场合；考虑到应力集中离孔口不远处就衰减了，因此可在孔口边缘局部加强及局部补强。显然局部补强的方法是合理的也是经济的，因此它广泛应用于容器开孔的补强上。

局部补强是在开孔处的一定范围内增加筒壁厚度，以使该处强度达到局部增强的目的。常用局部补强的结构形式有补强圈补强、加强管补强、整锻件补强。

1. 补强圈补强（贴板补强）

补强圈补强是在壳体开孔的周围焊上一块或几块圆环状金属来进行补强的一种方法，让补上的金属板分担开孔处集中应力，降低应力从而起到补强效果。考虑到焊接方便及施焊条件的限制，通常把补强圈放在容器外部进行单面补强。补强圈的材料一般与器壁材料相同，其厚度一般也与其壁厚相等。补强圈与被补强的器壁之间要很好地焊接，使其与器壁能同时受力，否则起不到补强作用。

为了检验焊缝的紧密性，补强圈上设有一个 M10 的小螺纹孔（图 6-18），从这里通入压缩空气并在补强圈与器壁的连接处涂抹肥皂水。如果焊缝有缺陷，就会在缺陷处吹起肥皂泡，这时应铲除重焊，直到合格为止。

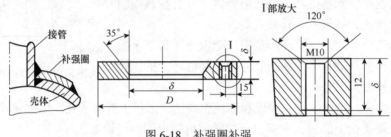

图 6-18 补强圈补强

补强圈补强结构简单、价格低、使用经验成熟，用于中、低压容器。缺点是补强区域分散；补强圈与壳体间常存有间隙，传热效果差，容易引起温差应力；对于高强度钢，补强圈与壳体间的焊缝容易开裂。因此，在高温、高压或载荷反复波动的压力容器上，最好不采用补强圈补强。补强圈结构适用于静压、常温的中、低压容器，钢材的标准抗拉强度下限值不超过 540MPa，壳体名义厚度不超过 38mm，补强圈厚度不超过壳体名义厚度的 1.5 倍。

2. 加强管补强

加强管补强指在开孔处焊一段加厚的接管，用它多余的壁厚作为补强金属。这种结构补强的金属全部集中在最大应力区域，能有效地降低开孔周围的应力集中，和补强圈相比能更有效地降低应力集中系数。加强管补强多用于低合金、高强度钢容器，对应力集中比碳钢敏感。加强管补强结构简单、焊缝少、效果好、焊接质量容易掌握，广泛用于高强度低合金钢制造化工设备。但厚壁管供应稍难。

3. 整锻件补强

整锻件补强是在开孔处焊上一个特制的整体锻件，相当于把补强圈金属与开孔周围的壳体之间金属熔合在一起。锻件壁厚变化缓和，且有圆角过渡；全部焊缝都是对接焊缝并远离最大应力作用处，因而在目前所有补强中其补强效果最好，抗疲劳性能也好。但锻件机械加工量大，供应困难，成本高，所以只用于重要设备，如高压容器、核能容器等。

如图 6-19 所示，图（a）～（c）为补强圈补强，图（d）～（f）为加强管补强，图（g）～（i）为整锻件补强。

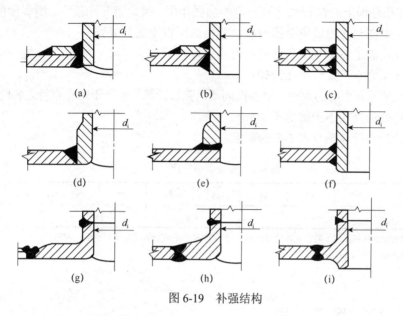

图 6-19　补强结构

二、对压力容器开孔的限制

压力容器上开孔后，不仅削弱强度，还引起应力集中。由应力集中特点可知，筒体直径一定时，开孔越大受力状况越不好，所以根据 GB 150—2011 规定，对开孔有一定限制。

1. 开孔尺寸限制

圆筒内径 $D_i \leq 1500\text{mm}$ 时，开孔最大直径 $d \leq D_i/2$，且 $d \leq 520\text{mm}$；圆筒内径 $D_i > 1500\text{mm}$ 时，开孔最大直径 $d \leq D_i/3$，且 $d \leq 1000\text{mm}$。

凸形封头或球壳的开孔最大直径 $d < D_i/2$。

锥壳（或锥形封头）的开孔最大直径 $d \leq D_i/3$，D_i 为开孔中心处的锥壳内直径。

2. 开孔位置限制

椭圆、碟形封头：孔边或补强元件边缘与封头边缘投影距离大于等于 $0.1D_i$，其孔的中心线宜垂直于封头表面；相邻孔缘投影距应大于小孔直径；开孔尽量避开焊缝，且开孔边缘与焊缝的距离应大于壳体壁厚的 3 倍，且不小于 100mm。若开孔必须经过焊缝，则应对以孔心为圆心，$R \geq 1.5d$ 的范围内的焊缝进行 100%探伤，并在补强时考虑焊接接头系数。

3. 允许不另行补强的最大开孔直径

并不是容器上的所有开孔都需要补强。容器由于开孔而削弱强度，但容器在设计时还存在一定的加强因素，如考虑钢板规格使容器壁厚增加、考虑焊接接头系数而使容器壁厚增加，但开孔并不在焊缝处，这些都使壁厚超过了实际所需厚度，等于使容器整体加强。同时开孔处焊上的接管也起到一定的加强作用。因此当开孔较小、削弱程度不大、空边缘应力集中在允许的数值范围内时，容器就可以不另行补强。

当壳体开孔满足下述全部条件时，可不另行补强：

（1）设计压力小于或等于 2.5MPa。

（2）两相邻开孔中心的间距（对曲面间距以弧长计算）不小于两孔直径之和的 2 倍。

（3）接管公称外径小于或等于 89mm。

（4）接管最小壁厚满足表 6-8 的要求。

表 6-8　接管最小壁厚　　　　　　　　单位：mm

接管公称外径	25	32	38	45	48	57	65	76	89
最小壁厚		3.5			4.0		5.0		6.0

注：1. 钢材的标准抗拉强度下限值 s_b > 540MPa 时，接管与壳体的连接宜采用全焊透的结构形式；

2. 接管的腐蚀裕量为 1mm。

第四节　容器附件

一、安全附件

压力容器在一定的操作压力和操作温度下运行，容器的壳体及附件也是依据操作压力和操作温度来进行设计和选择的。一旦操作压力和操作温度偏离正常值较大而又得不到合适的处理，就将可能导致安全事故的发生。为了保证压力容器的安全运行，必须装设监测操作压力、操作温度的装置及遇到异常工况时保证容器安全的装置。这些统称为压力容器安全装置。容器安全装置分为泄压装置和参数监测装置两类。泄压装置包括安全阀、爆破膜等，参数监测装置包括压力表、测温仪表等。其中压力表、安全泄压装置（安全阀、爆破膜）、液位计又被称为压力容器的三大安全附件。

（一）安全阀

安全阀是压力容器中常用的安全泄放装置。它是为了确保压力容器安全运行，防止容器超压运行的一种保险装置，用于由物理过程而产生的超压，对介质允许有微量泄漏。为了避免安全阀不必要泄放，通常预设的安全阀开启压力应略高于压力容器的工作压力。安全阀有很多种，最常用的是弹簧式安全阀，如图 6-20 所示。

1. 安全阀的概念

安全阀是一种自动阀门，利用介质本身压力，通过阀瓣开启来排放额定流量的流体，以防止设备内的压力超过允许值，压力下降后，阀瓣自动关闭，阻止介质排出。

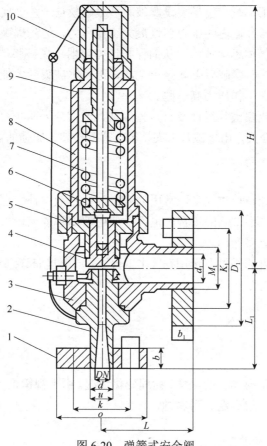

图 6-20　弹簧式安全阀

1. 阀体；2. 阀座；3. 调节圈；4. 阀瓣；5. 导向套；6. 阀盖；7. 弹簧；8. 阀杆；9. 调整螺钉；10. 保护罩

下面介绍安全阀的几个指标。

（1）开启压力：使阀瓣开启时介质的压力（稍开一点）。

（2）排放压力：阀瓣达到规定开启高度时介质的压力（全开）。

（3）回座压力：开启高度为 0 时的介质压力。

（4）开启高度：离开关闭位置的实际开程。

2. 安全阀的动作原理

安全阀工作的全过程分为四个阶段：

（1）正常工作状态阶段：阀瓣密闭。

（2）泄漏阶段：各阀瓣密封力降低，密封开始泄漏，阀瓣未开启。

（3）开启、泄放阶段：介质压力达到开启压力时，阀开启，介质连续排出，安全泄放。

（4）关闭阶段：随介质不断泄放，压力下降，压力阀瓣闭合，重新达到密封状态。

（二）爆破膜

当容器内盛装易燃、易爆物料，或者因物料黏度高、腐蚀性强、容易聚合、结晶等使安全阀不能可靠地工作时，应当装设爆破膜。爆破膜是一片金属或非金属薄片，由夹持器夹紧在法兰中，当容器内的压力超过最大工作压力，达到爆破膜的爆破压力时，爆破膜破裂，使容器内气体迅速泄放，从而保护压力容器。爆破膜的爆破迅速、惰性小、结构简单、价格便宜，但爆破后必须停止生产，更换爆破膜后才能继续操作。因此，预设的爆破压力要比最大工作压力高一些。

爆破膜由爆破片或爆破片组件及夹持器组成，通常分为两类：①普通式，由爆破片和夹持器装配。②组合式，由爆破片、夹持器、背压托架、加强的保护膜、密封膜组成。

（三）液位计

液位计也称液面计，种类很多，常用的有磁翻板式液位计、超声波式液位计、压差式液位计等。对于压力不太高的场合，也可以使用玻璃管或玻璃板式液位计。液位计已标准化，可根据需要直接选用。

压力表和测温仪表的类型及选用在《化工仪表》一书里有详细论述，在此不再赘述。

二、其他附件

（一）视镜

1. 视镜的作用

视镜用于观察设备内物料的化学、物理变化情况。由于视镜很可能与物料直接接触，所以要求试镜能承压、耐高温、耐腐蚀。

2. 视镜的分类和结构

（1）凸缘视镜：即不带颈视镜，结构简单，不易结料，直接焊接于设备上，如图6-21（a）所示。

（2）带颈视镜：在视镜的接缘下方焊一段与视镜相匹配的钢管，钢管与设备焊接，如图6-21（b）所示。

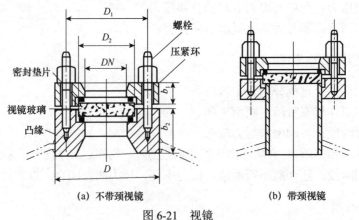

(a) 不带颈视镜　　　　　　　　　(b) 带颈视镜

图6-21　视镜

后来又出现了新型视镜：

（1）组合视镜：由设备接管的法兰与视镜相接，避免与设备直接焊接（法兰连接）。

（2）带灯视镜：将照明灯与视镜合二为一，可减小开孔数，适用于设备开孔较多的情况。

（二）接管

化工设备上的接管大致可分为两类：一类是与物料进行的工艺管相连，短接管较粗；另一类是用于检测温度、压力、液面，连接到温度计、压力表上等，此类接管直径小，可带法兰。

三、人孔与手孔

为了便于压力容器内部的安装、检修、检测，一般在压力容器上开设人孔、手孔。人孔与手孔具有类似的结构。

手孔直径一般为 150～250mm，当设备直径超过 900mm 时应开设人孔。人孔的形状有圆形和椭圆形两种。椭圆形人孔的短轴与压力容器的筒身轴线平行，其最小尺寸为 400mm×300mm。圆形人孔的直径一般为 400～600mm，容器压力不高时直径可选大些。回转盖式人孔如图 6-22 所示。

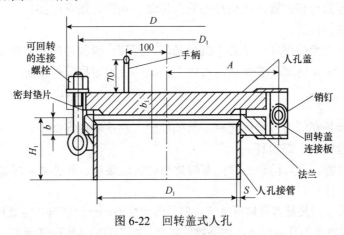

图 6-22　回转盖式人孔

第五节　压力容器的维护和检修

压力容器是一种特殊设备，其工作条件差，在运行和使用中损坏的可能性比较大。因压力容器内部的介质具有很高的压力，有一定的温度和程度不同的腐蚀性等，并且在不停地运动，不停地对压力容器产生各种物理、化学作用，因而使容器产生腐蚀、变形、裂纹、渗漏等缺陷。因此，即使压力容器的设计合理，制造质量很好，在使用过程中也会产生缺陷。无论是原有缺陷还是在使用过程中产生的缺陷，如不及时发现并消除，则会在使用过程中导致严重爆炸事故。因此，压力容器的定期检验，是保证压力容器安全运行必不可少的措施。

一、定期检验的要求

压力容器的使用单位，必须认真安排压力容器的定期检验工作，按照《在用压力容器检验规程》的规定（劳动部为了实行在用压力容器定期检验制度、保证在用压力容器的安全运行，于 1990 年 2 月颁发的技术法规，是检验和确定在用压力容器安全状况等级的基本要求），由取得检验资格的单位和人员进行检验，并将年检计划报主管部门和当地的锅炉压力容器安全监察机构。锅炉压力容器安全监察机构负责监督检查。

二、定期检验的内容

压力容器定期检验包括外部检验、内外部检验、全面检验和耐压试验。

1．外部检验

外部检验可以在压力容器运行过程中进行。检验内容包括：

（1）压力容器的本体、接口部位、焊接接头等的裂纹、过热、变形、泄漏等。

（2）外表面的腐蚀、保温层破损、脱落、潮湿。

（3）检漏孔、信号孔的漏液、漏气，疏通检漏管，排放（疏水、排污）装置。

（4）压力容器与相邻管道或构件的异常振动、响声，相互摩擦。

（5）安全附件检查。

（6）支承或支座的损坏，基础下沉、倾斜、开裂，紧固件的完好情况。

（7）运行的稳定情况，安全状况等级为四级的压力容器监控情况。

2．内外部检验

内外部检验是在压力容器停运时进行的检验，其检验内容如下：

（1）外部检验的全部项目。

（2）结构检验。重点检查的部位有筒体与封头连接处、开孔处、焊缝、封头、支座或支承、法兰、排污口。

（3）几何尺寸。凡是有资料可确认容器几何尺寸的，一般核对其主要尺寸即可。对在运行中可能发生变化的几何尺寸，如筒体的圆度、封头与筒体膨胀变形等，应重点复核。

（4）表面缺陷。表面缺陷主要有腐蚀与机械损伤、表面裂纹、焊缝咬边、变形等。应对表面缺陷进行认真的检查和测定。

（5）壁厚测定。测定位置应有代表性，并有足够的测定点数。

（6）材质。确定主要受压元件材质是否恶化。

（7）保温层、堆焊层、金属衬里的完好情况。

（8）焊缝埋藏缺陷检查。

（9）安全附件检查。

（10）紧固件检查。

3．全面检验

全面检验包括内外部检验的全部项目，还应按规定做焊缝无损探伤和耐压试验。

4. 耐压试验

耐压试验是压力容器停机检验时所进行的超过最高工作压力的液压试验或气压试验。耐压试验应遵守《压力容器安全技术监察规程》的有关规定。耐压试验的目的是检验锅炉、压力容器承压部件的强度和严密性。在试验过程中，通过观察承压部件有无明显变形或破裂，来验证锅炉、压力容器是否具有设计压力下安全运行所必需的承压能力。同时，通过观察焊缝、法兰等连接处有无渗漏，来检验锅炉、压力容器的严密性。

三、定期检验的周期

外部检验期限：每年至少一次。内外部检验期限：安全状况等级为 1～3 级的，每隔六年至少一次；安全状况等级为 3～4 级的，每隔三年至少一次。

有下列情况之一的压力容器，内外部检验期限应适当缩短：

（1）介质对压力容器材料的腐蚀情况不明，介质对材料的腐蚀速率大于 0.25mm/a，以及设计者所确定的腐蚀数据严重不准确的。

（2）材料焊接性能差，在制造时曾多次返修的。

（3）首次检验的。

（4）使用条件差、管理水平低的。

（5）使用期限超过 15 年，经技术鉴定，确认不能按正常检验周期使用的。

（6）检验员认为应该缩短的。

有下列情况之一的压力容器，内外部检验期限应适当延长：

（1）非金属衬里层完好的，但其检验周期不应超过九年。

（2）介质对材料的腐蚀速率低于 0.1mm/a 或有可靠的耐腐蚀金属衬里的压力容器，通过 1～2 次内外部检验，确认符合原要求的，但不应超过 10 年。

（3）装有触媒的反应器及装有充填物的大型压力容器，其定期检验周期由使用单位根据设计图纸和实际使用情况确定。

耐压试验期限：每 10 年至少一次。

有下列情况之一的压力容器，内外部检验合格后必须进行耐压试验：用焊接方法修理或更换主要受压元件的；改变使用条件且超过原设计参数的；更换衬里的需在重新衬里以前；停止使用两年重新复用的，新安装或移装的；无法进行内部检验的；使用单位对压力容器的安全性能有怀疑的。

因情况特殊不能按期进行内外部检验或耐压试验的，使用单位必须说明理由，提前三个月提出申报，经单位技术负责人批准，由原检验单位提出处理意见，省级主管部门审查同意，由发放《压力容器使用证》的劳动部门备案后，方可延长，但一般不应超过 12 个月。

四、压力容器的安全操作与维护

压力容器设计的承压能力、耐蚀性能和耐高、低温性能是有条件、有限度的。操作的任何失误都会使压力容器过早失效甚至酿成事故。国内外压力容器事故统计资料显示，因操作失误引发的事故占 50%以上。特别是在化工新产品不断开发、容器日趋大型化、高参数和中高强钢广泛应用的情况下，更应重视因操作失误引起的压力容器事故。

1. 压力容器工艺参数要求

压力容器的工艺规程、岗位操作法和容器的工艺参数应规定在压力容器结构强度允许的安全范围内。工艺规程和岗位操作法应控制下列内容：

（1）压力容器工艺操作指标及最高工作压力、最低工作壁温。

（2）操作介质的最佳配比和其中有害物质的最高允许浓度及反应抑制剂、缓蚀剂的加入量。

（3）正常操作法、开停车操作程序，升降温、升降压的顺序及最大允许速度，压力波动允许范围及其他注意事项。

（4）运行中的巡回检查路线、检查内容、方法、周期和记录表格。

（5）运行中可能发生的异常现象和防治措施。

（6）压力容器的岗位责任制、维护要点和方法。

（7）压力容器停用时的封存和保养方法。

使用单位不得任意改变压力容器设计工艺参数，严防压力容器在超温、超压、过冷和强腐蚀条件下运行。操作人员必须熟知工艺规程、岗位操作法和安全技术规程，通晓容器结构和工艺流程，经理论和实际考核合格后方可上岗。

2. 压力容器的维护

压力容器的维护保养工作一般包括防止腐蚀，消除"跑、冒、滴、漏"和做好停运期间的保养。

（1）应从工艺操作上制定措施，保证压力容器的安全经济运行，如完善平稳操作规定，通过工艺改革，适当降低工作温度和工作压力等。

（2）应加强防腐蚀措施，如喷涂防腐层、加衬里，添加缓蚀剂，改进净化工艺，控制腐蚀介质含量等。

（3）根据存在缺陷的部位和性质，采用定期或状态监测手段，查明缺陷有无发展及发展程度，以便采取措施。

（4）注意压力容器在停运期间的保养。

3. 异常情况处理

为了确保安全，压力容器在运行中发现下列情况之一者应停止运行：

（1）容器工作压力、工作壁温、有害物质浓度超过操作规程规定的允许值，经采取紧急措施仍不下降时。

（2）容器受压元件发生裂纹、鼓包、变形或严重泄漏等，危及安全运行时。

（3）安全附件失灵，无法保证容器安全运行时。

（4）紧固件损坏、接管断裂，难以保证安全运行时。

（5）容器本身、相邻容器或管道发生火灾、爆炸或有毒有害介质外逸，直接威胁容器安全运行时。

在处理压力容器异常情况时，必须克服侥幸心理和短期行为，应谨慎、全面地考虑事故的潜在性和突发性。

 知识拓展

高 压 容 器

随着化学工业的迅速发展，高压技术得到了越来越广泛的应用。例如，尿素合成塔、甲醇合成塔、石油加氢裂化反应器等压力一般为 15～30MPa，高压聚乙烯反应器的压力在 200MPa 左右。同时，高压技术也大量用于其他领域，如水压机的蓄压器、压缩机的气缸、核反应堆及深海探测等。

高压操作也可提高反应速度，改进热量的回收，并能缩小设备体积等。随着化学工业的迅速发展，高压工艺过程获得了越来越广泛的应用。因此，了解高压容器的结构原理、使用特点及零部件的结构非常重要。

一、高压容器的总体结构和特点

高压容器是由筒体、筒体端部、平盖或封头、密封结构及一些附件组成的。但因其工作压力较高，一旦发生事故危害极大，因此，高压容器的强度及密封等就显得特别重要。

高压容器在结构方面有如下特点：

（1）高压容器多为轴对称结构。一般都用圆筒形容器，直径不宜太大。

（2）高压容器筒体的结构复杂。由于受加工条件、钢板资源等的限制，从改善受力状况、充分利用材料和避免深厚焊缝等方面考虑，高压容器筒体大多采用较复杂的结构形式，如多层包扎式、多层热套式、绕板式、绕带式等。高压容器的端盖通常采用平端盖或半球形端盖。

（3）高压容器的开孔受限制。厚壁容器由于筒壁的应力高，工艺性或其他必要的开孔应尽可能开在端盖上，一般不用法兰接管或突出接口，而是用平座或凹座钻孔，用螺塞密封并连接工艺接管，尽量减小孔径，如图6-23所示。

（4）高压容器密封结构较特殊。其密封结构比较复杂，密封面加工的要求比较高。一般设计成一端不可拆，另一端可拆的形式。内件一般是组装件，称为芯子，安装检修时整体吊装入容器壳体内。

二、高压容器筒体的主要结构形式

高压容器筒体的结构形式可分为整体式和组合式两种。

1. 整体式

（1）单层卷焊式。用厚钢板在大型卷板机上卷制成圆筒后再焊接组装成筒体，其特点是结构简单，制造容易，成本低，生产效率高，生产周期短。但厚钢板综合力学性能不如薄钢板好，不易卷制成直径较小设备。

（2）整体锻造式。此类容器是在万吨水压机上对钢锭进行锻制而成的，如图6-24所示。其特点是结构简单、整体质量较好，经锻压后材料性质均匀，机械强度高。

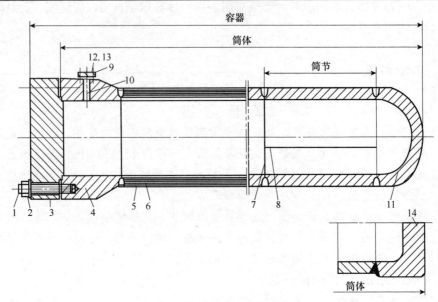

图 6-23　高压容器总体结构

1. 主螺栓；2. 主螺母；3. 平盖（顶盖或底盖）；4. 筒体端部（筒体顶部或筒体底部）；5. 内筒；
6. 层板层（或扁平钢带层）；7. 环焊接接头；8. 纵焊接接头；9. 管法兰；10. 孔口；11. 球形封头；
12. 管道螺栓；13. 管道螺母；14. 平封头

缺点是生产过程需要庞大的冶炼、锻造及热处理设备，生产周期长，金属切削量大，材料利用率低，制造成本高，设备尺寸受限制。

（3）锻焊式：其结构是在整体锻造式圆筒的基础上发展起来的。根据筒体长度，先锻造若干个筒节，然后通过深环焊缝将各个筒节连接起来，再经整体热处理消除焊接残余应力和改善焊接部位的金相组织。与整体锻造式圆筒相比，其可获得较长设备，所需制造设备也较小。锻焊式结构如图 6-25 所示。

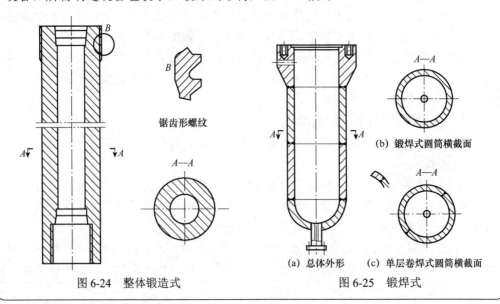

图 6-24　整体锻造式　　　　　　　　　图 6-25　锻焊式

2. 组合式

（1）多层式。多层式又分为多层包扎式和多层热套式，如图6-26所示。

① 多层包扎式，首先将厚度为 4~34mm 的钢板卷焊成筒节内筒，然后将 4~12mm 厚的薄钢板卷成圆弧形瓦片，再将瓦片逐层包扎到内筒外面直至所需要的厚度，构成筒节，在筒节的层板上开有泄漏孔，最后通过深环焊缝将筒节连接起来。

② 多层热套式，是先将厚度为 25~80mm 的中厚钢板卷焊成几个直径不同但可过盈配合的筒节，然后将外层筒节加热，再套入内层筒节，最后将套合好的厚壁筒节通过深环焊缝连成筒体。

（2）绕丝式。绕丝式筒体主要由内筒、钢丝层和法兰组成。内筒一般为单层整锻式筒体。高强度钢丝以一定的预拉应力逐层沿环向缠绕在内筒上，直至所需的厚度，如图6-27所示。

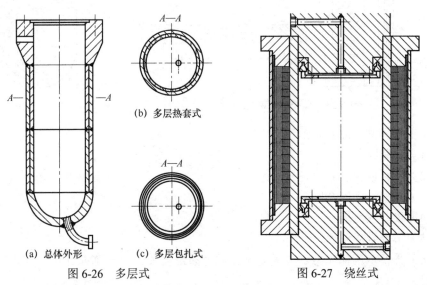

| (b) 多层热套式 |

(a) 总体外形　(c) 多层包扎式

图6-26　多层式　　　　　图6-27　绕丝式

（3）型槽钢带绕制式：型槽钢带的上下表面分别有三个凸肩和三个凹槽。内筒的外表面先车出与型槽钢带形状相吻合的螺旋槽，然后在专用机床单向缠绕经电加热的钢带，如图6-28所示。

（4）扁平钢带绕制式：在厚度不小于1/6总壁厚的薄内筒外面，以相对于容器环向 15°~30° 的倾角绕宽为 80~160mm、厚为 4~8mm 的热轧扁平钢带，直至所需的厚度。钢带和端部法兰、底封头之间通过斜面焊接相连，如图6-29所示。

三、高压容器的维护与检修

在化工生产中高压容器工作条件复杂、危险性大，对高压容器的技术管理、精心操作和维护、定期检查是非常重要的。

1. 高压容器的维护要点

必须严格遵守高压容器的操作条件，保证高压容器在不超温、不超压下运转。这是高压容器维护的主要原则。

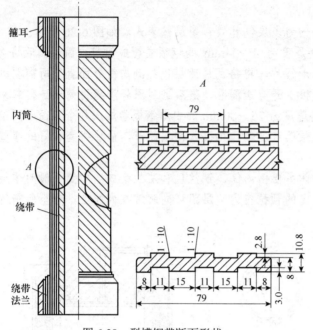

图 6-28　型槽钢带断面形状　　　图 6-29　扁平钢带绕制式

高压容器维护的要点如下：

（1）挂牌操作。

（2）严格检查容器附件。

（3）经常检查安全阀。

（4）校验压力表。

（5）不准带压修理。

（6）更换承压部分结构或提高操作压力须经有关部门同意并经检验合格后，方能使用。

2. 高压容器定期检查要点

1）定期检查间隔期

定期检查高压容器间隔期可结合设备大、中修计划进行，见表 6-9。

表 6-9　高压容器检查周期

检查类别	检查周期	附注
外部检查	每年不少于一次	由使用单位负责进行
内部检查	每三年至少一次	由使用单位和检验单位同时进行
全面检查	每六年至少一次	

2）外部检查

检查高压容器外部主要是检查设备基础是否下沉，基础上有无裂纹，检查基础螺栓的螺母坚固情况。检查设备外表防腐层、保温层是否完好，表面锈蚀情况、锈蚀深度及分布。检查阀、管件和附件是否正常。检查筒壁温度是否超温。检查容器有无异常振动或声响，与管道之间有无摩擦。在设备停修时，进行安全阀、压力表的校对。

3）内部检查

内部检查是在计划停车检修时进行的，通过拆除保温层，重点检查内外壁、焊缝及连接处的情况。检查内容如下：先进行外部检查，然后清洗内外壁锈污露出金属底色，检查测量腐蚀深度及分布密度；用放大镜检查筒体焊缝；测量筒壁硬度，刮取金属屑进行化学组成分析，检查有无脱碳现象。

裂纹是高压容器致命的缺陷，因此在对高压容器的主螺栓及筒体各开孔处的过渡圆弧进行裂纹检查时，要特别注意隐蔽的微小缺陷，并采取有效的方法仔细检查。例如，采用渗透探伤法，用荧光粉调和渗透剂涂抹在被检查部位，12min后用干布揩干净，在暗室内用紫外线照射，形成黄绿色荧光，有荧光的地方即表示可能存在裂纹；或者用煤油清洗被检查部位，5min后用干布揩净，刷涂石灰粉，轻轻敲击，如有裂纹即可发现。

目前基本采用渗透探伤和磁粉探伤两种方法。

通过内外部检查，对检查出的缺陷要分析原因并提出处理意见，修理后要进行复查。

4）全面检查

每六年进行一次的全面检查除上述检查项目外，还要进行耐压试验（一般进行水压试验），并进行各种测量。测量内容主要是检查径向与轴向残余变形，工具采用千分表或电阻应变仪。

水压试验后应将设备拆开清理，擦干（可用压缩空气吹干），并对所有零件表面进行检查，不允许有影响强度的缺陷存在。对不能进行水压试验的设备，可进行气压试验。

3. 高压容器的检修要点

高压容器的检修要严格按照制定的检修操作规程进行。

高压容器常见故障与修理方法如下：

1）筒体内部缺陷

高压容器的焊接和筒体表面不允许有任何尺寸的裂纹存在，当高压容器内壁因腐蚀凹陷或发生微裂纹、微划伤时，若不影响筒体强度，可不必补焊，进行打磨圆滑过渡。反之应进行补焊，补焊返修次数不能超过两次。

2）衬里缺陷

筒体衬里有裂纹、气孔、夹渣等缺陷，可进行补焊，如衬里内鼓，可用机械或其他方法修复。凡是经过修复的衬里必须利用氨渗透试验和着色法检查质量。

3）主连接件缺陷

主螺栓、主螺母的受力螺纹若产生毛刺、伤痕，应进行修磨。主螺栓、主螺母不允许有变形、裂纹或影响强度的缺陷，否则应进行更换。高压容器全部螺栓在装配时涂润滑油与石墨的调和物。

4）密封面缺陷

容器密封面如有划痕等缺陷，应修整到符合质量要求。在拆卸中，要特别注意保护密封面，对已拆卸的密封面，应涂上润滑脂。

课程作业

简答题

1. 容器标准化的基本参数有哪些？规定公称直径的目的是什么？

2. 压力容器的公称压力如何规定？压力容器法兰的公称压力与其最大允许工作压力有何关系？

3. 简述法兰密封的原理及介质泄漏的途径。

4. 标准压力容器法兰及密封面有哪些形式？压力容器法兰的选用原则是什么？

5. 试比较压力容器法兰与管法兰的公称直径有哪些区别。

6. 卧式容器的支座有哪些？各用于何种设备？

7. 鞍式支座由哪几部分组成？分为哪些类型？每台设备一般使用几个鞍式支座支承？为什么？

8. 立式容器常用的支座有哪些？各用于何种设备？

9. 国家标准中对容器上开孔的大小和位置有什么限制？

10. 为什么开孔直径不大时可以不另行补强？

11. 压力容器的安全装置主要有哪些？它们各有何用途？

第七章　换热器

【知识目标】　掌握换热器知识。

【技能目标】　能合理选用换热器类型；

能对典型换热器结构进行分析；

会选用标准换热器。

目前，亚太地区是全球最大的换热器市场，2015 年亚太地区换热器市场占全球的 36.1%，达 235.4 亿美元。

随着我国工业转型升级的进行，截至 2015 年，我国换热器产业的市场规模为 769 亿元，同比增长 8.92%。基于石油、化工、电力、冶金、船舶、机械、食品、制药等行业对换热器稳定的需求增长，我国机械工业联合会预测，我国换热器产业在未来一段时期内将保持稳定增长。到 2020 年以前，我国换热器产业将保持年均 10%~15%的速度增长。到 2020 年我国换热器行业规模有望达到 1500 亿元。

从国际市场来说，由于换热器行业是一个成熟产业，随着全球经济的逐渐复苏，全球对于工程机械、空气压缩机、液压系统等产品的需求将呈现恢复性增长态势，对于换热器的需求也将保持稳定增长。

第一节　换热设备概述

换热器是用来完成各种不同传热过程的设备，是许多工业部门广泛应用的通用工艺设备。随着人们节能减排意识的提高，换热器在化工生产中的应用越来越广泛。在化工厂的建设中，换热设备通常占总投资的 11%～40%。换热器的先进性、合理性和运转可靠性直接影响产品的质量、数量和成本。一台好的换热器应具有以下特点：传热效率高，流体阻力小，强度足够高，结构合理，安全可靠，节省材料，成本低，制造、安装、检修方便。下面介绍换热器的分类。

一、按用途分类

按用途可以将换热器分为以下种类。

1. 冷却器

冷却器是将流体从高温降至低温的换热设备，通常用水或空气为冷却剂以除去热量。

2. 冷凝器

冷凝器是将气体或蒸汽降温,以冷凝为液态的换热设备。根据冷却介质种类的不同,冷凝器可归纳为四大类:水冷却式、空气冷却式(又称风冷式)、水–空气冷却式、蒸发–冷凝式。

3. 加热器

加热器用于把流体加热到必要的温度,但被加热流体一般没有发生相的变化。根据材质的不同,加热器可分为陶瓷加热器、不锈钢加热器等。陶瓷加热器的外壳是不锈钢材料,在内部的发热电阻丝外面加上耐热的陶瓷,这样做的好处是陶瓷能够防腐蚀,且加热器升温快、效率高,使用时不污染环境。陶瓷加热器不仅对人体无害,还对人体有好处,是不可多得的器件。而不锈钢加热器内部均匀地分布着高温电阻丝,在内部无填充物的结构中,充斥着处于结晶状态的氧化镁粉,当电流通过电阻丝时,结晶氧化镁粉受热向外飘去,此时它处于高温的状态,到达黏附物时将热量传送给黏附物,从而达到加热的目的。

4. 蒸发器

蒸发器用于加热流体,使其达到沸点以上温度而蒸发。蒸发器分为循环型和膜式两大类,主要由加热室和蒸发室两部分组成。加热室向液体提供蒸发所需要的热量,促使液体沸腾汽化;蒸发室使气液两相完全分离。加热室中产生的蒸汽带有大量液沫,到达较大空间的蒸发室后,这些液体借自身凝聚或除沫器等的作用与蒸汽分离。

5. 再沸器(重沸器)

再沸器能够使液体再一次汽化,是一种能够交换热量,同时汽化液体的特殊换热器。再沸器多与分馏塔合用,物料在再沸器受热膨胀甚至汽化,密度变小,从而离开汽化空间,顺利返回塔里。

6. 废热锅炉(余热锅炉)

废热锅炉是利用各种装置产生的高温废气来加热水,产生蒸汽或热水,再利用所产生的蒸汽或热水,达到余热再利用的目的。废热锅炉属于节能环保项目,它降低废物的排放量,大大减轻环境污染,同时对热量进行一定的回收。

二、按换热方式分类

1. 直接接触式换热器

直接接触式换热器如图 7-1 所示。在换热器内冷热流体逆流流动,直接接触,热量能有效地从一种流体传递到另一种流体,传热效率高,单位传热面上传递的热量多。但不能用于发生反应或有影响的流体之间。直接接触式换热器的结构能适应所规定的工艺操作条件，运转安全可靠，密封性好，清洗、检修方便，流体阻力小，价格便宜，维护容易，使用时间长。直接接触式换热器常用于冷水塔、气体冷凝器等。

2. 蓄热式换热器

蓄热式换热器如图 7-2 所示。换热器内装固体填充物，用以储蓄热量，一般用耐火砖等砌成火格子（有时用金属波形带等）。换热分两个阶段交替进行：第一阶段热流体通过火格子，将热量传给火格子而储蓄起来；第二阶段冷流体通过火格子，接受火格子所储蓄的热量而被加热。通常将两个蓄热器交替使用，即当热气体进入一换热器时，冷气体进入另一换热器。蓄热式换热器的缺点是有交叉污染，温度波动大，一般用于温度较高、对介质混合要求比较低的场合，如煤气炉中的空气预热器或燃烧室、人造石油厂中的蓄热式裂化炉。

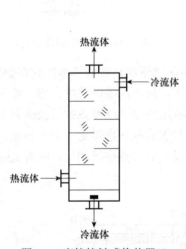

图 7-1 直接接触式换热器

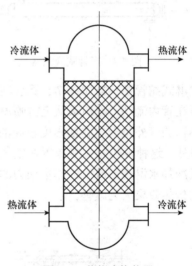

图 7-2 蓄热式换热器

3. 间壁式换热器

间壁式换热器又称表面式换热器。间壁式换热器的特点是冷、热两流体被一层固体壁面（管或板）隔开，不相混合，通过间壁进行热交换，热量由热流体通过间壁传递给冷流体。这类换热器应用最为广泛，形式也多种多样。

间壁式换热器按间壁形状进一步分为如下几类。

1）管式换热器

管式换热器主要有套管式、蛇管式等类型。

套管式换热器如图 7-3 所示。其结构为将直径不同的直管制成同心套管，并由 U 形弯头连接，每一段直管称为一程。套管式换热器表面传热系数大，平均温差最大，结构简单，能承受高压，传热面积可灵活变化，但易泄漏，金属耗量大。它主要应用于流量和传热面积不大，而要求压强较高的场合。

沉浸式蛇管换热器如图 7-4 所示。沉浸式蛇管换热器将金属管弯绕成各种与容器相适应的形状，并沉浸在容器内的液体中。蛇管换热器的优点是结构简单，能承受高压，可用耐腐蚀材料制造。其缺点是容器内液体湍动程度低，管外给热系数小。为提高传热系数，容器内可安装搅拌器。

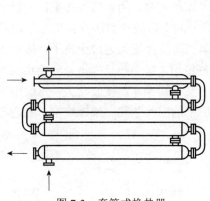

图 7-3 套管式换热器　　　　　　图 7-4 沉浸式蛇管换热器

喷淋式蛇管换热器如图 7-5 所示。喷淋式蛇管换热器将换热管成排地固定在钢架上，热流体在管内流动，冷却水从上方喷淋装置均匀淋下，故也称喷淋式冷却器。喷淋式蛇管换热器的管外是一层湍动程度较高的液膜，管外给热系数较沉浸式蛇管换热器增大很多。另外，这种换热器大多放置在空气流通处，冷却水的蒸发也带走一部分热量，可起到降低冷却水温度，增大传热推动力的作用。和沉浸式蛇管换热器相比，喷淋式蛇管换热器的传热效果大为改善。

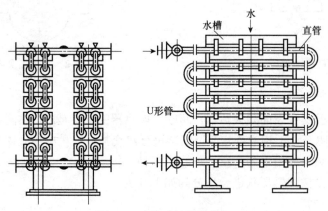

图 7-5 喷淋式蛇管换热器

2）紧凑式换热器

紧凑式换热器主要有板式、螺旋板式、板翅式、伞板式等。

板式换热器的工作原理如图 7-6 所示。它由一组具有一定波纹形状的长方形薄金属传热板片构成，用框架将板片夹紧组装于支架上。两个相邻板片的边缘衬以垫片（由各种橡胶或压缩石棉等制成）压紧，板片四角有圆孔，形成流体的网状通道。冷、热流体由于密封垫片的作用分别流入各自的通道内形成间隔流动，从而使冷、热流体通过传热板片进行热量交换。板式换热器是液–液、液–气进行热交换的理想设备。它具有换热效率高、热损失小、结构紧凑轻巧、占地面积小、安装清洗方便、应用广泛、使用寿命长等特点。在相同压力损失情况下，其传热系数比管式换热器高 3～5 倍，占地面积为管式换热器的 1/3，热回收率可高达 90%以上。

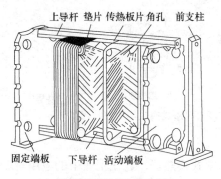

上导杆 垫片 传热板片角孔 前支柱

固定端板 下导杆 活动端板

(a) 板式换热器结构分解示意图   (b) 板式换热器流程示意图

图 7-6 板式换热器

螺旋板式换热器的工作原理如图 7-7 所示。螺旋板式换热器的结构是由两张平行的钢板在专用的卷床上卷制而成，它是具有一对螺旋通道的圆柱体，再加上顶盖和进出口接管而构成的。进行换热时，冷、热流体分别进入两条通道，一种介质由一个螺旋通道的中心向周边流动，而另一种介质则由另一个螺旋通道的周边进入，流向中心排除，冷、热流体在换热器内进行严格的逆流流动。

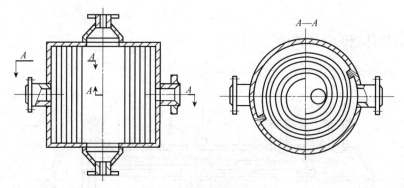

图 7-7 螺旋板式换热器

螺旋板式换热器总传热系数高，不易堵塞，能利用低温热源和精密控制温度，结构紧凑，单位体积的传热面积为列管换热器的 3 倍。但此类型换热器操作压强和温度不宜太高，目前最高操作压强为 2MPa，温度约在 400℃以下。因整个换热器为卷制而成，一旦发生泄漏，修理内部很困难。

板翅式换热器通常由隔板、翅片、封条、导流片组成。在相邻两隔板间放置翅片、导流片及封条组成一夹层，称为通道。将这样的夹层根据流体的不同方式叠置起来，钎焊成一整体便组成板束，如图 7-8 所示。板束是板翅式换热器的核心，配以必要的封头、接管和支撑等就组成了板翅式换热器。目前常用的翅片形式有光直翅片、锯齿翅片和多孔翅片，如图 7-9 所示。板翅式换热器传热效率高，结构紧凑，适应性强，可适用于气-气、气-液、液-液、各种流体之间的换热以及发生集态变化的相变换热。板翅式换热器制造工艺要求严格，工艺过程复杂。板翅式换热器容易堵塞，不耐腐蚀，清洗检修很困难，故只能用于换热介质干净、无腐蚀、不易结垢、不易沉积、不易堵塞的场合。

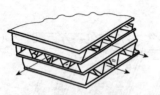

图 7-8　板翅式换热器的板束

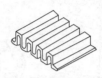

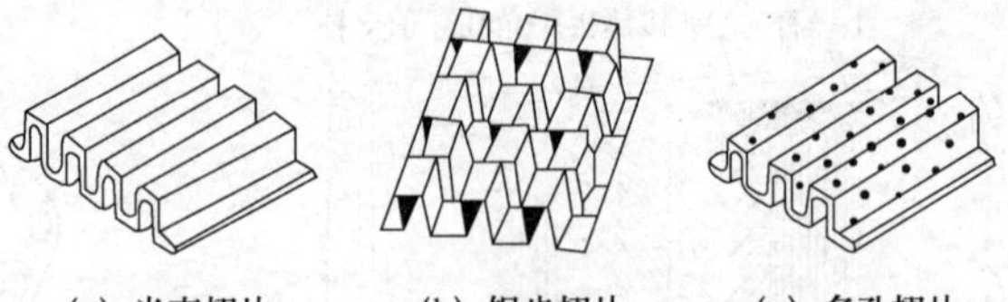

(a) 光直翅片　　　(b) 锯齿翅片　　　(c) 多孔翅片

图 7-9　板翅式换热器的翅片形式

3）管壳式换热器

管壳式（又称列管式）换热器是最典型的间壁式换热器，它在工业上的应用有着悠久的历史，而且至今仍在换热器中占据主导地位。

管壳式换热器主要由壳体、管束、管板和封头等部分组成，壳体多呈圆形，内部装有平行管束，管束两端固定在管板上。在管壳式换热器内进行换热的两种流体，一种在管内流动，其行程称为管程；一种在管外流动，其行程称为壳程。管束的壁面即为传热面。

第二节　管壳式换热器

一、管壳式换热器的总体结构

管壳式换热器的总体结构如图 7-10 所示。

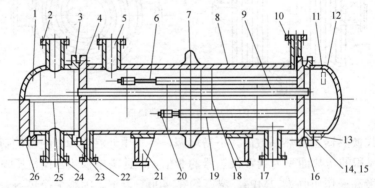

图 7-10　管壳式换热器的总体结构

1. 管箱（A、B、C、D型）；2. 接管法兰；3. 设备法兰；4. 管板；5. 壳程接管；6. 拉杆；7. 膨胀节；
8. 壳体；9. 换热管；10. 排气管；11. 吊耳；12. 封头；13. 顶丝；14、15. 双头螺柱；16. 垫片；
17. 防冲板；18. 折流板或支承板；19. 定距管；20. 拉杆螺母；21. 支座；22. 排液管；23. 管箱壳体；
24. 管程接管；25. 分程隔板；26. 管箱盖

二、管壳式换热器的分类

（一）固定管板式换热器

固定管板式换热器如图 7-11 所示，它主要由外壳、管板、管束、封头压盖等部件组成。固定管板式换热器的结构特点是在壳体中设置有管束，管束两端用焊接或胀接的方法将换热管固定在管板上，两端管板直接和壳体焊接在一起，壳程的进出口管直接焊在壳体上，管板外圆周和封头法兰用螺栓紧固，管程的进出口管直接和封头焊在一起，管束内根据换热管的长度设置若干块折流板。这种换热器管程可以用隔板分成任何程数。

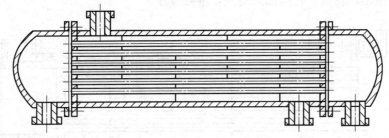

图 7-11　固定管板式换热器

固定管板式换热器结构简单，制造成本低，管程清洗方便，管程可以分成多程，壳程也可以分成双程，规格范围广，故在工程上得到广泛应用。但壳程清洗困难，对于较脏或有腐蚀性的介质不宜采用。一般当管壁和壳壁温差超过 50℃时，应考虑在壳体上设置膨胀节，以减少或消除因温差而产生的热应力。

（二）浮头式换热器

浮头式换热器如图 7-12 所示。浮头式换热器的一端管板是固定的，而另一端管板则是活动的，不与外壳固定连接，该端称为浮头。当换热管受热（或受冷）时，管束连同浮头可以自由伸缩，而与外壳的膨胀无关。

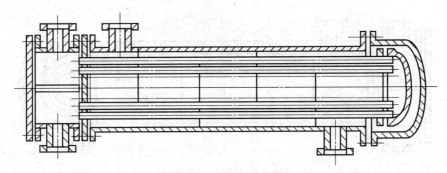

图 7-12　浮头式换热器

浮头式换热器不但可以补偿热膨胀，而且由于固定端的管板是以法兰与壳体相连接的，因此管束可从壳体中抽出，便于清洗和检修，故浮头式换热器应用较为普遍。但该种换热器结构较复杂，金属耗量较多，造价也较高（比固定管板式换热器造价高 20%），在运行中浮头处发生泄漏，不易检查处理。浮头式换热器适用于壳体和管束温差较大或壳程介质易结垢的情况。

（三）填料函式换热器

填料函式换热器的结构特点与浮头式换热器相似，浮头部分露在壳体以外，在浮头与壳体的滑动接触面处采用填料函式密封结构，如图 7-13 所示。由于采用填料函式密封结构，管束在壳体轴向可以自由伸缩，不会产生由壳壁与管壁热变形差而引起的热应力。其结构较浮头式换热器简单，加工制造方便，节省材料，造价比较低廉，且管束从壳体内可以抽出，管内、管间都能清洗，维修方便。

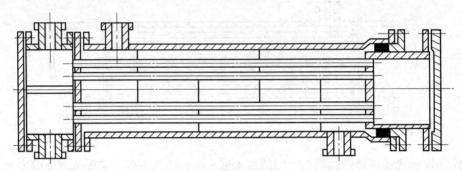

图 7-13　填料函式换热器

因填料处易产生泄漏，填料函式换热器一般适用于 4MPa 以下的工作条件，且不适用于易挥发、易燃、易爆、有毒及贵重介质，使用温度也受填料的物理性质限制。目前使用的填料函式换热器直径一般不超过 700mm，大直径的填料函式换热器现在已经很少采用。

（四）U 形管式换热器

U 形管式换热器的结构如图 7-14 所示，它由管箱、壳体及管束等主要部件组成，因其换热管呈 U 形而得名。U 形管式换热器仅有一个管板，换热管两端均固定于同一管板上。

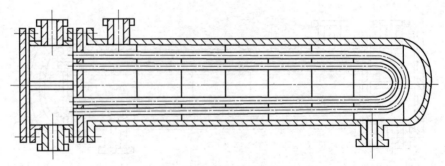

图 7-14　U 形管式换热器

U 形管式换热器的特点是管束可以自由伸缩，不会因管壳之间的温差而产生热应力，热补偿性能好。管程为双管程，流程较长，流速较高，传热性能较好。管束可从壳体内抽出，便于检修和清洗，且结构简单，造价便宜。但管内清洗不便，管束中间部分的换热管难以更换，又因最内层换热管弯曲半径不能太小，在管板中心部分布管不紧凑，所以换热管数不能太多，且管束中心部分存在间隙，使壳程流体易于短路而影响壳程换热。此外，为了弥补弯管后管壁的减薄，直管部分需用壁较厚的换热管。这就影响了它的使用场合，仅适宜用于管壳壁温相差较大，或壳程介质易结垢而管程介质清洁及不易结垢，高温、高压、腐蚀性强的情形。

三、换热管及其与管板的连接

（一）换热管的选择

1. 材料的选择

换热管材料的选择主要由压力、温度、介质的腐蚀性能决定。常用金属材料有碳素钢、合金钢、铜及其合金、铝合金和钛等，非金属材料有塑料、石墨、聚四氟乙烯和陶瓷等。

2. 直径的选择

换热管的尺寸对传热有很大影响。采用小直径换热管，单位体积换热器的传热面积较大、结构紧凑，单位传热面积的金属耗量较少，传热系数较高。但小直径换热管的阻力大，不便清洗，易结垢堵塞，一般用于较清洁的流体。大直径换热管和小直径换热管相比，传热面积、结构紧凑性、金属消耗量、传热系数等都处于劣势，但大直径换热管阻力小，易清洗，可用于黏性大或污浊的流体。

3. 换热管规格

我国管壳式换热器常用的无缝钢管规格（外径×壁厚）见表7-1。

表7-1 无缝钢管规格（外径×壁厚）　　　　单位：mm×mm

碳钢、低合金钢	不锈钢	碳钢、低合金钢	不锈钢
$\phi19\times2$	$\phi19\times2$	$\phi32\times3$	$\phi32\times2.5$
$\phi25\times2.5$	$\phi25\times2$	$\phi38\times3$	$\phi38\times2.5$

换热管长度规定为 1500mm、2000mm、2500mm、3000mm、4500mm、5000mm、6000mm、7500mm、9000mm 和 12 000mm 等。换热器的换热管长度与公称直径之比，一般为4~25，常用的为6~10，而对于立式换热器，其比值多为4~6。

4. 结构形式

换热器中的换热管多用光管，因为其结构简单，制造容易，成本低廉。但是光管传热面积有限，特别是当流体表面传热系数较低时，若使用光管作为换热管，换热器的传热系数会很低。为了强化传热，有时候也会采用强化传热管，如异形管（图7-15）、翅片

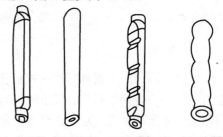

(a) 扁平管 (b) 椭圆管 (c) 凹槽扁平管 (d) 波纹管

图7-15 异形管

管（在给热系数低侧，如图 7-16 和图 7-17 所示）、螺纹管（图 7-18）。

(a) 焊接外翅片管　(b) 整体式外翅片管　(c) 镶嵌式外翅片管　(d) 整体式式外翅片管

图 7-16　纵向翅片管

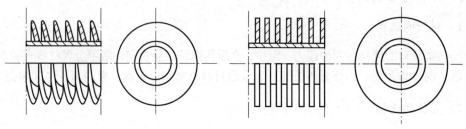

图 7-17　径向翅片管

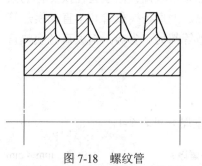

图 7-18　螺纹管

（二）管板

　　管板是换热器的主要部件之一。在高温、高压大型换热器中，管板质量可超过 20t，厚度可达 300mm 以上。管板在换热器制造成本中占比较高。在选择管板材料时，除了要满足机械强度要求外，还必须考虑换热管内外介质的腐蚀性、换热管与管板材料之间的电化学兼容性等问题。管板比较常用的材料是碳钢和合金钢，但合金钢成本高，采用复合板或者堆焊衬里比较经济。

（三）换热管与管板的连接

　　换热管与管板间的连接是管壳式换热器设计和制造中的关键技术之一，连接部位也是换热器最容易出事故的部位。换热管与管板的连接处工作在苛刻条件下，对连接质量要求非常高。操作中要求密封性能好，结合力足够大，否则会影响换热器的使用寿命和正常生产。常用的连接方法主要有胀接、焊接和胀焊并用。

1. 胀接

　　胀接是利用胀管器挤压伸入管板孔中的换热器端部，使换热管端部发生塑性变形，管板孔同时产生弹性变形。取出胀管器后，管板孔弹性收缩，管板与换热管产生一定的挤压力，紧密地贴在一起，达到密封紧固连接的目的。图 7-19 所示为胀管前和胀管后换热管末端发生塑性变形和受力的情况。

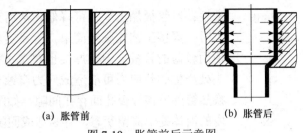

(a) 胀管前　　　　　　　(b) 胀管后

图 7-19　胀管前后示意图

　　胀接适用于换热管为碳素钢，管板为碳素钢或低合金钢，设计压力不超过 4MPa，设计温度不超过 300℃，并且无剧烈振动、无过大温度变化及无明显应力腐蚀的场合。这是由于温度升高，管板对换热管端部的残余压紧力减小，使换热管与管板间的胀接密封性能和紧固性能都下降，故设计温度不能超过 300℃。为保证胀接质量，要求管板硬度大于换热管硬度。若不满足这一要求，应将换热管端部退火处理后再进行胀接。但是如果有应力腐蚀，则不应采用换热管端部局部退火的方式来降低换热管的硬度。

　　最小胀接长度 L 应取管板的名义厚度减去 3mm，或将此结果与 50mm 比较取二者的最小值；当有要求时，管板名义厚度减去 3mm 与 50mm 之间的差值可采用贴胀，或管板名义厚度减去 3mm 全长胀接。胀接时管板上的孔可以是光孔，也可开槽，开槽可以增加连接强度和紧密性。胀接的结构形式及尺寸见表 7-2 和图 7-20。

表 7-2　胀接结构尺的寸　　　　　　　　　　　单位：mm

换热管外径 d	≤14	16~25	30~38	45~57
伸出长度 l_2	3^{+2}_{0}		4^{+2}_{0}	5^{+2}_{0}
槽深 K	不开槽	0.5	0.6	0.8

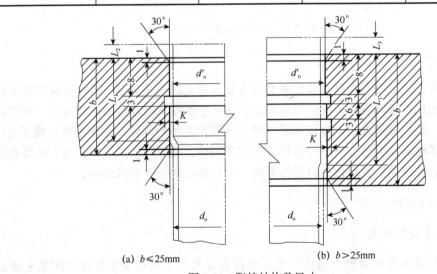

(a) $b \leq 25mm$　　　　　　(b) $b > 25mm$

图 7-20　胀接结构及尺寸

2. 焊接

　　焊接和胀接相比具有显著的优势：在高温、高压条件下，焊接连接能保持连接的紧

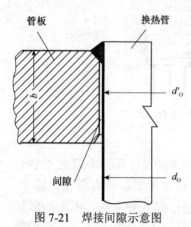

图 7-21　焊接间隙示意图

密性；对管板加工要求可降低，从而节省管板孔的加工工时；焊接工艺比胀接简单，容易实施；压力较低时可使用较薄的管板。但是焊接也存在一些缺点：在焊接接头处产生的热应力可能造成应力腐蚀开裂和疲劳破裂；换热管外壁和管板孔间存在间隙，如图 7-21 所示，间隙内的流体处于滞留状态，容易造成间隙腐蚀。

焊接接头的结构如图 7-22 所示，应根据换热管的直径和厚度、管板的厚度和材料、操作条件等因素来确定具体结构。图 7-22（a）中，管板不开坡口，连接强度较差，适用于压力较低和管壁较薄处；图 7-22（b）中，管板开 60° 坡口，连接强度高，应用范围最为广泛；图 7-22（c）中，管板开 45° 坡口，换热管端部不突出管板，焊接质量不易保证，但是用于立式冷凝器，可以避免停车后管板上积水；图 7-22（d）中，管板孔周围开环形槽，可以很大程度上缓解焊接产生的残余应力，适用于薄管壁和管板在焊接后不允许发生较大变形的情况。

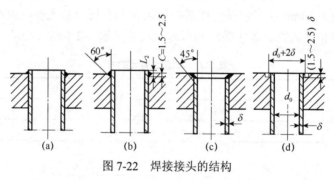

图 7-22　焊接接头的结构

3. 胀焊并用

胀焊并用连接主要有强度焊加贴胀和强度胀加密封焊两种方法。其中强度焊既保证连接有足够的抗拉脱强度，又保证焊缝的密封性；密封焊只保证连接的密封性，不保证抗拉脱强度；贴胀只是为了消除换热管外壁与管板孔之间的间隙，不保证抗拉脱强度；强度胀则既能够消除换热管外壁与管板孔之间的间隙，又能保证抗拉脱强度。胀焊并用是采用先焊后胀还是先胀后焊，目前没有统一的标准，仍处于争议之中。

（四）管板结构

1. 换热管排列方式

换热管的排列方式要根据流体性质、结构设计及加工制造难易程度等因素来确定的，要使换热管在整个换热器的截面上分布均匀。

1）正三角形和转角正三角形排列

正三角形排列的换热管如图 7-23 所示。其结构紧凑，传热效果好，同一管板上比正方形排列多排 10%左右的换热管，同样体积换热器传热面积更大。三角形排列方式管间间隙小，外壁结垢不方便清理，因而适用于壳程介质污垢少，且不需要进行机械清洗的场合。

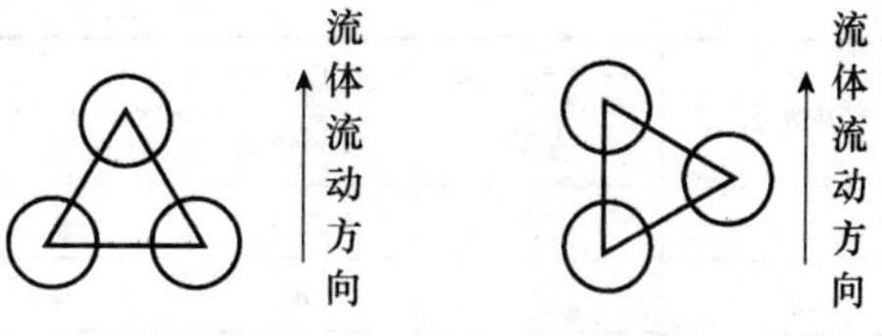

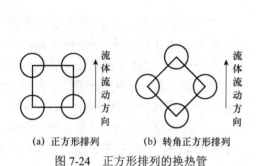

(a) 正三角形排列   (b) 转角正三角形排列

图 7-23　正三角形排列的换热管

2）正方形和转角正方形排列

正方形排列的换热管如图 7-24 所示。换热管管间小桥形成一条直线通道，并且间距较大，便于机械清洗。需要经常清洗换热管外表面上的污垢时，多用正方形排列。

在多管程换热器中多采用组合排列方法。即每一程中换热管都采用三角形排列法，而在相邻程之间，为了便于安装隔板，换热管采用正方形排列法，如图 7-25 所示。

(a) 正方形排列　　　　(b) 转角正方形排列

图 7-24　正方形排列的换热管

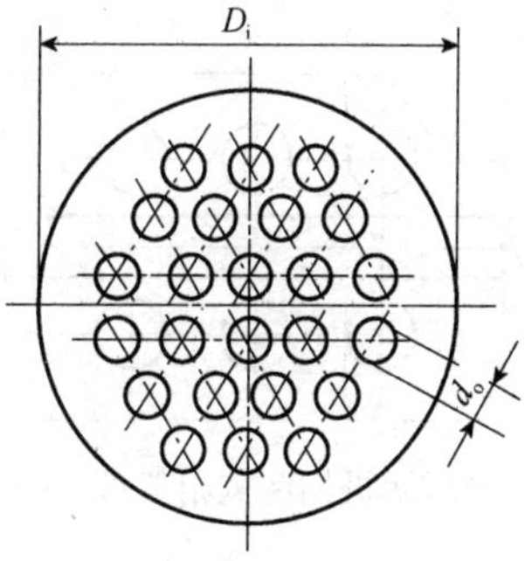

$d_i=d_o$　$D_i=D_o$

图 7-25　组合排列法

当换热管总数超过 127 根时，正三角形排列的最外层换热管与壳体间的弓形部分应增加换热管，以增大传热面积。换热管正三角形排列方法可参考表 7-3。

表 7-3　换热管正三角形排列方法

六角形层数	对角线上的管数	不及弓形部分管数	弓形部分管数				换热器内换热管总数
			弓形第一排	弓形第二排	弓形第三排	弓形部分总管数	
1	3	7	—	—	—	—	7
2	5	19	—	—	—	—	19
3	7	37	—	—	—	—	37
4	9	61	—	—	—	—	61
5	11	91	—	—	—	—	91
6	13	127	—	—	—	—	127
7	15	169	3	—	—	18	187
8	17	217	4	—	—	24	241
9	19	271	5	—	—	30	301
10	21	331	6	—	—	36	367
11	23	397	7	—	—	42	439

六角形层数	对角线上的管数	不及弓形部分管数	弓形部分管数				换热器内换热管总数
			弓形第一排	弓形第二排	弓形第三排	弓形部分总管数	
12	25	469	8	—		48	517
13	27	547	9	2	—	66	613
14	29	631	10	5	—	90	721
15	31	721	11	6	—	102	823
16	33	817	12	7	—	114	931
17	35	919	13	8	—	126	1045
18	37	1027	14	9	—	138	1165
19	39	1141	15	12	—	162	1303
20	41	1261	16	13	4	198	1459

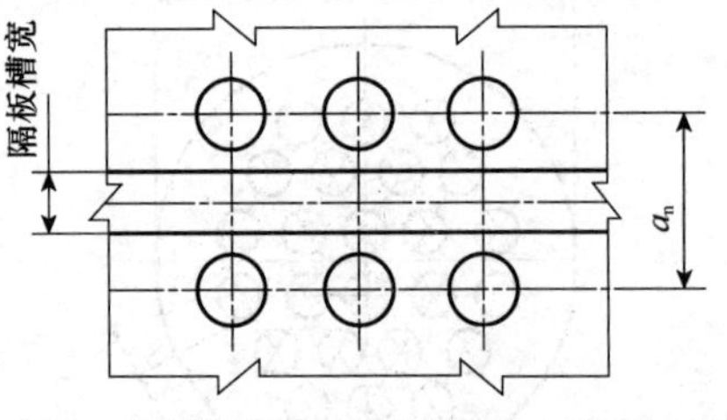

图 7-26　分程隔板槽两侧相邻管中心距示意图

2. 管间距

管间距指两相邻换热管中心的距离。管间距应不小于 1.25 倍换热管外径 d_o，并符合表 7-4 的规定，以便于换热管与管板间的连接和安装分程隔板，其中分程隔板槽两侧相邻管中心距示意图如图 7-26 所示。对于胀接或焊接，换热管间距离太近，会影响连接质量。最外层换热管外壁与壳体内壁之间的距离应不小于 10mm，主要是为了便于加工折流板，不易损坏。

表 7-4　常用换热管中心距　　单位：mm

换热管外径 d_o	10	12	14	16	19	20	22	25	30	32	35	38	45	50	55	57
换热管中心距 a	13~14	16	19	22	25	26	28	32	38	40	44	48	57	64	70	72
分程隔板槽两侧相邻管中心距 a_n	28	30	32	35	38	40	42	44	50	52	56	60	68	76	78	80

3. 管程的分程及管板与隔板的连接

当换热器所需的换热面积较大时，为避免换热管做得太长，需要增大壳体直径，以排列更多的换热管。这样将会使换热器更加笨重，而且消耗更多的金属材料。为了节省金属材料，还可以通过增加管程流体流速的方式，提高换热器的传热效果，此时必须将管束进行分程，使流体依次流过各程换热管。

在管内流动的流体从换热管的一端流到另一端称为一个管程。在换热器的一端或两端管箱内分别安装一定数量的分程隔板，可将换热器分成多管程。分程隔板的形式分为单层和双层两种，分别如图 7-27（a）、（b）所示。双层隔板具有中空夹层，具有隔热效果，可防止隔板两侧的热量短路。分程隔板槽的深度应该不小于 4mm，对于碳钢为

12mm，对于不锈钢为11mm。

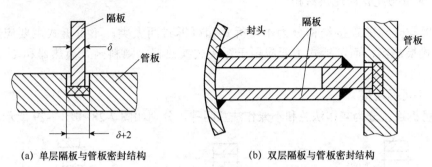

(a) 单层隔板与管板密封结构　　　　(b) 双层隔板与管板密封结构

图 7-27　隔板与管板的密封

　　管壳式换热器的管程数一般有 1、2、4、6、8、10、12 七种，管程的布置形式可参照表 7-5，并遵循以下原则：各程换热管数应大致相等；相邻程间平均壁温差一般不应超过 28℃；各程间的密封长度应最短；分程隔板的形状应简单。

表 7-5　管程布置表

管程数	流动顺序	管箱隔板（介质进口侧）	后端隔板结构（介质返回侧）	管程数	流动顺序	管箱隔板（介质进口侧）	后端隔板结构（介质返回侧）
1				8			
2							
4				10			
6				12			

4. 管板与壳体的连接结构

管板与壳体的连接结构分为不可拆式和可拆式两大类。不可拆式主要应用于固定管板式换热器，而可拆式主要应用于浮头式换热器、填料函式换热器和 U 形管式换热器。

1) 不可拆连接

不可拆连接分为兼作法兰和不兼作法兰两种，分别如图 7-28 和图 7-29 所示。

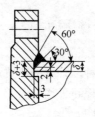
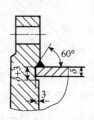
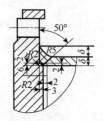

(a) $\delta \geqslant 10\text{mm}$，使用压力 $p \leqslant 1.0\text{MPa}$，不宜用于易燃、易爆、易发挥及有毒介质的场合

(b) $\delta < 10\text{mm}$，使用压力 $p \leqslant 1.0\text{MPa}$，不宜用于易燃、易爆、易发挥及其有毒介质的场合

(c) $1.0\text{MPa} < p \leqslant 4.0\text{MPa}$，壳程介质有间隙腐蚀作用时采用

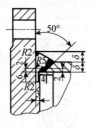
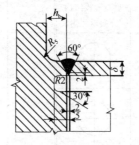
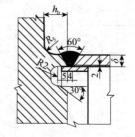

(d) $1.0\text{MPa} < p \leqslant 4.0\text{MPa}$，壳程介质无间隙腐蚀作用时采用

(e) $4.0\text{MPa} < p \leqslant 10\text{MPa}$，壳程介质有间隙腐蚀作用时采用

(f) $4.0\text{MPa} < p < 10\text{MPa}$，壳程介质无间隙腐蚀作用时采用

图 7-28　兼作法兰时管板与壳体的连接结构

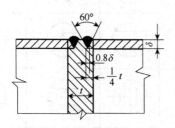
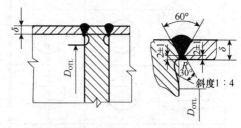

(a) $p \leqslant 4.0\text{MPa}$，壳程介质无间隙腐蚀作用时采用

(b) 壳程介质有间隙腐蚀作用时采用，半径 R 的圆心在管板表面上（D_{OTL} —最大布管直径）

图 7-29　不兼作法兰时管板与壳体的连接结构

2) 可拆连接

浮头式换热器、U 形管式换热器及填料函式换热器的固定端管板与壳体的连接都是可拆连接，管板被一对容器法兰夹在中间，如图 7-30 所示。这种结构只要拆开法兰连接，即可拆下管板。

（五）折流板、支承板、旁路挡板及拦液板的作用
　　　和结构

1. 折流板及支承板

列管式换热器中折流板的作用是增强流体在管间流
动的湍流程度，增大传热系数，提高传热效率。当工艺上
无折流板要求而换热管较细长时，应考虑安装一定数量的
支承板，以便安装和防止换热管变形。支承板的尺寸、形
状可与折流板相同。

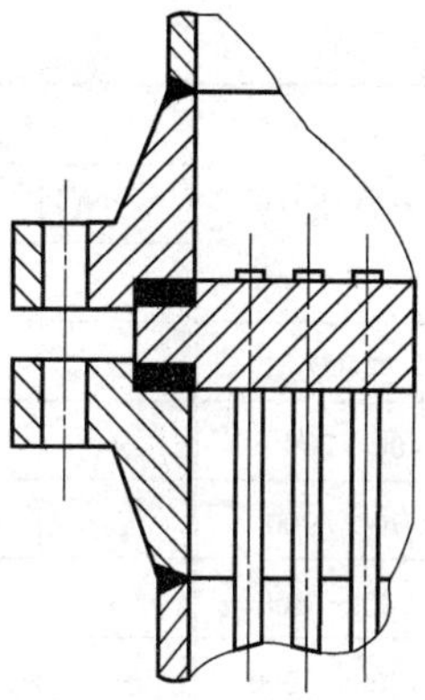

列管式换热器中折流板可分为横向折流板和纵向折
流板两种。横向折流板使流体垂直流过管束，使冷、热流
体形成错流接触换热；纵向折流板则使流体平行于管束流动，现在一般很少采用。横向
折流板又可分为弓形、圆盘-圆环形和带扇形切口三种类型，如图7-31所示。

弓形折流板的缺口高度应使流体通过缺口时与横过管束时流体的流速相近，弓形弦
高按其占圆筒内直径的百分比来确定，宜取 0.55～0.80 倍的圆筒内直径。

图 7-30　管板与壳体的可拆连接

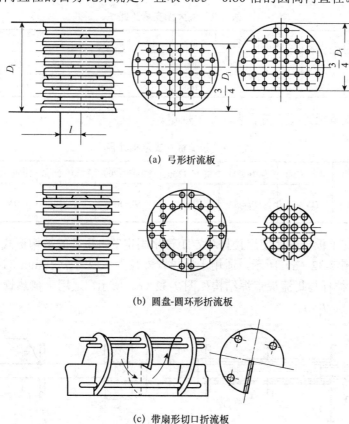

(a) 弓形折流板

(b) 圆盘-圆环形折流板

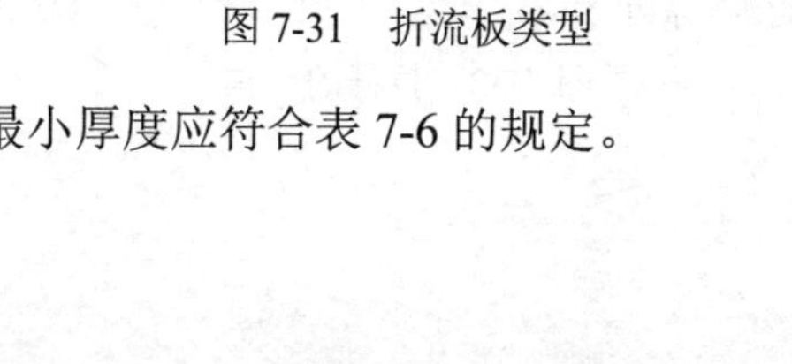

(c) 带扇形切口折流板

图 7-31　折流板类型

折流板和支承板的最小厚度应符合表 7-6 的规定。

表 7-6　折流板和支承板的最小厚度　　　　　单位：mm

公称直径 DN	换热管无支承跨距					
	≤300	>300~600	>600~900	>900~1200	>1200~1500	>1500
	折流板或支承板最小厚度					
<400	3	4	5	8	10	10
400~700	4	5	6	10	10	12
>700~900	5	6	8	10	12	16
>900~1500	6	8	10	12	16	16
>1500~2000	—	10	12	16	20	20
>2000~2500	—	12	14	18	20	22

折流板最小间距一般不小于圆筒内直径的 1/5，且不小于 50mm，特殊情况下也可取较小的间距。

换热管在其材料允许使用温度范围内的最大无支承跨距，应符合表 7-7 的规定。

表 7-7　最大无支承跨距　　　　　单位：mm

换热管外径	10	12	14	16	19	25	32	38	45	57
钢管	—	—	1100	1300	1500	1850	2200	2500	2750	3200
有色金属管	750	850	950	1100	1300	1600	1900	2200	2400	2800

折流板和支承板外径应符合表 7-8 中规定。

表 7-8　折流板和支承板外径　　　　　单位：mm

公称直径 DN	<400	400~500	500~900	900~1300	1300~1700	1700~2000	2000~2300	2300~2600
折流板名义外径	DN 2.5	DN 3.5	DN 4.5	DN 6	DN 8	DN 10	DN 12	DN 14

折流板和支承板一般是使用拉杆和定距管来固定的。拉杆的结构形式有两种：拉杆定距管结构如图 7-32（a）所示，适用于换热管外径大于或等于 19mm 的管束，$l_2 > L_a$，（L_a 见表 7-9）；拉杆与折流板点焊结构如图 7-32（b）所示，适用于换热管外径小于或等于 14mm 的管束，$l_1 > d$。

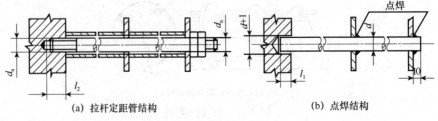

（a）拉杆定距管结构　　　　　（b）点焊结构

图 7-32　拉杆的结构

拉杆的连接尺寸按图 7-33 和表 7-9 确定，拉杆的长度 L 按需要确定。拉杆应尽量均匀布置在管束的外边缘。对于大直径的换热器，在布管区内或靠近折流板缺口处应布置适当数量的拉杆，任何折流板应不少于三个支承点。

表 7-9　拉杆的连接尺寸　　　　　　　　　　　　　　单位：mm

拉杆直径 d	拉杆螺纹公称直径 d_n	L_a	L_b	b
10	10	13	≥40	1.5
12	12	15	≥50	2.0
16	16	20	≥60	2.0

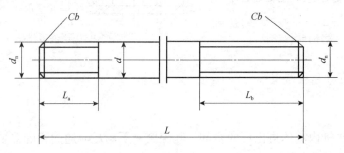

图 7-33　拉杆的连接尺寸示意图

拉杆的直径和数量分别按表 7-10 和表 7-11 选取。

表 7-10　拉杆的直径　　　　　　　　　　　　　　单位：mm

换热管外径 d	$10 \leqslant d \leqslant 14$	$14 < d < 25$	$25 \leqslant d \leqslant 57$
拉杆直径 d_n	10	12	16

表 7-11　拉杆的数量

公称直径 DN ＼ 拉杆直径 d_n	<400	400~700	700~900	900~1300	1300~1500	1500~1800	1800~2000	2000~2300	2300~2600
10	4	6	10	12	16	18	24	28	32
12	4	4	8	10	12	14	18	20	24
16	4	4	6	6	8	10	12	14	16

2. 旁路挡板

当壳体与外层管束间存在较大间隙时，为迫使流体走管间，可设置旁路挡板。旁路挡板可使用扁钢制成，两端应与折流板焊接牢固，如图 7-34 所示。旁路挡板的厚度可取与折流板相同的厚度。旁路挡板的数量推荐如下：$DN \leqslant 500mm$ 时，一对挡板；$500mm < DN < 1000mm$ 时，两对挡板；$DN \geqslant 1000mm$ 时，不少于三对挡板。

3. 拦液板

在立式冷凝器中，蒸汽在换热管外壁冷凝，冷凝液膜由上到下逐渐变厚，使换热管热阻增大。为了减薄管壁上的液膜而提高传热膜系数，可在立式冷凝器中装设拦液板，起到拦截液膜作用，如图 7-35 所示。

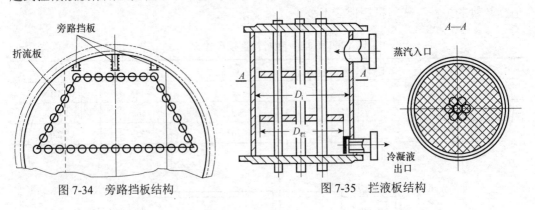

图 7-34　旁路挡板结构　　　　　　　图 7-35　拦液板结构

（六）管箱与壳程接管

1. 管箱

管箱是换热管内流体进出口的空间。其深度需要满足流通面积的需要，其结构应便于装拆。常见的结构如图 7-36 所示。

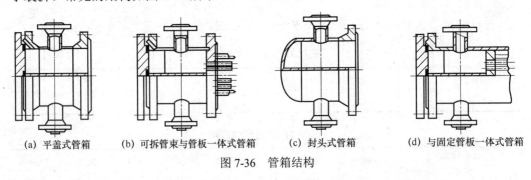

(a) 平盖式管箱　　(b) 可拆管束与管板一体式管箱　　(c) 封头式管箱　　(d) 与固定管板一体式管箱

图 7-36　管箱结构

2. 壳程接管

壳程接管的结构设计直接影响换热器的传热效率与使用寿命。若介质为蒸汽或高速流体，当其进入壳程时，入口处的换热管将受到很大冲击，甚至发生振动。为了保护管束，通常在入口处设立缓冲接管，如图 7-37 所示。缓冲接管可以使壳程流体在进入换热器前降低流速，减小对换热管束的冲刷。也可在入口处设置导流筒或挡板，如图 7-38 所示。旁路挡板可以防止壳程流体正对着换热管进入换热器，避免对换热管造成很大的冲刷。图 7-38（a）结构为筒形，称作导流筒。它可以迫使壳程流体流至管板附近才进入管束，从而消除盲区，可以更充分利用换热面积。常用的挡板有圆形和方形两种。

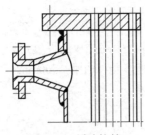

图 7-37　缓冲接管

图 7-39 为圆形挡板。为了减小流体阻力，挡板与换热器壳壁间距 a 不能太小，至少应保证此处流道截面面积不小于流

体进口管的截面面积，并且不小于 30mm，但也不能太大，否则会影响换热管排列，减小传热面积。图 7-40 为方形挡板。挡板上开若干小孔，可以增加流体流通截面面积。

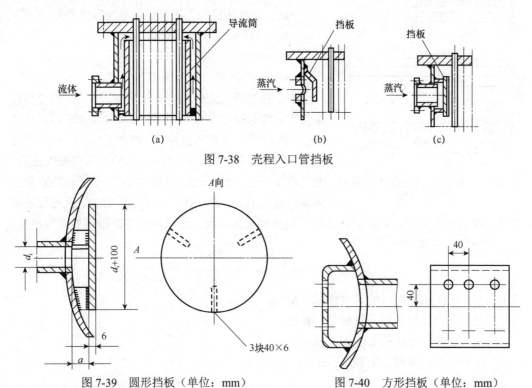

图 7-38 壳程入口管挡板

图 7-39 圆形挡板（单位：mm）　　　图 7-40 方形挡板（单位：mm）

蒸汽在壳程冷凝的立式冷凝器中，应尽量减少冷凝液在管板上的积留，以免影响传热面积。因此，冷凝液排出管一般安装成如图 7-41 所示结构。

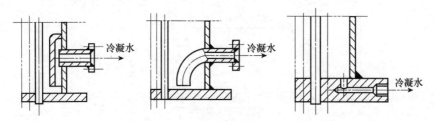

图 7-41 立式冷凝器的冷凝液排出口结构

（七）温差应力

1. 温差应力计算

由于材料、温度等的不同，固定管板式换热器中的壳体与换热管的自由伸长量也会不同。但由于壳体与换热管是刚性连接的，它们的伸长互相制约而产生附加应力，这种应力称为温差应力，又称热应力。在安装温度下，固定管板式换热器的壳体与换热管的长度均为 L，如图 7-42（a）所示。操作时壳体和换热管的温度都升高，若管壁温度高于壳壁温度，则换热器自由伸长量和壳体自由伸长量分别为 δ_t 和 δ_s，如图 7-42（b）所示。

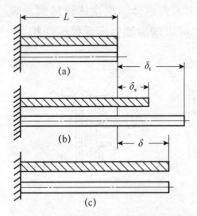

图 7-42 壳体和换热器的膨胀与压缩

$$\delta_t = \alpha_t (t_t - t_0)L, \quad \delta_s = \alpha_s (t_s - t_0)L$$

式中：α——换热管和壳体材料的温度膨胀系数，$℃^{-1}$；

α_s——换热管和壳体材料的温度膨胀系数，$℃^{-1}$；

t_t——操作状态下管壁温度，$℃$；

t_0——安装时温度，$℃$；

t_s——操作状态下壳壁温度，$℃$。

由于换热管与壳体是刚性连接的，所以换热管和壳体的实际伸长量必须相等，且伸长量为 δ，如图 7-42（c）所示。因此就出现壳体被拉伸，产生拉应力；换热管被压缩，产生压应力的现象。此拉、压应力就是温差应力。由于温差，壳体被拉长的总拉伸力应等于所有换热管被压缩的总压缩力，总拉伸力（或总压缩力）就是温差轴向力。规定 F 为正值，表示壳体被拉，换热管被压；反之则表示壳体被压，换热管被拉。

根据胡克定律有

$$\delta_t - \delta = \frac{FL}{E_t A_t}, \quad \delta - \delta_s = \frac{FL}{E_s A_s}$$

式中：E_t——换热管材料的弹性模量，MPa；

E_s——壳体材料的弹性模量，MPa；

A_t——换热管总截面面积，mm^2；

A_s——壳壁横截面面积，mm^2。

将上式联立得

$$\delta_t - \delta_s = \frac{FL}{E_t A_t} + \frac{FL}{E_s A_s}$$

可得

$$F = \frac{\alpha_t(t_t - t_0) - \alpha_s(t_s - t_0)}{\dfrac{1}{E_t A_t} + \dfrac{1}{E_s A_s}}$$

温差应力

$$\sigma_t = \frac{F}{A_t}, \quad \sigma_s = \frac{F}{A_s}$$

2. 拉脱力计算

由于介质压力与温差应力的联合作用，换热管和管板接头处产生拉脱力，使换热管与管板有分离趋势。为了保证胀接接头的牢固连接和良好的密封性，需要对拉脱力进行计算。拉脱力是指换热管每平方米胀接周边上所受的力，单位为帕（Pa）。引起拉脱力的因素包括操作压力和温差力。

1）操作压力引起的拉脱力 q_p

介质压力作用的面积 f 如图 7-43 所示。介质压力 p，

(a) 换热管呈正三角形排列时　(b) 换热管呈正方形排列时

图 7-43　介质压力作用的面积

取管程压力和壳程压力两者中的较大者。换热管外径为 d_o，换热管胀接长度为 l，则拉脱力为

$$q_p = \frac{pf}{\pi d_o l}$$

2）温差力引起的拉脱力 q_t

每根管承受温差力为 $\sigma_t \times a_t$，则拉脱力为

$$q_t = \frac{\sigma_t a_t}{\pi d_o l} = \frac{\sigma_t(d_o^2 - d_i^2)}{4 d_o l}$$

3）合拉脱力

介质压力和温差力引起的拉脱力如果使换热管受力方向相同，则取二者之和；如果使换热管受力方向相反，则取二者之差。

4）拉脱力判据

合拉脱力必须小于许用拉脱力：$q < [q]$。许用拉脱力 $[q]$ 按表 7-12 确定。

表 7-12　许用拉脱力　　　　　　　　　　　　　　　　单位：MPa

换热管与管板胀接结构形式			$[q]$
胀接	钢管	管端不卷边、管孔不开槽	2
		管端卷边、管孔开槽	4
	有色金属	管孔开槽	3
焊接（钢管、有色金属管）			$0.5[\sigma]^2$

注：$[\sigma]^t$ 为在设计温度时，换热管材料的许用应力，MPa。

3. 温差应力补偿

温差应力补偿是要解决壳体与管束轴向变形的不一致性，或者说是为了消除壳体与换热管间的刚性约束，实现壳体和换热管自由伸缩。可采取以下措施进行温差应力补偿：

1）减小壳体与管束间的温度差

为了减小壳体与管束间的温度差，应选择表面传热系数大的流体流过壳程，因为换热管壁温度接近传热系数大的流体温度。当壳壁温度低于管壁温度时，应对壳体进行保温，以提高壳壁温度。

2）装设挠性构件

为缓解或消除温差应力，可以将直管制成带 S 形弯的换热管，如图 7-44 所示；还可以在壳体上安装膨胀节。波形膨胀节主要有平板焊接膨胀节、波形膨胀节和夹壳式膨胀节，三种膨胀节分别如图 7-45（a）～（c）所示。

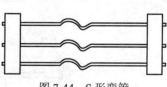

图 7-44　S 形弯管

3）采用壳体与管束自由伸缩的结构

由于浮头式换热器、U 形管式换热器及填料函式换热器的管束有一端能够自由伸缩，因而壳体和管束的热胀冷缩各自独立，互不牵制，可完全消除温差应力。常见的换热器结构如图 7-46 所示。

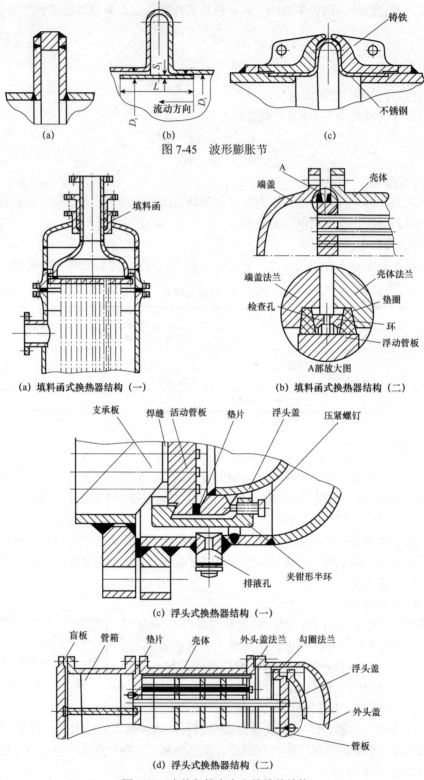

图 7-45　波形膨胀节

(a) 填料函式换热器结构 (一)　　　(b) 填料函式换热器结构 (二)

(c) 浮头式换热器结构 (一)

(d) 浮头式换热器结构 (二)

图 7-46　壳体与管束自由伸缩的结构

4）采用套管式结构

在高温高压换热器中，可以采用插入式双套管温度补偿结构，完全消除温差应力，如图 7-47 所示。

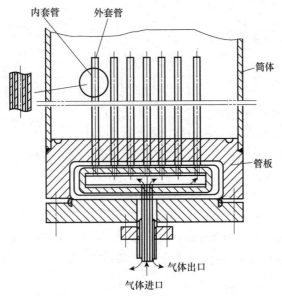

图 7-47　插入式双套管温度补偿结构

第三节　管壳式换热器机械设计举例

一、设计条件

根据工艺设计，已知换热器管程介质为半水煤气，压力为 0.7MPa，管程介质温度为 180～370℃；壳程介质为变换气，压力为 0.68MPa，温度为 220～240℃。管壁和壳壁的温差为 50℃，并且管壁温度大于壳壁温度。工艺所需换热面积为 130m²。

二、计算

（一）换热管数 n

根据表 7-1，选择规格为 $\phi25\text{mm}\times2.5\text{mm}$ 的 20 钢，换热管长度选择 3000mm。

由于换热器总的换热面积 F 为所有换热管的面积之和，即

$$F=n\pi dL\text{（其中，}d\text{ 为换热管平均直径）}$$

则有

$$n=\frac{F}{\pi dL}=\frac{130}{3.14\times(0.025-0.0025)\times3}\approx613$$

考虑安装折流板，需留出拉杆位置，因而实际安装换热管数少于 607 根。

（二）换热管排列方式及管间距的确定

选择正三角形排列方式。由表 7-3 查得换热管排列层数为 13。由表 7-4 查得管间距 $a=32$mm。

（三）换热器壳体直径的确定

壳体内径

$$D_i=a(b-1)+2l$$

式中：D_i——换热器内径，mm；

　　　b——正六角形对角线上的换热管数量；

　　　l——最外层换热管的中心到壳壁边缘的距离，取 $l=2d_o$。

查表 7-3 得，$b=27$。

$$l=2d_o=2\times25=50（mm）$$

则 $D_i=32\times(27-1)\times2\times50=932（mm）$。

圆整后取壳体内径 $D_i=1000$mm。由 D_i 查表 7-10 和表 7-11 可知，拉杆直径应选择 16mm，拉杆数量应为 6 根，换热管数量则为 607 根。

（四）换热器壁厚的计算

壳体材质选择 20R 钢，则其计算壁厚为

$$\delta=\frac{p_c D_i}{2[\sigma]^t \phi-p_c}$$

取 $p_c=1.0$MPa，$\phi=0.85$，$[\sigma]^t=101$MPa（按壳壁温度为 300℃ 计算），则 $\delta=5.86$mm。取 $C_2=1$mm，$C_1=0.25$mm，计算 $\delta+C_2+C_1$ 并向上圆整得，$\delta_n=8.0$mm。复验 $\delta_n\times6\%=0.48$mm>0.25mm，C_1 取 0.25mm 合适。

（五）换热器封头的选择

根据 JB/T 4746—2002 标准，容器两端端封头选择标准椭圆形封头，规格为 $DN\,1000\times6$，曲面高度 $h_1=250$mm，直边高度 $h_2=40$mm，材料选择 20R 钢。封头尺寸如图 7-48 所示。

（六）容器法兰的选择

封头材料选择 16MnR，根据 NB/T 47023—2012 标准，选择 $DN\,1000$mm，$PN\,1.6$MPa 的榫槽面长颈对焊法兰。所选法兰尺寸如图 7-49 所示。

（七）管板尺寸的确定

选择固定管板式换热器管板，并且兼作法兰。根据相关标准查得 $p_t=p_s=1.6$MPa（管板公称压力取 1.6MPa）的碳钢管板尺寸如图 7-50 所示。

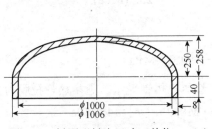

图 7-48 椭圆形封头尺寸（单位：mm）

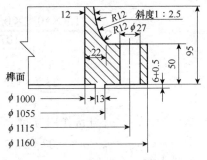

图 7-49 容器法兰尺寸（单位：mm）

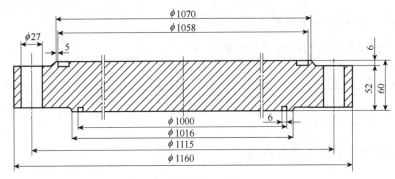

图 7-50 管板尺寸（单位：mm）

（八）换热管拉脱力计算

1. 操作压力引起的换热管胀接周边每平方米受到的力

$$q_p = \frac{pf}{\pi d_o l}$$

式中：$f = 0.866a^2 - \frac{\pi}{4}d_o^2 = 0.866 \times 32^2 - \frac{\pi}{4} \times 25^2 \approx 396(\text{mm}^2)$，$p = 0.7\text{MPa}$，$l = 50\text{mm}$，则

$$q_p = \frac{0.7 \times 396}{3.14 \times 25 \times 50} \approx 0.07(\text{MPa})$$

2. 温差应力引起的换热管胀接周边每平方米受到的力

$$q_t = \frac{\sigma_t(d_o^2 - d_i^2)}{4d_o l}$$

式中：$\sigma_t = \dfrac{\alpha E(t_t - t_s)}{1 + \dfrac{A_t}{A_s}}$。

$$A_s = \pi D\delta_n = 3.14 \times 1008 \times 8 \approx 25\,321\,(\text{mm}^2)$$

$$A_t = \frac{\pi}{4}(d_o^2 - d_i^2)n = \frac{\pi}{4} \times (25^2 - 20^2) \times 607 \approx 107\,211\,(\text{mm}^2)$$

取 $E = 0.21 \times 10^6\text{MPa}$，$\alpha = 11.8 \times 10^{-6}$（℃$^{-1}$），则

$$\sigma_t = \frac{11.8 \times 10^{-6} \times 0.21 \times 10^6 \times 50}{1 + \dfrac{107\ 211}{25\ 321}} \approx 23.7 \text{(MPa)}$$

$$q_t = \frac{23.7 \times (25^2 - 20^2)}{4 \times 25 \times 50} \approx 1.07 \text{(MPa)}$$

根据已知条件,q_p 与 q_t 作用方向一致,即都使换热管受压,则换热管拉脱力为

$$q = q_p + q_t = 0.07 + 1.07 = 1.14 \text{(MPa)} < [q] = 4.0 \text{MPa}$$

因此,拉脱力在允许范围内。

（九）是否安装膨胀节计算

1. 由于管壁和壳壁的温差产生的轴向力

$$F_1 = \frac{\alpha E(t_t - t_s)}{A_s + A_t} A_s A_t = \frac{11.8 \times 10^{-6} \times 0.21 \times 10^6 \times 50}{25\ 321 + 107\ 211} \times 25\ 321 \times 107\ 211$$

$$\approx 2.54 \times 10^6 \text{(N)}$$

2. 压力作用在壳体上的轴向力

$$F_2 = \frac{QA_s}{A_s + A_t}$$

式中:

$$Q = \frac{\pi}{4}[(D_i^2 - nd_o^2)p_s + n(d_o - 2\delta_t)^2 p_t]$$

$$= \frac{\pi}{4} \times [(1000^2 - 607 \times 25^2) \times 0.68 + 607 \times (25 - 2 \times 2.5)^2 \times 0.7] = 0.465 \times 10^6 \text{(N)}$$

$$F_2 = \frac{QA_s}{A_s + A_t} = \frac{0.465 \times 10^6 \times 25\ 321}{25\ 321 + 107\ 211} \approx 0.089 \times 10^6 \text{(N)}$$

3. 压力作用在换热管上的轴向力

$$F_3 = \frac{QA_t}{A_s + A_t} = \frac{0.465 \times 10^6 \times 107\ 211}{25\ 321 + 107\ 211} \approx 0.376 \times 10^6 \text{(N)}$$

则

$$\sigma_s = \frac{F_1 + F_2}{A_s} = \frac{2.54 \times 10^6 + 0.089 \times 10^6}{25\ 321} \approx 103.8 \text{(MPa)}$$

$$\sigma_t = \frac{-F_1 + F_3}{A_t} = \frac{-2.54 \times 10^6 + 0.376 \times 10^6}{107\ 211} \approx -20.2 \text{(MPa)}$$

根据 GB 151—2014《热交换器》,有

$$\sigma_s = 103.8 \text{MPa} < 2\phi[\sigma]_s^t = 180 \text{MPa}$$

$$\sigma_t = -20.2 \text{MPa} < 2\phi[\sigma]_t^t = 206 \text{MPa} \quad (\text{取}[\sigma]_t^t = 105.9 \text{MPa})$$

$$q<[q]=4.0\text{MPa}$$

条件满足，因此不必设置膨胀节。

（十）折流板设计

选择弓形折流板，弓形高度

$$h=0.75D_i=0.75\times1000=750（mm）$$

折流板间距取 600mm。由表 7-6 查得折流板最小厚度为 6mm，由表 7-8 查得折流板外径为 995.5mm，材质选择 Q235-A，结构如图 7-51 所示。拉杆材质为 Q235-A，数量为 6 根，直径为 ϕ12mm。

（十一）开孔补强

换热器壳体和封头接管处开孔需要进行补强，选择采用补强圈补强结构，补强圈材质与壳体材料一致，为 20R 钢板，结构如图 7-52 所示。

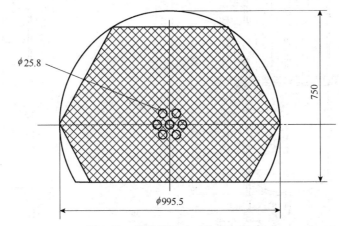

图 7-51 折流板尺寸（单位：mm）

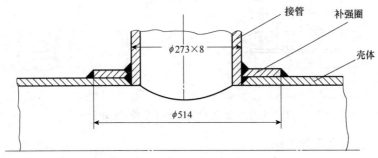

图 7-52 开孔补强结构（单位：mm）

（十二）支座

支承结构采用裙式支座，裙座壁厚选择 8mm，基础环厚度选择 14mm。

图 7-53 所示为所设计换热器的装配图。

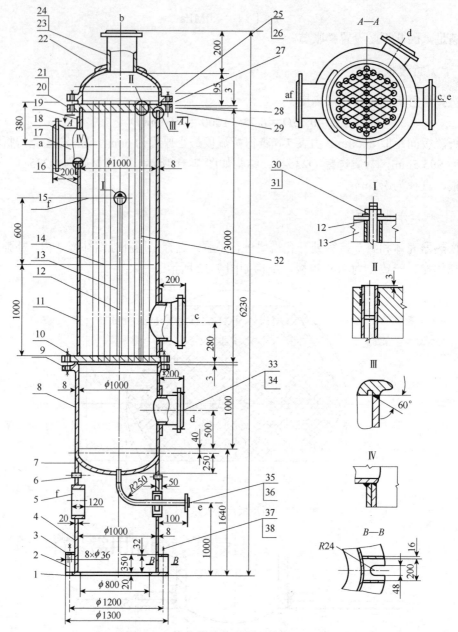

图 7-53　换热器的装配图（单位：mm）

图纸上的技术要求如下：

（1）本设备按 GB 151—2014 进行制造、试验和验收，并接受国家市场监督管理总局颁发的《压力容器安全技术监察规程》的监督。

（2）焊接采用电弧焊，焊条标号 16MnR 间为 J507，16MnR 与 20 钢间为 J427。

（3）焊接接头形式和尺寸除图中标明外，按 HG 20583—2011 中的规定，不带补强圈的接管与筒体的焊接接头为 G2，带补强圈的接管与筒体的焊接接头为 G29，每条焊缝的焊角尺寸按较薄板的厚度确定，法兰的焊接按相应法兰标准中的规定进行。

（4）列管与管板的连接采用开槽胀接。

（5）壳体焊缝应进行射线检测，检测长度不得少于焊缝长度的 20%，且不小于 250mm，符合 NB/T 47013.1～47013.13—2015《承压设备无损检验》，Ⅱ级为合格。

（6）制造完毕后，进行水压试验。壳程 1.65MPa（表压），管程 1.65MPa（表压）；

（7）管口方位如图 7-53 所示。

图纸上的技术特性表、接管表及标题明细表分别见表 7-13～表 7-15。

表 7-13　技术特性表

项目	管程	壳程
工作介质	水煤气	变换气
操作压力/MPa	0.7	0.68
操作温度/℃	180～370	220～400
材料	20 碳素钢	20R
线膨胀系数/℃$^{-1}$	11.8×10^{-6}	11.8×10^{-6}
弹性模量/MPa	0.21×10^{6}	0.21×10^{6}
许用应力/MPa	105.9	101
尺寸/mm	$\phi25\times2.5\times3000$	$\phi1000\times8$
换热管数量	607	—
排列方式	正三角形	—
管间距 a/mm	32	—
换热管与管板连接结构	开槽胀接	—
胀接长度 l/mm	50	—
管壳壁温差/℃	—	50

表 7-14　接管表

序号	接管法兰标准	密封面形式	用途
a	$PN1.6$, $DN250$, HG 20592—2009	平面	变换气进口
b	$PN1.0$, $DN200$, HG 20592—2009	平面	水煤气进口
c	$PN1.6$, $DN250$, HG 20592—2009	平面	变换气进口
d	$PN1.0$, $DN200$, HG 20592—2009	平面	水煤气进口

表 7-15　标题明细表

38	GB/T 41—2000	螺母 M30	Q235-A	8	0.234	1.86	
37	GB/T 799—1988	地脚螺栓 M30×1000mm	Q235-A	8	5.52	44.2	
36	HG 20592—2009	法兰 $PN1.0$MPa，$DN50$mm	20	1		2.08	
35	—	接管 $\phi57$mm×3.5mm，$l=858$mm	20	1		4.00	
34	HG 20592—2009	法兰 $PN1.0$MPa$DN200$mm	20	1		8.24	

续表

33	—	接管φ219mm×6mm, l=210mm	20	1		6.62	
32	GB/T 8163—2008	列管φ25mm×2.5mm, l=3000mm	20	607		2531	
31	GB/T 95—2002	垫圈 A12	Q235-A	6		0.036	
30	GB/T 6170—2015	螺母 AM12　8级	Q235-A	6		0.10	
29	30-017-06	上管板 δ=60mm		1			300
28	NB/T 47025—2012	缠绕垫片 φ1054mm/φ1026mm		2			
27	NB/T 47023—2012	榫面法兰 PN 1.6MPa, DN 1000mm		1		112	
26	GB/T 6170—2015	螺母 AM24　8级		88	0.112	9.86	
25	NB/T 47027—2012	双头螺柱 M24×130mm		88	0.39	34.4	
24	HG 20592—2009	法兰 PN 1.0MPa, DN 200mm		1		8.24	
23	GB 8163—2008	接管φ219mm×6mm, l=210		1		6.62	
22	JB/T 4736—2002	补强圈 DN 250mm×8mm		2		5.44	
21	GB/T 95—2002	垫圈 A12	Q235-A	2	0.006	0.012	
20	GB 64-62	六角螺塞 A12mm×1.25mm	Q235-A	2	0.03	0.06	
19	JB/T 4736—2002	补强圈 DN 250mm×8mm	16MnR	2		7.58	
18	HG 20592—2009	法兰 PN 1.6MPa, DN 250mm	16MnR	2	17.8	35.6	
17	GB 8163—2008	接管φ273mm×8mm, l=140mm	20	2	7.32	14.6	
16	GB/T 9019—2001	上筒体 DN 1000mm×8mm, l=654mm	20R	1		120	
15	30-017-05	折流板φ995.5mm, δ=6mm	Q235-A	1		96.6	
14	30-017-04	折流板φ995.5mm, δ=6mm	Q235-A	1		96.6	
13	GB 8163—2008	定距管φ25mm×25mm	20			17.2	l=2244mm, 2根 l=1660mm, 4根 l=584mm, 2根
12	30-017-03	拉杆φ12mm	Q235-A	6	2.03	12.18	
11	—	下筒体 DN 1000mm×8mm, l=2060mm	20R	1		410	
10	30-017-02	下管板 δ=60mm	16MnR	1		300	
9	NB/T 47023—2012	法兰 T 1000-1.6	16MnR	1		112	
8	—	筒节 DN 1000mm×8mm	20R	1		174.5	
7	GB/T 25198—2010	封头 DN 1000mm×8mm	20R	2		148.2	
6	GB/T 8163—2008	排气孔φ57mm×3.5mm, l=80mm	10A	2	0.369	0.74	

续表

序号	图号或标准号	名称	材料	数量	单件	总计	备注
5	—	人孔 ϕ426mm×8mm, l=120mm	20	1		11.1	
4	—	座体 DN 1000mm×8mm, l=1560mm	Q235-A	1		311	
3	—	盖板 260mm×160mm× 20mm	Q235-A	8	9.1	73	
2	—	筋板 328mm×157mm× 12mm	Q235-A	16	3.8	60.6	
1	—	基础环 δ=20mm	Q235-A	1		103	
序号	图号或标准号	名称	材料	数量	单件	总计	备注
					质量/kg		

			工程名称		
	（企业名称）		设计项目		
			设计阶段	施工图	
审核					
校对		换热器装配图			
设计		ϕ1000mm×6230mm	F=130m^2		
制图					
描图		比例	1∶30		

第四节 换热器的使用与维护

一、维护与故障处理

（一）日常维护

（1）装置系统蒸汽吹扫时，应尽可能避免对有涂层的冷换设备进行吹扫，工艺上确实避免不了，应严格控制吹扫温度（进冷换设备）不大于 200℃，以免造成涂层破坏。

（2）装置开停工过程中，换热器应缓慢升温和降温，避免压差过大和热冲击，同时应遵循停工时"先热后冷"即先退热介质，再退冷介质；开工时"先冷后热"，即先进冷介质，后进热介质。

（3）在开工前应确认螺纹锁紧环式换热器系统通畅，避免管板单面超压。

（4）认真检查设备运行参数，严禁超温、超压。对按压差设计的换热器，在运行过程中不得超过规定的压差。

（5）操作人员应严格遵守安全操作规程，定时对换热设备进行巡回检查，检查基础支座稳固及设备泄漏等。

（6）应经常对管程、壳程介质的温度及压降进行检查，分析换热器的泄漏和结垢情况。在压降增大和传热系数降低超过一定数值时，应根据介质和换热器的结构，选择有效的方法进行清洗。

（7）应经常检查换热器的振动情况。

（8）在操作运行时，有防腐涂层的冷换设备应严格控制温度，避免涂层损坏。

（9）保持保温层完好。

（二）常见故障与处理

换热器常见故障及其处理方法参见表 7-16。

表 7-16 换热器常见故障及其处理方法

序号	故障现象	故障原因	处理方法
1	2 种介质互串（内漏）	换热管腐蚀穿孔、开裂	更换或堵死漏的换热管
		换热管与管板胀口（焊口）裂开	重胀（补焊）或堵死
		浮头式换热器浮头法兰密封处泄漏	紧固螺栓或更换密封垫片
		螺纹锁紧环式换热器管板密封处泄漏	紧固内圈压紧螺栓或更换盘根（垫片）
2	法兰处密封泄漏	垫片承压不足，腐蚀、变质	紧固螺栓，更换垫片
		螺栓强度不足，松动或腐蚀	螺栓材质升级，紧固螺栓或更换螺栓
		法兰刚性不足与密封面缺陷	更换法兰或处理缺陷
		法兰不平行或错位	重新组对或更换法兰
		垫片质量不好	更换垫片
3	传热效果差	换热管结垢	用射流或化学方法清洗垢物
		水质不好、油污与微生物多	加强过滤，净化介质，加强水质管理
		隔板短路	更换管箱垫片或更换隔饭
4	阻力降超过允许值	过滤器失效	清扫或更换过滤器
		壳体、管内外结垢	用射流或化学方法清洗垢物
5	振动严重	因介质频率引起的共振	改变流速或改变管束固有频率
		因外部管道振动引发的共振	加固管道，减小振动

二、换热器检修

（一）检修周期与内容

检修周期应根据《压力容器安全技术监察规程》的要求，结合企业的生产状况，统筹考虑，一般为 2～3 年。

检修内容主要包括抽芯、清扫管束和壳体；进行管束焊口、胀口处理及单管更换；检查修理管箱及内附件、浮头盖、钩圈、外头盖、接管等及其密封面，更换垫片并试压；更换部分螺栓、螺母；壳体保温修补及防腐；更换管束或壳体。

（二）检修过程与质量标准

1. 检修前准备

检修前应掌握设备的运行情况，备齐必要的图纸资料；准备好必要的检修工具及试验模具、卡具等；内部介质置换清扫干净，符合安全检修条件。

2. 检查内容

检查内容包括宏观检查壳体、管束及构件腐蚀、裂纹、变形等，必要时采用表面检测及涡流检测抽查；检查防腐层有无老化、脱落；检查衬里腐蚀、鼓包、褶折和裂纹；检查密封面、密封垫；检查紧固件的损伤情况，对高压螺栓、螺母应逐个清洗检查，必要时应进行无损探伤；检查基础有无下沉、倾斜、破损、裂纹及其他；检查地脚螺栓、垫片等有无松动、损坏。

3. 检修与质量标准

在换热器管束抽芯、装芯、运输和吊装作业中，不得用裸露的钢丝绳直接捆绑。移动和起吊管束时，应将管束放置在专用的支承结构上，以避免损伤换热管。管束内、外表面结垢应清理干净。管箱、浮头有隔板时，其垫片应整体加工，不得有影响密封的缺陷。管束堵漏，在同一管程内堵管数一般不超过其总数的 10%。在工艺指标允许范围内，可以适当增加堵管数。所用零部件应符合有关技术要求，具有材质合格证。若需要更换换热管，应符合以下要求：

（1）换热管表面应无裂纹、折叠、重皮等缺陷。

（2）换热管需拼接时，同一根换热管，最多只准有一道焊口（U 形管可以有两道焊口）。最短管长不得小于 300mm，而 U 形管弯管段至少 50mm。长直管段内不得有拼接焊缝，对口错边量应不超过管壁厚的 15%，且不大于 0.5mm。

（3）换热管与管板采用胀接时应检验换热管的硬度，一般要求换热管硬度比管板硬度低 HB30。换热管硬度高于或接近管板硬度时，应将换热管两端进行退火处理，退火长度比管板厚度长 80～100mm。

（4）换热管两端和管板孔应干净，无油脂等污物，并不得有贯通的纵向或螺旋状刻痕等影响胀接紧密性的缺陷。

（5）换热管两端应伸出管板，其长度为 4mm±1mm。

（6）换热管与管板的胀接宜采用液压胀。每个胀口重胀不得超过两次。

（7）换热管与管板采用焊接时，换热管的切口表面应平整，无毛刺、凹凸、裂纹、夹层等，且焊接处不得有熔渣、氧化铁、油垢等影响焊接质量的杂物。

管束如果需要整体更换，应按 GB 151—2014 或设计图纸要求进行。壳体修补按 SHS 01004—2004《压力容器维护检修规程》的要求执行。密封垫片的更换应按设计要求或参照表 7-17 选用。

表 7-17 密封垫片的选用

介质	法兰公称压力/MPa	介质温度/℃	法兰密封面形式	垫片名称	垫片材料或牌号
烃类化合物烷烃、芳香烃、环烷烃、烯烃、氢气和有机溶剂(甲醇、乙醇、苯、酚、糠酸、氨)	p≤1.6	≤200	平面	耐油橡胶石棉板垫片	耐油橡胶石棉板
		≤600	平面凹凸面	缠绕式垫片、高强石墨垫、波齿复合垫	金属带、柔性石墨、0Cr18Ni9、316L、0Cr13
	p≤4.0	≤200	平面	耐油橡胶石棉板垫片	耐油橡胶石棉板
		201~450	凹凸面榫槽面	缠绕式垫片、高强石墨垫、波齿复合垫片	金属带、柔性石墨、0Cr18Ni9、316L、0Cr13
		451~600		缠绕式垫片、波齿复合垫片	金属带、柔性石墨、0Cr18Ni9、0Cr13
	4.0<p≤6.4	≤200		缠绕式垫片	金属带、柔性石墨
		201~450		缠绕式垫片、高强石墨垫片、波齿复合垫片	金属带、柔性石墨、0Cr18Ni9、316L、0Cr13
		451~600		缠绕式垫片、波齿复合垫片	金属带、柔性石墨、0Cr18Ni9、316L
	6.4<p≤35	≤200	平面	平垫片	铝08
		≤450	凹凸面梯形槽	金属齿形垫片、椭圆形垫片或八角形垫片	10、柔性石墨
		451~600			0Cr18Ni9、316L
		≤200	锥面	透镜垫片	10
		≤475			10MoWVNb
水、盐、空气、煤气、蒸汽、惰性气体	p≤1.6	≤200	平面	橡胶石棉板垫片	XB-200 橡胶石棉板
	1.6<p≤4.0	≤350	凹凸面	高强石墨垫片、缠绕式垫片	0Cr18Ni9、316L 金属带、柔性石墨
	4.0<p≤6.4	≤450			
	6.4<p≤35	≤450	梯形槽	椭圆形垫片、八角形垫片	10、316L、0Cr13

注：1. 苯对耐油橡胶石棉板垫片中的丁腈橡胶有溶解作用，不宜选用。

2. 浮头等内部连接用的垫片，不宜用非金属软垫片。

换热器的螺栓、螺母需要更换时，应按设计要求或参照表 7-18 选用。

表 7-18 螺栓、螺母的选用

螺栓用钢	螺母用钢	使用温度/℃
Q235-A	Q235-A、Q215-A	−20~300
35	Q235-A	
	20、25	−20~350
40MnB	35、40Mn、45	−20~400
10MnVB		
40Cr		
30CrMoA	40Mn、45	
	35CrMoA	−100~500

续表

螺栓用钢	螺母用钢	使用温度/℃
35CrMoA	40Mn、45	−20~400
35CrMoA	30CrMoA、35CrMoA	−100~500
35CrMoVA	35CrMoA、35CrMoVA	−20~425
25Cr2MoVA	30CrMoA、35CrMoA	−20~500
	25Cr2MoVA	−20~550
40CrNiMoA	35CrMoA、40CrNiMoA	−70~350
1Cr5Mo	1Cr5Mo	−20~600
2Cr13	1Cr13、2Cr13	−20~400
0Cr18Ni9	1Cr13	−20~600
	0Cr18Ni9	−253~700
0Cr18Ni10Ti	0Cr18Ni10Ti	−196~700
0Cr17Ni12Mo2	0Cr17Ni12Mo2	−253~700

拧紧换热器螺栓时，一般应按图 7-54 所示的顺序进行，并应涂抹适当的螺纹润滑剂或防咬合剂。

采用防腐涂料的冷换设备，宏观检查水冷器涂层，涂层表面应光滑、平整，颜色一致；并无气孔滴坠、流挂、漏涂等缺陷，用 5~10 倍的放大镜检查，无微孔者为合格。涂层应完全固化。吊运安装、检修清扫时，不得损伤防腐涂层。

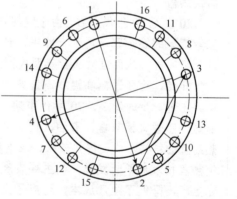

图 7-54 螺栓拧紧顺序

4. 试验与验收

1）试验

检修结束后，检修记录应齐全准确。施工单位确认检修合格，并具备试验条件时，要进行液压试验、气压试验和气密性试验。

压力试验顺序及要求如下：

（1）固定管板式换热器。

壳体试压：检查壳体、换热管与管板相连接接头及有关部位。管程试压：检查管箱及有关部位。

（2）U 形管式换热器及填料函式换热器。

壳程试压（用试验压环）：检查壳体、管板、换热管与管板连接部位及有关部位。管程试压：检查管箱的有关部位。

（3）浮头式换热器。

用试验压环和浮头专用工具进行管与管板接头试压。管程试压：检查管箱、浮头盖及有关部位。壳程试压：检查壳体、换热管与管板接头及有关部位。

当管程的试验压力高于壳程压力时，试验压力值应按图纸规定或按生产和施工单位双方商定的方法进行。

2）验收

设备投用运行一周，各项指标达到技术要求或能满足生产需要；设备防腐、保温完整无损，达到完好标准。提交下列技术资料：设计变更材料代用通知单及材质、零部件合格证，检修记录，焊缝质量检验（包括外观检验和无损探伤等）报告，试验记录。

 知识拓展

换热器技术的发展

20 世纪 20 年代出现板式换热器，并应用于食品工业。以板代管制成的换热器，结构紧凑，传热效果好，因此陆续发展为多种形式。30 年代初，瑞典首次制成螺旋板换热器。接着英国用钎焊法制造出一种由铜及其合金材料制成的板翅式换热器，用于飞机发动机的散热。30 年代末，瑞典又制造出第一台板壳式换热器，用于纸浆工厂。在此期间，为了解决强腐蚀性介质的换热问题，人们开始关注新型材料制成的换热器。

20 世纪 60 年代左右，由于空间技术和尖端科学的迅速发展，迫切需要各种高效能紧凑型的换热器，再加上冲压、钎焊和密封等技术的发展，换热器制造工艺得到进一步完善，从而推动了紧凑型板面式换热器的蓬勃发展和广泛应用。此外，自 60 年代开始，为了适应高温和高压条件下换热和节能的需要，典型的管壳式换热器也得到了进一步的发展。70 年代中期，为了强化传热，在研究和发展热管的基础上又创制出热管式换热器。石油、化工、农药、冶金等过程工业的发展对广泛应用的传热装置的结构形式、传热效果、成本费用、使用维护等方面提出了越来越高的要求，换热器技术也不断发展。其主要表现为三个方面：一是逐步形成典型换热器的标准化生产，降低了生产成本，适应了大批量、专业化生产需要，方便了使用和日常维护检修；二是创新传热理论，奠定传热技术发展的基础；三是换热器的结构改进与更新，提高了传热效果。下面介绍后两个方面。

一、传热理论创新

（1）对冷凝传热过程，提出了在垂直管内部冷凝时所形成的冷凝液膜，从层状直到受重力或蒸汽剪力而引起的湍动，可分为重力控制的层状膜、重力诱导的湍动膜和蒸汽剪切控制的湍动膜等，并提出有关热量传递公式。

（2）进行管束中的沸腾试验（过去只在单管或圆盘上做试验），指出了沸腾传热的一些基本性能，特别是对釜式再沸器，认为池沸腾（即当加热表面浸入液体自由表面以下时的沸腾过程）是可以控制的传热机理。

其他方面的研究，如电磁场对电导流体热传递的影响、蒸发冷却、低密度气体与固体表面间的热传递和触磨冷却等都取得了新的进展。

二、设备结构的改进

1. 新型高效换热器的应用

在管壳式换热器的基础上发展起来的板式换热器、螺旋板换热器、板翅式换热器、伞板式换热器、热管式换热器、非金属材料制造的石墨换热器、聚四氟乙烯换热器等新型换热器越来越多地投入使用，适应了不同工艺的要求，增强了传热效果。

2. 改进传热元件结构，提高传热效率

在光管的基础上进行形状改造，出现了螺旋槽管、横纹管、内翅片管、外翅片管等多种结构的传热管，增强了流体湍动程度，增大了给热系数，增强了传热效果。

3. 管板结构形式多样化

传统的管板为圆形平板，厚度较大。近年来已使用的椭圆形管板是以椭圆形封头作为管板，且常与壳体采用焊接连接，使得管板的受力情况大为改善，因而其厚度比圆平板小许多。与此同时，各种结构的薄管板也越来越多地投入使用。薄管板不仅节约金属材料的消耗，而且减少温差应力，改善受力状况。

 课程作业

简答题

1. 列管式换热器主要有哪些类型？各有什么优缺点？各适用什么场合？
2. 换热管与管板的连接方式有哪些？其适用范围是什么？
3. 换热管与管板胀接时要注意哪些问题？如何确定胀接长度？
4. 换热管与管板焊接有什么优缺点？焊接接头有哪些形式？
5. 换热管与管板胀焊并用的连接方式有何优点？
6. 换热管在管板上的排列方式有哪些？各适用哪些场合？
7. 管程分程的原因是什么？一般有哪些分程方法？其两端管箱隔板分别如何安装？
8. 折流板的作用是什么？常见的形式有哪些？
9. 什么是换热管的拉脱力？其产生的原因是什么？
10. 壳程接管常见的形式有哪些？其作用是什么？
11. 板面式换热器有哪些常见故障？产生的原因是什么？应采取什么措施？
12. 换热器有哪些常见故障？产生的原因是什么？应采取什么措施？

第八章 塔 设 备

【知识目标】 掌握塔设备的基础知识。
【技能目标】 能根据工艺条件，合理选择塔设备的类型；
　　　　　　 能根据工艺条件，合理选择塔板结构形式；
　　　　　　 能根据工艺条件，合理选择填料类型。

在石油、化工、医药、食品、农药、医药及环境保护等领域的生产过程中，常常需要将原料、中间产物或初级产品中的各个组成部分分离出来，作为产品或作为进一步生产的精制原料，如石油的分馏、合成氨的精炼等。该生产过程常被称为分离过程或物质传递过程。完成这一过程的主要装置是塔设备。

塔设备通过其内部构件使气（汽）－液相和液－液相之间充分接触，进行质量传递和热量传递。通过塔设备完成的单元操作通常有精馏、吸收、解吸、萃取等，也可用来进行介质的冷却、气体的净化与干燥以及增湿等。塔设备操作性能的优劣，对整个装置的产品产量、质量、成本、能耗、"三废"处理及环境保护等均有重大影响。因此，随着石油、化工生产的迅速发展，塔设备的合理构造与设计越来越受到关注与重视。化工生产对塔设备提出的要求如下：

（1）工艺性能好。塔设备结构要使气、液两相尽可能充分接触，具有较大的接触面积和分离空间，以获得较高的传质效率。

（2）生产能力大。在满足工艺要求的前提下，要使塔截面上单位时间内物料的处理量大。

（3）操作稳定性好。当气液负荷产生波动时，仍能维持稳定、连续操作，且操作弹性好。

（4）能量消耗小。要使流体通过塔设备时产生的阻力小、压降小，热量损失少，以降低塔设备的操作费用。

（5）结构合理。塔设备内部结构既要满足生产的工艺要求，又要结构简单、便于制造、

（6）选材合理。塔设备材料要根据介质特性和操作条件进行选择，既要满足使用要求，又要节省材料，减少设备投资费用。

（7）安全可靠。在操作条件下，塔设备各受力构件均应具有足够的强度、刚度和稳定性，以确保生产的安全运行。

上述各项指标的重要性因不同设备而异，要同时满足所有要求很困难。因此，要根据传质种类、介质的物化性质和操作条件的具体情况具体分析，抓住主要矛盾，合理确定塔设备的类型和内部构建的结构形式，以满足不同的生产要求。

　　塔设备是典型的直立设备,直径较大。随着科学技术的进步和石油化工生产的发展,塔设备形成了多种多样的结构,以满足各种不同的工艺要求。为了便于研究和比较,人们从不同角度对塔设备进行分类。例如,按操作压力将塔设备分为加压塔、常压塔、减压塔;按单元操作将塔设备分为精馏塔、吸收塔、萃取塔、反应塔和干燥塔等。但工程上最常用的是按内部结构将塔设备分为板式塔和填料塔。

第一节 板式塔的结构与类型

一、总体结构

　　板式塔为逐级接触式气液传质设备,其结构如图 8-1 所示,主要由塔体、支座、塔板、内构件及附件构成。塔体包括圆筒形塔节、封头和连接法兰等。内构件包括塔盘及其支承结构。支座一般使用裙式支座。附件包括人孔、手孔、进出料接管、仪表接管、塔外的扶梯、操作平台、吊装塔盘用的吊柱和保温层等。塔顶一般设有除沫装置,用于分离气体夹带的液滴。

　　一般各层塔盘结构都是相同的,只是最高一层、最低一层、进料一层和开设人孔一层的结构和塔盘高度有所变化。为了更好地除沫,最高一层和塔顶间的距离通常大于塔盘间距。最低一层和塔底的距离通常也大于塔盘间距,以使塔底空间能够储存足够的液体,保证液体不流空。进料一层和开设人孔一层与上一层塔盘之间的距离一般也比较高。

　　操作时,塔内液体依靠重力作用,由上层塔板的降液管流到下层塔板的受液盘,然后横向流过塔板,从另一侧的降液管流至下一层塔板。溢流堰的作用是使塔板上保持一定厚度的液层。气体则在压力差的推动下,自下而上穿过各层塔板的气体通道(泡罩、筛孔或浮阀等),分散成小股气流,鼓泡通过各层塔板的液层。在塔板上,气液两相密切接触,进行热量和质量的交换。

二、塔盘结构

　　塔盘是板式塔最重要的内构件,是塔中的气、液通道。为了满足正常操作要求,塔盘结构本身必须具有一定的刚度以维持水平,塔盘与塔壁之间要保持一定的密封性以避免气、液短路。为了达到这一目的,并且方便制造、安装和维护,根据塔径的不同可以使用整块式塔盘和分块式塔盘。

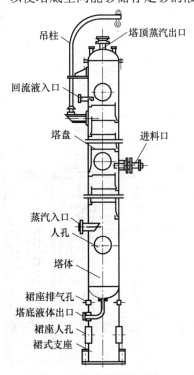

图 8-1 板式塔总体结构

（一）整块式塔盘

　　塔径在 900mm 以下时，一般推荐使用整块式塔盘。塔体由若干塔节组成，塔节之间用法兰连接，每个塔节内装有一定数量的塔盘、降液管、密封材料、定距管、拉杆、液封槽、堰板、支持圈（焊在塔壁上）。塔盘与塔盘之间用拉杆和定距管进行支承并固定在塔节内的支座上，定距管起支承塔盘和保持塔盘间距的作用，如图 8-2 所示。定距管支承结构如图 8-3 所示，其中图 8-3（a）为定距管支承结构的上部，图 8-3（b）为该结构的下部。定距管数量一般为 3～4 根。为方便安装，每个塔节中的塔盘数为 5～6 块。

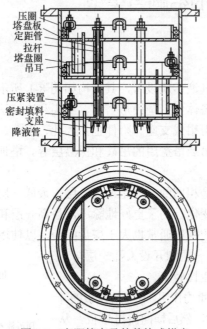

图 8-2　定距管支承的整块式塔盘

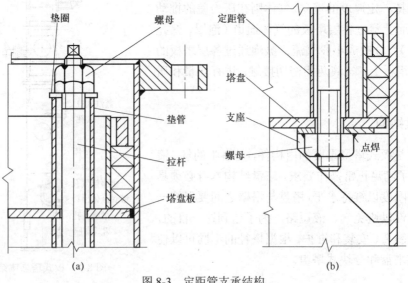

图 8-3　定距管支承结构

　　整块式塔盘和塔壁之间存在间隙，为避免气体和液体短路流动，需要对此缝隙进行填料密封。密封结构如图 8-4 所示：螺栓焊在塔盘圈内侧，装好填料、压圈和压板后，旋紧螺母对压板的垂直作用力通过压圈传到填料上去。填料一般使用 10～12mm 的石棉绳，叠放 2～3 层。塔盘上的塔盘圈有角焊式［图 8-4（a）、（b）］和翻边式［图 8-4（c）］两种结构。塔盘圈的高度一般取 70mm，但不得低于堰高。塔盘圈外边的密封填料支持圈用 φ8～10mm 圆钢弯制，焊于塔盘圈上，其距离塔盘圈顶的距离根据填料层数定，一般为 30～40mm。

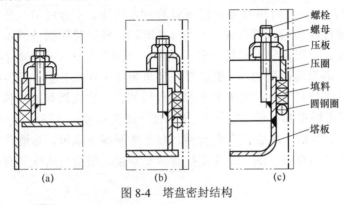

右侧标注：螺栓、螺母、压板、压圈、填料、圆钢圈、塔板

(a)　　　(b)　　　(c)

图 8-4　塔盘密封结构

　　降液管的形式有弓形和圆形两种。图 8-5（a）为弓形降液管结构；图 8-5（b）为设有溢流堰的一般圆形降液管；图 8-5（c）为圆形降液管伸出塔盘表面部分兼作溢流堰的结构。圆形降液管流通截面面积较小，仅适合负荷较小的塔。负荷较大的板式塔一般采用流通截面面积较大的弓形降液管。为避免气体由降液管升至上一层塔盘，降液管下端出口的液封由下层塔盘的受液盘来保证，而最底部一层塔盘的降液管的出口需要专门设置液封槽，如图 8-6 所示。液封槽底部设有泪孔，在塔设备停车时，可将液封槽内的液体排出。

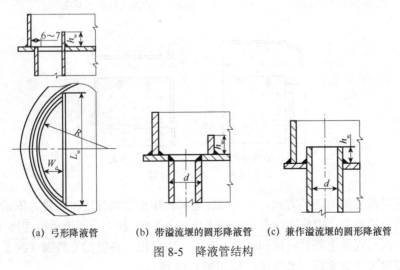

(a) 弓形降液管　　(b) 带溢流堰的圆形降液管　　(c) 兼作溢流堰的圆形降液管

图 8-5　降液管结构

（二）分块式塔盘

在生产工艺方面，当塔径大时，塔盘尺寸过大，塔盘上液体分布不均匀；实际生产中，碳钢塔板厚度一般为 3～4mm，不锈钢塔盘厚度一般为 2～3mm，当塔径过大时，塔盘易形成弧形，安装时水平度不好，因而从刚度出发要求分块；塔盘一般从人孔进出，塔板尺寸过大，则不能由人孔放进塔内，受此限制也要求塔盘分块。因此，在塔径大于 800mm 的板式塔中，通常将整块塔盘分为若干块，这种塔盘称为分块式塔盘，如图 8-7 所示。此时塔身为焊接而成的整体圆筒，不分塔节。分块式塔盘通常使用自身梁式塔盘板和槽式塔盘板，如图 8-8 所示。根据装配的位置不同，分块式塔盘可分为矩形板、弓形板和通道板三种。其中，通道板是为了便于塔内清洗和维修，使人能进入各层塔盘而设置的，一般设置在塔盘板接近中央位置，且各层塔盘的通道板应设在同一垂直位置上，以利于采光和塔盘拆卸。分块式塔盘的结构包括主梁（或支承梁，支在焊于塔壁的主梁支座上）、支持圈（或支承板）、筋板、受液盘、降液板、堰板和连接板等。分块式塔盘没有塔盘圈，有支持圈或支承板，与塔壁之间无密封结构。而整块式塔盘则有塔盘圈，没有支持圈或支承板，塔盘与塔壁间有缝隙，需要有密封结构。

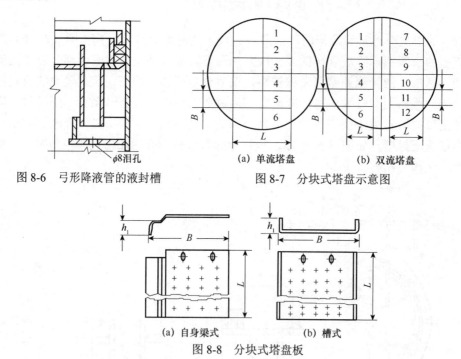

图 8-6　弓形降液管的液封槽　　　　　　图 8-7　分块式塔盘示意图

（a）单流塔盘　　　（b）双流塔盘

（a）自身梁式　　　（b）槽式
图 8-8　分块式塔盘板

分块式塔盘之间的连接方式，分为螺栓连接和楔形紧固件连接两种。依据人孔开设的位置及检修的要求，螺栓连接有上可拆连接（图 8-9）和上、下均可拆连接（图 8-10）两种，常用的紧固件主要有螺栓和椭圆形垫板。塔盘板与塔壁的支持圈（或支承板）的连接一般使用卡子来实现，其连接结构如图 8-11 所示。

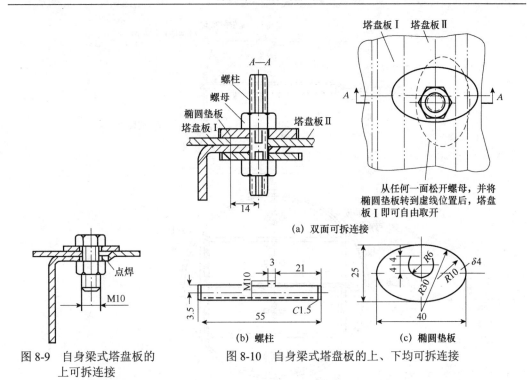

图 8-9 自身梁式塔盘板的
上可拆连接

图 8-10 自身梁式塔盘板的上、下均可拆连接

分块式塔盘板也可以采用楔形紧固件连接，其结构包括龙门板、楔子、垫板和塔盘板，如图 8-12 所示。此结构简单，拆卸比较方便。

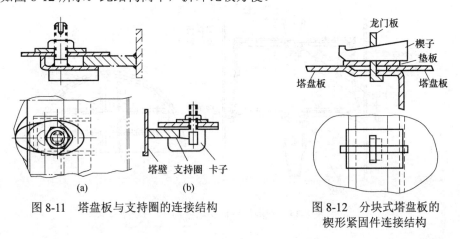

图 8-11 塔盘板与支持圈的连接结构

图 8-12 分块式塔盘板的
楔形紧固件连接结构

为了使塔盘板上的液层厚度一致，气体分布均匀，不仅安装时要求保证塔盘的水平度，而且要求塔盘板工作时不能因为承受液体质量而发生过大的变形。因此，塔盘板需要有良好的支承条件。当塔直径较小（内径小于 2000mm）时，塔盘板跨度较小，并且分块式塔盘板本身刚度较大，通常使用焊在塔壁上的支持圈进行支承，如图 8-13 所示。当塔直径较大（内径大于 2000mm）时，为了避免塔盘板跨度较大而导致刚度不足，通常同时使用支持圈和支承梁的支承结构，如图 8-14 和图 8-15 所示。

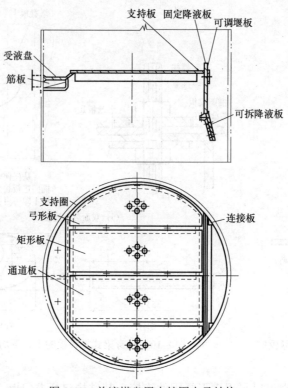

图 8-13　单流塔盘用支持圈支承结构

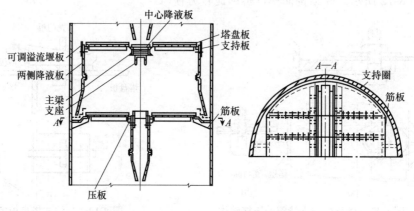

图 8-14　双溢流塔盘支承结构（一）

三、板式塔的类型

（一）泡罩塔

　　泡罩塔塔板如图 8-16 所示。每层塔板上开有若干个孔，孔上焊有短管作为上升气体的通道，称为升气管。短管上覆以泡罩，泡罩下部周边开有许多齿缝，齿缝一般有矩形、三角形及梯形三种，常用的是矩形；泡罩在塔板上依等边三角形排列。泡罩的尺寸有 $\phi80mm$、$\phi100mm$、$\phi150mm$ 三种。操作时，液体横向流过塔板，靠溢流堰保持塔板上有一定厚

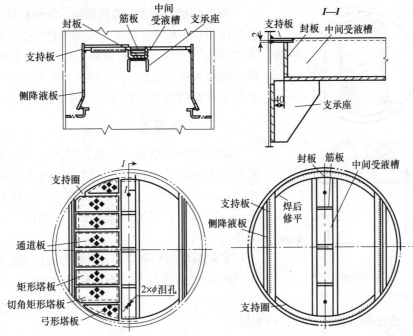

图 8-15　双溢流塔盘支承结构（二）

度的流动液层，齿缝浸没于液层之中而形成液封。上升气体通过齿缝进入液层时，被分散成许多细小的气泡或流股，在板上形成了鼓泡层和泡沫层，为气液两相提供了大量的传质界面。

　　泡罩塔塔板上由于有升气管，即使在很低的气速下操作，也不至于产生严重的漏液现象，当气液负荷有较大波动时，仍能保持稳定操作，塔板效率不变，即操作弹性较大；塔板不易堵塞，适用于处理各种物料。其缺点是结构复杂，造价高；气体流道曲折，塔板压降大，生产能力及板效率较低。

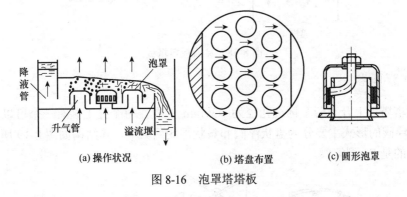

(a) 操作状况　　　　(b) 塔盘布置　　　　(c) 圆形泡罩

图 8-16　泡罩塔塔板

（二）筛板塔

　　筛板塔塔板如图 8-17 所示。塔板上开有许多均布的筛孔，孔径一般为 3～8mm。操作时上升气流通过筛孔分散成细小的流股，在塔板上液层中鼓泡而出，气液间密切接触而进行传质。在通常的操作气速下，通过筛孔上升的气流，应能阻止液体经筛孔向下泄漏。

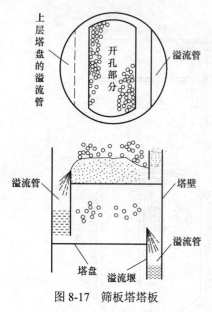

图 8-17　筛板塔塔板

筛板塔结构简单，造价低廉，气体压降小，板上液层落差也比较小，筛板塔应用广泛，生产能力及效率均比泡罩塔高。由于筛板塔需要达到一定的气速才能实现对液体的密封，因此操作弹性较小。当筛孔直径较小时容易堵塞，目前已开发出大孔径筛板。

（三）穿流板塔

穿流板塔的塔板上全部为开孔区，气液两相同时从孔隙中逆流穿越通过，结构如图 8-18 所示。塔板上的开孔可为栅缝或筛孔，有时也可用扁钢做成栅板，或者将管子组成管栅板，必要时管子内可通入冷却介质。

穿流板塔结构简单，生产能力大，可比泡罩塔提高 50%以上；压降小；不易堵塞及产生沉淀。穿流板塔除了可用于一般的蒸馏及吸收外，还可用于除尘、中和、洗涤和气液相直接传热等场合。

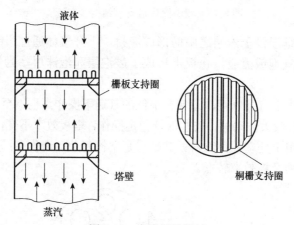

图 8-18　穿流板塔塔板

（四）浮阀塔

浮阀塔塔坂上开有若干标准孔径为 $\phi 39mm$ 的孔，每个孔上装有一个可以上下浮动的阀片。浮阀的形式主要分为盘状浮阀和条状浮阀两大类，其结构如图 8-19 所示。目前应用较多的是 F1 型浮阀。

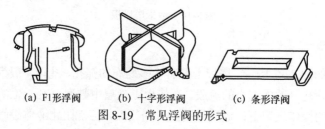

(a) F1形浮阀　　　　(b) 十字形浮阀　　　　(c) 条形浮阀

图 8-19　常见浮阀的形式

F1 型阀片本身有三条"腿",插入孔后将各腿底脚扳转 90°,用以限制阀片在板上升起的最大高度(8.5mm);阀片周边又冲出三块略向下弯的定距片,当气速很低时,靠这三片定距片使阀片与塔板呈点接触而坐落在阀孔上,阀片与塔板间始终保持 2.5mm 的开度供气体均匀地流过,避免了阀片启闭不匀的脉冲现象,阀片与塔板的点接触也可防止停工后阀片与板面粘接。操作时,由阀孔上升的气流,经过阀片与塔板间的间隙与板上横流的液体接触,如图 8-20 所示。浮阀的开度随气体负荷变化而变化。在低气量时,开度较小,气体仍能以足够的气速通过缝隙,避免过多的漏液;在高气量时,阀片自动浮起,开度增大,使气速不致过大。

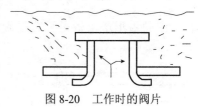

图 8-20 工作时的阀片

浮阀塔的优点是结构简单、制造方便、造价低;塔板开孔率大,生产能力大;由于阀片可随气量的变化自由升降,故操作弹性大;因上升气流水平吹入液层,气液接触时间长,故塔板效率高。缺点是处理易结焦、高黏度的物料时,阀片易与塔板粘接;在操作过程中有时会发生阀片脱落或卡死等现象,使塔板效率和操作弹性下降。

(五)舌形塔

舌形塔塔板上冲出许多舌形孔,舌片与板夹一定角度,向塔板的溢流出口侧张开,舌孔按正三角形排列,塔板不设溢流堰,只保留降液管,且降液管的截面面积要比一般塔板设计得大些,结构如图 8-21 所示。操作时,上升气流穿过舌孔后,以较高的速度(20～30m/s)沿舌片的张角向斜上方喷出。从上层塔板降液管流出的液体,流过每排舌孔时,为喷出的气流强烈扰动而形成泡沫体,并有部分液滴被斜向喷射到液层上方,喷射的液流冲至降液管上方的塔壁后流入降液管中,流到下一层塔板。

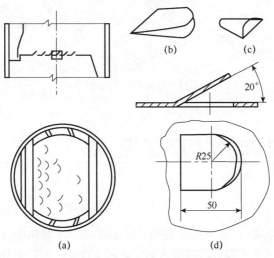

图 8-21 舌形塔塔板及舌孔结构

舌形塔板由于开孔率较大,且可采用较高的空塔速度,故生产能力大;因气体通过舌孔斜向喷出，气液两相并流，可促进液体的流动，使液面落差减少，板上液层较薄，故塔板压降小；又因液沫夹带减少，塔板上无返混现象，故传质效率高。其缺点是气流截面面积是固定的，操作弹性较小；被气体喷射的液流在通过降液管时，会夹带气泡到下层塔板，这种气相夹带现象使塔板效率明显下降。

（六）浮动舌形塔

浮动舌形塔塔板是综合浮阀塔和舌形塔塔板的优点而提出的一种新型塔板，其结构仅是将舌形塔塔板的舌片改成浮动舌片，如图 8-22 所示。

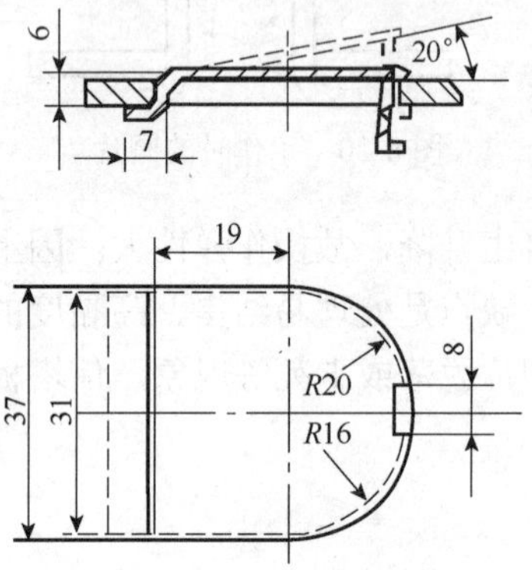

浮动舌形塔的操作弹性大，负荷变动范围甚至可超过浮阀塔；压强降小，特别适宜于减压蒸馏；结构简单，制造方便；效率也较高，介于浮动塔板与固定舌形塔板之间。

图 8-22　浮动舌片结构

（七）导向筛板塔

导向筛板塔的塔板是在筛板的基础上开设一定数量的导向孔，通过导向孔的气流与液流方向一致，对液流有一定的推动作用，有利于减少液面梯度；塔板液体入口处设有鼓泡促进结构，有利于液体刚流入塔板就可以生产鼓泡，形成良好的气液接触条件，以提高塔板利用率，减薄液层，减小压降。其结构如图 8-23 所示。与普通筛板塔相比，导向筛板塔的塔板效率可提高 13% 左右，压降可降低 15% 左右。

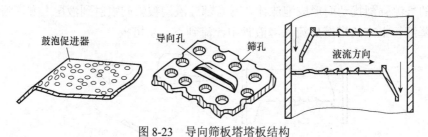

图 8-23　导向筛板塔塔板结构

第二节　填料塔的结构与类型

一、总体结构

填料塔总体结构如图 8-24 所示。塔体为一圆形筒体，筒体内分层装有一定高度的填料。填料塔的主要构件为填料、液体分布器、填料支承板、液体再分布器、气体和液体进出口管等。自塔上部进入的液体通过液体分布器均匀喷洒于填料表面。在填料层内液体沿填料表面呈膜状流下。各层填料之间设有液体再分布器，将液体重新均匀分布，再进入下

层填料。气体自塔下部进入，通过填料缝隙中的自由空间，从
塔顶部排出。离开填料层的气体可能夹带少量雾滴，因此有时
需要在塔顶安装除沫器。气液两相在填料塔内进行接触传质。

二、填料的类型及选用

（一）常用填料的类型

填料是填料塔的核心构件，它提供了塔内气液两相接触
而进行传质或传热的表面，与塔的结构一起决定了填料塔的
性能。现代工业填料大体可分为实体填料和网体填料两大
类，而按装填方式可分为散装填料和规整填料。几种常用的
填料如图 8-25 所示。

1. 散装填料

散装填料是一个个具有一定几何形状和尺寸的颗粒体，
一般以随机的方式堆积在塔内，又称为乱堆填料或颗粒填料。
散装填料根据结构特点不同，又可分为环形填料、鞍形填料、
球形填料等。

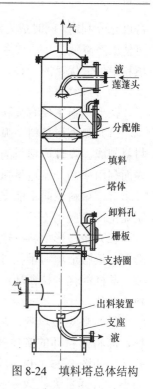

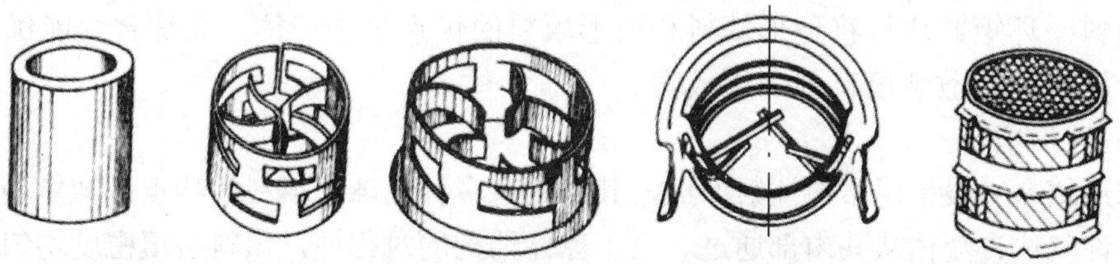

图 8-24　填料塔总体结构

(a) 拉西环　　(b) 鲍尔环　　(c) 阶梯环　　(d) 环矩鞍填料　　(e) 丝网波纹填料

图 8-25　几种常用的填料

1）环形填料

（1）拉西环。拉西环是一外径与高相等的圆环，如图 8-25（a）所示。它由于构造
简单、制造容易，曾得到了广泛的应用，其流体力学性能及传质规律已有较详细的研究。
由于其存在较严重的塔壁偏流和沟流现象，传质效率很低，目前工业上已较少应用。

（2）鲍尔环。鲍尔环是对拉西环的改进，在拉西环的侧壁上开出两排长方形的窗孔，
被切开的环壁的一侧仍与壁面相连，另一侧向环内弯曲，形成内伸的舌叶，诸舌叶的侧
边在环中心相搭，如图 8-25（b）所示。鲍尔环由于环壁开孔，大大提高了环内空间及
环内表面的利用率，气流阻力小，液体分布均匀。与拉西环相比，鲍尔环的气体通量可
增加 50%以上，传质效率提高 30%左右。鲍尔环是一种应用较广的填料。

（3）阶梯环。阶梯环是对鲍尔环进行改进而发展起来的新型环形填料，如图 8-25（c）
所示。环壁上开有窗口，环内有一层互相交错的十字形翅片，翅片交错 45°角。圆筒一
端为向外翻卷的喇叭口，其高度约为全高的 1/5，而直筒高度为填料直径的一半。由于
两端形状不对称，在填料中各环相互呈点接触，增大了填料的空隙率，使填料的表面积

得以充分利用，同时成为液体沿填料表面流动的汇集分散点，可以促进液膜的表面更新，可使压降降低，传质效率提高。阶梯环的综合性能优于鲍尔环，成为目前所使用的环形填料中最为优良的一种。

2）鞍形填料

鞍形填料主要有弧鞍形填料、矩鞍形填料和环矩鞍填料。

（1）弧鞍形填料。弧鞍形填料属鞍形填料的一种，其形状如同马鞍，一般采用瓷质材料制成。弧鞍形填料的特点是表面全部敞开，不分内外，液体在表面两侧均匀流动，表面利用率高，流道呈弧形，流动阻力小。其缺点是易发生套叠，致使一部分填料表面被重合，填料表面不能充分利用，使传质效率降低。弧鞍形填料强度较差，容易破碎，工业生产中应用不多。

（2）矩鞍形填料。矩鞍形填料是将弧鞍形填料两端的弧形面改为两面大小不等的矩形面。矩鞍形填料堆积时不会套叠，液体分布较均匀。矩鞍形填料一般采用瓷质材料制成，其性能优于拉西环。目前，国内绝大多数应用瓷拉西环的场合，均已被瓷矩鞍形填料所取代。

（3）环矩鞍填料。环矩鞍填料是兼顾环形和鞍形结构特点而设计出的一种新型填料，即将矩鞍环的实体变为两条环形筋，而鞍形内侧成为有两个伸向中央的舌片的开孔环，如图 8-25（d）所示。这种结构有利于流体分布和增加了气体通道，因而具有阻力小、流通量大、效率高的特点。环矩鞍填料一般用金属材质制成，故又称为金属环矩鞍填料。环矩鞍填料将环形填料和鞍形填料的优点集于一体，其综合性能优于鲍尔环和阶梯环，在散装填料中应用较多。

3）球形填料

球形填料一般采用塑料注射而成，其结构有多种。球形填料的特点是球体为空心，可以允许气体、液体从其内部通过。由于球体结构的对称性，填料装填密度均匀，不易产生空穴和架桥，所以气液分散性能好。球形填料一般只适用于某些特定的场合，工程上应用较少。

除上述几种较典型的散装填料外，近年来不断有构型独特的新型填料开发出来，如共轭环填料、海尔环填料、纳特环填料等。

2. 规整填料

规整填料是由许多具有相同几何形状的填料单体组成的，它们以整砌的方式装填在塔内。规整填料主要有波纹类填料、栅格类填料及脉冲填料。规整填料可使化工生产的塔压降低，操作气速高，分离程度增加，同时可按人为规定的路径使气液接触，因而使填料在大直径时仍能保持高效率，是填料发展的趋势。但规整填料的造价相对较高。

1）波纹类填料

波纹类填料由许多波纹薄板垂直方向叠加在一起，组成盘状，分为网状和实体两大类。由于结构紧凑，其具有很大的比表面积，且压降比乱堆填料小，因而空塔气速可以提高。同时液体在填料中的流动不断重新分布，改善了填料表面的润湿状况。图 8-25（e）为丝网波纹填料。

2）栅格类填料

栅格类填料是最早形成的规整填料，后来经过研究改进开发了多种新型结构。其具有气体定向偏射的特点，并且液相呈膜滴结合状态，使液体分散并不断更新界面。

3）脉冲填料

脉冲填料是由带缩颈的中空三棱柱填料单元排列成规整填料，一般采用交错收缩堆砌，气液两相流过交替收缩和扩大的通道，产生强烈湍流，从而强化了传质。其特点是处理量大，阻力小，气液分布均匀。

（二）填料的选用

对塔内填料的一般要求如下：具有较大的比表面积和较高的空隙率，较低的压降，较高的传质效率；操作弹性大、性能稳定，能满足物系的腐蚀性、污堵性、热敏性等特殊要求；填料强度高，便于塔的检修，经济合理。选择填料时除了要考虑选择合适的填料类型以外，还要考虑的以下问题。

1. 材料

用于制成填料的材料，常用的有塑料、陶瓷、金属（不锈钢、普通钢、有色金属等）和石墨等。若设备的操作温度较低（一般不超过 100℃），可考虑用塑料填料，塑料具有价格低廉、性能稳定及耐腐蚀等优点，但塑料易变形，且表面的润湿性较差。陶瓷填料一般用于腐蚀性介质，尤其可以耐高温，但较易破碎。金属填料可耐高温，坚固耐用，但不耐腐蚀；若用不锈钢材料制成，可用于腐蚀性物料，但价格昂贵。

2. 填料尺寸

填料的尺寸大，则比表面积小，允许的气速大，压降低，生产能力大，但塔的效率低，此外还易产生壁流现象。故应注意所选填料必须使塔径与填料直径之比 D/d 在 10 以上，拉西环要求 $D/d>20$，鲍尔环要求 $D/d>10$，鞍形环要求 $D/d>15$。

三、喷淋装置

填料塔在操作时，需要尽可能保证在塔内任一截面上的气体和液体分布均匀，这将直接影响到填料表面的利用效率，进而影响到塔内的传质效率。而气液能否分布均匀取决于液体喷淋装置能否将液体分布均匀。因而喷淋装置的结构和性能直接影响塔的处理能力和分离效率。喷淋装置要能够使整个塔截面的填料表面很好地润湿，结构要简单，制造维修要方便。为满足不同的塔径、不同的液体流量的要求，喷淋装置按操作原理可分为喷洒型、溢流型、冲击型等；按结构可分为管式喷洒器、喷头式喷洒器、盘式分布器、槽式分布器、冲击式喷淋器等。

（一）管式喷洒器

管式喷洒器可以是直管、弯管和缺口管，其结构如图 8-26 所示。管式喷洒器结构简单，安装拆卸方便，但喷淋面积较小，液体分布不均匀，一般适用于塔径小于 300mm

且对液体分布均匀性要求不高的场合。

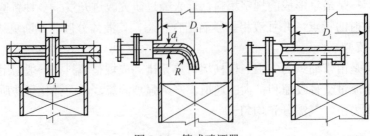

图 8-26　管式喷洒器

塔径大于 300mm 且不超过 1200mm 时，可采用环管多孔喷洒器，其结构如图 8-27 所示。环管多孔喷洒器是在环管的下部开 3～5 排孔径为 4～8mm 的小孔，开孔的总面积与管子的截面面积大致相等。环管中心圆直径一般为塔径的 0.6～0.8 倍。环管多孔喷洒器结构简单，制造和安装方便，但是液体分布不够均匀，并且要求液体清洁，以避免小孔堵塞。

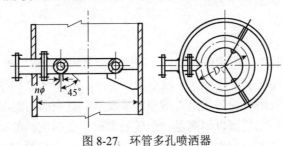

图 8-27　环管多孔喷洒器

（二）喷头式喷洒器

喷头式喷洒器又称莲蓬头式喷洒器。莲蓬头可以是半球形、碟形和杯形，直径为塔径的 1/5～1/3，上面按照同心圆开一定数量的小孔，孔径为 3～10mm，其结构如图 8-28 所示。为了安装和拆卸方便，莲蓬头与进口管可采用法兰连接。莲蓬头安装位置距离填料表面的高度为塔径的 0.5～1.0 倍。莲蓬头式喷洒器结构简单，安装方便，一般适用于塔径小于 600mm 的场合，应用比较广泛，但是要求液体较清洁，否则容易堵塞小孔。

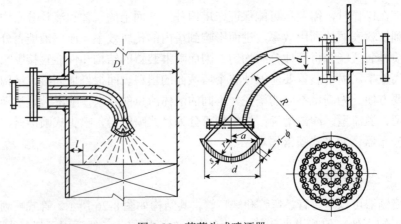

图 8-28　莲蓬头式喷洒器

（三）盘式分布器

盘式分布器属于溢流型喷淋装置，液体由进液管进入喷淋盘内，当液层高度超过堰高时，液体由堰口流出，并沿溢流管管壁呈膜状流下，淋洒到填料上，气体则由喷淋盘与塔壁之间的环隙上升。中央进料的盘式分布器结构如图 8-29 所示。

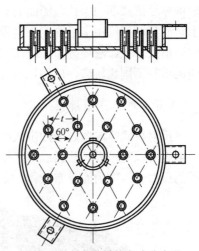

图 8-29　中央进料的盘式分布器

如果喷淋盘与塔壁之间的间隙不够大，可在喷淋盘上装设直径和高度不等的短管，其中直径较大并且高度较高的是升气管，而直径较小并且高度较低的是降液管，如图 8-30 所示。喷淋盘上的降液管一般按照正三角形排列。为了避免堵塞，降液管直径不小于 15mm，管子中心距为管径的 2～3 倍。喷淋盘上开有直径约为 3mm 的泪孔，用于停车时将液体排干净。

喷淋盘的周边一般焊有三个耳座，通过耳座上的螺钉将喷淋盘固定在塔壁的支座上。通过调节固定螺钉，还可以调节喷淋盘的水平度，以保证液体均匀地分布在填料上。盘式分布器结构简单，流体阻力小，操作弹性大，液体分布比较均匀，不易堵塞，操作可靠且便于分块安装，主要应用于直径较大的填料塔。

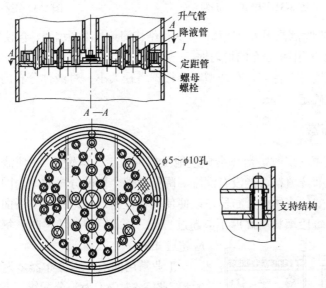

图 8-30　有升气管和降液管的盘式分布器

（四）槽式分布器

当塔径大于 3m 时，若采用盘式分布器，则盘上液面高度差较大，导致液体分布不均匀，此时应选择槽式分布器。槽式分布器也属于溢流型分布器，其结构如图 8-31 所示。操作时，液体由上部进液管进入分配槽，并由槽顶部的溢流缺口流入喷淋槽。喷淋槽内的液体经槽底部的小孔和侧面的溢流缺口分布到填料上。分配槽通过螺钉固定在喷淋槽上，而喷淋槽则用卡子固定在塔壁的支持圈上。

槽式分布器液体分布比较均匀，物料处理能力大，操作弹性好，抗污染能力强，适用的塔径范围比较广，应用比较广泛。

（五）冲击式喷淋器

反射板式喷淋器属于冲击式喷淋器，由中心进液管和反射板组成，如图8-32所示。反射板可以是平板、凸板或锥形板。操作时，液体沿中心进液管流下，靠液体冲击反射板的反射分散作用而分布液体。反射板中央钻有小孔，以使填料层中央部分有液体喷淋。

图8-31　槽式分布器

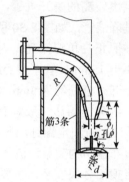

图8-32　反射板式喷淋器

冲击式喷淋器喷洒范围大，液体流量大，结构简单，不易堵塞，但使用时压力要稳定，否则会影响喷淋的范围和分布的均匀性。

上述喷淋装置各有特点，在选型时要根据塔径大小、对液体分布的均匀性要求等方面的具体情况来确定。

四、液体再分布器

当液体流过填料层时，流体会慢慢地从器壁流走（即壁流），使液体在填料层分布不均匀，塔中央部分填料可能没有润湿，降低了整个塔的分离效率。因此在流体流经一定填料高度后需安装液体再分布器，以便使液体重新均匀地分配到下面的填料上。当采用金属填料时，每段填料的高度不应超过 7m；当采用塑料填料时，每段填料的高度不应超过4.5m。

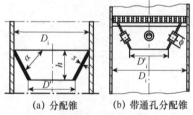

(a) 分配锥　(b) 带通孔分配锥

图8-33　锥形液体再分布器

工业常用的液体再分布器多为锥形，如图8-33所示。图8-33（a）为一分配锥，上端直径与塔体内径一致，可直接焊接到塔壁上，分配锥下端直径为0.7～0.8 倍塔径。沿塔壁流下的液体可由分配锥引至中央，淋洒到下面的填料上。分配锥结构简单，但安装后会使气体流通截面面积减小，一般只适合塔径小于 1m 的情况。为了解决分配锥自由截面面积小的问题，可在分配锥上开设四个管孔，制成带通孔的分配锥，其结构如图 8-33（b）所示。通孔的设置，使气体通过的自由截面面积增大，在气体通过分配锥时，不至于因气速过大而影响操作。

五、支承梁结构

填料的支承结构对填料塔的操作性能影响很大，若设计不当，会导致填料塔无法正常工作。填料支承结构要有足够的强度和刚度，以支承填料的质量；要有足够的自由截面，以减小气液两相通过的阻力；结构上要有利于液体的再分布；制造、安装和维护要方便。常用的支承结构有栅板、格栅板和开孔波形板等。

（一）栅板

栅板通常由扁钢组焊而成，栅板扁钢条之间的距离为填料外径的 0.6～0.8 倍，如图 8-34 所示。当塔径小于 350mm 时，栅板可直接焊接到塔壁上；当塔径为 400～500mm 时，栅板需要支承在焊接于塔壁的支持圈上；当塔径较大时，栅板需要支承在支持圈上，同时支持圈要用支承板进行加强。当塔径小于 500mm 时，可使用整块式栅板；当塔径较大时，宜采用分块式栅板，且每块栅板宽度为 300～400mm，以方便由人孔进出塔内。栅板外径一般比塔内径小 10～40mm。

（二）格栅板

格栅板由格条、栅条和边圈组成，栅条间距一般为 100～200mm，格条间距一般为 300～400mm。格栅板支承结构如图 8-35 所示。当塔径小于 800mm 时，可采用整块式格栅板；当塔径大于 800mm 时，应采用分块式格栅板，每块格栅板的宽度不大于 400mm。

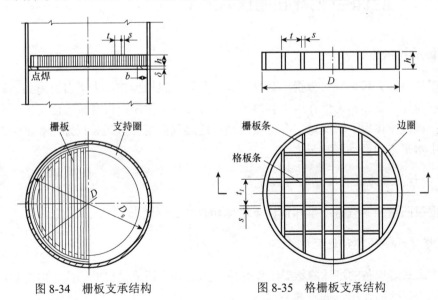

图 8-34 栅板支承结构　　　　　图 8-35 格栅板支承结构

（三）开孔波形板

开孔波形板由开孔金属平板冲压为波形而成，波形的侧面和底部有许多小孔，如

图 8-36 所示。操作时，上升的气体从侧面小孔喷出，而下降的液体由底部的小孔流下，气液两相在波形板上分道逆流流过。这种支承结构自由截面面积大，流体阻力小，允许有较高的气液负荷，并且具有较高的强度和刚度。

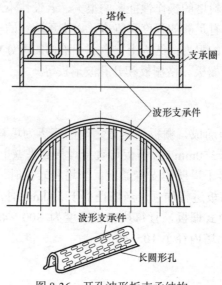

图 8-36　开孔波形板支承结构

第三节　塔体与裙座的机械设计

一、塔体的机械设计

由于塔身高大且多露天放置，其受力比较复杂，包括操作压力、自身重力、风载荷和地震载荷等。操作压力仅作用于容器壁，不会传递给裙座；自身重力因工况不同而受力不同；风载荷作用于塔侧壁，会诱发振动；地震载荷则会引起竖直方向和水平方向运动，其中水平方向运动影响最大。

1. 按计算压力计算塔体及封头厚度

根据第四章和第五章所学知识计算塔体和封头的厚度。

2. 塔体承受的各种载荷计算

自支承式塔设备的塔体除承受工作介质压力之外，还承受自重载荷、地震载荷、风载荷、偏心载荷的作用，如图 8-37 所示。

1）自重载荷的计算

主要要求计算正常操作下、水压试验时和吊装时各自的质量，分别为操作质量、最大质量和最小质量。

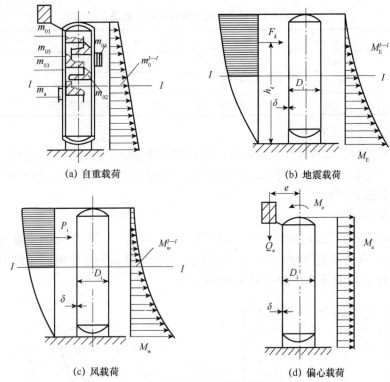

(a) 自重载荷 (b) 地震载荷

(c) 风载荷 (d) 偏心载荷

图 8-37 直立设备各种载荷示意图

塔设备的操作质量：

$$m_0 = m_{01} + m_{02} + m_{03} + m_{04} + m_{05} + m_a + m_e \ (\text{kg}) \tag{8-1}$$

塔设备的最大质量：

$$m_{max} = m_{01} + m_{02} + m_{03} + m_{04} + m_w + m_a + m_e \ (\text{kg}) \tag{8-2}$$

塔设备的最小质量：

$$m_{min} = m_{01} + 0.2m_{02} + m_{03} + m_{04} + m_a + m_e \ (\text{kg}) \tag{8-3}$$

式中： m_{01} ——塔设备壳体（含裙座）质量，kg；

　　　 m_{02} ——塔设备内构件质量，kg；

　　　 m_{03} ——塔设备保温层质量，kg；

　　　 m_{04} ——平台、扶梯质量，kg；

　　　 m_{05} ——操作时塔内物料质量，kg；

　　　 m_a ——人孔、法兰、接管等附件质量，kg；

　　　 m_w ——液压试验时，塔设备内充液质量，kg；

　　　 m_e ——偏心质量，kg。

在计算 m_{02}、 m_{04} 及 m_{05} 时，若无实际资料，可参考表 8-1 进行估算，式（8-3）中的 $0.2m_{02}$ 是考虑焊在壳体上的部分内构件质量，如塔盘支持圈、降液管等。当空塔起吊时，若未装保温层、平台、扶梯，则 m_{min} 应扣除 m_{03} 和 m_{04}。

表 8-1　塔设备有关部件的单位质量

名称	单位质量/（kg/m²）	名称	单位质量/（kg/m²）	名称	单位质量/（kg/m²）
笼式扶梯	40	圆泡罩塔盘	150	筛板塔盘	65
开式扶梯	15~24	条形泡罩塔盘	150	浮阀塔盘	75
钢制平台	150	舌形塔盘	75	塔盘填充液	70

2）地震载荷的计算

当发生地震时，塔设备作为悬壁梁，在地震载荷作用下会产生弯曲变形。因此，安装在 7 度及 7 度以上地震烈度地区的塔设备必须考虑它的抗震能力，计算出水平地震力、垂直地震力和地震弯矩。

（1）水平地震力。

对于直径和壁厚沿高度变化的单个圆筒形直立容器，可视作一个多质点体系，如图 8-38 所示。直径和壁厚相等的一段长度间的质量，可认为是作用在该段中点的集中载荷。水平地震力的计算简图如图 8-39 所示。

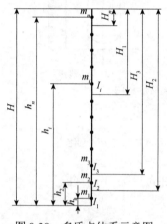

图 8-38　多质点体系示意图

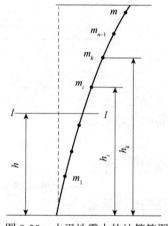

图 8-39　水平地震力的计算简图

在高度为 h_k 处的集中质量 m_k 所引起的基本震型水平地震力为

$$F_k = C_z \alpha_1 \eta_k m_k g \quad (\text{N}) \tag{8-4}$$

式中：C_z——结构综合影响系数，对圆筒形直立设备取 $C_z = 0.5$；

　　　α_1——对应于塔设备基本自震周期 T_1 的地震影响系数，其值可从图 8-40 中查取；

　　　η_k——基本震型参与系数，其计算公式为

$$\eta_k = \frac{h_k^{1.5} \sum_{i=1}^{n} m_i h_i^{1.5}}{\sum_{i=1}^{n} m_i h_i^3} \tag{8-5}$$

其中：h_k——计算截面 $I—I$ 以上集中质量 m_k 的作用点距地面的高度，mm；

　　　h_i——第 i 段集中质量距地面的高度，mm；

　　　m_i——第 i 段的操作质量，kg。

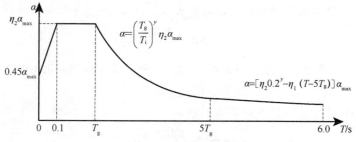

图 8-40 地震影响系数曲线

T_g—各类场地的特征周期，见表 8-2；α—地震影响系数；η_1—图中直线下降段斜率的调整系数，见式（8-8）；
η_2—阻尼调整系数，见式（8-9）；α_{max}—地震影响系数最大值，见表 8-3

表 8-2 各类场地的特征周期 T_g

设计地震分组	场地土类别			
	I	II	III	IV
第一组	0.25	0.35	0.45	0.65
第二组	0.30	0.40	0.55	0.75
第三组	0.35	0.45	0.65	0.90

塔设备基本震型自振周期 T_1 的求法：

等直径、等壁厚塔设备的基本震型自震周期为

$$T_1=90.33H\sqrt{\frac{m_0 H}{E\delta_e D_i^3}}\times 10^{-3} \qquad (8-6)$$

式中：m_0——塔的操作质量，kg；

H——塔设备的总高，mm；

E——塔材料在设计温度下的弹性模数，MPa；

δ_e——塔体的有效厚度，mm；

D_i——塔体的内直径，mm。

第二震型和第三震型自振周期分别近似为 $T_2=\dfrac{T_1}{6}$ 和 $T_2=\dfrac{T_1}{18}$。

不等直径或不等壁厚塔设备的基本震型自振周期为

$$T_1=114.8\sqrt{\sum_{i=1}^{n}m_i\left(\frac{h_i}{H}\right)^3\left(\sum_{i=1}^{n}\frac{H_i^3}{E_i I_i}-\sum_{i=2}^{n}\frac{H_i^3}{E_{i-1}I_{i-1}}\right)}\times 10^{-3} \qquad (8-7)$$

式中：H_i——塔顶至第 i 段底截面的高度，mm；

H——塔设备的总高，mm；

I_i——第 i 段的截面惯性矩，mm⁴；

E_i——第 i 段塔材料在设计温度下的弹性模数，MPa。

图 8-40 中曲线下降段的斜率调整系数为

$$\eta_1 = 0.02 + \frac{0.05 - \zeta_i}{8} \tag{8-8}$$

式中： ζ_i ——第 i 震型阻尼比，可根据实测值确定，无实测值时取 $0.01 \sim 0.03$。高震型阻尼比可参照第一震型阻尼比选取。

图 8-40 中曲线下降段的阻尼调整系数为

$$\eta_2 = 1 + \frac{0.05 - \zeta_i}{0.06 + 1.7\zeta_i} \tag{8-9}$$

图 8-40 中曲线下降段的衰减指数为

$$\gamma = 0.9 + \frac{0.05 - \zeta_i}{0.5 + 5\zeta_i} \tag{8-10}$$

（2）垂直地震力。

地震烈度为 8 度或 9 度的区域应考虑垂直地震力的作用，如图 8-41 所示。

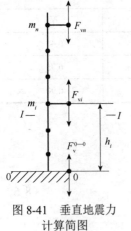

图 8-41 垂直地震力计算简图

塔底截面处的垂直地震力为

$$F_v^{0-0} = \alpha_{v\max} m_{eq} g \tag{8-11}$$

式中： $\alpha_{v\max}$ ——垂直地震影响系数最大值，取 $\alpha_{v\max} = 0.65 \alpha_{\max}$（$\alpha_{\max}$ 按表 8-3 选取）；

m_{eq} ——塔器的当量质量，取 $m_{eq} = 0.75 m_0$，kg。

任意质量 i 点所产生的垂直地震力为

$$F_v^{I-I} = \frac{m_i h_i}{\sum_{k=1}^{n} m_k h_k} F_v^{0-0} \quad (i = 1, 2, \cdots, n) \tag{8-12}$$

表 8-3 对应于设防烈度 $\alpha_{\max}$

设防烈度	设计基本地震加速度	地震影响系数最大值 $\alpha_{\max}$
7	0.1g	0.08
	0.15g	0.12
8	0.2g	0.16
	0.3g	0.24
9	0.4g	0.32

（3）地震弯矩。

塔设备任意计算截面 $I-I$ 的基本震型地震弯矩为

$$M_E^{I-I} = \sum_{k=1}^{n} F_k(h_k - h) \tag{8-13}$$

等直径、等厚度塔设备的任意截面 $I-I$ 的地震弯矩为

$$M_E^{I-I}=\frac{8C_z\alpha_1m_0g}{175H^{2.5}}(10H^{3.5}-14H^{2.5}h+4h^{3.5})(\text{N}\cdot\text{mm}) \tag{8-14}$$

底部截面的地震弯矩为

$$M_E^{0-0}=\frac{16}{35}C_z\alpha_1m_0gH(\text{N}\cdot\text{mm}) \tag{8-15}$$

当 $H/D_i>15$，或高度大于等于 20m 时，视设备为柔性结构，必须考虑高震型的影响，在进行稳定或其他验算时，所取的地震弯矩值应为上列计算值的 1.25 倍。

3）风载荷的计算

风对塔体的作用有两个方面，一是产生风弯矩，在迎风面的塔壁和裙座体壁引起拉应力，在背风面一侧引起压应力；二是气流在风的背向引起周期性旋涡（即卡门涡列），导致塔体在垂直于风的方向产生周期振动，这种情况仅仅出现在 H/D 较大时，在风速较大时比较明显，一般不予以考虑。为简便计算，将风压值按设备高度分为几段，假定每段风压值各自均布于塔设备的迎风面，如图 8-42 所示。塔设备的计算截面应该选择较薄弱的部位。例如：

0—0 截面：塔设备的基底截面；

1—1 截面：裙座上人孔或较大管线引出孔处的截面；

2—2 截面：塔体与裙座连接缝处的截面。

两相邻计算截面之间为一计算段，任一计算段的风载荷是集中作用在此段中点的风压合力。任一计算段的风载荷大小不仅与塔设备所在地区的基本风压值 q_0 有关，还与塔设备的高度、直径、形状和自振周期有关。

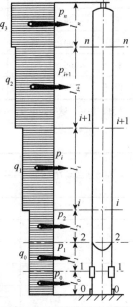

图 8-42 风压作用示意图

两相邻计算截面间的水平风力

$$P_i=K_1K_{2i}q_0f_il_iD_{ei}\times10^{-6}(\text{N}) \tag{8-16}$$

式中：K_1——体形系数，取 $K_1=0.7$；

q_0——10m 塔处基本风压值，N/m²，见表 8-4；

f_i——风压高度变化系数，按表 8-5 查取；

l_i——同一直径的两相邻计算截面间距，mm；

D_{ei}——塔设备各计算段的有效直径，mm；

K_{2i}——塔设备各计算段的风振系数，当塔高 $H\leqslant20\text{m}$ 时，取 $K_{2i}=1.70$，当 $H>20\text{m}$ 时，按下式计算：

$$K_{2i}=1+\frac{\xi v_i\varphi_{zi}}{f_i} \tag{8-17}$$

其中：ξ——脉动增大系数，按表 8-6 查取；

v_i——第 i 段脉动影响系数，按表 8-7 查取；

φ_{zi}——第 i 段震型系数，按表 8-8 查取。

表 8-4　10m 高度处我国各地基本风压值　　　　　　　　　　　　单位：N/m²

地区	q_0	地区	q_0	地区	q_0	地区	q_0	地区	q_0	地区	q_0
上海	450	福州	600	长春	500	洛阳	300	银川	500	昆明	200
南京	250	广州	500	抚顺	450	蚌埠	300	长沙	350	西宁	350
徐州	350	茂名	550	大连	500	南昌	400	株洲	350	拉萨	350
扬州	350	湛江	850	吉林	400	武汉	250	南宁	400	乌鲁木齐	600
南通	400	北京	350	四平	550	包头	450	成都	250	台北	1200
杭州	300	天津	350	哈尔滨	400	呼和浩特	500	重庆	300	台东	1500
宁波	500	保定	400	济南	400	太原	300	贵阳	250	—	—
衢州	400	石家庄	300	青岛	500	大同	450	西安	350	—	—
温州	550	沈阳	450	郑州	350	兰州	300	延安	250	—	—

注：河道、峡谷、山坡、山岭、山沟汇交口，山沟的转弯处及垭口应根据实测值选取。

表 8-5　风压高度变化系数

距地面高度 H_{it}/m	f_i			
	A	B	C	D
5	1.17	1.00	0.74	0.62
10	1.38	1.00	0.74	0.62
15	1.52	1.14	0.74	0.62
20	1.63	1.25	0.84	0.62
30	1.80	1.42	1.00	0.62
40	1.92	1.56	1.13	0.73
50	2.03	1.67	1.25	0.84
60	2.12	1.77	1.35	0.93
70	2.20	1.86	1.45	1.02
80	2.27	1.95	1.54	1.11
90	2.34	2.02	1.62	1.19
100	2.40	2.09	1.70	1.27
150	2.64	2.38	2.03	1.61

注：1. A～D 为地面粗糙度类别。A 类是指近海海面及海岛、海岸、湖岸及沙漠地区；B 类是指田野、乡村、丛林、丘陵及房屋比较稀疏的乡镇和城市郊区；C 类是指有密集建筑群的城市市区；D 类是指有密集建筑群且房屋较高的城市市区。

2. 中间值可用线性内插法求取。

表 8-6　脉动增大系数

$q_1 T_1^2$ / (N·s²/m²)	ξ	$q_1 T_1^2$ / (N·s²/m²)	ξ	$q_1 T_1^2$ / (N·s²/m²)	ξ
10	1.47	40	1.69	80	1.83
20	1.57	60	1.77	100	1.88

续表

$q_1T_1^2/(\text{N}\cdot\text{s}^2/\text{m}^2)$	ξ	$q_1T_1^2/(\text{N}\cdot\text{s}^2/\text{m}^2)$	ξ	$q_1T_1^2/(\text{N}\cdot\text{s}^2/\text{m}^2)$	ξ
200	2.04	1000	2.53	8000	3.42
400	2.24	2000	2.80	10 000	3.54
600	2.36	4000	3.09	20 000	3.91
800	2.46	6000	3.28	30 000	4.14

注：1.计算 $q_1T_1^2$ 时，对 B 类可直接代入基本风压，即 $q_1=q_0$；对 A、C、D 类分别以 $q_1=1.38q_0$、$0.62q_0$、$0.32q_0$ 代入。

2. 中间值可用线性内插法求取。

表 8-7　脉动影响系数

距地面高度 H_{it}/m	v_i			
	A	B	C	D
10	0.78	0.72	0.64	0.53
20	0.83	0.79	0.73	0.65
30	0.86	0.83	0.78	0.72
40	0.87	0.85	0.82	0.77
50	0.88	0.87	0.85	0.81
60	0.89	0.88	0.87	0.84
70	0.89	0.89	0.90	0.89
80	0.89	0.89	0.90	0.89
100	0.89	0.90	0.91	0.92
150	0.87	0.89	0.93	0.97

注：1. A~D 为地面粗糙度类别。

2. 中间值可用线性内插法求取。

表 8-8　震型系数 φ_{zi}

相对高度 h_{it}/H	φ_{zi}		相对高度 h_{it}/H	φ_{zi}	
	第一震型	第二震型		第一震型	第二震型
0.10	0.02	−0.09	0.60	0.46	−0.59
0.20	0.06	−0.30	0.70	0.59	−0.32
0.30	0.14	−0.53	0.80	0.79	0.07
0.40	0.23	−0.68	0.90	0.86	0.52
0.50	0.34	−0.71	1.00	1.00	1.00

注：中间值可用线性内插法求取。

当笼式扶梯与塔顶管线布置成 180° 时，有

$$D_{ei}=D_{oi}+2\delta_{si}+K_3+K_4+d_o+2\delta_{ps}(\text{mm}) \tag{8-18}$$

当笼式扶梯与塔顶管线布置成 90° 时，取下列二式中较大值：

$$D_{ei}=D_{oi}+2\delta_{si}+K_3+K_4 \qquad (8\text{-}19)$$

$$D_{ei}=D_{oi}+2\delta_{si}+K_4+d_o+2\delta_{ps} \qquad (8\text{-}20)$$

式中：D_{oi}——塔设备各计算段的外径，mm；

δ_{si}——塔设备第 i 段的保温层厚度，mm；

K_3——笼式扶梯当量宽度，当无确切数据时，可取 $K_3=400\text{mm}$；

d_o——塔顶管线的外径，mm；

δ_{ps}——管线保温层厚度，mm；

K_4——操作平台当量宽度，mm。

塔设备作为悬臂梁，在风载荷作用下产生弯曲变形。任意计算截面 I—I 处的风弯矩按下式计算：

$$M_w^{I-I}=p_i\frac{l_i}{2}+p_{i+1}\left(l_i+\frac{l_{i+1}}{2}\right)+p_{i+2}\left(l_i+l_{i+1}+\frac{l_{i+2}}{2}\right)+\cdots(\text{N}\cdot\text{m}) \qquad (8\text{-}21)$$

4）偏心载荷的计算

偏心载荷所引起的弯矩为

$$M_e=m_ege \qquad (8\text{-}22)$$

式中：m_e——偏心质量，kg；

e——偏心质量的中心至塔设备中心线的距离，mm。

3. 塔体稳定校核

首先假定筒体有效厚度 δ_{ei}，计算压力在塔体中引起的轴向应力 σ_1：

$$\sigma_1=\frac{p_cD_i}{4\delta_{ei}}(\text{MPa}) \qquad (8\text{-}23)$$

式中：p_c——塔体的计算压力。

轴向应力 σ_1 在危险截面 2—2 的分布情况如图 8-43（a）所示。

自重载荷及垂直地震力在塔体中引起的轴向应力 σ_2：

$$\sigma_2^{I-I}=\frac{\left(m_0^{I-I}g\pm F_v^{I-I}\right)}{\pi D_i\delta_{ei}}(\text{MPa}) \qquad (8\text{-}24)$$

式中：m^{I-I}——任意计算截面 I—I 以上塔体承受的操作或非操作时的质量，kg。仅在最大弯矩为地震弯矩参与组合时计入。

轴向应力 σ_2 在危险截面 2—2 的分布情况如图 8-43（b）所示。

弯矩在塔体中引起的轴向应力 σ_3：

$$\sigma_3^{I-I}=\frac{4M_{max}^{I-I}}{\pi D_i^2\delta_{ei}}(\text{MPa}) \qquad (8\text{-}25)$$

式中：M_{max}^{I-I}——计算截面处的最大弯矩，取风弯矩或地震弯矩加 25%风弯矩两者中较大值与偏心弯矩之和。

轴向应力 σ_3 在危险截面 2—2 的分布情况如图 8-43（c）所示。

根据塔设备在操作时或非操作时各种危险情况对 σ_1、σ_2、σ_3 进行组合，求出最大组

合轴向压应力 σ_{max}^{I-I}，并使其小于或等于许用轴向压应力 $[\sigma]_{cr}$。

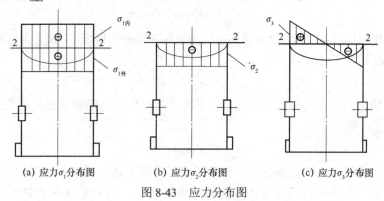

(a) 应力 σ_1 分布图   (b) 应力 σ_2 分布图   (c) 应力 σ_3 分布图

图 8-43 应力分布图

内压操作的塔设备，最大组合轴向压应力出现在停车情况，其分布情况如图 8-44（a）所示。

$$\sigma_{max}^{I-I} = \sigma_2^{I-I} + \sigma_3^{I-I} \tag{8-26}$$

外压操作的塔设备，最大组合轴向压应力出现在正常操作情况，其分布情况如图 8-44（b）所示。

$$\sigma_{max}^{I-I} = \sigma_1 + \sigma_2^{I-I} + \sigma_3^{I-I} \tag{8-27}$$

许用轴向压应力按下式求取：

$$[\sigma]_{cr} = \left\{ KB, K[\sigma]^t \right\} \tag{8-28}$$

式中：B——按筒体轴向压应力的验算；

      $[\sigma]^t$——材料在设计温度下的许用应力，MPa；

      K——载荷组合系数，取 $K=1.2$。

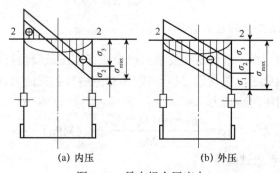

(a) 内压   (b) 外压

图 8-44 最大组合压应力

4. 塔体拉应力校核

首先假定一个筒体的有效厚度 δ_{ei}，计算压力在塔体中引起的轴向应力 σ_1、自重载荷及垂直地震力在塔体中引起的轴向应力 σ_2，以及弯矩在塔体中引起的轴向应力 σ_3，求出最大组合拉应力 σ_{max}。

内压操作的塔设备，最大组合轴向拉应力出现在正常操作情况下，σ_{max} 在危险截面

2—2 上的分布情况如图 8-45（a）所示。

$$\sigma_{\max}=\sigma_1-\sigma_2^{I-I}+\sigma_3^{I-I} \tag{8-29}$$

外压操作的塔设备，最大组合轴向拉应力出现在非操作情况下，$\sigma_{\max}$ 在危险截面 2—2 上的分布情况如图 8-45（b）所示。

$$\sigma_{\max}=\sigma_3^{I-I}-\sigma_2^{I-I} \tag{8-30}$$

计算出的最大组合轴向拉应力 $\sigma_{\max}$ 应不大于许用应力与焊缝系数及载荷组合系数的乘积 $K\varphi\,[\sigma]^{\mathrm{t}}$，即

$$\sigma_{\max}\leqslant K\varphi[\sigma]^{\mathrm{t}} \tag{8-31}$$

若不满足此条件，则需重新假定有效厚度，重复上述计算步骤，直至满足条件。

塔体的有效厚度取按设计压力计算的塔体厚度 δ_{ei}、按稳定条件验算确定的厚度 δ_{ei} 和按抗拉强度验算条件确定的厚度 δ_{ei} 三者中的最大值。再加上厚度附加量，并考虑制造、运输和安装时的刚度要求，确定最终的塔体厚度。

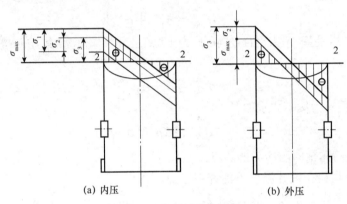

(a) 内压　　　　　　　　　　(b) 外压

图 8-45　最大组合拉应力

5. 塔设备水压试验时的应力验算

同其他压力容器一样，塔设备在安装后也要进行水压试验检查。

对选定的各危险截面，按式（8-32）～式（8-35）进行各项应力计算。

试验压力引起的环向应力为

$$\sigma=\frac{(p_{\mathrm{T}}+p_{\mathrm{l}})(D_{\mathrm{i}}+\delta_{ei})}{2\delta_{ei}}\quad(\mathrm{MPa}) \tag{8-32}$$

式中：p_{T}——塔体的水压试验压力；

　　　p_{l}——液柱静压力，MPa。

试验压力引起的轴向应力　　　　　$\sigma_1=\dfrac{p_{\mathrm{T}}D_{\mathrm{i}}}{4\delta_{ei}}\quad(\mathrm{MPa}) \tag{8-33}$

重力引起的轴向应力　　　　　　　$\sigma_2=\dfrac{m_{\mathrm{T}}^{I-I}g}{\pi D_{\mathrm{i}}\delta_{ei}}\quad(\mathrm{MPa}) \tag{8-34}$

式中：m_{T}^{I-I}——液压试验时，计算截面 I—I 以上塔设备的质量（只计入塔壳、内构件、偏心质量、保温层、扶梯及平台质量），kg。

弯矩引起的轴向应力为

$$\sigma_3 = \frac{0.3M_{\mathrm{w}}^{I-I} + M_{\mathrm{e}}}{\dfrac{\pi}{4}D_i^2\delta_{ei}} \quad (\mathrm{MPa}) \tag{8-35}$$

液压试验时圆筒材料的许用轴向压应力按下式确定：

$$[\sigma]_{\mathrm{cr}} = \min\{0.9\sigma_{\mathrm{s}},\ KB\} \quad (\mathrm{MPa}) \tag{8-36}$$

式中：B——按外压圆筒和球壳计算图（图5-5和图5-6）求取；

$\quad\sigma_{\mathrm{s}}$——材料在试验温度下的屈服点，MPa。

计算所得的各项应力应满足式（8-37）～式（8-39）的要求。

计算所得轴向拉应力必须满足式（8-37）和式（8-38）：

液压试验：

$$\sigma_1 - \sigma_2 + \sigma_3 \leqslant 0.9\varphi\sigma_{\mathrm{s}}(\sigma_{0.2}) \quad (\mathrm{MPa}) \tag{8-37}$$

气压试验：

$$\sigma_1 - \sigma_2 + \sigma_3 \leqslant 0.8\varphi\sigma_{\mathrm{s}}(\sigma_{0.2}) \quad (\mathrm{MPa}) \tag{8-38}$$

计算所得轴向压应力必须满足下式：

$$\sigma_2 + \sigma_3 \leqslant [\sigma]_{\mathrm{cr}} \quad (\mathrm{MPa}) \tag{8-39}$$

二、裙座的机械设计

根据工艺要求和载荷特点，塔设备常采用圆筒形和圆锥形的裙式支座，图8-46为圆筒形裙座结构简图。

（一）裙座的结构

1. 座体

座体的上端与塔体底封头焊接在一起，下端焊接在基础环上。座体承受塔体的全部载荷，并将载荷传递到基础环上。

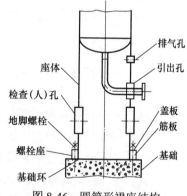

图8-46 圆筒形裙座结构

2. 基础环

基础环是一块环形的垫板，可把由座体传递下来的载荷均匀地传递到基础上。

3. 螺栓座

螺栓座由盖板和筋板组成，用于安装地脚螺栓，以便用地脚螺栓将塔体固定在基础上。

4. 管孔

管孔包括在群座上检修用的检查孔、引出孔、排气孔等。

（二）座体设计

首先参照塔体厚度试取一座体的有效厚度 δ_{es}，然后验算危险截面的应力。危险截面位置，一般取裙座基底截面（0—0 截面）、裙座壳检查孔或较大管线引出孔截面处（1—1截面）。

若裙座基底截面为危险截面，则应满足下列条件：

操作时：

$$\frac{M_{max}^{0-0}}{Z_{sb}}+\frac{m_0 g+F_v^{0-0}}{A_{sb}}\leqslant \min\{KB,K[\sigma]_s^t\} \qquad (8\text{-}40)$$

水压实验时：

$$\frac{0.3M_w^{0-0}+M_e}{Z_{sb}}+\frac{m_{max}g}{A_{sb}}\leqslant \min\{0.9\sigma_s,KB\} \qquad (8\text{-}41)$$

式中：M_{max}^{0-0}——基底截面的最大弯矩，N·mm；

$\quad M_w^{0-0}$——基底截面的风弯矩，N·mm；

$\quad m_0$——塔设备的操作质量，kg；

$\quad m_{max}$——塔设备的最大质量，kg；

$\quad Z_{sb}$——裙座圆筒底部的抗弯截面系数，mm^3；

$$Z_{sb}=\frac{\pi}{4}D_{is}^2\delta_{es}$$

$\quad A_{sb}$——裙座圆筒底部的截面面积，mm^2；

$$A_{sb}=\pi D_{is}\delta_{es}$$

$\quad D_{is}$——裙座圆筒底部的内直径，mm；

$\quad B$——按"筒体轴向应力的验算"求取；求取 B 值时，R_i 为座体的内半径 R_{is}；

$\quad [\sigma]_s^t$——设计温度下座体材料的许应力，MPa；

$\quad \delta_{es}$——座体有效厚度，mm；

$\quad K$——载荷组合系数，取 $K=1.2$；

$\quad F_v^{0-0}$——仅在最大弯矩为地震弯矩参与组合时计入。

此时，基底截面 0—0 上的应力分布情况如图 8-47 和图 8-48 所示。

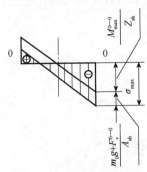

图 8-47　操作时的 σ 分布图

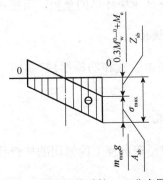

图 8-48　水压试验时的 σ_{max} 分布图

如裙座壳检查孔或较大管线引出孔截面为危险截面，应满足下列条件：

操作时：

$$\frac{M_{max}^{1-1}}{Z_{sm}} + \frac{m_0^{1-1}g + F_v^{1-1}}{A_{sm}} \leqslant \min\{KB, K[\sigma]_s^t\} \tag{8-42}$$

水压实验时：

$$\frac{0.3M_w^{1-1} + M_e}{Z_{sm}} + \frac{m_{max}^{1-1}g}{A_{sm}} \leqslant \min\{KB, 0.9\sigma_s\} \tag{8-43}$$

式中： M_{max}^{1-1} ——裙座壳检查孔或较大管线引出孔处的最大弯矩，N·mm；

M_w^{1-1} ——裙座壳检查孔或较大管线引出孔处的风弯矩，N·mm；

m_0^{1-1} ——裙座壳检查孔或较大管线引出孔处以上的塔设备的操作质量，kg；

Z_{sm} ——裙座壳检查孔或较大管线引出孔处裙座壳的抗弯矩截面系数，mm³；

$$Z_{sm} = \frac{\pi}{4}D_{im}^2\delta_{es} - \sum\left(b_m D_{im}\frac{\delta_{es}}{2} - Z_m\right)$$

$$Z_m = 2\delta_{es}l_m\sqrt{\left(\frac{D_{im}}{2}\right)^2 - \left(\frac{b_m}{2}\right)^2}$$

A_{sm} ——裙座壳检查孔或较大管线引出孔处裙座壳的截面面积，mm²；

$$A_{sm} = \pi D_{im}\delta_{es} - \sum[(b_m + 2\delta_m)\delta_{es} - A_m]$$

$$A_m = 2l_m\delta_m$$

B ——按"筒体轴向应力的验算"求取；求取 B 时，R_i 应为 R_{im}；

b_m ——裙座壳检查孔或较大管线引出孔接管处水平方向的最大宽度，mm；

δ_{es} ——座体有效厚度，mm；

l_m ——裙座壳检查孔或较大管线引出孔加强管长度，mm；

D_{im}、R_{im} ——裙座壳检查孔或较大管线引出孔处座体截面的内直径和内半径，mm；

δ_m ——裙座壳检查孔或较大管线引出孔处加强管的厚度，mm；

F_v^{1-1} ——仅在最大弯矩为地震弯矩参与组合时计入。

以上符号参见图8-49。

此时，裙座壳检查孔或较大管线引出孔截面 1—1 上的应力分布情况如图8-50和图8-51所示。

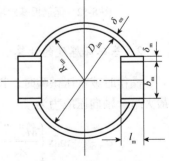

图8-49 裙座检查孔或较大管线引出孔处截面

（三）基础环设计

1. 基础环尺寸的确定

基础环内、外径（图8-52和图8-53）一般可参考下式选取：

$$\begin{cases} D_{ob} = D_{is} + (160 \sim 400) \\ D_{ib} = D_{is} - (160 \sim 400) \end{cases} \tag{8-44}$$

式中：D_{is} ——座体基底截面的内径，mm；

D_{ob}——基础环的外径，mm；

D_{ib}——基础环的内径，mm。

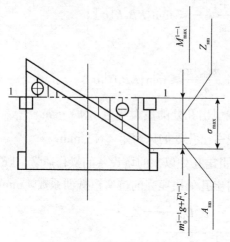

图 8-50　操作时的 σ 分布图

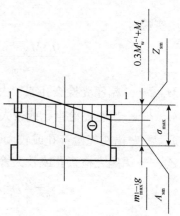

图 8-51　水压试验时的 σ 分布图

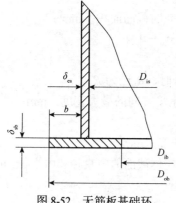

图 8-52　无筋板基础环

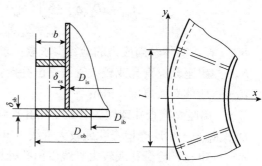

图 8-53　有筋板基础环

2. 基础环厚度的计算

操作时或水压试验时，设备重力和弯矩在混凝土基础上（基础环底面上）所产生的最大组合轴向压应力为

$$\sigma_{b\max}=\max\left\{\frac{M_{\max}^{0-0}}{Z_b}+\frac{m_0 g\pm F_v^{0-0}}{A_b},\frac{0.3M_W^{0-0}+M_e}{Z_b}+\frac{m_{\max}g}{A_b}\right\}(\mathrm{MPa})\qquad(8\text{-}45)$$

式中：Z_b——基础环的抗弯截面系数，mm^3，$Z_b=\dfrac{\pi(D_{ob}^4-D_{ib}^4)}{32D_{ob}}$；

　　A_b——基础环的面积，mm^2，$A_b=\dfrac{\pi}{4}(D_{ob}^2-D_{ib}^2)$；

　　F_v^{0-0}——仅在最大弯矩为地震弯矩参与组合时计入。

基础环的厚须满足 $\sigma_{b\max}\leqslant R_a$，$R_a$ 为混凝土基础的许用应力，见表 8-9。

表 8-9　混凝土基础的许用应力 R_a

混凝土标号	R_a/MPa	混凝土标号	R_a/MPa
75	3.5	200	10.0
100	5.0	250	13.0
150	7.5	—	—

基础环上的最大压应力 σ_{bmax} 可以认为是作用在基础环底面上的均匀载荷。

基础环上无筋板时（图 8-52），基础环作为悬臂梁，在均匀载荷 σ_{bma} 的作用下，如图 8-54 所示，其最大弯曲应力为

$$\sigma'_{max}=\frac{M'_{max}}{Z'_b}=\frac{\dfrac{\sigma_{bmax}b^2}{2}}{\dfrac{1\cdot\delta_b^2}{6}}\leqslant[\sigma]_b$$

由此，得基础环厚度为

$$\delta_b=1.73b\sqrt{\frac{\sigma_{bmax}}{[\sigma]_b}} \tag{8-46}$$

式中：$[\sigma]_b$——基础环材料的许用应力，MPa。

基础环上有筋板时（图 8-53），基础环的厚度为

$$\delta_b=\sqrt{\frac{6M_s}{[\sigma]_b}} \tag{8-47}$$

式中：M_s——计算力矩，取矩形板 x、y 轴弯矩 M_x、M_y 中的绝对值较大者，M_x、M_y 按表 8-10 计算，N·mm。

求出基础环厚度后，应加上厚度附加量 2mm，并圆整到钢板规格厚度。无论无筋板或有筋板的基础环，其厚度均不得小于 16mm。

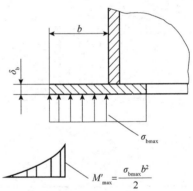

$$M'_{max}=\frac{\sigma_{bmax}b^2}{2}$$

图 8-54　无筋板基础环

表 8-10　矩形板轴弯矩计算表

b/l	$M_x\left(\begin{smallmatrix}x=b\\y=0\end{smallmatrix}\right)$	$M_y\left(\begin{smallmatrix}x=0\\y=0\end{smallmatrix}\right)$	b/l	$M_x\left(\begin{smallmatrix}x=b\\y=0\end{smallmatrix}\right)$	$M_y\left(\begin{smallmatrix}x=0\\y=0\end{smallmatrix}\right)$
0	$-0.5000\sigma_{bmax}b^2$	0	0.8	$-0.1730\sigma_{bmax}b^2$	$0.0751\sigma_{bmax}l^2$
0.1	$-0.5000\sigma_{bmax}b^2$	$0.000\,002\sigma_{bmax}l^2$	0.9	$-0.1420\sigma_{bmax}b^2$	$0.0872\sigma_{bmax}l^2$
0.2	$-0.4900\sigma_{bmax}b^2$	$0.0006\sigma_{bmax}l^2$	1.0	$-0.1180\sigma_{bmax}b^2$	$0.0972\sigma_{bmax}l^2$
0.3	$-0.4400\sigma_{bmax}b^2$	$0.0051\sigma_{bmax}l^2$	1.1	$-0.0995\sigma_{bmax}b^2$	$0.1050\sigma_{bmax}l^2$
0.4	$-0.3850\sigma_{bmax}b^2$	$0.0151\sigma_{bmax}l^2$	1.2	$-0.0846\sigma_{bmax}b^2$	$0.1120\sigma_{bmax}l^2$
0.5	$-0.3190\sigma_{bmax}b^2$	$0.0293\sigma_{bmax}l^2$	1.3	$-0.0726\sigma_{bmax}b^2$	$0.1160\sigma_{bmax}l^2$
0.6	$-0.2600\sigma_{bmax}b^2$	$0.0453\sigma_{bmax}l^2$	1.4	$-0.0629\sigma_{bmax}b^2$	$0.1200\sigma_{bmax}l^2$
0.7	$-0.2120\sigma_{bmax}b^2$	$0.0610\sigma_{bmax}l^2$	1.5	$-0.0550\sigma_{bmax}b^2$	$0.1230\sigma_{bmax}l^2$

续表

b/l	$M_x\left(\begin{smallmatrix}x=b\\y=0\end{smallmatrix}\right)$	$M_y\left(\begin{smallmatrix}x=0\\y=0\end{smallmatrix}\right)$	b/l	$M_x\left(\begin{smallmatrix}x=b\\y=0\end{smallmatrix}\right)$	$M_y\left(\begin{smallmatrix}x=0\\y=0\end{smallmatrix}\right)$
1.6	$-0.0485\sigma_{bmax}b^2$	$0.1260\sigma_{bmax}l^2$	2.4	$-0.0217\sigma_{bmax}b^2$	$0.1320\sigma_{bmax}l^2$
1.7	$-0.0430\sigma_{bmax}b^2$	$0.1270\sigma_{bmax}l^2$	2.5	$-0.0200\sigma_{bmax}b^2$	$0.1330\sigma_{bmax}l^2$
1.8	$-0.0384\sigma_{bmax}b^2$	$0.1290\sigma_{bmax}l^2$	2.6	$-0.0185\sigma_{bmax}b^2$	$0.1330\sigma_{bmax}l^2$
1.9	$-0.0345\sigma_{bmax}b^2$	$0.1300\sigma_{bmax}l^2$	2.7	$-0.0170\sigma_{bmax}b^2$	$0.1330\sigma_{bmax}l^2$
2.0	$-0.0312\sigma_{bmax}b^2$	$0.1300\sigma_{bmax}l^2$	2.8	$-0.0159\sigma_{bmax}b^2$	$0.1330\sigma_{bmax}l^2$
2.1	$-0.0283\sigma_{bmax}b^2$	$0.1310\sigma_{bmax}l^2$	2.9	$-0.0149\sigma_{bmax}b^2$	$0.1330\sigma_{bmax}l^2$
2.2	$-0.0258\sigma_{bmax}b^2$	$0.1320\sigma_{bmax}l^2$	3.0	$-0.0139\sigma_{bmax}b^2$	$0.1330\sigma_{bmax}l^2$
2.3	$-0.0236\sigma_{bmax}b^2$	$0.1320\sigma_{bmax}l^2$	—	—	—

注: 1. l——两相邻筋板最大外侧间距（图 8-53），mm;

　　2. b——基础环在整体外面的径向宽度，$b=(D_{ob}-D_{os}-2\delta_{es})/2$，mm。

（四）螺栓座的设计

螺栓座结构和尺寸分别如图 8-55 和表 8-11 所示。

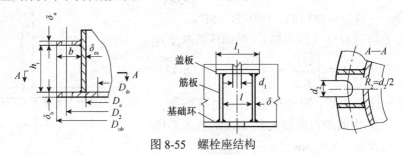

图 8-55　螺栓座结构

表 8-11　螺栓座尺寸

单位: mm

螺栓	d_1	d_2	δ_a	δ_{es}	h_i	l	l_1	b
M24	30	36	24	12	300	120	$l+50$	
M27	34	40	26					
M30	36	42	28					
M36	42	48	32	16	350	160	$l+60$	$(D_{ob}-D_{os}-2\delta_{es})/2$
M42	48	54	36	18				
M48	56	60	40	20	400	200	$l+70$	
M56	62	68	46	22				

（五）地脚螺栓的计算

为了使塔设备在刮风或地震时不致翻到，必须安装足够数量和一定直径的地脚螺栓，把设备固定在基础环上。

地脚螺栓承受的最大拉应力为

$$\sigma_{\mathrm{B}}=\max\left\{\frac{M_{\mathrm{W}}^{0-0}+M_{\mathrm{e}}}{Z_{\mathrm{b}}}-\frac{m_{\min}g}{A_{\mathrm{b}}},\frac{M_{\mathrm{E}}^{0-0}+0.25M_{\mathrm{W}}^{0-0}+M_{\mathrm{e}}}{Z_{\mathrm{b}}}-\frac{m_{\min}g-F_{\mathrm{v}}^{0-0}}{A_{\mathrm{b}}}\right\}(\mathrm{MPa})\qquad(8\text{-}48)$$

式中：M_{E}^{0-0}——设备底部截面地震弯矩，$\mathrm{N\cdot mm}$；

F_{v}^{0-0}——仅在最大弯矩为地震弯矩参与组合时计入。

若 $\sigma_{\mathrm{B}}\leqslant0$，则设备自身足够稳定，但是为了固定塔设备的位置，应该设置一定数量的地脚螺栓。

若 $\sigma_{\mathrm{B}}>0$，则设备必须安装地脚螺栓，并进行计算。计算时可先按 4 的倍数假定地脚螺栓的数量为 n，此时地脚螺栓的螺纹小径为

$$d_1=\sqrt{\frac{4\sigma_{\mathrm{B}}A_{\mathrm{b}}}{\pi n[\sigma]_{\mathrm{bt}}}}+C_2(\mathrm{mm})\qquad(8\text{-}49)$$

式中：$[\sigma]_{\mathrm{bt}}$——地脚螺栓材料的许用应力，MPa；

n——地脚螺栓个数；

C_2——腐蚀裕量，一般取 3mm。

圆整后地脚螺栓的公称直径不得小于 M24。

螺纹小径与公称直径见表 8-12。

表 8-12　螺纹小径与公称直径对照表

螺栓的公称直径	螺纹小径 d_1/mm	螺栓的公称直径	螺纹小径 d_1/mm
M24	20.752	M42	37.129
M27	23.752	M48	42.588
M30	26.211	M56	50.046
M36	31.670	—	—

（六）裙座与塔体的连接

1. 裙座与塔体连接焊缝的结构

裙座与塔体连接焊缝的结构形式有两种：一种是对接焊缝，如图 8-56（a）、（b）所示；另一种是搭接焊缝，如图 8-56（c）、（d）所示。

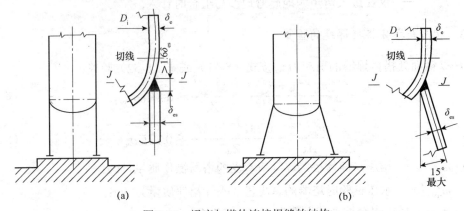

图 8-56　裙座与塔体连接焊缝的结构

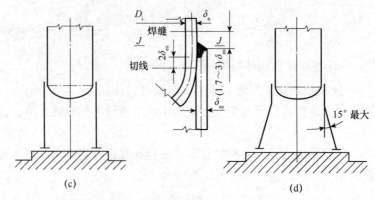

图 8-56　（续）

对接焊缝结构，要求裙座外直径与塔体下封头的外直径相等，裙座壳与塔体下封头的连接焊缝须采用全焊透的连续焊。对接焊缝可以承受较大的轴向载荷，适用于大塔。但由于焊缝在塔体底封头的椭球面上，所以封头受力情况较差。

搭接焊缝结构，要求裙座内径稍大于塔体外径，以便裙座搭焊在底封头的直径段。搭接焊缝承载后承受剪力，因而受力情况不佳，但对封头来说受力情况较好。

2. 裙座与塔体对接焊缝的验算

J—J 截面处对接焊缝的最大拉应力 σ_{w} 按式（8-50）验算：

$$\sigma_{\mathrm{W}}=\frac{M_{\max}^{J-J}}{\frac{\pi}{4}D_{\mathrm{it}}^2\delta_{\mathrm{es}}}-\frac{m_0^{J-J}g-F_{\mathrm{v}}^{J-J}}{\pi D_{\mathrm{it}}\delta_{\mathrm{es}}}\leqslant 0.6K[\sigma]_{\mathrm{w}}^{\mathrm{t}}\,(\mathrm{MPa})\qquad(8\text{-}50)$$

式中：　$M_{\max}^{J-J}$ ——裙座与筒体搭接焊缝处的最大弯矩，N·mm；

m_0^{J-J} ——裙座与筒体搭接焊缝所承受的塔器操作质量，kg；

$[\sigma]_{\mathrm{w}}^{\mathrm{t}}$ ——设计温度下焊接接头的许用应力，取两侧母材许用应力的最小值，MPa；

δ_{es} ——座体有效厚度，mm；

D_{it} ——裙座顶部截面的内径，mm；

F_{v}^{J-J} ——仅在最大弯矩为地震弯矩参与组合时计入。

3. 裙座与塔体搭接焊缝的验算

J—J 截面处搭接焊缝的剪应力 τ_{w} 按式（8-51）或式（8-52）验算：

$$\frac{m_0^{J-J}g+F_{\mathrm{v}}^{J-J}}{A_{\mathrm{w}}}+\frac{M_{\max}^{J-J}}{Z_{\mathrm{w}}}\leqslant 0.8K[\sigma]_{\mathrm{w}}^{\mathrm{t}}\qquad(8\text{-}51)$$

$$\frac{m_{\max}^{J-J}g}{A_{\mathrm{w}}}+\frac{0.3M_{\mathrm{w}}^{J-J}+M_{\mathrm{e}}}{Z_{\mathrm{w}}}\leqslant 0.72K\sigma_{\mathrm{s}}\qquad(8\text{-}52)$$

式中：　m_0^{J-J} ——裙座与筒体搭接焊缝所承受的塔器操作质量，kg；

$m_{\max}^{J-J}$ ——水压试验时塔器的总质量（不计裙座质量），kg；

A_{w} ——搭接焊缝抗剪截面面积，$A_{\mathrm{w}}=0.7\pi D_{\mathrm{ot}}\delta_{\mathrm{es}}$，mm²；

Z_w——搭接焊缝抗剪截面系数（$0.5\pi D_{ot}^2 \delta_{es}$），$mm^3$；

D_{ot}——裙座顶部截面的外直径，mm；

$[\sigma]_w^t$——设计温度下焊接接头的许用应力，取两侧母材许用应力的最小值，MPa；

M_{max}^{J-J}——裙座与筒体搭接焊缝处的最大弯矩，N·mm；

M_w^{J-J}——裙座与筒体搭接焊缝处的风弯矩，N·mm；

F_v^{J-J}——仅在最大弯矩为地震弯矩参与组合时计入。

第四节　塔体与裙座机械设计举例

一、设计条件

塔体与裙座的机械设计条件如下：

（1）塔体内径 d_i=2000mm，塔高近似取 H=40 000mm。

（2）计算压力 p_c=1.1MPa，设计温度 t=200℃。

（3）设置地区：基本风压值 q_0=400N/m²，地震设防烈度为 8 度；场地土类：Ⅰ类；设计地震分组：Ⅱ类；设计基本地震加速度为 0.3g。

（4）塔内装有 N=70 层浮阀塔盘，每块塔盘上存留介质层高度为 h_w=100mm，介质密度为 ρ_1=800kg/m³。

（5）沿塔高每 5m 左右开设一个人孔，人孔数为八个（图 8-57），相应在人孔处安装半圆形平台八个，平台宽度为 B=900mm，高度为 1000mm。

（6）塔外保温层厚度为 δ_s=100mm，保温材料密度为 ρ_2=300kg/m³。

（7）塔体与裙座间悬挂一台再沸器，其操作质量为 m_e=4000kg，偏心距 e=2000mm。

（8）塔体与封头材料选用 16MnR，其 $[\sigma]^t$=170MPa，$[\sigma]$=170MPa，σ_s=345MPa，E=1.9×10⁵MPa。

（9）裙座材料选用 Q235-B。

（10）塔体与裙座对接焊接，塔体焊接接头系数 ϕ=0.85。

（11）塔体与封头厚度附加量 C=2mm，裙座厚度附加量 C=2mm。

（12）浮阀塔其他有关工艺尺寸如图 8-57 所示。

二、按计算压力计算塔体和封头厚度

（一）塔体厚度计算

$$\delta = \frac{p_c D_i}{2[\sigma]^t \phi - P_c} = \frac{1.1 \times 2000}{2 \times 170 \times 0.85 - 1.1} \approx 7.64 (mm)$$

考虑厚度附加量 C=2mm，经圆整，取 δ_n=12mm。

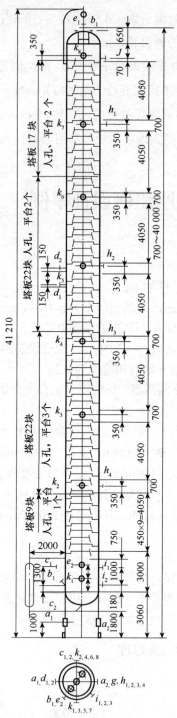

图 8-57　浮阀塔工艺尺寸图（单位：mm）

（二）封头厚度计算

采用标准椭圆形封头：

$$\delta = \frac{p_c D_i}{2[\sigma]^t \phi - 0.5 p_c} = \frac{1.1 \times 2000}{2 \times 170 \times 0.85 - 0.5 \times 1.1}$$

$$\approx 7.63 \text{(mm)}$$

考虑厚度附加量 $C = 2$mm，经圆整，取 $\delta_n = 12$mm。

三、设备质量载荷计算

1. 筒体圆筒、封头、裙座质量、m_{01}

圆筒质量：

$$m_1 = 596 \times 36.79 = 21\,926.84 \text{（kg）}$$

封头质量：

$$m_2 = 483 \times 2 = 876 \text{（kg）}$$

裙座质量：

$$m_3 = 596 \times 3.06 = 1823.76 \text{（kg）}$$

$$m_{01} = m_1 + m_2 + m_3 = 21\,926.84 + 879 + 1823.76$$

$$\approx 24\,627 \text{（kg）}$$

说明：

（1）塔体圆筒总高度为 $H_0 = 36.79$m。

（2）查得 $DN\ 2000$mm、厚度为 12mm 的圆筒质量为 596kg/m。

（3）查得 $DN\ 2000$mm、厚度为 12mm 的椭圆形封头质量为 438kg/m（封头曲面深度 500mm，直边高度 40mm）。

（4）裙座高度 3060mm（厚度按 12mm 计）。

2. 塔设备内构件质量 m_{02}

$$m_{02} = \frac{\pi}{4} D_i^2 \times N \times q_N = 0.785 \times 2^2 \times 70 \times 75 = 16\,485 \text{(kg)}$$

说明：由表 8-1 查得浮阀塔盘质量为 $q_N = 75$kg/m^2。

3. 塔设备保温层质量 m_{03}

$$m_{03} = \frac{\pi}{4}[(D_i + 2\delta_n + 2\delta_s)^2 - (D_i + 2\delta_n)^2]H_0\rho_2 + 2m'_{03}$$

$$= 0.785 \times [(2 + 2 \times 0.12 + 2 \times 0.1)^2 - (2 + 2 \times 0.012)^2] \times 36.79 \times 300$$

$$+ 2 \times (1.54 - 1.18) \times 300$$

$$\approx 7577 \text{(kg)}$$

式中：m'_{03}——封头保温层质量，kg。

4. 平台、扶梯质量 m_{04}

$$m_{04} = \frac{\pi}{4}[(D_i + 2\delta_n + 2\delta + 2B)^2 - (D_i + 2\delta_n + 2\delta)^2] \times \frac{1}{2}nq_P + q_F \times H_F$$

$$= 0.785 \times [(2 + 2 \times 0.012 + 2 \times 0.1 + 2 \times 0.9)^2 - (2 + 2 \times 0.012 + 2 \times 0.1)^2]$$

$$+0.5\times8\times150\times40\times39$$
$$\approx6857(\text{kg})$$

说明：由表 8-1 查得，平台质量 $q_p=150\text{kg/m}^2$，笼式扶梯质量 $q_F=40\text{kg/m}^2$；平台数量 $n=8$；笼式扶梯高度 $H_F=39\text{m}$。

5. 操作时塔内物料质量 m_{05}

$$m_{05}=\frac{\pi}{4}D_i^2(h_wN+h_0)\rho_1+V_f\rho_1$$
$$\approx0.785\times2^2\times(0.1\times70+1.8)\times800+1.18\times800$$
$$\approx23\ 050(\text{kg})$$

说明：物料密度 $\rho_1=800\text{kg/m}^3$；封头容积 $V_f=1.18\text{m}^3$；塔釜圆筒部分深度 $h_0=1.8\text{m}$；塔板层数 $N=70$；塔板上液层高度 $h_w=0.1\text{m}$。

6. 附件质量 m_a

按经验取附件质量为
$$m_a=0.25m_{01}=0.25\times24\ 627\approx6157(\text{kg})$$

7. 充液质量 m_w

$$m_w=\frac{\pi}{4}D_i^2H_0\rho_w+2V_f\rho_w$$
$$\approx0.785\times2^2\times36.79\times1000+2\times1.18\times1000$$
$$\approx117\ 880(\text{kg})$$

式中：$\rho_w=1000\text{kg/m}^3$。

8. 各种质量载荷汇总

如图 8-58 所示，将全塔分成六段，计算各种质量载荷（计算中略有近似）列于表 8-13。

表 8-13　各种质量载荷计算汇总

塔段	0～1	1～2	2～3	3～4	4～5	5～顶	合计
塔段长度/mm	1000	2000	7000	10 000	10 000	10 000	40 000
人孔与平台数/个	0	0	1	3	2	2	8
塔板数/个	0	0	9	22	22	17	70
m_{01}^i/kg	596	1630	4172	5960	5960	6309	24 627
m_{02}^i/kg	—	—	2120	5181	5181	4003	16 485
m_{03}^i/kg	—	108	1393	1990	1990	2096	7577
m_{04}^i/kg	40	80	947	2401	1734	1655	6857
m_{05}^i/kg	—	944	6784	5526	5526	4270	23 050
m_a^i/kg	154	231	1092	1710	1485	1485	6157

续表

塔段	0~1	1~2	2~3	3~4	4~5	5~顶	合计
m_w^i /kg	—	1180	21 861	31 230	31 230	32 379	117 880
m_e^i /kg	—	1400	2600	—	—	—	4000
m_0^i /kg	790	4393	19 108	22 768	21 876	19 818	88 753
各塔段最小质量/kg	790	3449	10 628	13 097	12 205	12 346	52 515
全塔操作质量/kg	$m_0=m_{01}+m_{02}+m_{03}+m_{04}+m_{05}+m_a+m_e=88\ 753$						
全塔最小质量/kg	$m_{min}=m_{01}+0.2m_{02}+m_{03}+m_{04}+m_a+m_e=52\ 515$						
水压试验时最大质量/kg	$m_{max}=m_{01}+m_{02}+m_{03}+m_{04}+m_w+m_a+m_e=183\ 583$						

四、风载荷与风弯矩计算

以 2~3 段为例计算风载荷 p_3（图 8-58）：

$$p_3=K_1K_{23}q_0f_3l_3D_{e3}\times10^{-6}(\text{N})$$

式中：K_1——体型系数，对圆通形容器，$K_1=0.7$；

$\quad\quad q_0$——10m 高处基本风压值，$q_0=400\text{N/m}^2$；

$\quad\quad f_3$——风压高度变化系数，查表 8-5 得 $f_3=1.00$；

$\quad\quad l_3$——计算段长度，$l_3=7000\text{mm}$；

$\quad\quad v_3$——脉动影响系数，由表 8-7 查得 $v_3=0.72$；

$\quad\quad T_1$——塔的基本自振周期，对等直径、等厚度圆截面塔，

$$T_1=90.33H\sqrt{\frac{m_0H}{E\delta_sD_i^3}}\times10^{-3}$$

$$=90.33\times40\ 000\times\sqrt{\frac{88\ 753\times40\ 000}{1.9\times10^5\times10\times2000^3}}\times10^{-3}$$

$$\approx1.75(\text{s})$$

$\quad\quad \xi$——脉动增大系数，根据自振周期 T_1，由表 8-6 查得 $\xi=2.59$；

$\quad\quad \phi_{z3}$——震型系数，由表 8-8 查得 $\phi_{z3}=0.11$；

$\quad\quad K_{23}$——风振系数，为

$$K_{23}=1+\frac{\xi v_3\phi_{z3}}{f_3}$$

$$=1+\frac{2.59\times0.72\times0.11}{1.00}$$

$$\approx1.205$$

$\quad\quad D_{e3}$——塔有效直径。设笼式扶梯与塔顶管线成 90°，取以下（a）、（b）式中较大者：

$$D_{e3}=D_{oi}+2\delta_{s3}+K_3+K_4 \quad\quad\quad (\text{a})$$

$$D_{e3}=D_{oi}+2\delta_{s3}+K_4+d_0+2\delta_{ps} \quad\quad\quad (\text{b})$$

$K_3=400\text{mm}$，d_0 取 400mm，$\delta_{s3}=\delta_{ps}=100\text{mm}$，

$$K_4=\frac{2\sum A}{l_3}=\frac{2\times1\times900\times1000}{7000}\approx257(\text{mm})$$

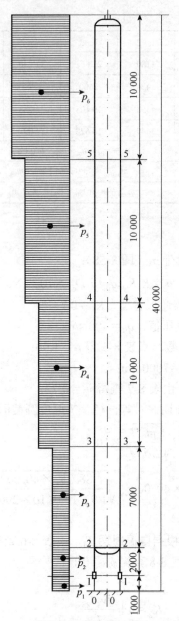

图 8-58　塔体分段示意图（单位：mm）

（a）$D_{e3}=2024+2\times100+400+257=2881(\text{mm})$；

（b）$D_{e3}=2024+2\times100+257+400+200=3081(\text{mm})$。

取 $D_{e3}=3081\text{mm}$，则

$$p_3=K_1K_{23}q_0f_3l_3D_{e3}\times10^{-6}$$

$$=0.7\times1.205\times400\times1.00\times7000\times3081\times10^{-6}$$

$$\approx7277(\text{N})$$

以上述方法计算出各段风载荷，列于表 8-14 中。

表 8-14 各段塔风载荷计算结果

计算段	l_i/mm	q_0/ (N/m²)	K_i	v_i	ϕ_{zi}	ξ	K_{2i}	f_i	H_{it}/m	平台数	K_4/mm	D_{ei}/mm	p_i/ N
1	1000	400	0.7	0.72	0.0075	2.59	1.022	0.64	1	0	0	2642	481
2	2000	400	0.7	0.72	0.0375	2.59	1.097	0.72	3	0	0	2642	1161
3	7000	400	0.7	0.72	0.110	2.59	1.205	1.00	10	1	257	3081	7277
4	10 000	400	0.7	0.79	0.350	2.59	1.573	1.25	20	3	540	3364	18 521
5	10 000	400	0.7	0.82	0.665	2.59	1.995	1.42	30	2	360	3184	25 256
6	10 000	400	0.7	0.85	1.000	2.59	2.411	1.56	40	2	360	3184	33 532

弯风矩计算:

截面 0—0:

$$M_w^{0-0}=p_1\frac{l_1}{2}+p_2\left(l_1+\frac{l_2}{2}\right)+p_3\left(l_1+l_2+\frac{l_3}{2}\right)+\cdots+p_6\left(l_1+l_2+l_3+l_4+l_5+\frac{l_6}{2}\right)$$

$$=481\times\frac{1000}{2}+1161\times\left(1000+\frac{2000}{2}\right)+7277\times\left(1000+2000+\frac{7000}{2}\right)$$

$$+18\ 521\times\left(1000+2000+7000+\frac{10\ 000}{2}\right)$$

$$+25\ 256\times\left(1000+2000+7000+10\ 000+\frac{10\ 000}{2}\right)$$

$$+33\ 532\times\left(1000+2000+7000+10\ 000+10\ 000+\frac{10\ 000}{2}\right)$$

$$=240\ 500+2\ 322\ 000+47\ 300\ 500+277\ 815\ 000+631\ 400\ 000+1\ 173\ 620\ 000$$

$$=2\ 132\ 698\ 000$$

$$\approx2.1327\times10^9(\text{N}\cdot\text{mm})$$

截面 1—1:

$$M_w^{1-1}=p_2\frac{l_2}{2}+p_3\left(l_2+\frac{l_3}{2}\right)+p_4\left(l_2+l_3+\frac{l_4}{2}\right)+\cdots+p_6\left(l_2+l_3+l_4+l_5+\frac{l_6}{2}\right)$$

$$=1161\times\frac{2000}{2}+7277\times\left(2000+\frac{7000}{2}\right)+18\ 521\times\left(2000+7000+\frac{10\ 000}{2}\right)$$

$$+252\ 56\times\left(2000+7000+10\ 000+\frac{10\ 000}{2}\right)$$

$$+335\ 32\times\left(2000+7000+10\ 000+10\ 000+\frac{10\ 000}{2}\right)$$

$$=1\ 161\ 000+40\ 023\ 500+259\ 294\ 000+606\ 144\ 000+1\ 140\ 088\ 000$$

$$=2\ 046\ 710\ 500$$

$$\approx2.0467\times10^9(\text{N}\cdot\text{mm})$$

截面 2—2:

$$M_{\mathrm{w}}^{2-2}=p_3\frac{l_3}{2}+p_4\left(l_3+\frac{l_4}{2}\right)+p_5\left(l_3+l_4+\frac{l_5}{2}\right)+p_6\left(l_3+l_4+l_5+\frac{l_6}{2}\right)$$

$$=7277\times\frac{7000}{2}+18\,521\times\left(7000+\frac{10\,000}{2}\right)$$

$$+25\,256\times\left(7000+10\,000+\frac{10\,000}{2}\right)$$

$$+33\,532\times\left(7000+10\,000+10\,000+\frac{10\,000}{2}\right)$$

$$=25\,469\,500+222\,252\,000+555\,632\,000+1\,073\,024\,000$$

$$=1\,876\,377\,500$$

$$\approx1.8764\times10^9\,(\mathrm{N\cdot mm})$$

五、地震弯矩计算

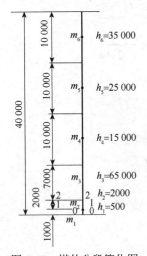

图 8-59　塔体分段简化图

地震弯矩计算时，为了便于分析、计算，可将图 8-58 简化成图 8-59。

取第一震型脉动增大系数为 $\xi_1=0.02$，则

衰减指数 $\gamma=0.9+\dfrac{0.05-0.02}{0.5+5\times0.02}=0.95$；

$T_1=1.75\mathrm{s}$；

塔的总高度 $H=40\,000\mathrm{mm}$；

全塔操作质量 $m_0=88\,753\mathrm{kg}$；

重力加速度 $g=9.81\mathrm{m/s^2}$；

地震影响系数 $\alpha_1=[(\eta_2 0.2^\gamma)-\eta_1(T_1-5T_g)]\alpha_{\max}$；

由表 8-3 查得 $\alpha_{\max}=0.24$（设防烈度八级）；

由表 8-2 查得 $T_g=0.30$。

$$\eta_1=0.02+\frac{(0.05-\xi_1)}{8}=0.02+\frac{(0.05-0.02)}{8}\approx0.024$$

$$\eta_2=1+\frac{0.05-\xi_1}{0.06+1.7\xi_1}=1+\frac{0.05-0.02}{0.06+1.7\times0.02}\approx1.319$$

$$\alpha_1=[1.319\times0.2^{0.95}-0.024\times(1.75-5\times0.30)]\times0.24\approx0.065$$

计算截面矩地面高度 h：

0—0 截面：$h=0\mathrm{mm}$；

1—1 截面：$h=1000\mathrm{mm}$；

2—2 截面：$h=3000\mathrm{mm}$。

等直径、等厚度的塔，$H/D_i=40\,000/2000=20>15$，按下列计算方法计算地震弯矩：

截面 0—0：

$$M_{\mathrm{E}}^{0-0'}=\frac{16}{35}\alpha_1 m_0 gH$$

$$=\frac{16}{35}\times0.065\times88\ 753\times9.81\times40\ 000$$

$$\approx10.35\times10^{8}(\text{N}\cdot\text{mm})$$

$$M_{\text{E}}^{0-0}=1.25M_{\text{E}}^{0-0'}=1.25\times10.35\times10^{8}\approx12.94\times10^{8}(\text{N}\cdot\text{mm})$$

截面 1—1：

$$M_{\text{E}}^{1-1'}=\frac{8\alpha_1 m_0 g}{175H^{2.5}}(10H^{3.5}-14H^{2.5}h+4h^{3.5})$$

$$=\frac{8\times0.065\times88\ 753\times9.81}{175\times40000^{2.5}}(10\times40\ 000^{3.5}-14\times40\ 000^{2.5}\times1000+4\times1000^{3.5})$$

$$\approx9.99\times10^{8}(\text{N}\cdot\text{mm})$$

$$M_{\text{E}}^{1-1}=1.25M_{\text{E}}^{1-1'}=1.25\times9.99\times10^{8}\approx12.49\times10^{8}(\text{N}\cdot\text{mm})$$

截面 2—2：

$$M_{\text{E}}^{2-2'}=\frac{8\alpha_1 m_0 g}{175H^{2.5}}(10H^{3.5}-14H^{2.5}h+4h^{3.5})$$

$$\approx\frac{8\times0.065\times88\ 753\times9.81}{175\times40\ 000^{2.5}}(10\times40\ 000^{3.5}-14\times40\ 000^{2.5}\times3000+4\times3000^{3.5})$$

$$=9.26\times10^{8}(\text{N}\cdot\text{mm})$$

$$M_{\text{E}}^{2-2}=1.25M_{\text{E}}^{2-2'}=1.25\times9.26\times10^{8}=11.58\times10^{8}(\text{N}\cdot\text{mm})$$

六、偏心弯矩计算

$$M_{\text{e}}=m_{\text{e}}ge=4000\times9.81\times2000=0.7848\times10^{8}(\text{N}\cdot\text{mm})$$

七、各种载荷引起的轴向应力

1. 计算压力引起的轴向拉应力 σ_1

$$\sigma_1=\frac{p_{\text{c}}D_{\text{i}}}{4\delta_{\text{e}}}=\frac{1.1\times2000}{4\times10}=55(\text{MPa})$$

其中，$\delta_{\text{e}}=\delta_{\text{n}}-C=12-2=10(\text{mm})$。

2. 操作质量引起的轴向压应力 σ_2

截面 0—0：

$$\sigma_2^{0-0}=\frac{m_0^{0-0}g}{A_{\text{sb}}}=\frac{m_0^{0-0}g}{\pi D_{\text{is}}\delta_{\text{es}}}=\frac{88\ 753\times9.81}{3.14\times2000\times10}\approx13.86(\text{MPa})$$

令裙座厚度 $\delta_{\text{s}}=12\text{mm}$，$\delta_{\text{es}}=12-2=10(\text{mm})$；$A_{\text{sb}}=\pi D_{\text{is}}\delta_{\text{es}}$。

截面 1—1：

$$\sigma_2^{1-1}=\frac{m_0^{1-1}g}{A_{\text{sm}}}=\frac{87\ 963\times9.81}{58\ 630}\approx14.72(\text{MPa})$$

式中：$m_0^{1-1}=88\ 753-790=87\ 963(\text{kg})$；

A_{sm}——人孔截面的截面面积，查相关标准得 $A_{\text{sm}}=58\ 930\text{mm}^2$。

截面 2—2：

$$\sigma_2^{2-2}=\frac{m_0^{2-2}g}{A}=\frac{m_0^{2-2}g}{\pi D_i\delta_e}\approx\frac{83\,570\times9.81}{3.14\times2000\times10}\approx13.05(\mathrm{MPa})$$

式中：$m_0^{2-2}=88\,753-790-4393=83\,570(\mathrm{kg})$；

$A=\pi D_i\delta_e$。

3. 最大弯矩引起的轴向应力 σ_3

截面 0—0：

$$\sigma_3^{0-0}=\frac{M_{\max}^{0-0}}{Z_{sb}}=\frac{M_{\max}^{0-0}}{\frac{\pi}{4}D_{is}^2\delta_{es}}=\frac{22.1118\times10^8}{0.785\times2000^2\times10}\approx70.42(\mathrm{MPa})$$

式中：

$$M_{\max}^{0-0}=M_W^{0-0}+M_e=21.327\times10^8+0.7848\times10^8=22.1118\times10^8(\mathrm{N\cdot mm})$$

$$M_{\max}^{0-0}\approx M_E^{0-0}+0.25M_W^{0-0}+M_e=12.94\times10^8+0.25\times21.327\times10^8+0.7848\times10^8$$

$$\approx19.06\times10^8(\mathrm{N\cdot mm})$$

$$Z_{sb}=\frac{\pi}{4}D_{is}^2\delta_{es}$$

截面 1—1：

$$\sigma_3^{1-1}=\frac{M_{\max}^{1-1}}{Z_{sm}}=\frac{21.2518\times10^8}{27\,677\,000}\approx76.79(\mathrm{MPa})$$

式中：

$$M_{\max}^{1-1}=M_W^{1-1}+M_e=20.467\times10^8+0.7848\times10^8=21.2518\times10^8(\mathrm{N\cdot mm})$$

$$M_{\max}^{1-1}\approx M_E^{1-1}+0.25M_W^{1-1}+M_e=12.49\times10^8+0.25\times20.467\times10^8+0.7848\times10^8$$

$$\approx18.39\times10^8(\mathrm{N\cdot mm})$$

Z_{sm} 为人孔截面的抗弯截面系数，查相关标准得 $Z_{sm}=2\,767\,700\mathrm{mm}^3$。

截面 2—2：

$$\sigma_3^{2-2}=\frac{M_{\max}^{2-2}}{Z}=\frac{M_{\max}^{2-2}}{\frac{\pi}{4}D_i^2\delta_e}=\frac{19.548\,8\times10^8}{0.785\times2000^2\times10}\approx62.26(\mathrm{MPa})$$

式中：

$$M_{\max}^{2-2}=M_W^{2-2}+M_e=18.764\times10^8+0.784\,8\times10^8=19.5488\times10^8(\mathrm{N\cdot mm})$$

$$M_{\max}^{2-2}=M_E^{2-2}+0.25M_w^{2-2}+M_e=11.58\times10^8+0.25\times18.764\times10^8+0.7848\times10^8$$

$$\approx17.06\times10^8(\mathrm{N\cdot mm})$$

$$Z=\frac{\pi}{4}D_i^2\delta_e$$

八、塔体和裙座危险截面的强度与稳定校核

1. 塔体的最大组合轴向拉应力校核

截面 2—2：

塔体的最大组合轴向拉应力发生在正常操作时的 2—2 截面上。

$$[\sigma]^t=170\text{MPa}; \quad \phi=0.85; \quad K=1.2; \quad K[\sigma]^t\phi=1.2\times170\times0.85=173.4(\text{MPa})$$

$$\sigma_{max}^{2-2}=\sigma_1-\sigma_2^{2-2}+\sigma_3^{2-2}=55-13.05+62.26=104.21(\text{MPa})$$

$$\sigma_{max}^{2-2}=104.21(\text{MPa})<K[\sigma]^t\phi=173.4(\text{MPa})$$

满足要求。

2. 塔体与裙座的稳定校核

截面 2—2:

塔体 2—2 截面上的最大组合轴向压应力

$$\sigma_{max}^{2-2}=\sigma_2^{2-2}+\sigma_3^{2-2}=13.05+62.26=75.31(\text{MPa})$$

$$\sigma_{max}^{2-2}=75.31(\text{MPa})<[\sigma]_{cr}=\min\{KB,K[\sigma]^t\}=\min\{138,204\}=138(\text{MPa})$$

满足要求。其中

$$A=\frac{0.094}{R_i/\delta_e}=\frac{0.094}{1000/10}=0.000\ 94$$

查 A-B 关系图得(16MnR, 200℃)$B=115\text{MPa}$,$[\sigma]^t=170\text{MPa}$,$K=1.2$。

截面 1—1:

塔体 1—1 截面上的最大组合轴向压应力

$$\sigma_{max}^{1-1}=\sigma_2^{1-1}+\sigma_3^{1-1}=14.72+76.79=91.51(\text{MPa})$$

$$\sigma_{max}^{1-1}=91.51(\text{MPa})<[\sigma]_{cr}=\min\{KB,K[\sigma]^t\}=\min\{129,135.6\}=129(\text{MPa})$$

满足要求。其中,

$$A=\frac{0.094}{R_{is}/\delta_{es}}=\frac{0.094}{1000/10}=0.000\ 94$$

查 A-B 关系图得(Q235-AR, 200℃)$B=107.5\text{MPa}$,$[\sigma]^t=113\text{MPa}$,$K=1.2$。

截面 0—0:

塔体 0—0 截面上的最大组合轴向压应力

$$\sigma_{max}^{0-0}=\sigma_2^{0-0}+\sigma_3^{0-0}=13.86+70.42=84.28(\text{MPa})$$

$$\sigma_{max}^{0-0}=84.28(\text{MPa})<[\sigma]_{cr}=\min\{KB,K[\sigma]^t\}=\min\{129,135.6\}=129(\text{MPa})$$

满足要求。其中,$B=107.5\text{MPa}$,$[\sigma]^t=113\text{MPa}$,$K=1.2$。

各危险截面强度与稳定性校核汇总于表 8-15。

表 8-15 各危险截面强度与稳定校核汇总

项目	计算危险截面		
	0—0	1—1	2—2
塔体与裙座有效厚度 δ_e, δ_{es}/mm	10	10	10
截面以上的操作质量 m_o^{t-t}/kg	88 753	87 963	83 570
计算截面面积 A^{t-t}/mm²	$A_{sb}=62\ 800$	$A_{sm}=58\ 630$	$A=62\ 800$
计算截面的抗弯截面系数 Z^{t-t}/mm³	$Z_{sb}=314\times10^5$	$Z_{sm}=276.77\times10^5$	$Z=314\times10^5$

项目		计算危险截面		
		0—0	1—1	2—2
最大弯矩 M_{max}^{I-I} /（N·mm）		22.118×10^8	21.2518×10^8	29.5488×10^8
最大允许轴向拉应力 $K[\sigma]^t\phi$ /MPa		173.4	—	—
最大允许轴向压应力/MPa	KB	129	129	138
	$K[\sigma]^t$	135.6	135.6	204
计算压力引起的轴向拉应力 σ_1 /MPa		0	0	55
操作质量引起的轴向压应力 σ_2^{I-I} /MPa		13.86	14.72	13.05
最大弯矩引起的轴向应力 σ_3^{I-I} /MPa		70.42	76.79	62.26
最大组合轴向拉应力 σ_{max}^{I-I} /MPa		—	—	104.21
最大组合轴向压应力 σ_{max}^{I-I} /MPa		84.28	91.51	75.31
强度与稳定校核	强度	—	—	$\sigma_{max}^{2-2}<K[\sigma]^t\phi$ 满足要求
	稳定性	$\sigma_{max}^{0-0}<[\sigma]_{cr}=$ $\min\{KB,K[\sigma]^t\}$ 满足要求	$\sigma_{max}^{1-1}<[\sigma]_{cr}=$ $\min\{KB,K[\sigma]^t\}$ 满足要求	$\sigma_{max}^{2-2}<[\sigma]_{cr}=$ $\min\{KB,K[\sigma]^t\}$ 满足要求

九、塔体水压试验和吊装时的应力校核

1. 水压试验各种载荷引起的应力

（1）试验压力和液柱静压力引起的环向应力：

$$\sigma_T=\frac{(p_T+p_l)(D_i+\delta_{ei})}{2\delta_{ei}}=\frac{(1.375+0.4)\times(2000+10)}{2\times10}\approx178.39(\mathrm{MPa})$$

$$p_T=1.25p\frac{[\sigma]}{[\sigma]^t}=1.25\times1.1\times\frac{170}{170}=1.375(\mathrm{MPa})$$

$$p_l=\gamma H\approx1000\times40=0.4(\mathrm{MPa})$$

（2）试验压力引起的轴向拉应力：

$$\sigma_1=\frac{p_T D_i}{4\delta_e}=\frac{1.375\times2000}{4\times10}=68.75(\mathrm{MPa})$$

（3）最大质量引起的轴向压应力：

$$\sigma_2^{2-2}=\frac{m_{max}^{2-2}g}{\pi D_i\delta_e}\approx\frac{183\,583\times9.81}{3.14\times2000\times10}\approx28.68(\mathrm{MPa})$$

（4）弯矩引起的轴向应力：

$$\sigma_3^{2-2}=\frac{0.3M_w^{2-2}+M_e}{\frac{\pi}{4}D_i^2\delta_e}\approx\frac{0.3\times18.764\times10^8+0.7848\times10^8}{0.785\times2000^2\times10}\approx20.43(\mathrm{MPa})$$

2. 水压试验时应力校核

（1）筒体环向应力校核：

$$0.9\sigma_s\phi=0.9\times345\times0.85\approx263.9(\mathrm{MPa})$$

$$\sigma_T = 178.39(MPa) < 0.9\sigma_s\phi = 263.9(MPa)$$

满足要求。

（2）最大组合轴向拉应力校核：

$$\sigma_{max}^{2-2} = \sigma_1^{2-2} - \sigma_2^{2-2} + \sigma_3^{2-2} = 68.75 - 28.68 + 20.43 = 60.50(MPa)$$

$$0.9\sigma_s\phi = 0.9 \times 345 \times 0.85 \approx 263.9(MPa)$$

$$\sigma_{max}^{2-2} = 60.50(MPa) < 0.9\sigma_s\phi = 263.9(MPa)$$

满足要求。

（3）最大组合轴向压应力校核：

$$\sigma_{max}^{2-2} = \sigma_2^{2-2} + \sigma_3^{2-2} = 28.68 + 20.43 = 49.11(MPa)$$

$$\sigma_{max}^{2-2} = 49.11(MPa) < [\sigma]_{cr} = \{KB, 0.9\sigma_s\} = \min\{138, 310.5\} = 138(MPa)$$

满足要求。

十、基础环设计

（1）基础环尺寸：

$$D_{ob} = D_{is} + 300 = 2000 + 300 = 2300(mm)$$

$$D_{ib} = D_{is} - 300 = 2000 - 300 = 1700(mm)$$

基础环尺寸如图 8-60 所示。

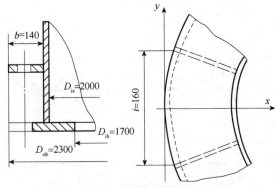

图 8-60 基础环尺寸示意图

（2）基础环的应力校核：

$$\sigma_{bmax} = \max\left\{\frac{M_{max}^{0-0}}{Z_b} + \frac{m_0 g}{A_b}, \frac{0.3M_w^{0-0}}{Z_b} + \frac{m_{max} g}{A_b}\right\}$$

式中：

$$A_b = \frac{\pi}{4}(D_{ob}^2 + D_{ib}^2) = 0.785 \times (2300^2 - 1700^2) = 1\ 884\ 000(mm^2)$$

$$Z_b = \frac{\pi(D_{ob}^4 + D_{ib}^4)}{32D_{ob}} = \frac{3.14 \times (2300^4 - 1700^4)}{32 \times 2300} \approx 8.3756 \times 10^8(mm^2)$$

① $$\sigma_{bmax} = \frac{M_{max}^{0-0}}{Z_b} + \frac{m_0 g}{A_b} = \frac{22.1118 \times 10^8}{8.3756 \times 10^8} + \frac{88\ 753 \times 9.81}{1\ 884\ 000} \approx 3.102(MPa)$$

② $\sigma_{bmax} = \dfrac{0.3 M_w^{0-0} + M_e}{Z_b} + \dfrac{m_{max} g}{A_b}$

$= \dfrac{0.3 \times 21.327 \times 10^8 + 0.784\,8 \times 10^8}{8.375\,6 \times 10^8} + \dfrac{183\,583 \times 9.81}{1\,884\,000} \approx 1.81 (\text{MPa})$

取以上两者中的较大值 $\sigma_{bmax} = 3.102 (\text{MPa})$。选用 75 号混凝土，由表 8-9 查得其许应力为 $R_a = 3.5\text{MPa}$，$\sigma_{bmax} = 3.102\text{MPa} < R_a = 3.5\text{MPa}$，满足要求。

（3）基础环的厚度：

$$[\sigma]_b = 140\text{MPa}, \quad C = 3\text{mm}$$

$$b = \dfrac{1}{2}[D_{ob} - (D_{is} + 2\delta_{es})] = \dfrac{1}{2} \times [2300 - (2000 + 2 \times 10)] = 140 (\text{mm})$$

假设螺栓直径为 M42，由表 8-11 查得 $l = 160\text{mm}$；当 $b/l = 140/160 \approx 0.88$ 时，由表 8-10 查得

$$M_x = -0.1482 \sigma_{bmax} b^2 = -0.1482 \times 3.102 \times 140^2 \approx -9010.4 (\text{N} \cdot \text{mm})$$

$$M_y = 0.0848 \sigma_{bmax} l^2 = 0.0848 \times 3.102 \times 160^2 \approx 6734.1 (\text{N} \cdot \text{mm})$$

取其中较大值，故 $M_s = 9010.4$（N·mm）。

按有筋板时计算基础环厚度为

$$\delta_b = \sqrt{\dfrac{6 M_s}{[\sigma]_b}} + C = \sqrt{\dfrac{6 \times 9010.4}{140}} + 3 \approx 22.65 (\text{mm})$$

圆整后取 $\delta_b = 23$（mm）。

十一、地脚螺栓计算

（1）地脚螺栓承受的最大拉应力：

$$\sigma_B = \max \left\{ \dfrac{M_w^{0-0} + M_e}{Z_b} - \dfrac{m_{min} g}{A_b}, \dfrac{M_E^{0-0} + 0.25 M_w^{0-0} + M_e}{Z_b} - \dfrac{m_0 g}{A_b} \right\}$$

式中：$m_{min} = 52\,515\text{kg}$；

$M_E^{0-0} = 12.94 \times 10^8 \,\text{N} \cdot \text{mm}$；

$M_w^{0-0} = 21.327 \times 10^8 \,\text{N} \cdot \text{mm}$；

$m_0 = 88\,753\text{kg}$；

$Z_b = 8.3756 \times 10^8 \,\text{mm}^3$；

$A_b = 1\,884\,000\text{mm}^2$。

① $\sigma_B = \dfrac{M_w^{0-0} + M_e}{Z_b} - \dfrac{m_{min} g}{A_b}$

$= \dfrac{21.327 \times 10^8 + 0.7848 \times 10^8}{8.3756 \times 10^8} - \dfrac{52\,515 \times 9.81}{1\,884\,000} \approx 2.37 (\text{MPa})$

② $\sigma_B = \dfrac{M_E^{0-0} + 0.25 M_w^{0-0} + M_e}{Z_b} - \dfrac{m_0 g}{A_b}$

$= \dfrac{12.94 \times 10^8 + 0.25 \times 21.327 \times 10^8 + 0.784\,8 \times 10^8}{8.3756 \times 10^8} - \dfrac{88\,753 \times 9.81}{1\,884\,000}$

$\approx 1.81 (\text{MPa})$

取以上两数中较大值，$\sigma_B = 2.37$（MPa）。

（2）地脚螺栓的螺纹小径：

$\sigma_B > 0$，选取地脚螺栓个数 $n = 36$，$[\sigma]_{bt} = 147$MPa；$C_2 = 3$mm。

$$d_1 = \sqrt{\frac{4\sigma_B A_b}{\pi n[\sigma]_{bt}}} + C_2 = \sqrt{\frac{4 \times 2.37 \times 1\ 884\ 000}{3.14 \times 36 \times 147}} + 3 \approx 35.785 (\text{mm})$$

由表 8-12 查得 M42 螺栓的螺纹小径 $d_1 = 37.129$mm，故选用 36 个 M42 的地脚螺栓，满足要求。

第五节 塔设备的使用与维护

一、塔的开车和停车

塔设备在正常生产过程中，因开车和停车过程最复杂，工艺参数变化幅度大，因而必须给予足够的重视。

（一）塔设备的开车步骤

塔设备的开车过程一般按照如下步骤进行：

（1）开车准备，包括塔及管线的吹扫和清洗、试漏、水-气操作试验、除水、物料试验等。

（2）清除塔内有害物料，如氮气、水、油等。

（3）打开加热和冷却系统。

（4）进料。

（5）将塔加热或冷却到工艺要求的操作温度。

（6）使塔达到工艺要求的操作压力。

（7）使塔达到工艺要求的操作负荷。

（二）塔设备的停车步骤

塔设备的停车过程一般按照如下步骤进行：

（1）降低塔的操作负荷。

（2）关闭加热和冷却系统。

（3）停止进料。

（4）退出物料。

（5）冷却或加热塔设备。

（6）将塔内压力恢复到常压。

（7）置换出塔内的物料。

（8）准备打开人孔。

二、塔设备的维护保养

（一）日常维护

操作人员应严格按操作规程进行起动、运行及停车，严禁超温、超压，并做到坚持定时定点进行巡回检查，重点检查温度、压力、流量、仪表灵敏度、设备及附属管线的密封及整体振动情况，发现异常情况，应立即查明原因，及时消除缺陷；经常保持设备清洁，清扫周围环境，及时消除跑、冒、滴、漏。

（二）定期检查内容

按生产工艺及介质不同对塔进行定期清洗，如采用化学清洗方法，但需做好中和、清洗工作。

每季对塔外部进行一次表面检查，检查内容包括：焊缝有无裂纹、渗漏，应特别注意转角、人孔及接管焊缝；各紧固件是否齐全，有无松动，安全栏杆、平台是否牢固；基础有无下沉倾斜、开裂及基础螺栓腐蚀情况；防腐层、保温层是否完好。

（三）常见故障及处理方法

塔设备常见故障及处理方法见表 8-16。

表 8-16　塔设备常见故障及处理方法

现象	原因	处理方法
传质效率太低	气液两相接触不均匀	调解气相、液相流量
	塔盘、泡罩、浮阀、网板及填料堵塞	清洗塔盘及填料
	喷淋液管及进液管堵塞	清理进液管及喷淋管
塔内压力降增大	塔盘、泡罩、浮阀、网板及填料堵塞	清洗塔盘及填料
	液体流量大，液位增高阻止气流	调解液相流量
	气体流速及压力小	调解增加流速和压力
	塔节设备零部件垫片渗漏	更换垫片
流量、压力突然变大或变小	塔盘上泡罩浮阀脱落或损坏	更换或增补浮阀泡罩
	进出管结垢堵塞	清理进出液管
工作表面结垢	介质中含机械杂质	增加过滤设备
	介质中有结晶物和沉淀物	清理或清洗
	有设备腐蚀产物	清除后重新进行防腐处理
连接部位密封失效	法兰螺栓松动	紧固螺栓
	密封垫腐蚀或老化	更换垫片
	法兰表面腐蚀	处理法兰腐蚀面
	操作压力过大	调整压力

三、检修

（一）检修周期

塔设备的检修周期见表 8-17。

表 8-17　塔设备的检修周期

检修类别	中修		大修	
	一般介质	易聚或易腐蚀介质	一般介质	易聚或易腐蚀介质
检修周期/月	12	6	48	24

注：检修周期可根据塔运行情况、塔壁厚及塔内零件损坏情况酌情提前或推迟，但须记录在案，以作查证。

（二）检修项目

1. 中修内容

中修内容主要包括检查、清理或更换部分塔盘及支承结构，调整塔盘各部尺寸及水平度，更换密封填料；检查、修理或更换泡罩、浮阀及调整各部尺寸；测量塔体垂直度和弯曲度，测量壁厚；检查、修理、校验各类仪表，检查校验安全阀；清理、检查、修理塔顶分离器、冷凝器、喷淋装置；修理塔体、栏栅、梯子及平台；检查塔壁的腐蚀情况；检查修补防腐层、保温层；做密封性试验；检查修理附属管线和阀门。

2. 大修内容

大修内容除了包含中修内容外，还包括拆除全部塔盘，进行检查、修理或更换；修理更换塔釜及塔支座、更换塔节局部；修理或更换塔顶分离器、冷凝器、喷淋装置；对塔体进行修理、检查、测量壁厚、调整垂直度；检查塔基础下沉和裂纹情况，修理塔基础，修理或更换梯子、栏杆和操作平台；做气密试验或按规定做水压试验；对塔体内外进行除锈、防腐和保温处理。

（三）试车与验收

1. 试车前准备

试车前应检查零部件附件是否安装齐全，各部螺栓是否紧固；检查、鉴定检修质量是否合格，检修记录是否齐全正确；拆除盲板、封闭人孔，连接各进出口管道、阀门；拆除机具并清理现场。

2. 试车

板式塔应做单塔鼓泡试验。填料塔做喷淋装置和再分布器的喷淋试验，鼓泡及喷淋均匀后并入生产系统试车。做浮阀塔试验时，从视镜中观察浮阀是否有卡住现象。填料塔液体分布装置做喷淋试验时，塔截面喷淋应均匀，喷淋孔不得堵塞。泡罩塔盘安装后当需进行充水试验和鼓泡试验时，应符合以下规定：

（1）堵盘做充水试验时应将泪孔堵住，充水后 10min 内水面下降不超过 5mm 为合格，合格后应将泪孔穿通。

（2）鼓泡试验前，应将水不断注入受液盘内，在塔盘下部通入空气，风压应在 100mm 水柱以下，风量不宜过大，要求所有齿缝都均匀鼓泡且泡罩不得有振动现象。

塔设备及进出口管道在各类仪表安装后应进行气密性试验。试验压力为设计压力，至少保持 30min，检查各连接部位及焊缝有无渗漏。

试车时，应按工艺生产要求对塔进行清洗置换后再开塔运行。

3. 验收

塔设备在投入运行 24h 后，如各项控制指标符合要求，无异常现象，各类仪表灵敏准确，无跑、冒、滴、漏现象，即可办理交工验收手续。验收时应将原始检修记录（包括耗用备件、材料、费用、工时、质量指标装配尺寸等）、试车记录和有关压力容器的检修检验资料整理归档。

 知识拓展

其他分离设备

一、萃取设备

萃取设备又称为萃取器，一类用于萃取操作的传质设备，能够使萃取剂与料液良好接触，实现料液所含组分的完善分离，有分级接触和微分接触两类。在萃取设备中，通常是一相呈液滴状态分散于另一相中，很少用液膜状态分散的。

萃取设备的类型很多，分类的方法也有不同标准。萃取设备按其构造特点大体上可以分为三类：一是单件组合式，以混合澄清器为典型，两相间的混合依靠机械搅拌居多，操作方式既可间歇也可连续；二是塔式，如填料塔、筛板塔和转盘塔等，两相间的混合依靠密度差或加入机械能量造成的振荡，操作方式为连续式；三是离心式，依靠离心力造成两相间分散接触。

1. 混合清澄器

混合清澄器是一种常见组合式萃取设备，每一级均由一个混合器与一个澄清器组成。原料液与萃取剂进入混合室在搅拌作用下使一相液体分散在另一相中，充分接触后进入澄清器。在澄清器内，两液体的密度差使两液相得以分层。该萃取设备的优点是可根据需要灵活增减级数，既可连续操作也可间歇操作，级效率高，操作稳定，弹性大，结构简单；缺点是动力消耗大，占地面积大。

2. 塔式萃取设备

1）填料塔

在操作过程中，通过喷洒使分散相生成细小液滴；填料的作用可减少连续相的纵向返混及使液滴不断破裂而更新。常用的填料由拉西环和弧鞍等，材料为陶瓷、塑料和金属，以易为连续相湿润而不为分散相润湿为宜。填料塔构造简单，适用于腐蚀性液体，在工业中应用较多。

2）筛板塔

轻液作为分散相从塔的底部进入，在筛板下方因浮力作用通过筛孔而被分散；液滴在两板之间浮升并凝聚成轻液层，又通过上层筛板而被分散，依次直至塔顶聚集成轻液层后引出。作为连续相的重液则在筛板上方流过，与轻液液滴传质后经溢流管流到下一层筛板，最后在塔的底段流出。若选择重液作为分散相，则需使塔身倒转，即溢流管位于筛板之上作为轻液的升液管，重液则经过筛空而被分散。筛孔直径一般为3～6mm，对界面张力较大的物系宜取小值；空间距为孔径的3～4倍；塔板间距为150～600mm。筛板萃取塔结构简单，生产能力大，在工业上的应用广泛。

3）转盘塔

转盘塔具有较高的传质效率，运转可靠，也是一种应用相当广泛的萃取设备。转盘塔适于两液相界面张力较大的物系，为改善塔内的传质状况，可从外界输入机械能来增大传质面积和传热系数。转盘塔沿塔内壁设置一组等间距的固定圆环，在中心轴上对应设置一组水平圆盘。当中心轴转动时，剪切应力的作用，一方面使连续相产生漩涡运动，另一方面促使分散相液滴变形、破裂更新，有效地增大了传质面积和提高传质系数。转盘塔的效率与转盘转速、转盘直径及环形隔板间距等有关。

3. 离心式萃取设备

当两液体的密度差很小（可至$10kg/m^3$）或界面张力很小而易乳化或黏度很大时，仅依靠重力的作用难以使两相间很好地混合或澄清，这时可以利用离心力的作用强化萃取过程。高速旋转的转子是由开有很多孔的长带卷成的，转速为2000～5000r/min。操作时，重液导入转子内层，轻液导入转子外层，在离心力地作用下，重液与轻液逆向流动，并通过带上的小孔被分散，最后重液和轻液分别从不同的通道引出。

离心萃取剂结构紧凑，处理能力大，能有效地强化萃取过程，特别适用于其他萃取设备难以处理的物系。其缺点是结构复杂，造价高，能耗大，使其应用受到限制。

二、蒸发设备

蒸发设备又称为蒸发器，是通过加热使溶液浓缩或从溶液中析出晶粒的设备。蒸发设备主要由加热室和蒸发室两个部分组成。加热室是用蒸气将溶液加热并使之沸腾的部分，但有些设备则另有沸腾室。蒸发室又称为分离室，是使气液分离的部分。加热室（或沸腾室）中沸腾所产生的蒸气带有大量的液沫，到了空间较大的分离室，液沫由于自身凝聚或室内的捕沫器等的作用而得以与蒸气分离。蒸气常用真空泵抽引到冷凝器进行凝缩，冷凝液由器底排出。

蒸发器种类繁多，构造也各不相同。根据循环原理可分为自然循环蒸发器和强制循环蒸发器。根据被冷却介质的种类不同，蒸发器可分为两大类：

（1）冷却液体载冷剂的蒸发器。用于冷却液体载冷剂，如水、盐水或乙二醇水溶液等。这类蒸发器常用的有卧式蒸发器、立管式蒸发器和螺旋管式蒸发器等。

（2）冷却空气的蒸发器。这类蒸发器有冷却排管和冷风机。

三、结晶设备

结晶设备又称为结晶器，是用于结晶操作的设备。结晶一般是将饱和溶液冷却或蒸发使其达到一定的饱和程度而析出晶体，可在常压或减压下操作。结晶设备主要可分为去除一部分溶剂的结晶器和不去除溶剂的结晶器两大类。此外，结晶设备也可分为间歇操作式和连续操作式，以及搅拌式和不搅拌式等。连续结晶设备与传统的间歇结晶器相比具有许多显著的优点：经济性好、操作费用低、操作过程易于控制。由于采用了结晶消除和清母液溢流技术，使连续结晶器具备了能够控制产品粒度分布及晶浆密度的手段，使得结晶主粒度稳定、母液量少、生产强度高。

四、膜分离设备

膜分离设备是用于超过滤、反渗透、气体渗透分离、渗析、电渗析及液膜分离等一系列分离操作的设备。由于膜的构型和分离过程各具特点，因此设备也有多种类型。有时根据过程目的或用途，分别称为超过滤器、渗透器、渗析器、电渗析器或淡化器等。

膜分离设备的核心技术就是膜分离技术。其分离膜是具有选择性分离功能的材料；其工作原理是物理机械筛分原理；其分离过程是利用膜的选择性分离机理，实现料液不同组分间的分离或有小成分浓缩的过程。膜分离技术与传统的过滤不同在于：膜可以在分子范围内进行选择性的分离，膜的错流式运行工艺可以解决污染堵塞问题，是一种科学先进的分离技术和工艺。

由有机合成膜构成的膜分离设备的主要类型如下：

（1）板框式装置。在尺寸相同的片状膜组之间相间地插入隔板，形成两种液流的流道。由于膜组可置于均匀的电场中，这种结构适用于电渗析器。板框式装置也可应用于膜两侧流体静压差较小的超过滤和渗析。

（2）螺卷式装置。把多孔隔板（供渗透液流动的空间）夹在两张膜之间，使它们的三条边黏着密合，开口边与用作渗透液引出管的多孔中心管接合。再在上面加一张作为料液流动通道用的多孔隔板，并一起绕中心管卷成螺卷式元件。料液通道与中心管接合边及螺卷外端边封死。多个螺卷元件装入耐压筒中，构成单元装置。操作时料液沿轴向流动，可渗透物透过膜进入渗透液空间，沿螺旋通道流向中心管引出。该设备适用于反渗透和气体渗透分离，不能处理含微细颗粒的液体。

（3）管式装置。用管状膜并以多孔管支撑，构成类似于管壳式换热器的设备，分内压式和外压式，各用多孔管支撑于膜的外侧或内侧。内压式的膜面易冲洗，适用于微过滤和超过滤。

（4）中空纤维式装置。中空纤维不需要支撑而能承受较高的压差，在各种膜分离设备中，它的单位设备体积内容纳的膜面积最大。可用中空纤维构成类似于管壳式换热器的设备。中空纤维直径为 $0.1\sim1mm$，并列达数百万根，纤维端部用环氧树脂密封，构成管板，封装在压力容器中。中空纤维式适用于反渗透和气体渗透分离。

五、喷雾干燥器

喷雾干燥器是干燥领域发展最快、应用范围最广的一种形式，适用于溶液、乳浊液和可泵送的悬浮液等液体原料生成粉状、颗粒状或块状固体产品。在干燥塔顶部导入热风，同时将料液送至塔顶部，喷雾干燥器通过雾化器将料液喷成雾状液滴，这些液滴群的表面积很大，与高温热风接触后水分迅速蒸发，在极短的时间内便成为干燥产品。从干燥塔底排出的热风与液滴接触后温度显著降低，湿度增大，它作为废气由排风机抽出，废气中夹带的微粒用分离装置回收。进料可以是溶液、悬浮液或糊状物，雾化可以通过旋转式雾化器、压力式雾化喷嘴和气流式雾化喷嘴实现，操作条件和干燥设备的设计可根据被干燥物料的热敏性、黏度、流动性等不同的干燥特性，以及产品的颗粒大小、粒度分布、残留水分含量、堆积密度、颗粒形状等不同的质量要求来选择。

喷雾干燥器使用特点：干燥速度快；在恒速阶段液滴的温度接近于使用的高温空气的湿球温度，物料不会因高温空气影响其产品质量，产品具有良好的分散性、流动性和溶解性；生产过程简单，单操作控制方便，容易实现自动化；由于使用空气量大，干燥容积变大，容积传热系数较低；适于连续大规模生产；环境友好。

六、微波干燥

微波干燥不同于传统干燥方式。传统干燥方法，如火焰、热风、蒸气、电加热等，均为外部加热干燥，物料表面吸收热量后，经热传导，热量渗透至物料内部，随即升温干燥。而微波干燥则完全不同，它是一种内部加热的方法。湿物料处于振荡周期极短的微波高频电场内，其内部的水分子会发生极化，并沿着微波电场的方向整齐排列，而后迅速随高频交变电场方向的交互变化而转动，并产生剧烈的碰撞和摩擦（每秒可达上亿次），结果一部分微波能转化为分子运动能，并以热量的形式表现出来，使水的温度升高而离开物料，从而使物料得到干燥。因此，微波干燥是利用电磁波作为加热源、被干燥物料本身为发热体的一种干燥方式。

微波干燥设备的核心是微波发生器，目前微波干燥的频率主要为 2450MHz。与传统干燥方式相比，微波发生器具有干燥速率大、节能、生产效率高、干燥均匀、清洁生产、易实现自动化控制和提高产品质量等优点。微波干燥技术现已用于食品工业、材料化工、医药工业、矿产开采业、陶瓷工业、实验室分析及湿天然橡胶加工等方面。

 课程作业

简答题

1. 板式塔都有哪些类型？
2. 塔盘的结构及其支承结构有哪些？
3. 常见的填料有哪些类型？
4. 填料塔的喷淋装置有哪些类型？
5. 填料塔中液体再分布器的作用是什么？
6. 填料常见的支承结构有哪些？
7. 圆筒形裙座由哪几部分组成？
8. 塔设备的操作质量、最大质量和最小质量如何计算？
9. 塔设备的计算截面应如何选择？

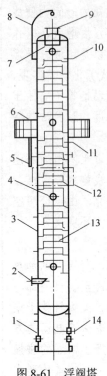

图 8-61　浮阀塔

10．内压操作的塔设备的最大组合轴向压应力和拉应力各出现在什么位置？如何计算？

11．外压操作的塔设备的最大组合轴向拉应力和压应力各出现在什么位置？如何计算？

12．在什么情况下，设计塔设备必须考虑地震载荷？

13．内压操作的塔设备的最大组合轴向拉应力的强度条件是什么？最大组合轴向压应力的强度条件和稳定条件是什么？

14．外压操作的塔设备的最大组合轴向拉应力的强度条件是什么？最大组合轴向压应力的强度条件和稳定条件是什么？

15．裙座基底截面处，操作时最大组合轴向压应力应满足的强度与稳定条件是什么？

16．裙座壳体检查孔或较大管线引出孔处，操作时最大组合轴向压应力满足的强度与稳定条件是什么？

17．塔设备水压试验时应满足什么条件？

18．裙座基底截面水压试验时最大组合轴向压应力应满足的强度和稳定条件是什么？

19．裙座壳体检查孔或较大管线引出孔处，水压试验时最大组合轴向压应力应满足的强度与稳定条件是什么？

20．请写出图 8-61 中编号的名称。

第九章 反应釜

【知识目标】 掌握搅拌反应釜基本知识。

【技能目标】 能合理选用反应釜传热装置；

能合理选用反应釜搅拌装置；

能合理选用反应釜传动装置；

具备搅拌式反应釜基本设计能力。

案例：2004年6月3日凌晨零点，某公司职工苏某、张某、王某三人在二车间值大夜班，苏某负责操作15号提纯反应釜，该反应釜容积为300L，操作压力为常压，主要用于1,4-二氧六环的回收。2:00左右，苏某向反应釜中添加了200kg的二氧六环。大约蒸馏到凌晨5:00，苏某在二楼岗位值班操作，王某和张某在一楼刷碗、洗脸后，张某回二楼途中，大约5:10发生了爆炸。张某面部被烧伤，王某距张某6m左右，幸免于难。苏某被当场炸死，车间窗户框连同玻璃全部震飞，简易屋面严重破坏。

事故原因：

（1）直接原因：这是一起化学性爆炸事故。二氧六环暴露于空气和光线中时，很容易形成过氧化物，且该过氧化物的挥发性比相应的二氧六环的挥发性要小，在蒸馏时不会随二氧六环蒸发，容易积聚在反应釜的底部，并且过氧化物富有能量，有发生爆炸性分解的倾向。此事故釜内1,4-二氧六环被蒸干，釜温升高，造成釜内发生化学爆炸。

（2）间接原因：经调查该公司4-甲基吗啉-N-氧化物的生产技术没有经过有资质的权威机构认证。对该产品的高温易分解、爆炸特性认识不足，没有预防事故的措施。装置的操作系统有缺陷，不便于工人观察、判断釜内的真实液位，且无液位和温度超限报警装置。

该公司持有N-甲基吗啉、二氧六环两个产品的危化品生产许可证，但生产过程中使用的过氧化氢和甲苯没有按规定办理相关行政许可手续。另外，该公司没有对设备进行安全评价，对职工的教育培训也不到位。

第一节 反映釜概述

反应釜在工业生产中应用非常广泛，不仅可以用于反应设备，还可以用于搅拌设备。因此，反应釜不仅是化工行业的一种典型化工设备，还在冶金、医药、食品、石油、染料和农药等领域有重要的应用。化学工艺过程中的化学变化是以将参加反应的物质充分

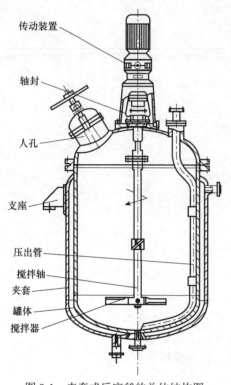

传动装置

轴封

人孔

支座

压出管

搅拌轴

夹套

罐体

搅拌器

图 9-1　夹套式反应釜的总体结构图

搅拌混合为前提的；对于加热、冷却、液体萃取和气体吸收等物理变化过程，也需要充分搅拌才能取得较好的操作效果。在塑料、合成橡胶和合成纤维这三大合成材料领域，反应釜主要用于反应容器。搅拌式反应釜应用之所以广泛，主要是因为反应釜的操作条件（如温度、浓度、停留时间等）的可控范围广，能适应多样化的生产要求。

反应釜的作用主要包括使物料混合均匀，使气体在液相中很好地分散，使固体颗粒在液相中均匀悬浮，使不相溶的另一液相均匀悬浮或充分乳化，强化相间传质和强化传热等。例如，在石油工业中，异种原油的混合调整和精制、汽油中添加四乙基铅等添加剂的混合、产品或原料液的均匀化等都需要用到反应釜。

搅拌式反应釜由搅拌罐、搅拌装置和轴封三大部分组成。其中搅拌装置包括传动装置、搅拌轴和搅拌器等；搅拌罐包括釜体和附件。图 9-1 为夹套式反应釜的总体结构图。

反应釜内筒体为圆柱形壳体，它提供反应所需要的空间；传热装置（如夹套和蛇管等）用于提供反应或物料混合所需要的温度条件；搅拌装置（包括搅拌器和搅拌轴等）是实现搅拌操作的工作部件；传动装置（包括电动机、减速器、联轴节和机架等）为搅拌操作提供动力；轴封装置用于实现反应釜顶盖与搅拌轴之间的密封，以阻止反应釜内介质外泄或外部介质渗入反应釜内。

反应釜属于综合反应容器，通常根据反应条件对其结构功能及配置附件进行设计。在反应釜中从开始的进料—反应—出料均能够以较高的自动化程度按预先设定好的反应步骤完成反应，对反应过程中的温度、压力、力学控制（搅拌、鼓风等）、反应物/产物浓度等重要参数进行严格的调控。

反应釜的设计可分为工艺设计和机械设计两大部分。工艺设计的主要内容有反应釜所需容积，传热面积及构成形式，搅拌器的形式和功率、转速，管口方位布置等。工艺设计所确定的工艺要求和基本参数是机械设计的基本依据。机械设计的内容一般包括：

（1）确定反应釜的结构形式和尺寸。

（2）进行筒体、夹套、封头、搅拌轴等构件的强度计算。

（3）根据工艺要求选用搅拌装置。

（4）根据工艺要求选用轴封装置。

（5）根据工艺要求选用传动装置。

第二节　釜体及传热装置

一、釜体尺寸的确定

反应釜包括釜体和附件，通常为立式容器，有顶盖、筒体和罐底，通过支座固定在基础面或平台上。釜体的内筒一般为钢制圆筒体，筒体端盖一般采用标准椭圆形封头。操作过程中为了对反应进行控制，必须测量反应物的温度、压力、成分及其他参数，容器上还设置有温度、压力等传感器。有时为了改变物料的流型，增加搅拌强度，强化传质和传热，还要在釜体的内部焊装挡板和导流筒。反应釜处于工艺流程当中，釜体上需要安装物料的进出口接管。为了方便釜内构件的安装和检修及加料和排料，釜体上要开设人孔、手孔、加料口和卸料口等结构。顶盖上安装支架，用于连接减速机和轴封。

反应釜的机械设计是在工艺设计完成后进行的。工艺上给出的条件一般包括釜体容积、最大工作压力、工作温度、耐介质腐蚀性、传热面积、搅拌形式、转速和功率、工艺接管尺寸、方位等。机械设计过程就是设计者根据工艺提出的要求和条件，对反应釜筒体、搅拌轴、传动装置和轴封结构进行合理的选型、设计和计算，使设备既满足生产工艺要求，又经济合理。

（一）釜体长径比

反应釜的釜体是由封头和筒体组成，下封头与筒体一般为焊接，上封头与筒体也常用焊接，但在筒体内径小于 1500mm 的场合多采用法兰连接。

筒体的直径和高度是釜体设计的基本尺寸，如图 9-2 所示。工艺条件通常给出设备容积或操作容积，有时也给出筒体内径，或者筒体高度和筒体内径之比（称为长径比）。工艺设计给定的容积，对直立式搅拌容器通常是指筒体和下封头两部分容积之和；对卧式搅拌容器则是指筒体和左右两封头容积之和。

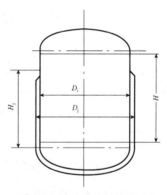

图 9-2　筒体的直径和高度

选择釜体长径比时，重点要考虑釜体长径比对搅拌功率和传热的影响，以及物料搅拌反应特性对釜体长径比的要求。

1. 釜体长径比对搅拌功率的影响

一定结构形式的搅拌器的桨叶直径同与其装配的釜体直径有一定的比例范围。随着釜体长径比的减小，搅拌器的桨叶直径也相应地增大。搅拌器向液体输出的功率 P 按下式计算：

$$P = Kd^5N^3\rho \tag{9-1}$$

式中：K——功率准数，它是搅拌雷诺数 Re_j（$Re_j = d^2N\rho/\mu$）的函数；

d——搅拌器的直径；

N——转速；

ρ——混合液的密度；

μ——混合液的黏度。

根据式（9-1）可知，固定搅拌轴转速下，搅拌功率与桨叶直径的五次方成正比。因而，随着釜体直径增大，搅拌器功率增大很多，这对于需要较大搅拌作业功率的搅拌过程是适合的。

2. 釜体长径比对传热的影响

釜体长径比对夹套传热影响比较显著。容积一定时，长径比越大，则釜体盛料部分表面积越大，夹套的传热面积也越大；同时传热表面离釜体中心越近，物料温度梯度越小，有利于提高传热效果。

3. 物料搅拌反应特性对釜体长径比的要求

某些物料的搅拌反应特性对釜体长径比有特殊要求。例如发酵罐，为了使通入釜内的空气与发酵液有充分的接触时间，需要液位足够高，此时就要求釜体长径比大一些。

根据生产实践总结的几种搅拌反应设备的长径比取值见表 9-1。

表 9-1　几种搅拌反应设备的长径比取值

种类	罐内物料类型	长径比
一般搅拌罐	液-固相、液-液相	1～1.3
	气-液相	1～2
聚合釜	悬浮液、乳化液	2.08～3.85
发酵罐	发酵液	1.7～2.5

（二）内筒体直径和高度的确定

釜体长径比确定以后，要确定内筒体的公称直径和计算高度。在工艺计算中已经确定了反应所需要的容积 V_g，但是在实际操作中反应介质会产生泡沫或呈沸腾状态，其实际所需的容积 V 应大于工艺计算得出的结果 V_g，因而要考虑釜体的装满程度，选择合适的装料系数 η。

1. 确定装料系数 η

$$V_g = \eta V \tag{9-2}$$

装料系数 η 通常可取 0.6～0.85。如果物料在反应过程中产生泡沫或呈沸腾状态，取 0.6～0.7；如果物料在反应中比较平稳，可取 0.8～0.85（物料黏度较大可取较大值）。

2. 估算釜体直径

釜体的实际容积包括筒体部分容积和底部封头部分容积，如图 9-2 所示。为简化计算，先忽略封头容积，则筒体容积为

$$V \approx \frac{\pi}{4} D_i^2 H = \frac{\pi}{4} D_i^3 \left(\frac{H}{D_i} \right) \tag{9-3}$$

式中：V——筒体实际容积，m^3；

　　　D_i——筒体内径，mm；

　　　H——筒体长度，mm。

由式（9-3）可得

$$D_i \approx \sqrt[3]{\frac{4V_g}{\pi \eta \left(\frac{H}{D_i} \right)}} \tag{9-4}$$

3. 确定釜体直径和高度

在圆筒体公称直径系列中选定一个最接近 D_i 的公称直径作为此筒体的公称直径，则筒体高度 H 为

$$H = \frac{V - V_0}{\frac{\pi}{4} D_i^2} = \frac{\frac{V_g}{\eta} - V_0}{\frac{\pi}{4} D_i^2} \tag{9-5}$$

将计算得到的 H 圆整，再校核 H/D_i 是否合适。若不符合长径比要求，则应重新调整计算，直至满足要求为止。

釜体的厚度确定，要根据壳体的承压情况，依据强度条件（承受内压）或稳定性要求（承受外压）进行计算。

二、釜体的传热装置

传热结构有夹套式的壁外传热（夹套换热）和釜内装设换热管传热（蛇管换热）两种形式。

（一）夹套换热

在釜体外侧，以焊接或者法兰连接的方式设各种形状的钢结构，使其与釜体外表面形成密闭的空间，在此空间内通入载热流体，以加热或冷却物料，维持物料的温度在规定的范围，这种结构称为夹套。根据釜体下端封头，整体夹套有圆筒形和 U 形两种，如图 9-3 所示。圆筒形夹套传热面积较小，适用于换热量要求不大的场合。U 形夹套则釜体内筒体和下端封头都包有夹套，传热面积大，是最常用的结构。圆筒形夹

套和 U 形夹套的肩与筒体的焊接结构如图 9-4 所示，夹套底与底部封头的连接结构如图 9-5 所示。夹套高度主要取决于传热面积的要求，一般不低于液面的高度，以保证充分换热。

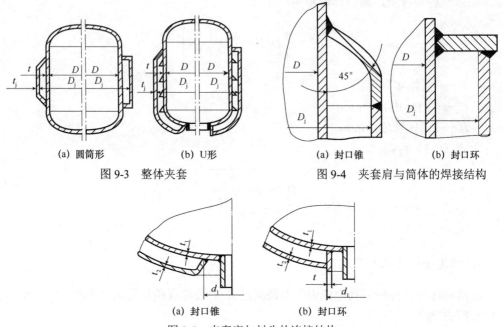

(a) 圆筒形　　　　　　　(b) U形　　　　　　　　　(a) 封口锥　　　　　(b) 封口环

图 9-3　整体夹套　　　　　　　　　　图 9-4　夹套肩与筒体的焊接结构

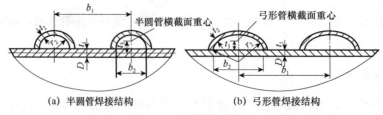

(a) 封口锥　　　　　　(b) 封口环

图 9-5　夹套底与封头的连接结构

　　整体夹套的压力一般不能超过 1.0MPa，否则釜体的壁厚太厚。当反应釜直径较大或传热介质压力较高时，可采用焊接半圆管夹套、型钢夹套或蜂窝夹套，其不但可提高传热介质流速，改善传热效果，还可提高筒体承受外压能力。

　　半圆管夹套的半圆管或弓形管由带材压制而成，加工方便，结构如图 9-6 所示。半圆管夹套的安装方式有螺旋缠绕式和平行排管式两种，如图 9-7 所示。当载热介质流量小时宜采用弓形管。半圆管夹套可以螺旋形缠绕在筒体外侧，也可以沿筒体轴向平行焊在筒体外侧，还可以沿筒体圆周方向平行焊接在筒体外侧。半圆管夹套的缺点是焊缝多，焊接工作量大，筒体较薄时易造成焊接变形。

(a) 半圆管焊接结构　　　　　　　　　(b) 弓形管焊接结构

图 9-6　半圆管夹套结构

　　型钢夹套一般用角钢与筒体焊接组成，有螺旋形角钢互搭式和角钢螺旋形缠绕式两种结构，如图 9-8 所示。型钢的刚度大，弯曲成螺旋形时加工难度较大。

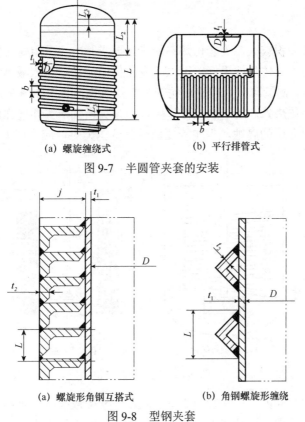

(a) 螺旋缠绕式　　　　　(b) 平行排管式

图 9-7　半圆管夹套的安装

(a) 螺旋形角钢互搭式　　　　　(b) 角钢螺旋形缠绕

图 9-8　型钢夹套

蜂窝夹套是以整体夹套为基础，采取折边或短管等加强措施，以提高筒体的刚度和夹套的承压能力，减少流道面积，从而减薄筒体厚度，强化传热效果。常用的蜂窝夹套有折边式和拉撑式两种形式，结构如图 9-9 所示。夹套向内折边与筒体贴合好再进行焊接的结构称为折边式蜂窝夹套。拉撑式蜂窝夹套是用冲压的小锥体或钢管作为拉撑体。

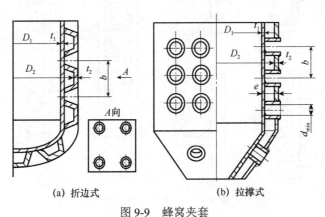

(a) 折边式　　　　　(b) 拉撑式

图 9-9　蜂窝夹套

（二）蛇管换热

当需要的传热面积较大，夹套传热不能满足要求时，可采用蛇管换热。蛇管浸没在物料中，热量损失小，传热效果好，可以改变流体的流动状态，减小漩涡，强化搅拌程度，但检修较困难。蛇管可分为螺旋形蛇管和竖式蛇管，结构如图 9-10 所示。对称布置的几组竖式蛇管除传热外，还起到挡板作用，但是会增大所需要搅拌器的运行功率，且蛇管的材质必须耐介质的腐蚀。当蛇管要承受蒸汽压力时，应当用无缝钢管。

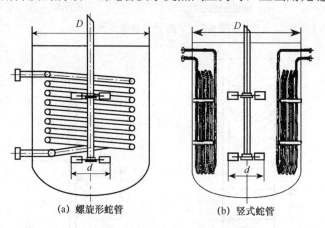

(a) 螺旋形蛇管　　　　(b) 竖式蛇管

图 9-10　蛇管换热结构

蛇管需要固定在筒内。当蛇管中心直径较小、圈数较少时，可利用进出口管固定在釜盖或釜底；当蛇管中心直径较大、圈数较多、质量较大时，则应设支架固定。常用的固定结构如图 9-11 所示。

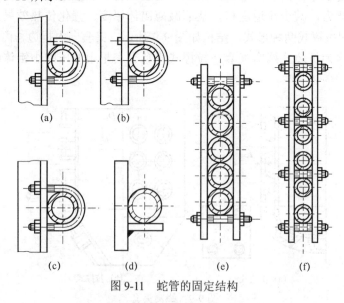

(a)　　　(b)　　　(c)　　　(d)　　　(e)　　　(f)

图 9-11　蛇管的固定结构

图 9-11 中，图 9-11（a）为蛇管支承在角钢上，由半 U 形螺栓固定，其结构简单，但是难以锁紧，适合振动小和蛇管公称直径小的场合；图 9-11（b）为支承在角钢上，

由 U 形螺栓固定，单螺母锁紧；图 9-11（c）与图 9-11（b）的固定结构相似，但是使用双螺母锁紧，固定更加可靠；图 9-11（d）为蛇管支承在扁钢上，不用螺栓锁固，适合用于热膨胀较大的蛇管；图 9-11（e）为使用两块扁钢和螺栓夹紧并支承蛇管，该结构主要用于排列紧密的蛇管，同时具有导流筒的作用；图 9-11（f）与图 9-11（e）的结构相似，只是螺栓数量较多，更适合振动较大的场合。

第三节 搅 拌 装 置

搅拌装置通常由搅拌器、搅拌轴、支承结构、挡板及导流筒等部件组成。搅拌装置是反应釜的关键部件，其设计和选择是否合理，直接影响反应釜的生产能力。搅拌装置的主要零部件已实现标准化，供设计时选用。

一、搅拌器

在反应釜中，搅拌器的作用是增加反应速率，强化传质和传热效果，使物料混合均匀及提供适宜的流动状态。搅拌过程的正常进行依赖于搅拌器的形式、结构、强度等因素。

（一）搅拌器的形式

1. 典型的搅拌器形式

搅拌器的形式有很多，典型的搅拌器形式如图 9-12 所示。

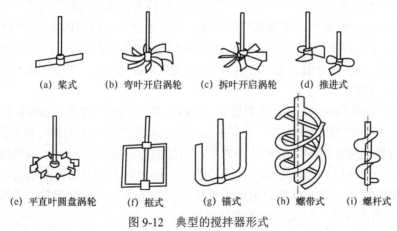

(a) 桨式　(b) 弯叶开启涡轮　(c) 拆叶开启涡轮　(d) 推进式

(e) 平直叶圆盘涡轮　(f) 框式　(g) 锚式　(h) 螺带式　(i) 螺杆式

图 9-12　典型的搅拌器形式

2. 工业常用的搅拌器形式

在工业生产中，桨式、推进式、涡轮式和锚式搅拌器在搅拌反应设备中应用最为广泛，占搅拌器总数的 75%～80%。

1）桨式搅拌器

桨式搅拌器的结构最简单，其叶片用扁钢制成，焊接或用螺栓固定在轮毂上，叶片数是 2 片、3 片或 4 片，叶片形式可分为平直叶式和折叶式两种。桨式搅拌器的转速一般为 20～100r/min，最高黏度为 20Pa·s。

桨式搅拌器主要用于流体的循环。由于在同样排量下，折叶式比平直叶式的功耗少，操作费用低，故轴流桨叶使用较多。桨式搅拌器在液-液系中可用于防止分离和使罐内介质的温度均一；在固-液系中多用于防止固体沉降；也用于高黏流体搅拌，促进流体的上下交换，代替价格高的螺带式叶轮，能获得良好的效果；不能用于以保持气体和以细微化为目的的气-液分散操作中。

2）推进式搅拌器

推进式搅拌器又称为船用推进器。标准推进式搅拌器有三瓣叶片，其螺距与桨直径 d 相等。其直径较小，$d/D=1/4～1/3$，叶端速度一般为 7～10 m/s，最高达 15 m/s。搅拌时流体由桨叶上方吸入，下方以圆筒状螺旋形排出，流体至容器底再沿壁面返至桨叶上方，形成轴向流动。

推进式搅拌器搅拌时流体的湍流程度不高，循环量大，结构简单，制造方便，循环性能好，剪切作用不大，属于循环型搅拌器。

推进式搅拌器常用于黏度低、流量大的场合，用较小的搅拌功率，能获得较好的搅拌效果；主要用于液-液系混合，使温度均匀；可用于低浓度固-液系中以防止淤泥沉降，等等。

3）涡轮式搅拌器

涡轮式搅拌器又称为透平式叶轮，是应用较广的一种搅拌器，能有效地完成大多数的搅拌操作，并能处理黏度范围很广的流体。涡轮式搅拌器分为开式和盘式两种。开式有平直叶、斜叶、弯叶等，叶片数为 2 片和 4 片。盘式有圆盘平直叶、圆盘斜叶、圆盘弯叶等，叶片数常为 6 片。平直叶搅拌器剪切作用较大，属剪切型搅拌器。弯叶搅拌器的叶片朝着流动方向弯曲，可降低功率消耗，适用于含有易碎固体颗粒的流体搅拌。

涡轮式搅拌器有较大的剪切力，可使流体微团分散得很细，适用于低黏度到中等黏度流体的混合、液-液分散、液-固悬浮，以及促进良好的传热、传质和化学反应。

4）锚式搅拌器

锚式搅拌器结构简单，适用于黏度在 100Pa·s 以下的流体搅拌。当流体黏度在 10～100Pa·s 时，可在锚式桨中间加一横桨叶，即为框式搅拌器，以增加容器中部的混合。

锚式或框式桨叶的混合效果并不理想，只适用于对混合要求不太高的场合。由于锚式搅拌器在容器壁附近流速比其他搅拌器大，能得到大的表面传热系数，因此常用于传热、晶析操作。锚式搅拌器常用于搅拌高浓度淤浆和沉降性淤浆。当搅拌黏度大于 100Pa·s 的流体时，应采用螺带式或螺杆式。

（二）搅拌器的流型

搅拌器可提供工艺过程所需的能量和适宜的流动状态，以达到搅拌的目的。搅拌器旋转时把机械能传递给流体，在搅拌器附近形成高湍动的充分混合区，并产生一股高速射流推动液体在搅拌容器内循环流动。这种循环流动的途径称为流型。工艺过程对搅拌的要求可分为混合、搅动、悬浮和分散四种。

混合是通过搅拌作用，使相对密度、黏度不同的物料混合均匀。

搅动是通过搅拌使物料强烈流动，以提高传热和传质速率。

悬浮是通过搅拌使原来在静止的液体中会沉降的固体颗粒或液滴悬浮在液体介质中。

分散是通过搅拌作用，使气体、液体或固体分散在液体介质中，增大不同物相间的接触面积，加快传热和传质过程。

（三）影响搅拌器流型的因素

搅拌器的流型与搅拌效果、搅拌功率的关系十分密切。搅拌器功能的改进和新型搅拌器的开发往往从流型着手。搅拌容器内的流型取决于：搅拌器的结构和运行参数，如搅拌器的形式、桨叶直径和宽度、桨叶的倾角、桨叶数量、搅拌器的转速等；搅拌槽的结构参数，如搅拌槽内径和高度、有无挡板或导流筒、挡板的宽度和数量、导流筒直径等；搅拌介质的物性，如各介质的密度、液相介质黏度、固体颗粒大小、气体介质通气率等。对于搅拌机顶插式中心安装的立式圆筒，有三种基本流型，如图9-13所示。

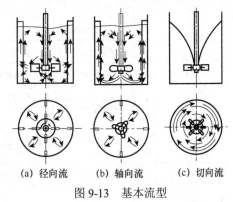

(a) 径向流　　(b) 轴向流　　(c) 切向流

图9-13　基本流型

1. 径向流

流体流动方向垂直于搅拌轴，沿径向流动，碰到容器壁面分成两股流体分别向上、下流动，再回到叶端，不穿过叶片，形成上、下两个循环流动。

2. 轴向流

流体流动方向平行于搅拌轴，流体由桨叶推动，使流体向下流动，遇到容器底面再向上翻，形成上下循环流。

3. 切向流

无挡板的容器内，流体绕轴做旋转运动，流速高时液体表面会形成漩涡，流体从桨叶周围周向卷吸至桨叶区的流量很小，混合效果很差。

（四）搅拌器形式的选择

影响搅拌过程及搅拌效果的因素非常复杂，同一种搅拌作业可能有多种搅拌器形式可以选择，具体形式一般都是依据实践经验和实验数据而定的。搅拌器选型一般首先考虑搅拌目的、物料黏度和搅拌容器容积的大小。选用时除满足工艺要求外，还应考虑功耗低、操作费用省，以及制造、维护和检修方便等因素。常用的搅拌器选用方法有按搅拌目的选型和按搅拌器形式及适用条件选型两种。

1. 按搅拌目的选型

表 9-2 是按搅拌目的推荐的搅拌器形式。

表 9-2　按搅拌目的推荐的搅拌器形式

搅拌目的	挡板条件	推荐形式	流动状态
互溶液体的混合及在其中进行化学反应	无挡板	三叶折叶涡轮、六叶折叶开启涡轮、桨式、圆盘涡轮	湍流（低黏流体）
	有导流筒	三叶折叶涡轮、六叶折叶开启涡轮、推进式	
	有或无导流筒	桨式、螺杆式、框式、螺带式、锚式	层流（高黏流体）
固-液相分散及在其中溶解和进行化学反应	有或无挡板	桨式、六叶折叶开启式涡轮	湍流（低黏流体）
	有导流筒	三叶折叶涡轮、六叶折叶开启涡轮、推进式	
	有或无导流筒	螺带式、螺杆式、锚式	层流（高黏流体）
液-液相分散（互溶的液体）及在其中强化传质和进行化学反应	有挡板	三叶折叶涡轮、六叶折叶开启涡轮、桨式、圆盘涡轮、推进式	湍流（低黏流体）
液-液相分散（不互溶的液体）及在其中强化传质和进行化学反应	有挡板	圆盘涡轮、六叶折叶开启涡轮	湍流（低黏流体）
	有反射物	三叶折叶涡轮	
	有导流筒	三叶折叶涡轮、六叶折叶开启涡轮、推进式	
	有或无导流筒	螺带式、螺杆式、锚式	层流（高黏流体）
气-液相分散及在其中强化传质和进行化学反应	有挡板	圆盘涡轮、闭式涡轮	湍流（低黏流体）
	有反射物	三叶折叶涡轮	
	有导流筒	三叶折叶涡轮、六叶折叶开启涡轮、推进式	
	有导流筒	螺杆式	层流（高黏流体）
	无导流筒	锚式、螺带式	

2. 按搅拌器形式及适用条件选型

表 9-3 是搅拌器各种形式的适用条件。

表 9-3　搅拌器各种形式的适用条件

搅拌器形式	流动状态			搅拌目的										搅拌容器容积/m³	转速范围/(r/min)	最高黏度/P
	对流循环	湍流扩散	剪切流	低黏度混合	高黏度液混合传热反应	分散	溶解	固体悬浮	气体吸收	结晶	传热	液相反应				
涡轮式	○	○	○	○	○	○	○	○	○	○	○	○	1～100	10～300	500
桨式	○	○		○	○					○	○	○	1～200	10～300	20
推进式	○	○		○		○					○	○	1～1000	10～500	500

续表

搅拌器形式	流动状态			搅拌目的										搅拌容器容积/m³	转速范围/(r/min)	最高黏度/P
	对流循环	湍流扩散	剪切流	低黏度混合	高黏度液混合传热反应	分散	溶解	固体悬浮	气体吸收	结晶	传热	液相反应				
折叶开启涡轮式	○	○		○		○	○	○			○	○	1～1000	10～300	500
布尔马金式	○	○	○	○	○						○	○	1～100	10～300	500
锚式	○			○	○		○						1～100	1～100	1000
螺杆式	○			○	○		○						1～50	0.5～50	1000
螺带式	○			○	○		○						1～50	0.5～50	1000

注：1. 表中空白为不适或不详，○为适合。

2. 1P=1Pa·s。

（五）挡板与导流筒

1. 挡板

当物料黏度小、搅拌转速高时，液体随桨叶旋转，在离心力作用下涌向内壁面并上升，中心部分液面下降，形成漩涡，称为打漩区。随着转速的增加，漩涡中心下凹到与桨叶接触，外面空气进入桨叶被吸到液体中，使其密度减小，混合效果降低。此时可设置挡板，以消除打漩和提高混合效果。一般在容器内壁面均匀安装 4 块挡板，宽度为容器直径的 1/12～1/10，结构如图 9-14 所示。

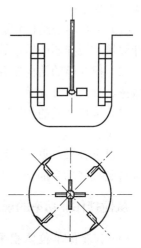

图 9-14　安装纵向挡板的搅拌器

当再增加挡板数和挡板宽度，而功率消耗不再增加时，称为全挡板条件。全挡板条件与挡板数量和宽度有关。搅拌容器中的传热蛇管可部分或全部代替挡板，装有垂直换热管时一般可不再安装挡板。

2. 导流筒

导流筒是一上下开口的圆筒，安装于容器内，在搅拌混合中起导流作用，结构如图 9-15 所示。

通常导流筒上端低于静液面，筒身上开孔或槽，当液面降落后流体仍可从孔或槽进入导流筒。导流筒将搅拌容器截面分成面积相等的两部分，导流筒直径约为容器直径的 70%。当搅拌器置于导流筒之下，且容器直径又较大时，导流筒的下端直径应缩小，使下部开口小于搅拌器的直径。

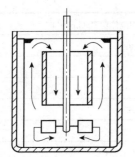

图 9-15　安装导流筒的搅拌器

二、搅拌器的功率

（一）搅拌器功率和搅拌作业功率

搅拌功率是搅拌器以一定转速进行搅拌时，对液体做功并使之发生流动所需的功率。
搅拌器功率是使搅拌器连续运转所需的功率。
搅拌作业功率是使搅拌槽内的液体以最佳方式完成搅拌过程所需要的功率。
搅拌操作最理想的情况是搅拌器功率等于搅拌作业功率。

（二）影响搅拌功率的因素

理论上虽然可将搅拌功率从搅拌器功率和搅拌作业功率两个方面考虑，但在实践中一般只考虑或主要考虑搅拌器功率，因搅拌作业功率很难予以准确测定，一般通过设定搅拌器的转速来满足所需的搅拌作业功率。从搅拌器功率的概念出发，影响搅拌功率的主要因素如下：

（1）搅拌器的结构和运行参数，如搅拌器的形式、桨叶直径和宽度、桨叶的倾角、桨叶数量、搅拌器的转速等。

（2）搅拌槽的结构参数，如搅拌槽的内径和高度、有无挡板或导流筒、挡板的宽度和数量、导流筒直径等。

（3）搅拌介质的物性，如各介质的密度、液相介质黏度、固体颗粒大小、气体介质通气率等。

由以上分析可见，影响搅拌功率的因素是很复杂的，一般难以直接通过理论分析方法来得到搅拌功率的计算方程。

三、从搅拌作业功率的观点确定搅拌过程功率

（一）液体单位体积平均搅拌功率的推荐值

液体单位体积平均搅拌功率大小反映搅拌的难易程度。

对于 $Re>10^4$ 的湍流区操作的搅拌过程，液体单位体积平均搅拌功率推荐值见表 9-4。

表 9-4　液体单位体积平均搅拌功率推荐值

搅拌过程的种类	液体单位体积的平均搅拌功率/（hp/m³）
液体混合	0.09
固体有机物悬浮	0.264～0.396
固体有机物溶解	0.396～0.528
固体无机物溶解	1.32
乳液聚合（间歇式）	1.32～2.64
悬浮聚合（间歇式）	1.585～1.894
气体分散	3.96

注：1hp＝745.700W。

（二）按搅拌过程求搅拌功率的计算图

通过搅拌过程的种类、物料量、物性参数来求搅拌功率，计算图如图9-16所示。图算法计算过程分为以下三步：

（1）将液体容积值与液体黏度值连线，交于参考线Ⅰ；

（2）由参考线Ⅰ上的交点与液体体积质量连线，并交于参考线Ⅱ上某点；

（3）再将参考线Ⅱ上的交点与某一搅拌过程连线，交于搅拌功率线，此交点即为搅拌过程的搅拌功率。

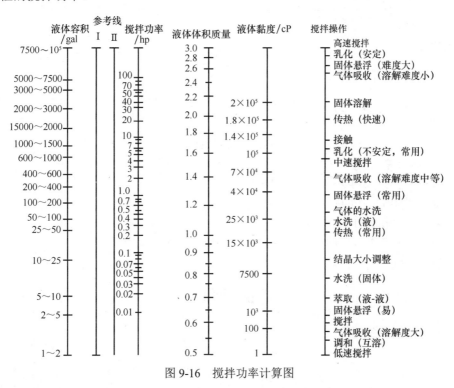

图9-16 搅拌功率计算图

第四节 传动装置及轴封

搅拌设备的传动装置为搅拌操作提供动力、能量，其结构一般包括电动机、搅拌轴、轴承机架、顶盖结构和轴封等，如图9-17所示。

一、电动机

电动机是把电能转换成机械能的一种设备。它是利用通电线圈（也就是定子绕组）产生旋转磁场并作用于转子笼形闭合铝框形成磁电动力旋转转矩的。电动机型号的选

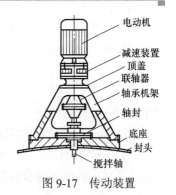

图9-17 传动装置

择主要依据电动机功率和使用环境来确定。电动机的功率可由搅拌功率和轴封消耗功率来计算。

$$P_e = \frac{P + P_s}{\eta} \tag{9-6}$$

式中：P_e——电动机功率，kW；

　　　P_s——轴封消耗功率，kW；

　　　η——传动系统的机械效率，%。

二、搅拌轴

1. 轴的强度计算

搅拌轴的强度条件为

$$\tau_{max} = \frac{T_\theta}{W_p} \leqslant [\tau]_k \tag{9-7}$$

式中：τ_{max}——截面上最大剪应力，MPa；

　　　T_θ——轴所传递的转矩，N·mm；

　　　W_p——抗扭截面系数，mm³；

　　　$[\tau]_k$——考虑有弯曲作用的材料扭转许用剪应力，MPa。

对于实心轴，有

$$W_p = \frac{\pi d^3}{16} \tag{9-8}$$

则搅拌轴的直径为

$$d = 1.72 \left(\frac{T_\theta}{[\tau]_k} \right)^{\frac{1}{3}} \tag{9-9}$$

2. 轴的刚度计算

为了防止轴产生过大的扭转变形引起振动，进而导致轴封失效，应该将轴的扭转变形限制在一个允许的范围内。工程上以单位长度的扭转角 φ^0 不得超过许用扭转角 $[\varphi^0]$ 作为扭转刚度条件，即

$$\varphi^0 = \frac{T_\theta}{G_0 J_p} \times \frac{180}{\pi} \times 100 \leqslant [\varphi^0] \tag{9-10}$$

式中：φ^0——轴的扭转角，(°)/m；

　　　$[\varphi^0]$——轴的许用扭转角，(°)/m；

　　　G_0——轴材质的剪切弹性模量，MPa；

　　　J_p——轴截面的极惯性矩，mm⁴。

由式（9-10）可见，扭转角 φ^0 与转矩 T_θ 成正比，与 $G_0 J_p$ 成反比。工程上将 $G_0 J_p$ 称为扭转刚度。许用扭转角取值方法如下：

（1）在精密稳定的传动中，$[\varphi^0]$ 取 $1/4 \sim 1/2$（°）/m。

（2）在一般传动和搅拌轴的计算中，$[\varphi^0]$ 取 $1/2 \sim 1$（°）/m。

（3）在精度要求低的传动中，可取 $[\varphi^0] > 1$（°）/m。

由强度和刚度条件计算出轴径后，还要考虑因轴上开键槽或销钉孔等引起的横截面的局部削弱，因而要在计算直径的基础上适当增大。

三、轴承机架

轴承在搅拌装置机械传动过程中起保持搅拌轴中心位置固定和减小载荷摩擦因数的作用。轴承是当代机械设备中一种举足轻重的零部件。按运动元件摩擦性质的不同，轴承可分为滚动轴承和滑动轴承两类。按承载方向可分为向心轴承（主要承载径向载荷）、推力轴承（主要承载轴向载荷）和向心推力轴承（承载径向载荷和轴向载荷）。

机架是用于支承减速机和电动机的架子，还具有稳定搅拌轴的作用。机架可分为无支点机架、单支点机架和双支点机架，其结构如图 9-18 所示。

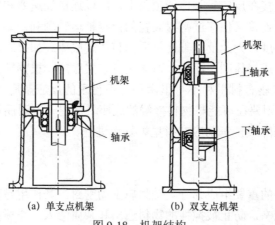

（a）单支点机架   （b）双支点机架

图 9-18　机架结构

无支点机架一般仅适用于传递小功率和小的轴向载荷的情况。当减速机中的轴承完全能够承受液体搅拌所产生的轴向力时，可在轴封下面设置一个滑动轴承来控制轴的横向摆动，此时可选用无支点机架。

单支点机架适用于电动机或减速机可作为一个支点，或容器内可设置中间轴承和底轴承的情况。当减速机中的轴承能承受部分轴向力时，可采用单支点机架，机架上的滚动轴承承担大部分轴向力。

双支点机架适用于悬臂轴。当减速机中的轴承不能承受液体搅拌所产生的轴向力时，应选用双支点机架，由机架上两个支点的滚动轴承承受全部轴向力。对于大型设备、对搅拌密封要求较高的场合及搅拌轴载荷较大的情况，一般推荐采用双支点机架。

四、顶盖与底座结构

（一）顶盖

反应釜顶盖在受压状态下操作常选用椭圆形封头。设计时一般先算出反应釜顶盖承受操作压力所需要的最小壁厚，然后根据顶盖上密集的开孔情况按整体补强的方法计算其壁厚，再加上壁厚附加量，经圆整即是采用的封头壁厚。一般搅拌器质量及工作载荷对封头稳定性影响不大时，不必将封头另行加强；若反应釜搅拌器的工作状况对封头的影响较大，则要把封头壁厚适当增加一些。例如，封头直径较大而壁厚较薄、刚性较差，不足以承受搅拌器操作载荷；因传动装置偏载而产生较大弯矩；反应釜搅拌操作时轴向推力较大或机械振动较大；由于搅拌轴安装位置偏离反应釜壳体几何中心线或者由于搅拌器几何形状的不对称而产生的弯矩等情况。对于常压或操作压力不大而直径较大的设备，顶盖常采用薄钢板制造的平盖，即在薄钢板上加设型钢（槽钢或工字钢）制的横梁，用以支承反应釜搅拌器及传动装置。

（二）底座结构

底座通过焊接连接在反应釜壳体的顶盖上，用以连接加速器和轴的密封装置。为了保证其与减速器牢固连接又使穿过密封装置的搅拌轴运转顺利，要求密封装置与减速器安装时有一定的同心度，为此反应釜常常采用整体式底座。如果减速器底座和轴封底座的直径相差很多，做成一体则不经济，可采用分装式底座。根据搅拌反应釜壳内物料的腐蚀情况，反应釜底座有衬里和不衬里两种。不衬里的反应釜底座材料可用 Q235 或 Q235F。要求衬里的则要在可能与物料接触的底座表面衬一层耐腐蚀材料，通常使用不锈钢。为便于和底座焊接，车削应在衬里焊好后进行。

五、轴封

轴封是搅拌设备的重要组成部分。轴封属于动密封，其作用是保证搅拌设备内处于一定的正压或真空状态，防止被搅拌的物料逸出和杂质渗入。在搅拌设备中，最常用的轴封有填料密封和机械密封两种。

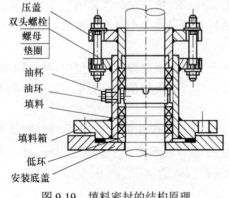

压盖
双头螺栓
螺母
垫圈
油杯
油环
填料
填料箱
低环
安装底盖

图 9-19　填料密封的结构原理

（一）填料密封

填料密封的结构原理如图 9-19 所示，由填料箱、填料、压盖、螺栓等基本零件组成。在压盖压力作用下，装在搅拌轴与填料箱本体之间的填料，对搅拌轴表面产生径向压紧力。由于填料中含有润滑剂，因此，在对搅拌轴产生径向压紧力的同时，会形成一层极薄的液膜，一方面使搅拌轴得到润滑，另一方面阻止设备内流体的逸出或外部流体的渗入，达到密封的目的。

填料密封不可能绝对不漏，因为增加压紧力，填料紧压在转动轴上，会加速轴与填料间的磨损，使密封更快失效。填料密封不适合压力大、转速高的场合。在操作过程中应适当调整压盖的压紧力，并需定期更换填料。

（二）机械密封

机械密封是把转轴的密封面从轴向改为径向，通过动环和静环两个端面的相互贴合，在弹簧的作用下紧密接触，并做相对运动达到密封的装置，机械密封又称为端面密封，其结构原理如图 9-20 所示。

动环与轴之间的密封属于静密封，密封件常用 O 形环。动环和静环做相对旋转运动时的端面密封属于动密封，是机械密封的关键。两个密封端面的平面度和粗糙度要求较高，可依靠介质的压力和弹簧力使两端面保持紧密接触，并形成一层极薄

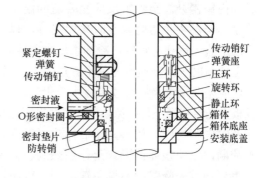

图 9-20　机械密封的结构原理

的液膜以起到密封作用。静环与静环座之间的密封属于静密封。静环座与设备之间的密封也属于静密封，通常设备凸缘做成凹面，静环座做成凸面，中间用垫片密封。动环和静环之间的摩擦面称为密封面。密封面上单位面积所受的力称为端面比压，它是动环在介质压力和弹簧力的共同作用下，紧压在静环上引起的，是操作时保持密封所必需的净压力。

机械密封的泄漏率低，密封性能可靠，功耗小，使用寿命长，在搅拌反应器中得到广泛的应用。

第五节　搅拌式反应釜的使用与维护

机器的维护保养是一项极其重要的经常性的工作，它应与操作和检修等密切配合，应有专职人员进行值班检查。

一、安装试车

反应釜应安装在水平的混凝土基础上，用地脚螺栓固定，或支承在操作平台上。安装时应注意保证主机体与水平的垂直。安装后要检查各部位螺栓有无松动及主机仓门是否紧固，若有松动要进行紧固。应按反应釜的动力配置电源线和控制开关。各项检查完毕后，要进行空负荷试车，试车正常即可进行生产。

二、操作规范

反应釜是一种反应设备，在操作时一定要注意严格按照规章制度去操作，否则会因为很多原因造成不必要的生产停止。

在操作前应仔细检查有无异常状况。加料前应先开搅拌器，无杂声且正常时，将料加到釜内，加料数量不得超过工艺要求。必须严格按照工艺要求，按顺序加料，不得随意更改加料次序。投料完毕后开始升温，不可升温过快或过慢，一定要在规定的时间内缓慢升温至物料反应至合适的温度。保温过程中要随时查看釜温，并做好相应记录，釜温不正常时要及时采取措施，以保持正常反应温度。开冷却水阀门时，要先开回水阀，后开进水阀，冷却水压力要控制好。反应釜运行中冷凝水排放必须流畅，釜内上部温度与下部温度之差不宜过大。当发生冷凝水排放受阻引起反应釜严重上拱变形时，应采取紧急措施排放冷凝水，仍无效时应停釜。在正常运行中，不得打开上盖和触及板上的接线端子，以免触电；严禁带压操作。要随时检查设备运转情况，发现异常情况应及时停车检修。放料完毕后，应将釜内残渣冲洗干净。对于搪瓷反应釜则不能用碱水冲刷，以免损坏搪瓷。釜体加热到较高温度时，不要和釜体接触，以免烫伤。反应结束应该首先降温，不得急速冷却，以防过大的温差压力造成损坏，同时要及时关闭电源。

三、日常维护保养

日常维护检修要注意反应釜内有无异常振动和响声。转动齿轮在运转时若有冲击声，应立即停车检查，并消除故障。要检查反应釜所有进出口阀是否完好可用，若有问题必须及时处理。要检查反应釜的法兰和机座等有无螺栓松动，安全护罩是否完好可靠。要检查反应釜本体有无裂纹、变形、鼓包、穿孔、腐蚀、泄漏等现象，保温、油漆等是否完整，有无脱落、烧焦情况。检查安全阀、防爆膜、压力表、温度计等安全装置是否灵敏、准确，安全阀、压力表是否已校验，并且铅封完好，压力表的红线是否画正确，防爆膜是否内漏。要注意检查减速机和电动机声音是否正常，检查减速机、电动机、机座轴承等各部位的开车温度情况，一般温度不超过 40℃，最高温度不超过 60℃。轴承担负机器的全部负荷，所以良好的润滑对轴承寿命十分有利，它直接影响到机器的使用寿命和运转率，因而要求注入的润滑油必须清洁，密封必须良好。主要注润滑油的位置有转动轴承、轧辊轴承、所有齿轮、活动轴承和滑动平面。要每三个月调整一次反应釜搅拌桨机械密封精度，每六个月更换一次减速机润滑油，检修电器设备。应检查减速机有无漏油现象，轴封是否完好，油泵是否上油；检查减速箱内油位和油质变化情况，必要时补加或更新相应的机油。要保持搅拌轴清洁见光；对圆螺母连接的轴，要检查搅拌轴转动方向是否按顺时针方向旋转，严禁反转。应定期进釜内检查搅拌轴等釜内附件情况，并紧固松动螺栓，必要时更换有关零部件。注意检查易磨损件的磨损程度，随时注意更换被磨损的零件。

知识拓展

其他反应设备

反应器是实现反应过程的设备，广泛应用于化工、炼油、冶金、轻工等工业部门。化学反应器是化学反应的载体，是化工研究、生产的基础，是决定化学反应好坏的重要因素之一。反应器的种类很多，除了釜式反应器外，还有管式反应器、塔式反应器、固定床反应器和流化床反应器等。

一、管式反应器

1. 管式反应器简介

管式反应器是一种呈管状、长径比很大的连续操作反应器，其结构如图 9-21 所示。这种反应器可以很长，如丙烯二聚的反应器管长以千米计。反应器的结构可以是单管，也可以是多管并联；可以是空管，如管式裂解炉，也可以是在管内填充颗粒状催化剂的填充管，以进行多相催化反应，如列管式固定床反应器。通常，反应物流处于湍流状态时，空管的长径比大于 50；填充段长与粒径之比大于 100（气体）或 200（液体）时，物料的流动可近似地视为平推流。

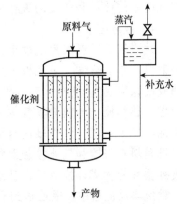

图 9-21　管式反应器的结构

2. 管式反应器的特点

（1）由于反应物的分子在反应器内停留时间相等，所以在反应器内任何一点上的反应物浓度和化学反应速度都不随时间而变化，只随管长变化。

（2）管式反应器具有容积小、比表面积大、单位容积的传热面积大等特点，特别适用于热效应较大的反应。

（3）由于反应物在管式反应器中反应速度快、流速快，所以它的生产能力高。

（4）管式反应器适用于大型化和连续化的化工生产。

（5）和釜式反应器相比较，其返混较小，在流速较低的情况下，其管内流体流型接近于理想流体。

（6）管式反应器既适用于液相反应，又适用于气相反应，用于加压反应尤为合适。

二、塔式反应器

1. 填料塔

填料塔结构简单，耐腐蚀，适用于快速和瞬间反应过程，轴向返混可忽略；能获得较大的液相转化率；由于气相流动压降小，降低了操作费用，特别适宜于低压和介质具有腐蚀性的操作；但液体在填料床层中停留时间短，不能满足慢反应的要求，且存在壁流和液体分布不均等问题，其生产能力低于板式塔。填料塔要求填料比表面积大、空隙率高、耐蚀性强及强度和润湿等性能优良。常用的填料材质有陶瓷、不锈钢、石墨和塑料。

2. 板式塔

板式塔适用于快速和中速反应过程，具有逐板操作的特点；各塔板上维持相当的液量，以进行气-液相反应；由于采用多板，可将轴向返混降到最低，并可采用最小的液流速率进行操作，从而获得极高的液相转化率；气液剧烈接触，气-液相界面传质和传热系数大，是强化传质过程的塔型，因此适用于传质过程控制的化学反应过程；塔板间可设置传热构件，以移出和移入热量。但反应器结构复杂，气相流动压降大，且塔板需用耐蚀性材料制作，因此大多用于加压操作过程。

3. 喷雾塔

喷雾塔是气膜控制的反应系统，适于瞬间反应过程；塔内中空，特别适用于有污泥、沉淀和生成固体产物的体系。但喷雾塔储液量低，液相传质系数小，且雾滴在气流中的浮动和气流沟流存在，气液两相返混严重。

4. 鼓泡塔

鼓泡塔是以液相为连续相、气相为分散相的气液反应器。气体一般由环形气体分散器、单孔喷嘴、多孔板等分散后通入塔内。气体鼓泡通过含有反应物或催化剂的液层以实现气-液相反应过程。液体分批加入，气体连续通入的称为半连续操作鼓泡塔。连续操作的鼓泡塔气体和液体连续加入，流动方向可以为向上并流或逆流。鼓泡塔多为空塔，液相轴向返混严重。一般在塔内设有挡板，以减少液体返混；也可设置填料来增加气液接触面积，以减少返混。为加强液体循环和传递反应热，可设外循环管和塔外换热器。鼓泡塔储液量大，适于速度慢和热效应大的反应。在单一鼓泡塔反应器中，很难达到高的液相转化率，因此常用多级串联或间歇操作方式。

三、固定床反应器

1. 固定床反应器简介

固定床反应器又称为填充床反应器，是装填有固体催化剂或固体反应物用以实现多相反应过程的一种反应器，其结构如图 9-22 所示。固体物通常呈颗粒状，粒径为 2～15mm，堆积成一定高度（或厚度）的床层。床层静止不动，流体通过床层进行反应。它与流化床反应器及移动床反应器的区别在于固体颗粒处于静止状态。固定床反应器主要用于实现气-固相催化反应，如氨合成塔、二氧化硫接触氧化器、烃类蒸气转化炉等。用于气-固相或液-固相非催化反应时，床层则填装固体反应物。涓流床反应器也可归属于固定床反应器，气-液相并流向下通过床层，呈气-液-固相接触。

2. 固定床反应器的特点

固定床反应器的主要优点：返混小，流体同催化剂可进行有效接触，当反应伴有串联副反应时可得较高选择性；催化剂机械损耗小；结构简单。

固定床反应器的主要缺点：传热差，反应放热量很大时，即使是列管式反应器也可能出现飞温（反应温度失去控制，急剧上升，超过允许范围）；操作过程中催化剂不能更换，催化剂需要频繁再生的反应一般不宜使用，常代之以流化床反应器或移动床反应器。

固定床反应器中的催化剂不限于颗粒状，网状催化剂早已应用于工业上。目前，蜂窝状、纤维状催化剂也已被广泛使用。

四、流化床反应器

1. 流化床反应器简介

流化床反应器是一种利用气体或液体通过颗粒状固体层，从而使固体颗粒处于悬浮运动状态，并进行气-固相反应过程或液-固相反应过程的反应器。流化床反应器在用于气固系统时，又称为沸腾床反应器。流化床反应器的结构如图 9-23 所示。流化床反应器在现代工业中的早期应用为 20 世纪 20 年代出现的粉煤气化；但现代流化反应技术的开拓以 20 世纪 40 年代石油催化、裂化为代表的。目前，流化床反应器已在化工、石油、冶金、核工业等部门得到广泛应用。

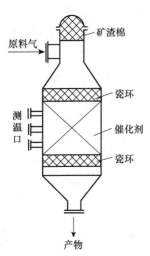

图 9-22　固定床反应器的结构

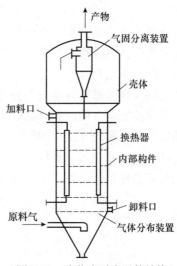

图 9-23　流化床反应器的结构

2. 流化床反应器的特点

1）流化床反应器的优点

（1）由于可采用细粉颗粒，并在悬浮状态下与流体接触，因此流-固相界面面积大（可高达 $3280\sim16\,400\,m^2/m^3$），有利于非均相反应的进行，提高了催化剂的利用率。

（2）颗粒在床内混合激烈，使颗粒在全床内的温度和浓度均匀一致，床层与内浸换热表面间的传热系数很高 [$200\sim400\,W/(m^2\cdot K)$]，全床热容量大，热稳定性高，这些都有利于强放热反应的等温操作。这是许多工艺过程的反应装置选择流化床反应器的重要原因之一。流化床内的颗粒群有类似流体的性质，可以大量地从装置中移出、引入，并可以在两个流化床之间大量循环。这使得一些反应—再生、吸热—放热、正反应—逆反应等反应耦合过程和反应—分离耦合过程得以实现，使得易失活催化剂能在工程中使用。

2）流化床反应器的缺点

（1）气体流动状态与活塞流偏离较大，气流与床层颗粒发生返混，以致在床层轴向没有温度差及浓度差。加之气体可能成大气泡状态通过床层，使气固接触不良，使反应的转化率降低。因此流化床一般达不到固定床的转化率。

（2）催化剂颗粒间相互剧烈碰撞，会造成催化剂的损失和除尘的困难。

（3）由于固体颗粒的磨蚀作用，管子和容器的磨损严重。

　　虽然流化床反应器存在着上述缺点，但其优点是主要的。流态化操作总的经济效果是有利的，特别是传热和传质速率快、床层温度均匀、操作稳定的突出优点，对于热效应很大的大规模生产过程特别有利。

 课程作业

简答题

1. 反应釜主要由哪些部分组成？
2. 反应釜的传热装置有哪些类型？
3. 搅拌器的流型有哪些？
4. 常见的搅拌器形式有哪些？各有什么特点？
5. 影响搅拌器功率的因素有哪些？
6. 确定搅拌功率的方法有哪些？
7. 搅拌装置由哪几部分组成？
8. 轴封的原理是什么？

第十章　传动与连接

【知识目标】　掌握常用化工机械知识；
　　　　　　　了解常用化工机械的结构特性。

【技能目标】　能够合理选择传动方式；
　　　　　　　能够合理选择联轴器与轴承类型；
　　　　　　　能够根据工艺条件和常用化工设备的结构特性选择合适的设备。

　　机械是能帮助人们降低工作难度或省力的工具装置，它能够将能量、力从一个地方传递到另一个地方。它能改变物体的形状结构，创造出新的物件。像筷子、扫帚及镊子一类的物品都可以被称为机械，它们是简单机械。而复杂机械就是由两种或两种以上的简单机械构成的，通常把这些比较复杂的机械称为机器。

　　机械工程是以有关的自然科学和技术科学为理论基础，结合在生产实践中积累的技术经验，研究和解决在开发设计、制造、安装、运用和修理各种机械中的理论和实际问题的一门应用学科。各个工程领域的发展都要求机械工程有与之相适应的发展，都需要机械工程提供所必需的机械，化学工程也不例外。化工机械的现代化程度是衡量一个国家化学工业发展水平的重要标志。化工机械工业的技术进步为化学工业的快速发展提供了重要的条件保障，而化学工业的不断发展也为化工机械制造业提出了一个个新的课题，要求其不断创新、发展与完善。

第一节　机械传动基础

　　通常机器是由原动机、工作机和传动装置三部分组成的。原动机将电能、化学能、热能等转变为机械能，工作机利用原动机提供的机械能完成有用功，传动装置是原动机和工作机之间连接的"纽带"，它的作用是将原动机的动力传递给工作机，并且根据工作机的需要，对原动机的动力传递进行减速、增速或改变运动方式，从而满足工作机对运动速度、运动形式及动力诸方面的要求。把原动机和工作机直接连接起来的情况相对很少。

一、传动的概念

　　传动是传递动力和运动，也可用来分配能量、改变转速和运动形式。机器通常是通过它将原动机产生的动力和运动传递给机器的工作机。设置传动的主要原因如下：

（1）工作机所要求的速度和转矩与原动机不一致。

（2）有的工作机常需要改变速度。

（3）原动机的输出轴一般只做回转运动，而工作机有的需要其他运动形式，如直线运动、螺旋运动或间歇运动等。

（4）由一台原动机带动若干台工作机，或由几台原动机带一台工作机。

二、传动的功用及形式

传动的功用是传递运动和动力，同时还改变和调节转速，或者变换运动形式。传动可分为机械传动、流体传动和电力传动。机械传动和流体传动中，输入的是机械能，输出的仍是机械能；在电传动中，则把电能变为机械能或把机械能变为电能。

传动装置的功用如下：

（1）能量分配与传递。原动机常要带动数个不同速度、负载的工作机，传动装置能起到能量分配和传动作用。

（2）运动形式的改变。原动机输出轴常做等速回转运动，而工作机要求的运动形式则是多种多样的，如直线运动、螺旋运动、间歇运动等，传动装置可实现运动形式的改变。

（3）运动速度的改变（调速）。工作机的转速常需要根据工作要求进行调整，依靠原动机调速不经济或不可能，用传动装置易达到调整速度的目的。

（4）增大转矩。工作机需要的转矩常为原动机输出转矩的数倍，通过减速传动装置可实现增大转矩的要求。

传动装置按其工作原理可分为机械传动、流体（液体、气体）传动、电力传动。本节主要介绍机械传动。

机械传动是利用机件直接实现传动的，如图 10-1 所示，其中平带传动 [图 10-1 （a）] 和 V 带传动 [图 10-1 （b）] 属于摩擦传动；同步带传动 [图 10-1 （c）]、链传动 [图 10-1 （d）]、齿轮传动 [图 10-1 （e）] 和蜗杆传动 [图 10-1 （f）] 属于啮合传动。流体传动是以液体或气体为工作介质的传动，又可分为依靠液体静压力作用的液压传动、依靠液体动力作用的液力传动、依靠气体压力作用的气压传动。电力传动是利用电动机将电能变为机械能，以驱动机器工作部分的传动。

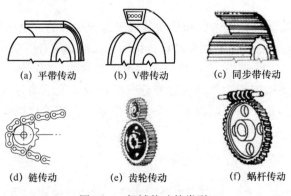

(a) 平带传动　　　(b) V带传动　　　(c) 同步带传动

(d) 链传动　　　(e) 齿轮传动　　　(f) 蜗杆传动

图 10-1　机械传动的类型

机械传动能适应各种动力和运动的要求，应用极广。液压传动的尺寸小，动态性能较好，但传动距离较短。气压传动大多用于小功率传动和恶劣环境中。液压和气压传动还易于输出直线往复运动。液压传动具有特殊的输入和输出特性，因而能使原动力与机器工作部分良好匹配。电力传动的功率范围大，容易实现自动控制和遥控，能远距离传递动力。

三、传动比和效率的概念

机械传动中输出运动和动力的轴（轮）称为主动轴（主动轮），接受运动和动力的轴（轮）称为从动轴（从动轮）。

主动轮（轴）的角速度 ω_1（rad/s）或转速 n_1（r/min）与从动轮（轴）的角速度 ω_2 或转速 n_2 的比值，称为传动比，一般用 i 表示，即

$$i=\frac{\omega_1}{\omega_2}=\frac{n_1}{n_2} \tag{10-1}$$

在机械传动中，不可避免地会有摩擦等方面损失，使传动的输出功率 P_2 小于输入功率 P_1。输出功率 P_2 与输入功率 P_1 的比值，称为机械传动的效率，一般用 η 表示，即

$$\eta=\frac{P_2}{P_1}\times100\% \tag{10-2}$$

几种机械传动在一般加工精度和润滑保养条件下的性能参数见表 10-1。

表 10-1　机械传动的性能参数

参数	平带	V 带	圆柱齿轮	圆锥齿轮	蜗杆传动	链传动
传动比 i	≤5	≤7	≤6	≤3	8～100	≤8
效率 η/%	94～98	90～96	96～99	92～96	50～90	92～98
功率 P/kW	≤30	≤500	≤10 000	≤500	≤50	≤100

四、传动类型的选择

传动首先应当满足工作机的要求，并使原动机在较佳工况下运转。小功率传动常选用简单的装置，以降低成本。大功率传动则优先考虑传动效率、节能和降低运作费用。当工作机要求调速时，若能与原动机的调速性能相适应，则可采用定传动比传动；若原动机的调速不能满足工艺和经济性要求，则应采用变传动比传动。

第二节　机械及液压传动

一、带传动

带传动是两个或多个带轮之间用带作为挠性拉曳零件的传动，工作时借助零件之间的摩擦（或啮合）来传递运动或动力，在近代机械中被广泛应用。

1. 带传动的工作原理和类型

按工作原理的不同，带传动可分为摩擦带传动[图10-2（a）]和啮合带传动[图10-2（b）]。摩擦带传动是依靠带和带轮之间的摩擦力来实现传动的，啮合带传动是依靠带齿与带轮之间的啮合来实现传动的。

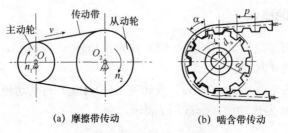

(a) 摩擦带传动　　　　(b) 啮合带传动

图 10-2　摩擦带传动和啮合带传动

带传动由主动轮、从动轮和紧套在带轮上的传动带组成，如图 10-2 所示。传动带张紧在主动轮和从动轮上，使带与带轮之间在接触面上产生正压力，当主动轮转动时，带与带轮接触面间产生摩擦力，则主动轮靠摩擦力驱动传动带，传动带又靠摩擦力驱动从动轮转动。

带传动一般分为圆带传动、平带传动、V 带传动、同步带传动等，如图 10-3 所示。

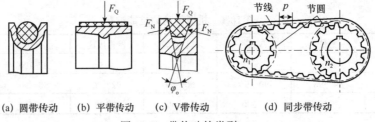

(a) 圆带传动　　(b) 平带传动　　(c) V带传动　　(d) 同步带传动

图 10-3　带传动的类型

1）平带传动

平带的横截面为矩形，已标准化。常用的平带有帆布芯平带、编织平带、锦纶片复合平带等。其中帆布芯平带应用最广。

平带传动结构简单，带轮制造方便，平带质轻且挠曲性好，故多用于高速和中心距较大的传动。

2）V 带传动

V 带的横截面为梯形，已标准化。理论分析表明，在同样的张紧情况下，V 带与轮槽间的压紧力比平带与带轮间的压紧力大得多，故 V 带与带轮间的摩擦力也大得多，所以 V 带的传动能力比平带大得多，因而获得了广泛的应用。目前在机床、空气压缩机、带式输送机和水泵等机器中均采用 V 带传动。

3）圆带传动

圆带的横截面为圆形，常用皮革制成，也有圆绳带和圆锦纶带等。圆带传动只适用于低速、轻载的机械，如缝纫机、真空吸尘器、磁带盘的传动机构等。

4）同步带传动

平带传动、V 带传动、圆带传动均是靠摩擦力工作的。与此不同，同步带传动是靠带内侧的齿与带轮外缘的齿相啮合来传递运动和动力的，因此不打滑、传动比准确且较大（最大可允许 $i=20$），但制造精度和安装精度要求较高。

2. 带传动的特点

（1）由于带的弹性良好，因此能缓和冲击，吸收振动，使传动平稳、无噪声。
（2）过载时带会在轮上打滑，可防止其他零件的损坏，起到过载安全保护作用。
（3）结构简单，制造容易，成本低廉，维护方便。
（4）可用于两轴中心距较大的场合。
（5）由于传动带有不可避免的弹性滑动，因此不能保证恒定的传动比。
（6）带的寿命较短，传动效率也较低。
（7）由于摩擦生电，因此带传动不宜用于易燃烧和有爆炸危险的场合。

3. 普通 V 带和带轮

1）V 带结构与材料

V 带的横截面构造如图 10-4 所示。由图 10-4 可见，V 带由包布层、顶胶层、抗拉体和底胶层四部分组成。包布层多由胶帆布制成，它是 V 带的保护层。顶胶层和底胶层由橡胶制成，当胶带在带轮上弯曲时可分别伸张和收缩。抗拉体用来承受基本的拉力，有两种结构，即由几层棉帘布构成的帘布芯 [图 10-4（b）] 或由一层线绳制成的绳芯 [图 10-4（a）]。帘布芯结构的 V 带抗拉强度较高，制造方便；绳芯结构的 V 带柔韧性好，抗弯强度高，适用于转速较高、带轮直径较小的场合。现在，生产中越来越多地采用绳芯结构的 V 带。

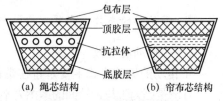

（a）绳芯结构　　　　（b）帘布芯结构

图 10-4　V 带的横截面构造

普通 V 带的尺寸已标准化 [GB/T 11544—2012《带传动普通 V 带和窄 V 带尺寸（基准宽度制）》]，分为 Y、Z、A、B、C、D、E 七种型号，截面尺寸和承载能力依次增大。

标准 V 带均制成无接头的整圈，其长度系列可参见有关标准。

V 带的标记内容和顺序为型号、基准长度和标准号。例如，标记"A1600 GB/T 11544—2012"表示 A 型普通 V 带，基准长度为 1600mm。V 带标记通常压印在带的顶面上。

2）V 带轮结构与材料

V 带轮结构取决于它的直径，有四种形式：实心带轮、腹板带轮、孔板带轮、椭圆轮辐带轮。当带轮的基准直径 $d_d \leqslant (2.5 \sim 3)\, d$（$d$ 为轴的直径）时，采用实心带轮 [图 10-5（a）]；当带轮的基准直径 $d_d < 250\text{mm}$ 时，采用腹板带轮 [图 10-5（b）]，它由轮缘、腹板和轮毂三部分组成，轮缘用于安装带，轮毂是与轴配合连接的部分，腹板用于连接轮缘和轮毂；当带轮基准直径 $d_d = 250 \sim 400\text{mm}$，且轮缘与轮毂间距离 ≥100mm 时，可在腹板上制出四个或六个均布孔，以减轻质量和便于加工时装夹，称为孔板带轮 [图 10-5（c）]；当带轮基准直径 $d_d > 400\text{mm}$ 时，多采用横截面为椭圆的轮辐取代腹板，称为椭圆轮辐带轮［图 10-5（d）］。

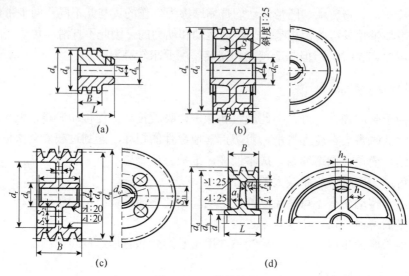

图 10-5　V 带轮结构

对带轮的主要要求是质量小且分布均匀、工艺性好，与带接触的工作表面要仔细加工，以减少带的磨损；转速高时要进行动平衡；对于铸造和焊接，带轮的内应力要小。

V 带轮（带速 $v \leqslant 25\text{m/s}$）的常用材料由灰铸铁制成，带速较高时（$v > 25\text{m/s}$）宜用铸钢或用钢板冲压后焊接而成；功率小时可用铸铝、铝合金或工程塑料。

4. 带传动的失效、张紧、安装与维护

1）带传动的失效

带传动的失效形式主要是带在带轮上打滑和带疲劳损坏。

打滑是因为带与带轮间的摩擦力不足，所以增大摩擦力可以防止打滑。增大摩擦力的措施主要有适当增大初拉力，也就增大了带与带轮之间的压力，摩擦力也就越大；增大带与小带轮接触的弧段所对应的圆心角（称为小带轮包角）也能增大摩擦力；适当提高带速。

带的疲劳是因为带受交变应力的作用。在带传动过程中，带的横截面上有两种应力：因带的张紧与传递载荷及带绕上带轮时的离心力而产生的拉应力；因带绕上带轮时弯曲变形而产生的弯曲应力。拉应力作用在整个带的各个截面上，而弯曲应力只在带绕上带轮时才产生。带在运转过程中时弯时直，因而弯曲应力时有时无，带是在交变应力的作用下工作的，这是带产生疲劳断裂的主要原因。

一般情况下，两种应力中弯曲应力较大，为了保证带的寿命，就要限制带的弯曲应力。带的弯曲应力与带轮直径大小有关，带轮直径越小，带绕上带轮时弯曲变形就越大，带内弯曲应力就越大。为此，对每种型号的 V 带，都规定了许用的最小带轮直径。

2）带传动的张紧

带传动工作一段时间后，传动带会发生松弛现象，使张紧力降低，影响带传动的正常工作。因此，应采用张紧装置来调整带的张紧力。常用的张紧方法有调节轴的位置张紧和用张紧轮张紧。

图 10-6 所示为调节轴的位置张紧。张紧的过程：放松固定螺栓，旋转调节螺钉，可使带轮沿导轨移动，即可调节带的张紧力；当带轮调到合适位置时，即可拧紧固定螺栓。这种装置用于水平或接近水平的传动。

图 10-7 所示为用张紧轮张紧。张紧轮安装在带的松边内侧，向下移动张紧轮即可实现张紧。为了不使小带轮的包角减小过多，应将张紧轮尽量靠近大带轮。这种装置用于固定中心距传动。

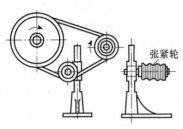

图 10-6　调节轴的位置张紧　　　　　　　图 10-7　用张紧轮张紧

3）带传动的安装与维护

正确的安装、使用和维护，能够延长带的寿命，保证带传动的正常工作。具体应注意以下几点：

（1）一般情况下，带传动的中心距应当可以调整，安装传动带时，应缩小中心距后把带套上去。不应硬撬，以免损伤带，降低带的寿命。

（2）传动带损坏后即需更换。为了便于传动带的装拆，带轮应布置在轴的外伸端。

（3）安装时，主动轮与从动轮的轮槽应对正，如图 10-8（a）所示，不要出现图 10-8（b）、（c）的情况，使带的侧面受损。

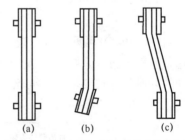

图 10-8　主动轮与从动轮的位置关系

（4）带的张紧程度应适当，使初拉力不过大或过小。过大会降低带的寿命，过小则将导致摩擦力不足而出现打滑现象。

（5）带传动通常同时使用同一型号的 V 带 3～5 根，应注意新旧不同的 V 带不得混用，以避免载荷分配不均，加速带的损坏。

（6）带传动装置应设置防护罩，以保证操作人员的安全。

（7）严防胶带与矿物油、酸、碱等介质接触，以免变质。胶带也不宜在阳光下暴晒。

二、齿轮传动

1. 齿轮传动的特点、类型及应用场合

齿轮传动由主动齿轮和从动齿轮组成，依靠轮齿的直接啮合而工作。齿轮传动是应用最广泛的一种传动，在各种机器中大量使用着齿轮传动。

1）齿轮传动的特点

（1）传递的功率和圆周速度范围较大。功率从很小到数万千瓦，齿轮圆周速度从很

低到 300m/s 以上。

（2）瞬时传动比恒定，因而传动平稳。传动用的齿轮，其齿廓形状大多为渐开线，还有圆弧和摆线等，这种齿廓能够保持齿轮传动的瞬时传动比恒定。

（3）能实现两轴任意角度（平行、相交或交错）的传动。

（4）效率高，寿命长。加工精密和润滑良好的一对传动齿轮，效率可达 0.99 以上，能可靠地工作数年以至数十年。

（5）结构紧凑，外廓尺寸小。

（6）齿轮的加工复杂，制造、安装、维护的要求较高，因而成本较高。

（7）工作时有不同程度的噪声，精度较低的传动会引起一定的振动。

2）齿轮传动的类型及应用场合

齿轮传动的类型很多，各有其传动特点，适用于不同场合。常用的齿轮传动类型如图 10-9 所示。

2. 齿轮传动比计算

设主动齿轮转速为 n_1，齿数为 z_1，从动齿轮转速为 n_2，齿数为 z_2，则齿轮传动的平均传动比为

$$i = \frac{n_1}{n_2} = \frac{z_2}{z_1} \tag{10-3}$$

由式（10-3）可见，当 z_2 较大而 z_1 较小时可获得较大的传动比，即实现较大幅度的降速。但若 z_2 过大，则将因小齿轮的啮合频率高而导致两轮的寿命相差很大，而且齿轮传动的外廓尺寸也要增大。因此，限制一对齿轮传动的传动比 $i \leqslant 8$。

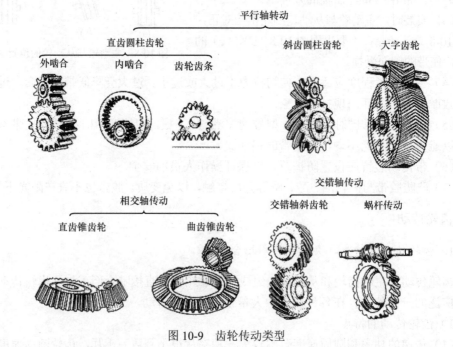

图 10-9　齿轮传动类型

3. 齿轮常用材料及选择

齿轮的常用材料是钢材，在某些情况下铸铁、有色金属、粉末冶金和非金属材料也可制作齿轮。

钢制齿轮一般通过热处理来改善其力学性能。按齿面硬度大小，钢齿轮分为不大于HBS350 的软齿面齿轮和大于 HBS350 的硬齿面齿轮两类。

软齿面齿轮的常用材料为 40、45、35SiMn、40MnB、40Cr 等调质钢，并经调质处理改善其综合力学性能，以适应齿轮的工作要求；对于要求不高的齿轮，可选用 Q275或 40、45 钢，并经正火处理；对于大直径齿轮（齿顶圆直径 $d_a \geqslant 400$mm），因锻造困难，常用 ZG310-570、ZG340-640、ZG35SiMn 铸件毛坯，并经正火处理。在一对啮合的齿轮中，小齿轮轮齿的工作循环次数较多，因此，对软齿面齿轮来说，往往选的小齿轮的齿面硬度要比大齿轮的齿面硬度高，一般为 HBS25～40。

硬齿面齿轮的常用材料为调质钢经表面淬火处理或用渗碳钢 20、20Cr、20CrMnTi等经渗碳、淬火处理，也可采用 38CrMoAlA 钢经渗氮处理，以适应齿轮承受变载和冲击的要求。这类齿轮承载能力高，用于重要传动。

灰铸铁价格便宜，铸造性能和切削加工性能良好，但强度和韧性差，只宜用于低速、轻载或开式传动。常用的灰铸铁有 HT250、HT300、HT350 等。球墨铸铁的力学性能接近钢材，可以代替铸钢制造大齿轮。常用的球墨铸铁有 QT500-5、QT600-2 等。

4. 齿轮传动失效

齿轮传动是靠齿与齿的啮合进行工作的，轮齿是齿轮直接参与工作的部分，所以齿轮的失效主要发生在轮齿上。常见的轮齿失效形式有轮齿折断、齿面点蚀、齿面磨损、齿面胶合和齿面塑性变形。

轮齿折断是指齿轮的一个或多个齿的整体或局部的断裂，如图 10-10 所示。轮齿折断的原因：一是短时意外的严重过载使轮齿危险截面上的应力超过了齿轮的极限应力而过载折断；另一种是轮齿根部在交变的弯曲应力作用下发生疲劳折断。增大齿根圆角半径，降低表面粗糙度，减轻加工损伤，降低齿根应力集中，增大轴及支承物的刚度以减轻局部过载的程度，对轮齿进行表面处理以提高齿面硬度，保持芯部的韧性等可避免轮齿折断。

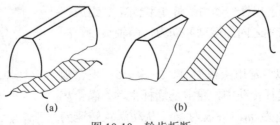

(a)　　　　　　　　(b)

图 10-10　轮齿折断

齿面点蚀是一种因齿面金属局部脱落而呈麻点状的破坏现象，如图 10-11 所示，是

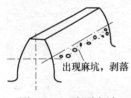

图 10-11　齿面点蚀

由于齿面受脉动循环的接触交变应力作用而产生的疲劳破坏。提高齿面抗点蚀能力的主要措施有提高齿面硬度、降低齿面粗糙度、增大润滑油黏度。

齿面磨损是指轮齿在啮合过程中存在相对滑动，致使齿面间产生摩擦、磨损。另外，当金属微粒、沙粒、灰尘等硬质磨粒进入轮齿间时也会引起齿面磨损。齿面磨损使渐开线齿廓破坏，齿厚减薄，致使侧隙增大而引起冲击和振动，严重时会因齿厚减薄使强度降低而导致轮齿折断。齿面磨损是开式齿轮传动的主要失效形式。避免齿面磨损的主要措施有采用闭式传动、提高齿面硬度、降低齿面粗糙度、采用清洁的润滑油。

齿面胶合是相啮合齿面的金属在一定的压力下直接接触而发生黏着，并随着齿面的相对运动，使金属从齿面上撕落而引起的一种破坏，在齿面上沿相对滑动方向形成条状伤痕，如图 10-12 所示。提高齿面抗胶合能力的方法有减小模数，降低齿高，降低滑动系数；提高齿面硬度和降低齿面粗糙度；采用齿廓修形，提高传动平稳性；采用抗胶合能力强的齿轮材料和加入极压添加剂的润滑油等。

硬度较低的软齿面齿轮，在低速重载时，由于齿面压力过大，在摩擦力作用下，会使齿面金属产生塑性流动而失去原来的齿形，如图 10-13 所示，这就是齿面塑性变形。适当提高齿面硬度，采用黏度较大的润滑油可改善齿面塑性变形。

图 10-12　齿面胶合

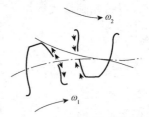

图 10-13　齿面塑性变形

当齿面发生点蚀、磨损、胶合或塑性变形后，渐开线齿形遭到破坏，引起振动和噪声，并最终导致齿轮的破坏。

三、蜗杆传动

（一）蜗杆传动的特点、类型

如图 10-14 所示，蜗杆传动由蜗杆 1 和涡轮 2 组成，用于传递空间两交错轴之间的运动和动力，两轴线投影的夹角为 90°。

蜗杆与螺杆相似，常用头数为 1、2、4、6；涡轮则与斜齿轮相似。在蜗杆传动中，通常是蜗杆主动，涡轮从动。设主动蜗杆转速为 n_1、头数为 z_1，从动涡轮转速为 n_2、齿数为 z_2，则蜗杆传动的传动比为

图 10-14　蜗杆传动的组成

1. 蜗杆；2. 涡轮

$$i = \frac{n_1}{n_2} = \frac{z_2}{z_1} \qquad (10\text{-}4)$$

1. 蜗杆传动的特点

（1）可以用较紧凑的一级传动得到很大的传动比。因为一般蜗杆的头数 $z_1 = 1$、2、4、6，涡轮齿数 $z_2 = 29 \sim 83$，故单级蜗杆传动的传动比可达 83。

（2）传动平稳无噪声。由于蜗杆为连续的螺旋，它与涡轮的啮合是连续的，因此，蜗杆传动平稳而无噪声。

（3）具有自锁性。适当设计的蜗杆传动可以做成只能以蜗杆为主动件，而不能以涡轮为主动件的传动，这种特性称为蜗杆传动的自锁。具有自锁性的蜗杆传动，可用于手动的简单起重设备中，以防止吊起的重物因自重而自动下坠，保证安全生产。

（4）效率低。对于普通蜗杆传动，开式传动的效率仅为 $0.6 \sim 0.7$，闭式传动的效率为 $0.7 \sim 0.92$；对于具有自锁性的蜗杆传动，其效率仅为 $0.4 \sim 0.5$。因此蜗杆传动不适用于大功率连续运转。

（5）有轴向分力。蜗杆传动中，蜗杆和涡轮都有轴向分力，该力将使蜗杆和涡轮轴沿各自轴线方向移动，故两轴上都要安装能够承受轴向载荷的轴承。

（6）制造涡轮需用贵重的青铜，成本较高。

2. 蜗杆传动的类型

根据蜗杆的形状，蜗杆传动分为圆柱蜗杆传动、环面蜗杆传动等。圆柱蜗杆传动又分为普通圆柱蜗杆传动和圆弧圆柱蜗杆传动。

常用的普通圆柱蜗杆是用车刀加工的（图 10-15），轴向齿廓（在通过轴线的轴向 A—A 剖面内的齿廓）为齿条形的直线齿廓，法向齿廓（在法向 N—N 截面内的齿廓）为曲线齿廓，而垂直于轴线的平面与齿廓的交线为阿基米德螺旋线，故称为阿基米德蜗杆。其涡轮是一个具有凹弧齿槽的斜齿轮。由于这种蜗杆加工简单，所以应用广泛。

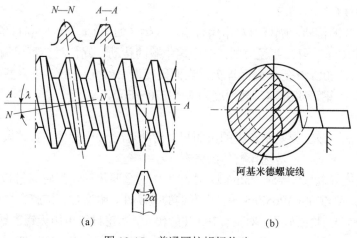

(a)   (b)

图 10-15 普通圆柱蜗杆传动

（二）蜗杆传动的失效

蜗杆传动的工作情况与齿轮传动相似，其失效形式也有磨损、胶合、疲劳点蚀和轮齿折断等。

在蜗杆传动中，蜗杆与涡轮工作齿面间存在着相对滑动，相对滑动速度 v_s 按下式计算：

$$v_s = \frac{v_1}{\cos\lambda} = \frac{\pi d_1 n_1}{60 \times 1000 \cos\lambda}(\text{m/s}) \tag{10-5}$$

式中：v_1——蜗杆上节点的线速度，m/s；

λ——蜗杆的螺旋升角；

d_1——蜗杆直径，有标准值，mm；

n_1——蜗杆转速，r/min。

由式（10-5）可见，v_s 较大，而且这种滑动是沿着齿长方向产生的，所以容易使齿面发生磨损及发热，致使齿面产生胶合而失效。因此，蜗杆传动最易出现的失效形式是磨损和胶合。当涡轮齿圈的材料为青铜时，齿面也可能出现疲劳点蚀。在开式蜗杆传动中，涡轮齿面遭受严重磨损而使轮齿变薄，从而导致轮齿的折断。

在一般情况下，由于涡轮材料强度较蜗杆低，故失效大多发生在涡轮轮齿上。

避免蜗杆传动失效的措施有供给足够的和抗胶合性能好的润滑油，采用有效的散热方式，提高制造和安装精度，选配适当的蜗杆和涡轮副的材料等。

（三）蜗杆、涡轮的常用材料与结构

1. 蜗杆、涡轮的常用材料

根据蜗杆传动的失效特点，蜗杆、涡轮的材料不仅要求有足够的强度，而且还要有良好的减摩性（即摩擦因数小）、耐磨性和抗胶合的能力。实践表明，比较理想的材料组合是淬硬并经过磨制的钢制蜗杆配以青铜涡轮齿圈。

1）蜗杆材料

对高速重载的传动，蜗杆材料常用合金渗碳钢（如 20Cr、20CrMnTi 等）渗碳淬火，表面硬度达 HRC56～62，并经磨削；对中速中载的传动，蜗杆材料可用调质钢（如 45、35CrMo、40Cr、40CrNi 等）表面淬火，表面硬度为 HRC45～55，也需磨削；低速不重要的蜗杆可用 45 钢调质处理，其硬度为 HBS220～300。

2）涡轮材料

蜗杆传动的失效主要是由较大的齿面相对滑动速度 v_s 引起的。v_s 越大，相应需要选择更好的材料。因而，v_s 是选择材料的依据。

对滑动速度较高（$v_s = 5～25$m/s）、连续工作的重要传动，涡轮齿材料常用锡青铜，如 ZCuSn10P1 或 ZCuSn5Pb5Zn5 等，锡青铜的减摩性、耐磨性、抗胶合性能及切削性能均好，但强度较低，价格较贵；对 $v_s \leqslant 10$m/s 的传动，涡轮材料可用无锡青铜 ZCuAl10Fe3 或锰黄铜 ZCuZn38Mn2Pb2 等，这两种材料的强度高，价格较廉，但切削性能和抗胶合性能不如锡青铜；v_s<2m/s 且直径较大的蜗轮，可采用灰铸铁 HT150 或 HT200 等。另外，也有用尼龙或增强尼龙来制造涡轮的。

  2. 蜗杆、涡轮的结构

  1）蜗杆的结构

  蜗杆一般与轴制成一体，称为蜗杆轴。只有当蜗杆直径较大（蜗杆齿根圆直径 d_{f1} 与轴径 d 之比大于 1.7）时，才采用蜗杆齿圈和轴分开制造的形式，以利于节省材料和便于加工。蜗杆轴有铣制蜗杆和车制蜗杆两种形式（图 10-16），其结构因加工工艺要求而有所不同，其中铣制蜗杆的 $d>d_{f1}$，故刚度较好。

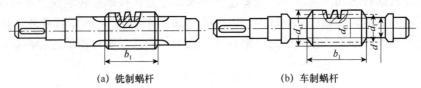

(a) 铣制蜗杆   (b) 车制蜗杆

图 10-16 蜗杆的结构

2）涡轮的结构

涡轮的结构有整体式和组合式两种。

  整体式涡轮如图 10-17（a）所示，涡轮结构简单，制造方便，但直径大时青铜涡轮的成本较高，适用于涡轮分度圆直径小于 100mm 的青铜涡轮和任意直径的铸铁涡轮。

  组合式涡轮由齿圈和轮芯两部分组成。齿圈用青铜制造，轮芯用铸铁或铸钢制造，以节省贵重的青铜。组合式涡轮轮芯和齿圈的连接方式有三种：压配式、螺栓连接式、组合浇铸式。

  压配式是将青铜齿圈紧套在铸铁轮芯上，如图 10-17（b）所示。这种结构制造简易，常用于直径较小（$d_2 \leqslant 400$mm）的涡轮和没有过度受热危险的场合。当温度较高时，由于青铜的膨胀系数大于铸铁，其配合可能会变松。

  螺栓连接式如图 10-17（c）所示，采用配合螺栓连接，装拆方便，工作可靠，但成本较高，常用于直径较大（$d_2>400$mm）或轮齿磨损后需要更换齿圈的场合。

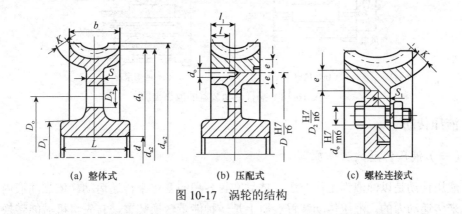

(a) 整体式   (b) 压配式   (c) 螺栓连接式

图 10-17 涡轮的结构

组合浇铸式是把青铜齿圈镶铸在铸铁轮芯上，并在轮芯上预制出一些凸键，以防齿圈滑动，适用于大批量生产的蜗轮。

（四）蜗杆传动装置的润滑与散热

1. 蜗杆传动装置的润滑

蜗杆传动一般用油润滑。润滑方式有油浴润滑和喷油润滑两种。一般 $v_s < 10\text{m/s}$ 的中、低速蜗杆传动，大多采用油浴润滑；$v_s > 10\text{m/s}$ 的蜗杆传动，采用喷油润滑，这时仍应使蜗杆或涡轮少量浸油。

对于闭式蜗杆传动，常用润滑油黏度牌号及润滑方式按蜗杆转动速度不同而不同。闭式蜗杆传动每运转 2000～4000h 时应及时换新油。换油时，应用原牌号油。不同厂家、不同牌号的油不要混用。换新油时，应使用原来牌号的油对箱体内部进行冲刷、清洗、抹净。

2. 蜗杆传动装置的散热

在蜗杆传动中，由于摩擦会产生大量的热量。对开式和短时间断工作的蜗杆传动，因其热量容易散失，故不必考虑散热问题。但对于闭式传动，如果产生的热量不能及时散逸出去，将因油温不断升高而使润滑油黏度下降，减弱润滑效果，增大摩擦磨损，甚至发生胶合。所以，对于闭式蜗杆传动，必须采用合适的散热措施，使油温稳定在一规定的范围内。通常要求不超过 75～85℃。常用的散热措施如下：

（1）在箱体外表面铸出或焊上散热片以增加散热面积。

（2）在蜗杆轴端装设风扇 [图 10-18（a）]，加速空气流通以增大散热系数。

（3）在箱体内装设蛇形水管 [图 10-18（b）]，利用循环水进行冷却。

（4）采用压力喷油循环润滑，利用冷却器将润滑油冷却。

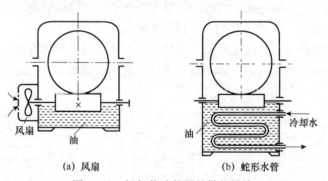

（a）风扇　　　　　　　　　（b）蛇形水管

图 10-18　蜗杆传动装置的散热措施

四、液压传动

（一）液压传动的工作原理

液压传动是以油液为工作介质，依靠密封容积的变化来传递运动，依靠油液内部的压力来传递动力的。液压传动装置实质上是一种能量转换装置，它先将机械能转换为便于输送的液压能,然后将液压能转换为机械能。

图 10-19 所示为机床工作机构做直线往返运动的液压传动系统简图。电动机 3 带动液压泵 4 旋转,把油池 1 中的油经滤油器 2 吸入液压泵,并使之进入液压系统。液压泵输出的油经节流阀 5 和换向阀 6 进入液压缸 7 的右腔,推动活塞 8,并通过活塞杆推动工作机构 9 向左运动。此时,由液压缸左腔排出的油便经换向阀流回油池。

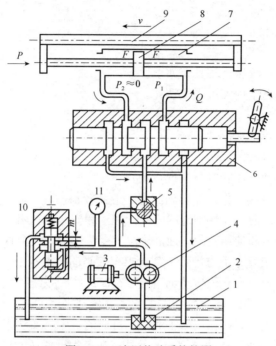

图 10-19 液压传动系统简图

1. 油池;2. 滤油器;3. 电动机;4. 液压泵;5. 节流阀;6. 换向阀;
7. 液压缸;8. 活塞;9. 工作机构;10. 溢流阀;11. 压力表

当行程终了时,用手(或用其他方法)改变换向阀的位置,使来自液压泵的油经换向阀进入液压缸的左腔,并使液压缸右腔的油能经换向阀流回油池,这样从液压泵输出的油就推动活塞并通过活塞杆带动工作机构向右运动。若在工作中反复改变换向阀的位置,就可以使工作机构获得直线往复运动。

节流阀 5 用来调节进入液压缸的流量,以调节工作机构的运动速度。如果液压泵提供的供油量是一定的,那么当调节节流阀 5 使工作机构低速运动时,进入液压缸的油量减少,液压泵输出的油有过剩,压力便升高。当压力升到大于溢流阀 10 的弹簧力后,溢流阀的开口增大,多余的油便经溢流阀流回油池,使压力保持在弹簧所调整的压力上。当调节节流阀 5 使工作机构以较快的速度运动时,进入液压缸的油量增多,溢流阀的开口减小,溢油减少,使压力基本仍保持在一定数值上。当工作机构因过载而停止时,压力大大升高,使溢流阀 10 的开口完全打开,大量的油经溢流阀流回油池。

(二)液压传动系统的组成

(1)动力元件——液压泵,其作用是将电动机输出的机械能转换为液压能,推动整个系统工作。

（2）执行元件——液压缸、液压马达，其作用是将液压泵输入的液压能转换为工作部件运动的机械能，并分别输出直线运动或回转运动。

（3）控制元件——各种阀，其作用是调节和控制液体的压力、流量和流动方向。

（4）辅助元件——油箱、油管、压力表、过滤器等，其作用是创造必要条件，保证系统正常工作。

（三）液压传动的优缺点

与机械传动相比，液压传动具有如下优点：

（1）能在较大的范围内实现无极调速。

（2）运动比较平稳。

（3）换向时没有撞击和振动。

（4）能自动防止过载。

（5）操纵简单方便，比较容易实现自动化。

（6）机件在液压缸内工作，能自动润滑，寿命较长。

液压传动的缺点：液压元件制造精度高，加工和安装比较困难；漏油不易避免，影响工作效率、工作质量和使用范围；油液受温度变化影响，还会直接影响传动机构的工作性能；维修保养、故障分析与排除，都要求有较高的技术水平。

从民用到国防工业，由一般传动到精确度很高的控制系统，液压传动都得到了广泛的应用。在国防工业中，陆、海、空三军的很多武器都采用了液压传动与控制，如飞机、坦克、雷达、导弹和火箭等；在机床工业中，目前的机床（如铣床、刨床、磨床等）传动系统有85%以上采用液压传动与控制。另外，在工程机械（如挖掘机、履带推土机、振动式压路机等）、农业机械（如收割机、拖拉机等）、汽车工业、船舶工业等机械设备中，都有液压技术的应用。总之，一切工程领域，只要有机械设备的场合，均可采用液压传动技术，所以液压技术的前景是非常光明的。

第三节　常用连接方式

连接的类型很多，按照拆开后对被连接件的破坏可分为可拆连接（如螺纹连接、销键连接）和不可拆连接（如焊接、铆接、粘接等）。按照连接件的不同又分为螺纹连接、法兰连接、销键连接等。利用键或销将回转零件与轴连接在一起，称为轴毂连接；利用联轴器或离合器将轴连接起来，称为轴间连接。这些连接方式在生产中都获得了广泛应用。

一、不可拆连接

不可拆连接包括焊接、铆接和粘接等。其中以焊接在工业生产中的应用最为广泛。本节主要介绍焊接。

1. 压力容器常见焊接接头形式

焊接接头形式指的是在焊接接头中两个相互连接零件面的相对位置关系。压力容器常见的接头形式共有以下三种，如图10-20所示。

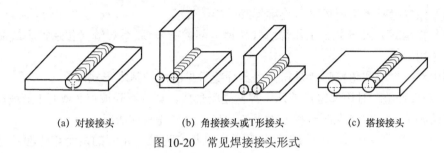

　　(a) 对接接头　　　　(b) 角接接头或T形接头　　　(c) 搭接接头

图 10-20　常见焊接接头形式

（1）对接接头。对接接头为两相互连接的容器部件的接头处于同一平面或同一曲面内的接头形式。

（2）角接接头或T形接头。角接接头或T形接头为两相互连接的容器部件在接头处，相互垂直或相交成某一角度的焊接接头形式。

（3）搭接接头。搭接接头为两相互连接的容器部件在接头处有部分重合在一起并相互平行的焊接接头形式。

2. 压力容器常见焊接坡口形式

两相互连接的容器部件在焊接前根据设计或工艺需要，在焊件的待焊部位加工成一定几何形状的沟槽，就称为焊接坡口，如图10-21所示。

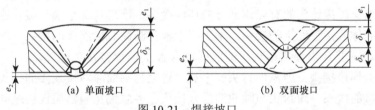

　　(a) 单面坡口　　　　　　　　　(b) 双面坡口

图 10-21　焊接坡口

为保证压力容器的焊缝全部焊透又无缺陷，当板厚度超过一定厚度时，应将钢板加工成各种形状的坡口。焊接坡口的作用是能使焊条、焊丝或焊炬直接伸到坡口底部，便于脱渣；能使焊条或焊炬在坡口内做必要的摆动，以获得良好的熔合。单从操作上考虑，坡口越小，越经济，效率越高。焊接坡口的形状和尺寸主要取决于被焊材料和所采用的焊接方法。坡口的常见形式如下：

（1）根据板厚度不同，对接焊缝的焊接边缘可加工成平对（即不开坡口的形式）或加工成V形、X形、K形、U形等坡口。

（2）根据焊件厚度、结构形式及承载情况不同，角接接头和T形接头的坡口形式可分为I形坡口、带钝边的单边V形坡口和带钝边的K形坡口等具体坡口形式。

3. 压力容器常见的焊缝形式

焊缝是焊件经焊接后所形成的结合部分。常见焊缝类型有以下几种：

（1）按空间位置可分为平焊缝、横焊缝、立焊缝、仰焊缝。

（2）按结合形式可分为对接焊缝、角接焊缝、塞焊缝。

（3）按焊缝断续情况可分为连续焊缝、断续焊缝。

（4）按承载方式可分为工作焊缝（传递全部载荷）、联系焊缝（传递很小载荷，只起连接作用）。

其中对接焊缝和角接焊缝是压力容器焊缝常见的两种基本形式：

① 对接焊缝。对接焊缝沿着两个焊件之间形成，具有不开坡口（或开 I 形坡口）和开坡口两种形式。焊缝表面形状分为上凸和与表面平齐两种情况。

② 角接焊缝。由压力容器部件相互垂直或相交为某一角度的两个熔化面及呈三角形断面形状的焊缝金属构成。

4. 压力容器上焊接接头的分类

根据 GB/T 150.1～150.4—2011 中"制造、验收与检验"的有关规定，压力容器上主要受压部分的焊接接头按其所处的位置主要被划分为 A、B、C、D 四类，如图 10-22 所示。对于不同类型的焊接接头，焊接检验的要求也不同。各类接头的范围如下：

（1）A 类焊接接头。A 类焊接接头承受容器中最大薄膜应力，其结构上多是对接接头，焊缝形式多是对接焊缝。圆筒部分（包括接管）和锥壳部分的纵向接头（多层包扎容器层板层纵向接头除外）、球形封头与圆筒连接的环向接头、各类凸形封头、平封头中的所有拼焊接头、嵌入式的接管或凸缘与壳体对接连接的接头，均属于 A 类焊接接头。

（2）B 类焊接接头。B 类焊接接头依其所在的位置从宏观上看，承受容器中的径向应力。属于这类焊接接头的有壳体部分的环向接头、锥形封头小端与接管连接的接头、长颈法兰与壳体或接管连接的接头、平盖或管板与圆筒对接连接的接头、接管间的对接环向接头，均属于 B 类焊接接头，但已规定为 A 类的焊接接头除外。

（3）C 类焊接接头。球冠形封头、平盖、管板与圆筒非对接连接的接头，法兰与壳体或接管连接的接头、内封头与圆通的搭接接头、多层包扎容器层板层纵向接头，均属于 C 类接头，但已规定为 A、B 类的焊接接头除外。

（4）D 类焊接接头。接管、人孔、凸缘、补强圈等与壳体连接的接头（已规定为 A、B、C 类接头的除外），均属于 D 类接头。

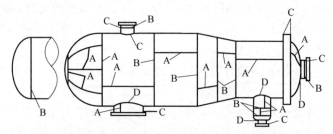

图 10-22　锅炉及压力容器焊接接头形式分类示意

5. 焊接接头的缺陷

压力容器常见焊接接头的缺陷可分为外部缺陷和内部缺陷（图10-23）。

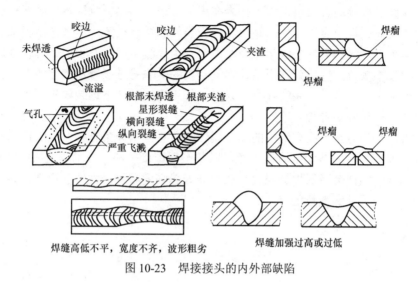

图 10-23 焊接接头的内外部缺陷

1）焊接接头的外部缺陷

外部缺陷位于焊缝的外表面，主要有以下几种。

（1）焊缝尺寸不符合要求。焊缝外表面形状高低不平。焊波宽度不齐、尺寸过大过小、弧坑未填满或余高过高等均属尺寸不符合要求。

（2）焊瘤。焊瘤边缘上未与母材金属熔合而堆积的金属称为焊瘤。产生焊瘤的原因主要有电流过大、电弧过长、运条不当等。

（3）咬边。焊接后，在母材和熔敷金属的交界处产生的凹陷称为咬边。咬边不但减少了金属的工作截面，降低了承载能力，还会产生应力集中，因此，对于重要结构，不允许存在咬边。

（4）表面气孔和表面裂纹。焊条不干燥、坡口未净化干净、焊条不适合等原因，造成了表面气孔和表面裂纹。

压力容器常见的焊缝外部缺陷一般通过肉眼观察，借助样板、量规和放大镜等工具进行检测。

2）焊接接头的内部缺陷

内部缺陷位于焊缝内部，主要指气孔、未焊透、未熔合、裂纹、夹渣等。这些内部缺陷主要采用射线照相检测或超声波探伤检测。

（1）气孔。气孔是焊缝中存在的近似球形或圆筒形的圆滑空洞。气孔主要是由焊条不干燥、坡口面生锈、油垢和涂料未清除干净、焊条不合适或熔池中的熔敷金属同外界空气没有完全隔绝等原因引起的。

（2）未焊透、未熔合。未焊透是指在母材金属和焊缝之间或在焊缝金属中的局部，未被焊缝金属完全填充的现象，常见的有根部未焊透、中部未焊透、边缘未焊透和层间未焊透等。未熔合指焊条金属与母材金属未完全熔合成一个整体。未焊透、未熔合主要是由运条不良、表层未清理干净、焊接速度过快、焊接电流过小或电弧偏斜等原因造成的。

（3）裂纹。焊缝的裂纹可以大致分为在焊缝金属上和热影响区发生的两种裂纹。前者包括焊道裂纹、焊口裂纹、根部裂纹、硫脆裂纹和微裂纹等，后者包括根部裂纹、穿透裂纹、焊道下裂纹和夹层裂纹等。裂纹主要是由焊缝金属韧性不好、母材或焊条含硫量过多、焊接不规范、焊口处理不当、焊缝金属的含氧量过多等原因导致的。目前根据断裂力学的原则允许有一些裂纹存在，只要在使用应力条件下该裂纹不再扩展即可。当发现裂纹时，应铲除后补焊。

（4）夹渣。夹渣是夹在焊缝中的非金属熔渣。它是由焊条直径及电流选择不当、运条不熟练、前道焊缝的熔渣未清理干净，以及不良焊接条件、技术等造成的缺陷。

夹渣和气孔同样会降低焊缝强度。在保证焊缝强度和致密性的前提下，某些焊接结构允许含有一定尺寸和数量的夹渣。

二、可拆连接

（一）螺纹连接

1. 螺纹连接的类型、标准

螺纹连接的基本类型有螺栓连接、双头螺柱连接、螺钉连接、紧定螺钉连接。

1）螺栓连接

螺栓连接（图10-24）是将螺栓穿过两个被连接件的孔，然后拧紧螺母，将两个被连接件连接起来。螺栓连接分为普通螺栓连接［图10-24（a）］和铰制孔用螺栓连接［图10-24（b）］。前者螺栓杆与孔壁之间留有间隙，螺栓承受拉伸变形；后者螺栓杆与孔壁之间没有间隙，常采用基孔制过渡配合，螺栓承受剪切和挤压变形。

螺栓连接无须在被连接件上切制螺纹孔，所以结构简单，装拆方便，应用广泛。这种连接适用于被连接件不太厚并能从被连接件两边进行装配的场合。

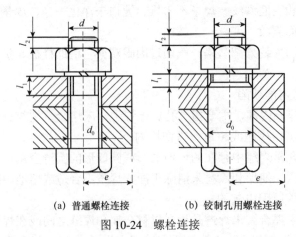

(a) 普通螺栓连接　　(b) 铰制孔用螺栓连接

图10-24　螺栓连接

2）双头螺柱连接

双头螺柱连接如图 10-25 所示，是将双头螺柱的一端旋紧在被连接件之一的螺纹孔中，另一端则穿过其余被连接件的通孔，然后拧紧螺母，将被连接件连接起来。这种连接适用于被连接件之一太厚，不能采用螺栓连接或希望连接结构较紧凑，且需经常装拆的场合。

3）螺钉连接

螺钉连接如图 10-26 所示，是将螺钉穿过一被连接件的通孔，然后旋入另一被连接件的螺纹孔中。这种连接不用螺母，有光整的外露表面。它适用于被连接件之一太厚且不经常装拆的场合。

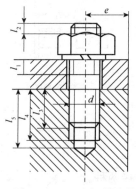
图 10-25 双头螺柱连接

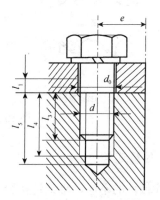
图 10-26 螺钉连接

4）紧定螺钉连接

紧定螺钉连接如图 10-27 所示，是将紧定螺钉旋入被连接件之一的螺纹孔中，并以其末端顶住另一被连接件的表面或顶入相应的凹坑中，以固定两个零件的相互位置。这种连接多用于轴与轴上零件的连接，并可传递不大的载荷。

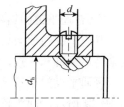
图 10-27 紧定螺钉连接

螺纹连接的有关尺寸要求，如螺纹余留长度、螺纹伸出长度、螺纹孔深度等可查阅相关的国家标准。螺纹连接件有螺栓、双头螺柱、螺钉、紧定螺钉、螺母、垫圈、防松零件等，它们多为标准件，其结构、尺寸在国家标准中都有规定。

2. 螺纹连接的预紧与防松

一般螺纹连接在装配时都要拧紧，称为预紧。预紧可提高螺纹连接的紧密性、紧固性和可靠性。

一般螺纹连接具有自锁性，在静载荷作用下，工作温度变化不大时，这种自锁性可以防止螺母松脱。但若连接是在冲击、振动、变载荷作用下或工作温度变化很大，螺纹连接则可能松动。连接松脱往往会造成严重事故。因此设计螺纹连接时，应考虑防松的措施。常用的防松方法如图 10-28 所示。

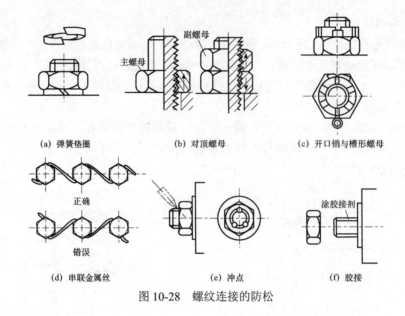

图 10-28　螺纹连接的防松

（二）轴毂连接

按照连接件的不同，轴毂连接分为键连接和销连接两种。

1. 键连接

1）普通平键的结构

普通平键的顶面与底面平行，两侧面也互相平行。工作时，依靠键侧面和键槽的挤压来传递运动和转矩，因此普通平键的侧面为工作面。

普通平键的端部结构有回头（A 型）、平头（B 型）和单圆头（C 型）三种形式，如图 10-29 所示。回头普通平键的优点是键在键槽中的固定较好，但键槽端部的应力集中较大；平头普通平键的优点是键槽端部应力集中较小，但键在键槽中的轴向固定不好；单圆头普通平键常用在轴端的连接中。

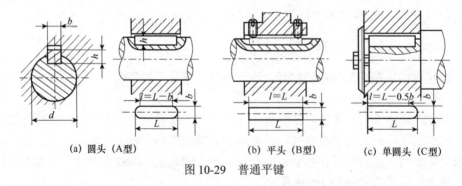

(a) 圆头（A型）　　　　(b) 平头（B型）　　　　(c) 单圆头（C型）

图 10-29　普通平键

2）普通平键的标准与选择

因为键是标准件，所以平键连接设计时首先根据键连接的工作要求和使用特点选择键的类型，并根据轴径和轮毂长度从平键的标准中选择键的尺寸，然后进行强度校核（GB/T 1096—2003《普通型 平键》）。

键的宽度 b、高度 h 取决于轴径 d；键长 L 根据轮毂的长度 L_1 确定，一般取 $L=L_1-(5\sim10)$ mm，且 $L_{max}\leqslant2.5d$，并要符合标准中键长 L 的长度系列。

普通平键在进行连接工作时，键的侧面会受到挤压，同时键会受到剪切作用。在通常情况下，挤压破坏是其主要的失效形式。因此，应按挤压进行强度校核。

由理论推导可得普通平键连接的挤压强度条件是

$$\sigma_p=\frac{4T}{dhl}\leqslant[\sigma_p] \tag{10-6}$$

式中：σ_p——工作表面的挤压应力，MPa；

$\quad\quad T$——传递的转矩，N·mm；

$\quad\quad d$——轴的直径，mm；

$\quad\quad h$——键的高度，mm；

$\quad\quad l$——键的工作长度，mm，按图 10-29 确定；

$\quad\quad[\sigma_p]$——较弱材料的许用挤压应力，MPa。

经校核，若平键连接的强度不够时，可以采取下列措施：

（1）适当增加键和轮毂的长度，但一般键长不得超过 $2.25d$，否则挤压应力沿键长分布的不均匀性将增大。

（2）采用双键，在轴上相隔 180° 配置。由于制造误差可能引起键上载荷分布不均匀，所以在强度校核时只按 1.5 个键计算。

[例 10-1] 试选择一铸铁齿轮与钢轴的平键连接。已知传递的转矩 $T=2\times10^5$N·mm，载荷有轻微冲击，与齿轮配合处的轴径 $d=45$mm，轮毂长度 $L_1=80$mm。

解：（1）尺寸选择。为了便于选择装配和固定，选用圆头平键（A 型）。根据轴的直径 $d=45$mm，由标准查得键宽 $b=14$mm，键高 $h=9$mm。根据轮毂长度取键长 $L_1=70$mm。

（2）强度校核。连接中轮毂材料的强度最弱，从标准中查得 $[\sigma_p]=50\sim60$MPa。键的工作长度 $l=L-b=70-14=56$（mm）。按式（10-6）校核键连接的强度为

$$\sigma_p=\frac{4T}{dhl}=\frac{4\times2\times10^5}{45\times9\times56}\approx35(\text{MPa})<[\sigma_p]$$

所选的键强度足够。

该键的标记为键 14×70 GB/T 1096—2003。

2. 销连接

销连接通常有以下几种：用于固定零件之间的相对位置的定位销，如图 10-30（a）所示；用于轴毂间或其他零件间的连接的连接销，如图 10-30（b）所示；可充当过载剪断元件的安全销，如图 10-30（c）所示。

可根据工作要求选择销连接的类型。定位销一般不受载荷或只受很小的载荷，其直径按结构确定，数目不少于两个。连接销能传递较小的载荷，其直径也按结构及经验确

定，必要时校核其挤压和剪切强度。安全销的直径应按销的剪切强度 τ_b 计算，当过载 20% 时即应被剪断。

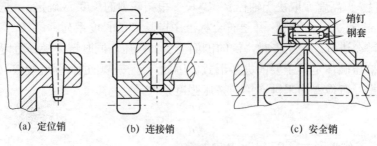

(a) 定位销　　　　(b) 连接销　　　　(c) 安全销

图 10-30　销连接

销按形状分为圆柱销、圆锥销和异形销三类。圆柱销靠过盈与销孔配合，为保证定位精度各连接的紧固性，不宜经常装拆，主要用于定位，也作为连接销和安全销。圆锥销具有 1:50 的锥度，小端直径为标准值，自锁性能好，定位精度高，主要用于定位，也可作为连接销。圆柱销和圆锥销的销孔均需铰制。异形销种类很多，其中开口销工作可靠，拆卸方便，常与槽形螺母合用，锁定螺纹连接件。

三、减速器及其应用

减速器适用于原动机和工作机之间独立而封闭的机械传动装置，它主要用于降速。减速器由于结构紧凑、效率高、寿命长、传动准确可靠、使用维修方便，因而得到了广泛的应用。

按照传动类型和结构特点，化工机械中常见减速器可分为圆柱齿轮减速器、蜗杆减速器、行星齿轮减速器、摆线针轮减速器四种类型。上述减速器已有标准系列产品供应，配套方便，可根据工作需要，从产品样本中选用。

1. 圆柱齿轮减速器

圆柱齿轮减速器按齿轮传动的技术可分为单级、两级、三级等多种。

单级圆柱齿轮减速器如图 10-31 所示。当采用直齿轮传动时，其传动比 $i \leqslant 5$；采用斜齿轮、人字齿轮时，其传动比 $i \leqslant 10$。

两级圆柱齿轮减速器如图 10-32 所示，其传动比范围大，可达 8～40。

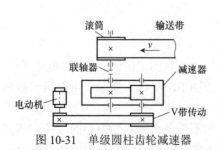

图 10-31　单级圆柱齿轮减速器

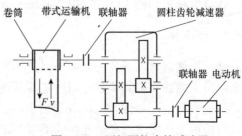

图 10-32　两级圆柱齿轮减速器

2. 蜗杆减速器

如图 10-33 所示，蜗杆减速器的两根轴在空间垂直交错，对于单头蜗杆，蜗杆转动一圈，涡轮才转过一个齿；同理，双头蜗杆转动一圈蜗杆转过两个齿，故传动比大，单机传动比可达 10～70。蜗杆减速器一般只能作为减速器使用，即用蜗杆驱动涡轮，而涡轮无法驱动蜗杆，不会反转，有安全保护作用。虽然蜗杆减速器运行时传动平稳无噪声，但容易摩擦发热，效率不高，故通常用于功率不大或不连续工作的场合。有些搅拌反应釜采用蜗杆减速器作为传动装置。

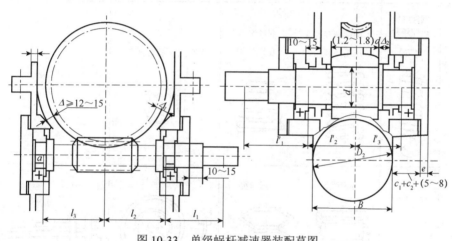

图 10-33　单级蜗杆减速器装配草图

3. 行星齿轮减速器

行星齿轮减速器，是一个或一个以上齿轮的轴线绕另一齿轮的固定轴线回转的齿轮减速器。其中较常用的是渐开线少齿差行星减速器和摆线针轮减速器，渐开线少齿差行星减速器传动比大，单级可达 135，两级可达 10 000 以上，但这种减速器，承载能力低，传动效率也较低，适用于中、小功率或短期工作的场合。

4. 摆线针轮减速器

摆线针轮减速器的传动比范围大，单级即为 11～87，两级可达 121～5133；传动效率高，单级为 0.90～0.97；承载能力强，运转平稳，无噪声，体积和质量比同功率普通减速器减少 1/3～1/2。这种减速器的主要缺点是制造工艺复杂，材料和加工精度要求高；轴承在高速重载下工作时，易损坏，因而限制了减速器的承载能力和应用范围。

四、弹簧

弹簧是受外力后能产生较大弹性变形的一种常用弹性元件，其主要功用如下：
（1）控制机械的运动，如内燃机中的阀门弹簧、离合器中的控制弹簧。
（2）吸收振动和冲击能量，如车辆中的缓冲弹簧、联轴器中的吸振弹簧。

（3）储蓄能量，如钟表弹簧。

（4）测量力的大小，如测力器和弹簧秤中的弹簧等。

弹簧的基本类型见表 10-2。按照受力的性质，弹簧主要分为拉伸弹簧、压缩弹簧、扭转弹簧和弯曲弹簧四种。按照弹簧形状又可分为螺旋弹簧、碟形弹簧、环形弹簧、板簧、盘簧等。在一般机械中最常用的是圆柱螺旋弹簧。

表 10-2　弹簧的基本类型

按形状分	按载荷分			
	拉伸	压缩	扭转	弯曲
螺旋形	圆柱螺旋拉伸弹簧	圆柱螺旋压缩弹簧　　圆锥螺旋压缩弹簧	圆柱螺旋扭转弹簧	—
其他形	—	环形弹簧　　碟形弹簧	涡卷形盘簧	板簧

螺旋弹簧是用弹簧丝卷绕而成的，由于制造简便，所以应用最广。碟形弹簧和环形弹簧能承受很大的冲击载荷，并具有良好的吸振能力，所以常用作缓冲弹簧。在载荷相当大和弹簧尺寸受限制的地方，可以采用碟形弹簧。环形弹簧是目前最强力的缓冲弹簧，近代重型列车、锻压设备和飞机着陆装置中用它作为缓冲零件。螺旋扭转弹簧是扭转弹簧中最常用的一种。当受载不很大而轴向尺寸又很小时，可以采用盘簧。盘簧在各种仪器中广泛地用作储能装置。板簧主要受弯曲作用，它常用于受载方向尺寸有限制而变形量又较大的地方。由于板簧有较好的消振能力，所以在汽车、铁路客货车等车辆中应用很普遍。

第四节　轴与联轴器

轴间连接通常使用联轴器和离合器。联轴器是一种固定连接装置，在机器运转过程中被连接的两根轴始终一起转动而不能脱开；只有在机器停止运转并把联轴器拆开的情况下，才能把两轴分开。离合器可在机器运转过程中根据需要使两轴接合或分离，以满足机器变速、换向、空载起动、过载保护等方面的要求。

一、联轴器

1. 联轴器的分类

按照有无补偿轴线偏移能力，可将联轴器分为刚性联轴器和挠性联轴器两大类型。

（1）刚性联轴器。刚性联轴器没有补偿轴线偏移的能力。这种联轴器结构简单，制造方便，承载能力大，成本低，适用于载荷平稳、两轴对中良好的场合。常用的刚性联轴器有凸缘联轴器、套筒联轴器、夹壳联轴器等。

凸缘联轴器如图 10-34（a）所示，由两个带有凸缘的半联轴器 1、3 分别用键与两轴相连接，然后用螺栓组 2 将 1、3 连接在一起，从而将两轴连接在一起。GY 型由铰制孔用螺栓对中，拆装方便，传递转矩大；GYD 型采用普通螺栓连接，靠凸榫对中，制造成本低，但装拆时轴需做轴向移动。

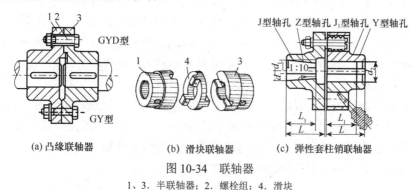

（a）凸缘联轴器　　　　（b）滑块联轴器　　　　（c）弹性套柱销联轴器

图 10-34　联轴器

1、3. 半联轴器；2. 螺栓组；4. 滑块

（2）挠性联轴器。挠性联轴器分为无弹性元件和有弹性元件两种。无弹性元件的挠性联轴器只具备补偿轴线偏移的能力，不具备缓冲吸振的能力。滑块联轴器如图 10-34（b）所示，就是无弹性元件的挠性联轴器，它是由两个带有一字凹槽的半联轴器 1、3 和带有十字凸榫的中间滑块 2 组成的，利用凸榫与凹槽相互嵌合并做相对移动补偿径向偏移。

有弹性元件的挠性联轴器包括弹性套柱销联轴器、弹性柱销联轴器等，由于有弹性套柱销等弹性元件，因此不仅具备补偿轴线偏移的能力，而且能够缓冲吸振。弹性套柱销联轴器的构造如图 10-34（c）所示，与凸缘联轴器相似，所不同的是用带有弹性套的柱销代替了螺栓，工作时用弹性套传递转矩。因此，可利用弹性套的变形补偿两轴间的偏移，缓和冲击和吸收振动。它制造简单，维修方便，适用于起动及换向频繁的高、中速的中小转矩轴的连接。

2. 联轴器的标准及选用

联轴器已经标准化，选用时可根据工作条件选择合适的类型，然后根据转矩、轴径及转速选择型号。

（1）联轴器类型的选择。根据工作载荷的大小和性质、转速高低、两轴相对偏移的大小和形式、环境状况、使用寿命、装拆维护和经济性等方面的因素，选择合适的类型。

例如，载荷平稳、两轴能精确对中、轴的刚度较大时，可选用刚性凸缘联轴器；载荷不平稳、两轴对中困难、轴的刚度较差时，可选用弹性柱销联轴器；径向偏移较大、转速较低时，可选用滑块联轴器；角偏移较大时，可选用万向联轴器。

（2）联轴器型号的选择。联轴器的型号是根据所传递的转矩、工作转速和轴的直径，从联轴器标准中选用的。选择的型号应满足三个条件：计算转矩应不超过所选型号的公称转矩；工作转速应不超过所选型号的许用转速；轴的直径应在所选型号的孔径范围之内。

3. 离合器

离合器按其接合方式不同，可分为摩擦式离合器和牙嵌式离合器两大类。

1）摩擦式离合器

摩擦式离合器利用摩擦副的摩擦力传递转矩，可在任何转速下实现两轴的离合，并具有操纵方便、接合平稳、分离迅速和过载保护等优点，但两轴不能精确同步运转，发热较高，磨损较大。图 10-35 所示为多片圆盘摩擦离合器，离合器左半 1 固定在主动轴上，离合器右半 4 固定在从动轴上。离合器左半 1 与外摩擦片组 2，离合器右半 4 与内摩擦片组 3 形成周向固定。借助操纵机构向左移动锥形集电环 6，使压板 5 压紧交替安放的内外摩擦片组，则两轴接合；若向右移动集电环 6，则两轴分离。

2）牙嵌式离合器

牙嵌式离合器如图 10-36 所示，由两个半离合器 1 和 2 组成。工作时，利用操纵杆移动集电环 4，使半离合器 2 沿导向平键 3 做轴向移动，从而实现离合器的接合或分离。牙嵌式离合器是依靠牙的相互嵌合来传递转矩的，为便于两轴对中，在主动轴端的半联轴器上固定一个对中环 5，从动轴端则可在对中环内自由移动。

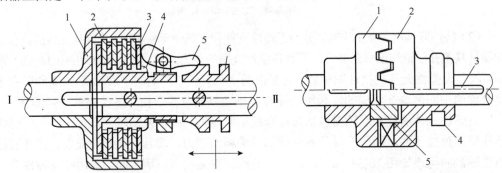

图 10-35　多片圆盘摩擦离合器　　　　图 10-36　牙嵌式离合器
1. 离合器左半；2. 外摩擦片组；3. 内摩擦片组；　1、2. 半离合器；3. 导向平键；4. 集电环；5. 对中环
4. 离合器右半；5. 压板；6. 集电环

牙嵌式离合器尺寸小，工作时被连接的两轴无相对滑动而同速旋转，并能传递较大的转矩，但是在运转中接合时有冲击和噪声，接合时必须使主动轴慢速转动或停车。

二、轴与轴承

轴用来支承回转零件并传递运动和动力。轴承是支承轴的部件，一般安装在机架上或机器的轴承座孔中，有些轴承与机架做成一体。根据工作时摩擦性质的不同，轴承可分为滑动轴承和滚动轴承两大类。

（一）轴

1. 轴的分类

所有的回转零件，如带轮、齿轮和涡轮等都必须用轴来支承才能进行工作。因此轴是机械中不可缺少的重要零件。

根据承受载荷的不同，轴可分为三类：心轴、传动轴和转轴。心轴是只承受弯曲作用的轴，图 10-37 所示的火车轮轴就是心轴；传动轴主要承受扭转作用，不承受或只承受很小的弯曲作用，图 10-38 所示的汽车变速器与后桥间的轴就是传动轴；转轴是同时承受弯曲和扭转作用的轴，图 10-39 所示的减速器输入轴即为转轴，转轴是机械中最常见的轴。

图 10-37　火车轮轴　　　图 10-38　汽车的传动轴　　　图 10-39　减速器输入轴

根据轴线的几何形状，轴还可分为直轴、曲轴和软轴三类。轴线为直线的轴称为直轴，图 10-37～图 10-39 所示的轴都是直轴，它是一般机械中最常用的轴；图 10-40 所示的轴称为曲轴，它主要用于需要将回转运动和往复直线运动相互进行转换的机械（如内燃机、冲床等）中；图 10-41 所示的轴称为软轴，它的主要特点是具有良好的挠性，常用于医疗器械、汽车里程表和电动手持小型机具（如铰孔机等）的传动等。

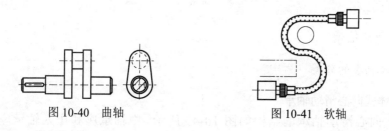

图 10-40　曲轴　　　　　　图 10-41　软轴

2. 轴的材料

轴的常用材料是碳钢和合金钢，球墨铸铁也有应用。

碳钢价格低廉，对应力集中的敏感性小，并能通过热处理改善其综合力学性能，故应用很广。一般机械的轴，常用 35、45、50 等优质碳素结构钢并经正火或调质处理，其中 45 钢应用最普遍。受力较小或不重要的轴，也可用 Q235、Q255 等碳素结构钢。

合金钢具有较高的机械强度和优越的淬火性能，但其价格较贵，对应力集中比较敏感，常用于要求减轻质量、提高轴颈耐磨性及在非常温条件下工作的轴。常用的有 40Cr、

35SiMn、40MnB 等调质合金钢，1Cr18Ni9Ti 淬火合金钢，20Cr 渗碳淬火合金钢等，其中 1Cr18Ni9Ti 主要用于在高低温及强腐蚀性条件下工作的轴。

形状复杂的曲轴和凸轮轴，也可采用球墨铸铁制造。球墨铸铁具有价廉、应力集中不敏感、吸振性好和容易铸成复杂的形状等优点，但铸件的品质不易控制。

3. 轴的结构

轴由轴头、轴颈和轴身三部分组成，如图 10-42 所示。轴上安装零件的部分称为轴头；轴上被轴承支承的部分称为轴颈；连接轴头和轴颈的过渡部分称为轴身。轴上直径变化所形成的阶梯称为轴肩（单向变化）或轴环（双向变化），用来防止零件轴向移动，即实现轴上零件的轴向固定。轴向固定方法还有靠轴端挡圈固定、靠圆螺母固定、靠紧固螺钉固定等。

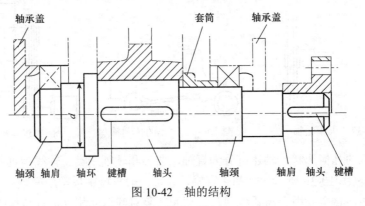

图 10-42　轴的结构

一般轴上要开设键槽，通过键连接使零件与轴一起旋转，即实现轴上零件的周向固定。周向固定的方法还有过盈配合、销连接等。采用销连接时需在轴上开孔，对轴的强度有较大削弱。

（二）滑动轴承

1. 滑动轴承的分类

1）整体式向心滑动轴承

整体式向心滑动轴承的结构如图 10-43 所示，由轴承座和压入轴承座孔内的轴套组成，靠螺栓固定在机架上。整体式向心滑动轴承的顶部装有油杯，最简单的结构是无油杯及轴套的。

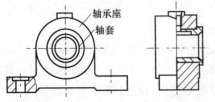

图 10-43　整体式向心滑动轴承的结构

整体式向心滑动轴承具有结构简单、制造方便、价格低廉、刚度较大等优点。但轴套磨损后间隙无法调整（只能采用更换轴套的办法），装拆时必须做轴向移动，不太方便，故只适用于低速、轻载和间歇工作的场合。

2）剖分式向心滑动轴承

剖分式向心滑动轴承的结构如图 10-44 所示，由轴承座、轴承盖、上轴瓦、下轴瓦、双头螺柱、螺母、调整垫片和润滑装置等组成。为了便于装配时的对中和防止横向错动，在其剖分面上设置有阶梯形止口。

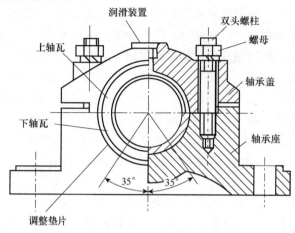

图 10-44　剖分式向心滑动轴承的结构

剖分式向心滑动轴承轴的装拆方便，轴瓦磨损后可用减薄剖分面的垫片厚度的方法来调整间隙，因此应用广泛。

2. 滑动轴承的常用材料

滑动轴承中直接与轴接触的部分是轴瓦，为了节省贵重金属等原因，常在轴瓦内壁上浇铸一层减摩材料，称为轴承衬。这时轴承衬与轴颈直接接触，而轴瓦只起支承轴承衬的作用。常用的轴瓦（轴承衬）材料有三大类。

1）金属材料

应用最广泛、性能最好的金属材料是锡基轴承合金、铅基轴承合金和铜基轴承合金。锡基轴承合金、铅基轴承合金（如 ZSnSb11Cu6、ZPbSn16Cu2 等）由于耐磨性、抗胶合能力、跑合性、导热性、对润滑油的亲和性及塑性都好，但是强度低、价格贵，因此通常是浇铸在青铜、铸钢或铸铁的轴瓦上，作为轴承衬用。

铜基轴承合金有 ZCuPb30、ZCuSn10P1、ZCuA110Fe3 等。铜基轴承合金具有较高的机械强度和较好的减摩性与耐磨性，因此是最常用的材料。

2）非金属材料

非金属材料包括塑料、橡胶及硬木等，以塑料应用最多。塑料轴承具有很好的耐蚀性、减摩性和吸振作用。若在塑料中加入石墨或二硫化钼等添加剂，则具有自润性。非金属材料的缺点是承载能力低、热变形大及导热性差，故适用于轻载、低速及工作温度不高的场合。

3）粉末合金

粉末合金又称为金属陶瓷，含油轴承就是用粉末合金材料制成的，有铁-石墨和青铜-石墨两种。前者应用较广且价廉。含油轴承的优点是在间歇工作的机械上可以长时间不加润滑油；缺点是强度较低，储油量有限。粉末合金适用于载荷平稳、速度较低的场合。

3. 滑动轴承的润滑

1）润滑剂

最常用的润滑剂有润滑油和润滑脂两类，另外还有石墨、二硫化钼等。

润滑油的内摩擦系数小，流动性好，是滑动轴承中应用最广的一种润滑剂。润滑油分为矿物油、植物油和动物油三种。其中矿物油（主要是石油产品）资源丰富，价格便宜，适用范围广且稳定性好（不易变质），所以矿物油的应用广泛。

润滑脂俗称黄干油，它的流动性小，不易流失，因此轴承的密封简单，润滑脂不需经常补充。但其内摩擦因数较大，效率较低，不宜用于高速轴承。

石墨和二硫化钼属于固体润滑剂，它们能耐高温和高压，但附着力低且缺乏流动性，故常以粉剂添加于润滑油或润滑脂中，以改进润滑性能。固体润滑剂适用于高温和重载的场合。

2）润滑装置

常用的润滑装置有油脂杯、油杯、油环润滑和压力循环润滑等。

旋盖式油脂杯如图10-45所示，当旋紧杯盖时，杯中的润滑脂便可挤到轴承中去。

油杯供油量较少，主要用于低速轻载的轴承上。针阀式注油油杯如图10-46所示，通过转动手柄，利用手柄处于铅垂或水平位置时尺寸 l_1、l_2 的不同实现针阀阀杆的升降，以打开和关闭供油阀门，实现供油，通过调节螺母改变阀门开启的大小来调节供油量的大小。针阀式注油油杯用于要求供油可靠的润滑点上。

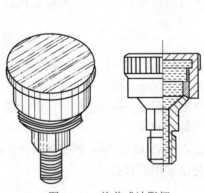

图10-45　旋盖式油脂杯

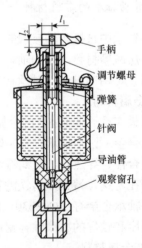

图10-46　针阀式注油油杯

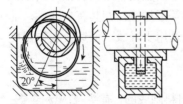

图10-47　油环润滑

油环润滑如图10-47所示，随轴转动的油环将润滑油带到摩擦面上。油环润滑只适用于稳定运转并水平放置的轴承上。

压力循环润滑是利用油泵将润滑油经过油管输送到各轴承中去进行润滑的。它的优点是润滑效果好，缺点是装置复杂、成本高。压力循环润滑适用于高速、重载或变载的重要轴承上。

（三）滚动轴承

1. 滚动轴承的构造

滚动轴承的典型结构如图 10-48 所示，它由外圈 1、内圈 2、滚动体 3 和保持架 4 四部分组成。内、外圈上都有滚道，滚动体沿滚道滚动。保持架的作用是把滚动体彼此均匀地隔开，避免运转时互相碰撞和磨损。一般滚动轴承内圈与轴配合较紧并随轴转动；外圈与轴承座孔或机座孔配合较松，固定不动。

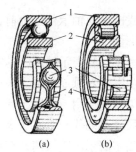

图 10-48　滚动轴承的典型结构
1. 外圈；2. 内圈；3. 滚动体；4. 保持架

2. 滚动轴承的类型

按照国家标准，滚动轴承分为九大基本类型，如图 10-49 所示，它们的名称、类型代号及主要特性如下。

(a) 调心球轴承　(b) 调心滚子轴承　(c) 推力调心滚子轴承　(d) 圆锥滚子轴承　(e) 推力球轴承

  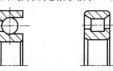 

(f) 深沟球轴承　(g) 角接触球轴承　(h) 圆柱滚子轴承　(i) 滚针轴承

图 10-49　滚动轴承的类型

调心球轴承（类型代号 1）和调心滚子轴承（类型代号 2）均具有自动调心性能，主要承受径向载荷，同时也能承受少量的轴向载荷。但调心滚子轴承的承载能力大于调心球轴承。

推力调心滚子轴承（类型代号 2）主要承受轴向载荷，同时也能承受少量的径向载荷。该轴承为可分离型。

圆锥滚子轴承（类型代号 3）和角接触球轴承（类型代号 7）均能同时承受径向和轴向载荷，通常成对使用，可以分装于两个支点或同装于一个支点上，前者的承载能力大于后者。

推力球轴承（类型代号 5）只能承受轴向载荷，而且载荷作用线必须与轴线相重合，不允许有角偏位。推力球轴承有单列和双列两种类型，单列只能承受单向推力，而双列能承受双向推力。高速时，因滚动体离心力大，球与保持架摩擦发热严重，轴承寿命较低。推力球轴承可用于轴向载荷大、转速不高的场合。

深沟球轴承（类型代号 6）主要承受径向载荷，同时也可承受一定的轴向载荷。当转速很高而轴向载荷不太大时，深沟球轴承可代替推力球轴承承受纯轴向载荷。

圆柱滚子轴承（类型代号 N）和滚针轴承（类型代号 NA）均只能承受径向载荷，不能承受轴向载荷。滚动轴承的承载能力大，径向尺寸小，一般无保持架，因而滚针间有摩擦，极限转速低。

3. 滚动轴承的代号、标准

我国滚动轴承代号由前置代号、基本代号和后置代号按由左至右顺序构成并刻印在外圈端面上。

基本代号表示轴承的基本类型、结构和尺寸，由类型代号、尺寸系列代号和内径代号按由左至右顺序组成。

类型代号用一位数字或一至两个字母表示，本节"滚动轴承的类型"部分已述及。

尺寸系列代号由宽（高）度系列代号和直径系列代号按由左至右顺序组成，分别用一位数字表示。宽（高）度系列代号表示内径和外径相同而宽（高）度不同的系列，当宽（高）度系列代号为 0 时可省略；直径系列代号表示同一内径、不同外径的系列。

内径代号通常用两位数字表示。一般情况下，内径 $d=$ 内径代号×5mm；内径代号为 00、01、02、03 表示内径分别为 10mm、12mm、15mm、17mm；内径 $d<10$mm，$d=$ 22mm、28mm、32mm 及 $d>500$mm 时的内径代号清查有关手册。

前置代号表示成套轴承的分部件，用字母表示。例如，L 表示可分离轴承的分离内圈或外圈，K 表示滚子和保持架组件，等等。后置代号为补充代号，轴承在结构形状、尺寸公差、技术要求等有改变时，才在基本代号右侧予以添加，一般用字母（或字母加数字）表示。

滚动轴承的代号及意义举例如下：

71 108 表示角接触球轴承，尺寸系列 11（宽度系列 1，直径系列 1），内径为 40mm。

LN308 表示单列圆柱滚子轴承，可分离外圈，尺寸系列（0）3（宽度系列 0，直径系列 3），内径为 40mm。

4. 滚动轴承类型的选择

滚动轴承的类型应根据轴承的受载情况、转速、工作条件和经济性等来确定。

当载荷较小而平稳时，可选用球轴承；反之，宜选用滚子轴承。当轴承仅承受径向载荷时，应选用向心轴承；当只承受轴向载荷时，则应选用推力轴承。同时承受径向和轴向载荷的轴承，以径向载荷为主时，应选用深沟球轴承；径向载荷和轴向载荷均较大时，可选用圆锥滚子轴承或角接触球轴承；轴向载荷比径向载荷大很多或要求轴向变形小时，则应选用接触角较大的圆锥滚子轴承或角接触球轴承或选用推力轴承和向心轴承组合的支承结构。

球轴承的极限转速比滚子轴承高，故在高速时宜选用球轴承；推力轴承的极限转速很低，不宜用于高速。高速时应选用外径较小的轴承。

当轴工作时的弯曲变形较大或两轴承座孔的同轴度较差时，应选用具有调心功能的调心轴承；当轴承的径向尺寸受限制时，可选用外径较小的轴承，必要时还可选用滚针轴承；当轴承的轴向尺寸受限制时，则可选用窄轴承。在需要经常装拆或装拆有困难的场合，可选用内、外圈能分离的轴承。

普通结构的轴承比特殊结构的便宜，球轴承比滚子轴承便宜，精度低的轴承比精度高的便宜。选择轴承类型时，应在满足工作要求的前提下，尽量选用价格低廉的轴承。

5. 滚动轴承的润滑、密封与维护

1）滚动轴承的润滑

滚动轴承的润滑剂主要有润滑脂和润滑油两类。

润滑脂一般在装配时加入，并每隔三个月加一次新的润滑脂；每隔一年对轴承部件彻底清洗一次，并重新充填润滑脂。

当采用润滑油时，供油方式有油浴润滑、滴油润滑、喷油润滑、喷雾润滑等。油浴润滑是将轴承局部浸入润滑油中，油面不应高于最低滚动体的中心。滴油润滑是在油浴润滑基础上，用滴油补充润滑油的消耗，设置挡板控制油面不超过最低滚动体的中心。为使滴油畅通，常选用黏度较小的润滑油。喷油润滑是用油泵将润滑油增压后，经油管和特别喷嘴向滚动体供油，流经轴承的润滑油经过滤冷却后可循环使用。喷雾润滑是用压缩空气，将润滑油变成油雾送进轴承，这种方式的装置复杂，润滑轴承后的油雾可能散逸到空气中，污染环境。

考虑到滚动轴承的温升等与轴承内径 d 和转速 n 的乘积 dn 成比例，所以常根据 dn 的值来选择润滑剂和润滑方式，详见有关资料。

2）滚动轴承的密封与维护

密封的目的是将滚动轴承与外部环境隔离，避免外部灰尘、水分等的侵入而加速轴承的磨损与锈蚀，防止内部润滑剂漏出而污染设备和增加润滑剂的消耗。

常用的密封方式有毡圈密封、唇形密封圈密封、沟槽密封、曲路密封、挡圈密封及组合密封等，如图 10-50 所示。各种密封方式的原理、特点及适用场合如下：

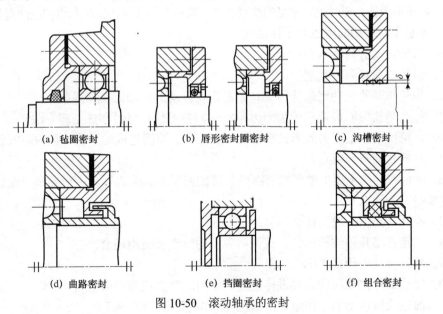

(a) 毡圈密封　　　　(b) 唇形密封圈密封　　　　(c) 沟槽密封

(d) 曲路密封　　　　(e) 挡圈密封　　　　(f) 组合密封

图 10-50　滚动轴承的密封

（1）毡圈密封是利用安装在梯形槽内的毡圈与轴之间的压力来实现密封的，用于脂润滑。

（2）唇形密封圈密封原理与毡圈密封相似，当密封唇槽里时，其目的是防止漏油；密封唇槽外时，其主要目的是防止灰尘、杂质进入。这种密封方式既可用于脂润滑，也可用于油润滑。

（3）沟槽密封靠轴与盖间的细小环形隙密封，环形隙内充满了润滑脂。间隙越小越长，效果越好。该密封方式用于脂润滑。

（4）曲路密封是将旋转件与静止件之间的间隙做成曲路（迷宫）形式，在间隙中充填润滑油或润滑脂以加强密封效果。

（5）挡圈密封主要用于内密封、脂润滑。挡圈随轴转动，可利用离心力甩去油和杂物，避免润滑脂被油稀释而流失及杂物进入轴承。

（6）有时单一的密封方式满足不了使用要求，这时可将上述密封方式组合起来使用，称为组合密封。其中，毡圈加曲路的组合密封用得较多。

 课程作业

简答题

1. 说明传动的功用和常用传动形式。
2. 说明带传动的组成和工作原理。
3. 带传动有何特点？
4. 带传动有哪些类型？各有何应用？
5. 绘图说明 V 带的构造。
6. V 带轮有哪几种结构形式？制造 V 带轮的材料有哪些？
7. 带传动的失效形式有哪些？为什么要规定最小带轮直径？
8. 带传动为什么要张紧？常见的张紧装置有哪些？带传动的安装和维护应注意什么？
9. 说明齿轮传动的组成和工作原理。
10. 齿轮传动有何特点？
11. 齿轮传动有哪些类型？
12. 齿轮传动的传动比怎样计算？一对齿轮传动的传动比有何限制？
13. 什么是软齿面齿轮和硬齿面齿轮？它们各用什么材料和热处理方法？
14. 齿轮传动的主要失效形式有哪些？各是什么原因造成的？该如何预防或改善？
15. 蜗杆传动有何特点？
16. 蜗杆传动的主要失效形式有哪些？该如何预防或改善？其中最容易出现的失效形式有哪些？为什么？
17. 蜗杆、涡轮一般用什么材料制造？
18. 涡轮有哪几种结构形式？试说明各自的特点及适用场合。
19. 蜗杆传动为什么要进行润滑？
20. 闭式蜗杆传动为什么要进行散热？常用的散热措施有哪些？
21. 简述液压传动的工作原理。液压传动由哪几部分组成？

22．液压传动有何特点？

23．常用的连接形式有哪些？

24．常见的焊接接头形式有哪些？

25．常见的焊接接头缺陷有哪些？

26．螺纹连接有哪几种基本类型？各用在什么场合？

27．螺栓连接为什么要防松？常用的防松措施有哪些？

28．普通平键的端部结构有哪几种形式？各有何特点？

29．销连接有哪些类型？各有何功用？

30．化工机械中常见的减速器有哪些？

31．联轴器有何功用？联轴器分为哪几类？各有何特点？

32．如何选择联轴器？

33．常用的离合器有哪些？各如何传递转矩？

34．按承载的载荷不同，轴分为哪几类？各有何受载特点？

35．按轴线的几何形状的不同，轴分为哪几类？各有何用途？为什么轴常做成阶梯形？

36．轴通常是用什么材料制成的？并经什么热处理？

37．轴上零件的轴向固定方法有哪些？轴上零件的周向固定方法有哪些？

38．按结构不同，滑动轴承分为哪几种？各有何特点及用途？

39．常用轴瓦（轴承衬）的材料有哪些？

40．轴承润滑的目的是什么？滑动轴承常用的润滑剂有哪些？滑动轴承常用的润滑装置有哪些？

41．选择滚动轴承时应考虑的因素有哪些？

42．滚动轴承常用的密封方式有哪些？

第十一章 化工设备故障诊断

【知识目标】 掌握故障诊断的概念、分类；
　　　　　　了解声振诊断、温度诊断的原理及应用；
　　　　　　了解污染诊断、无损诊断的方法及适应场合；
　　　　　　了解综合诊断的概念及特点。

【技能目标】 能根据化工设备故障的表现形式，对故障产生的原因进行分析；
　　　　　　能根据不同的故障类型，选择故障诊断方法；
　　　　　　能根据故障诊断方法，选择典型诊断设备；
　　　　　　具备化工管道泄漏检测技能。

　　随着现代化工业不断向大型化、集成化、精细化方向的发展，化工设备作为一个复杂的运作系统，若其中一个环节出现故障后没能得到及时的处理，就可能引起整个系统的瘫痪故障，导致重大事故发生。设备的先进性关系到化工企业能否安全运作，但是不管多么先进的设备都是会发生故障的。因此对出现的故障进行分析与诊断也是生产过程中非常关键的一个环节，它关系到企业生产的可持续发展及经济效益等多个方面。

　　在化工行业，设备管理是化工企业不可缺少的重要组成部分，对提高企业竞争力发挥着重要作用。同时高温、高压、长周期连续运转是化工行业设备运转的特点，这些特点决定了设备及时的故障诊断与处理是企业安全管理工作的重中之重。

第一节　化工设备故障概述

一、故障诊断的概念

　　机械设备在运行过程中，由于疲劳损伤、磨损、腐蚀及操作不当均会产生故障。故障的出现，轻则影响机械设备的正常运行，重则带来生命和财产的巨大损失。因此，及时发现并排除故障具有重要意义。故障诊断正是在这一背景下产生的。

　　运行中的机械设备，其内部的零部件必然要受到机械应力、热应力、化学应力及电气应力等多种物理作用，随着时间的推移，这种物理作用的累积，将使机械设备正常运行的技术状态不断发生变化，随之可能产生异常、故障或劣化状态。伴随着这些作用和变化，又必然会产生相应的振动、声音、温度及磨损碎屑等二次效应，机械设备故障诊断即是依据这种二次效应的物理参数，来定量地掌握机械设备在运行中所受的应力、出现的故障和劣化、强度和性能等技术状态指标，预测其运行的可靠性。如果机械设备存在异常，则进一步对异常原因、部位、危险程度等进行识别和评价，确定其改善方法和维修技术。

所谓故障诊断，是指通过测取机械设备在运行中或相对静态条件下的状态信息、诊断对象的历史状况，来定量识别机械设备及其零部件的实时技术状态，并预知有关异常、故障，预测其未来技术状态，从而确定必要对策的技术。

故障诊断实施包括两个部分：其一是简易诊断，主要是由现场作业人员实施的初级技术，职能是对设备的运行技术状态迅速而有效地做出概括的评价，并在诊断对象中判定"有些异常"的机械设备；其二是精密诊断，主要是由故障诊断的专门技术人员实施的高级技术，职能是对采用简易诊断技术判定为"有些异常"的机械设备进行专门的、深入的分析和处理，并进一步确定异常和故障的性质、类别、部位、原因、程度，乃至说明异常和故障发展的趋势及影响等，为故障预报、控制、调整、维修、治理等方面提供决策依据。所以，精密诊断是故障诊断的关键。

根据上述分析，不难总结出故障诊断的目的：

（1）及时而正确地对各类运行中机械设备的种种异常或故障做出诊断，以便确定最佳维修决策。

（2）保证各类机械设备无故障、安全可靠地运行，以便发挥其最大的设计能力和使用有效性。

（3）为下一代机械设备的优化设计、正确制造提供反馈信息和理论依据，以保证设计、制造出更符合用户要求的新一代产品。

二、故障诊断的分类

故障诊断的分类方法很多，但主要是按诊断的物理参数和诊断的目的进行分类的。

1. 按诊断的物理参数分类

从诊断技术研究的角度，常按诊断的物理参数分类，其分类名称和检测参数见表11-1。

表 11-1　按诊断的物理参数分类

诊断技术名称	检测参数
声振诊断	平稳振动、瞬态振动、噪声、声阻、超声及声发射等
温度诊断	温度、温差、温度场及热像等
污染诊断	气、液、固体的成分变化，泄漏及残留物等
压力诊断	压力、压差的变化等
无损诊断	裂纹、变形、斑点及色泽等
综合诊断	各种物理参数的组合与交叉

2. 按诊断的目的分类

1）功能诊断和运行诊断

对于新安装的或刚维修的机械设备及部件等，需要判断它们的运行工况和功能是否正常，并根据检测与判断的结果对其进行调整，这就是功能诊断；而运行诊断是对正在运行中的机械设备或系统进行状态监测，以便对异常的发生和发展能进行早期诊断。

2）定期诊断和连续监控

定期诊断是间隔一定时间对服役中的机械设备或系统进行一次常规检查和诊断；而连续监控则是采用仪表和计算机信号处理系统对机械设备或系统的运行状态进行连续监视和检测。这两种诊断方法的选用，需根据诊断对象的关键程度、其故障影响的严重程度、运行中机械设备或系统的性能下降的快慢程度、其故障发生和发展的可预测性来决定。

3）直接诊断和间接诊断

直接诊断是直接根据关键零部件的状态信息如轴承间隙、齿面磨损、轴或叶片的裂纹及腐蚀条件下管道的壁厚等来确定其所处的状态，直接诊断迅速而可靠，但往往受到机械结构和工作条件的限制而无法实现。而间接诊断是通过机械设备运行中的二次诊断信息来间接判断关键零部件的状态变化的。由于多数二次诊断信息属于综合信息，因此，在间接诊断中出现伪警和漏检的可能性会增大。

4）在线诊断和离线诊断

在线诊断一般是指对现场正在运行中的机械设备进行自动实时诊断；而离线诊断则是通过磁带记录仪将现场测量的状态信号录下，带回实验室后再结合诊断对象的历史档案做进一步的分析诊断。

5）常规诊断和特殊诊断

常规诊断就是在机械设备正常服役条件下进行的诊断，大多数诊断都属于这一类型。但在个别情况下，需要创造特殊的服役条件来采集信号。例如，动力机组的起动和停机过程要通过转子的扭振和弯曲振动的几个临界转速，所以必须采集在起动和停机过程中的振动信号，而这些振动信号在常规诊断中是采集不到的，因而需要采用特殊诊断。

第二节　常用故障诊断技术

一、声振诊断

各种机械设备、组成它们的零部件及安装它们的基础，都可以认为是一个弹性系统。在一定条件下，弹性系统在其平衡位置附近做往复直线或旋转运动，这种每隔一定时间的往复性微小运动，称为机械振动。机械设备又常处在空气或其他介质中，机械振动将使介质振动形成振动波，机械的噪声就是不规则的机械振动在空气中引起的振动波，因而从本质上讲噪声也是振动。因此，将利用振动测量和噪声测量及它们的分析结果来识别机械设备故障的技术统称为声振诊断。在有些文献中，也可以将它们分开来形成振动诊断和音响诊断。

故障的声振识别是通过将被测声振信号的特征量值与特征量限值相比较实现的。在绝对标准中，利用被测声振信号的特征量值与标准特征量值相比较；在相对标准中，利用被测声振信号的特征量值与正常运行时的特征量值相比较；在类比标准中，利用同类设备在同种工况条件下的声振信号的特征量值相比较，做出有无故障的判断。

1. 振动诊断

振动诊断技术形成的诊断系统可分为两类：简易诊断仪和精密诊断系统。简易诊断仪通常是便携式测振仪，它的组成如图 11-1 所示，测量放大器将测振传感器感受的振动信号放大，而后通过检波器以振动的峰值或有效值显示，从而了解机械的振动状态。

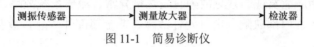

图 11-1　简易诊断仪

精密诊断系统可有两种形式：一种适用于点检，即定期对被监测或诊断的设备进行检测，将振动信号记录在磁带记录器上，而后在实验室的数据处理机上或计算机上进行分析和处理，从而达到监测和诊断的目的；另一种是在线监测和诊断系统，它可以监测机械的工作状态，通过检波器直接进入显示装置和控制器，预报可能出现的故障状态和停机处理，对于精密诊断系统，还可以通过中央处理机处理和分析后，给出分析结果去判断故障部位和原因，做出维修对策。现代化的生产线，大都是由大型的、连续的和自动化的装备组成的，都带有这种由微机分析和控制的在线监测和诊断系统。复杂的带有推断过程的系统有时又称为专家系统。

2. 音响诊断

利用音响的差异进行机械设备的故障诊断是一个古老而又常用的方法。过去是靠人耳的感觉和经验来实现监测和判断的，目前是利用对声波的测量和分析来实施诊断的。

声波是振动在空气介质中的传播。当振源的频率在 20～20 000Hz 时，振源引起的波动称为有声波，人的耳朵可以感受它。当振源的频率低于 20Hz 或高于 20 000Hz 时，人耳无法听到，低于 20Hz 的波动称为次声波，高于 20 000Hz 的波动称为超声波。超声波诊断技术将在无损检测探伤中介绍，而音响诊断技术只是从有声波的角度，特别是利用噪声的测量和分析来识别故障的。

在机械设备中，由于机械由很多运动着的零部件组成，因此，有很多个振源引起声波。这些不同频率、不同声强的声波无规律的混合就组成了机械的噪声，在故障诊断中所碰到的声波大部分是噪声。故障的识别就是要从这些噪声中提取由故障源引起的噪声。因此，要进行噪声测量，通常的测量系统包括传声器、测量放大器或声级计、磁带记录器及信号分析仪。

传声器也称为话筒，用来感受空气中的噪声并将其转换为电信号。声级计用来将传声器测得的信号进行放大及其他处理。磁带记录器用来将电信号记录于磁带中，使之可以重现。信号分析仪用来对信号进行分析处理，以便识别噪声源，进而可获得故障点。

二、温度诊断

1. 温度诊断的定义

温度异常是机械设备故障的"热信号"，许多受了损伤的机件，其温度升高总是先于故障的出现。通常，当机件温度超过其额定工作温度，且发生急剧变化时，则预示着故障的存在和恶化。因此，监测机件的工作温度，根据测定值是否超过温升限值可判断其所处的技术状态，这就是温度诊断。

若将采集到的温度数据制成图表，并逐点连成直线，则利用该直线的斜率，可对机件进行温度趋势分析，并可推算出某一时刻的温度值，将此温度值与机件允许的最高温度限值比较，可以预报机件实际温度的变化余量，以便发出必要的报警。在某些情况下，当温度变化速度太快可能引起无法修复的故障时，可中断机械运转。

采用温度诊断所能发现的常见故障有发热量异常、流体系统故障、滚动轴承损坏、保温材料损坏、机件内部缺陷、电气元件故障、非金属部件故障、疲劳过程。

2. 温度的测量

采用温度诊断技术时，准确地测量温度是非常重要的。常用的测温方法有热电偶测温、热电阻测温、红外测温等。

红外测温的原理：比可见红光波长更长的辐射光线称为红外线。红外线虽是人们眼睛看不见的光线，但它是具有较高热效应的辐射光线。除了太阳能辐射红外线外，凡温度高于绝对零度（−273.15℃）的任何物体都能辐射红外线，而且物体的温度越高，发出红外线的能量越多，红外测温就是利用这种特性对物体的温度进行测量的。

红外测温的装置有红外测温仪、红外热像仪等。

常用的红外测温仪有辐射测温仪、单色测温仪、比色测温仪等。辐射测温仪是利用热电传感元件，通过测量物体热辐射全部波长的总能量来确定被测物体表面温度的；单色测温仪是通过测量物体热辐射中某一波长范围内所发出的辐射能量来确定被测物体表面温度的；比色测温仪是通过测量物体热辐射中两个不同波段的辐射能量的比值来确定被测物体表面温度的。

红外热像仪能把物体发出的红外辐射转换成可见图像，这种图像称为热像图或温度图。由于热像图包含了被测物体的热状态信息，因而通过热像图的观察和分析，可获得物体表面或近表面层的温度分布及其所处的热状态。由于这种测温方法简便、直观、精确、有效，且不受测温对象的限制，因而有着广阔的应用前景。热像仪在温度诊断中已广泛用于探测化工设备和管道中的腐蚀、减薄、沉积、泄漏、烧蚀和堵塞等故障。

在红外测温装置中，用于感受红外辐射能量并将其转换成与被测温度有关的电信号的器件称为红外探测器。按其工作原理可分为热敏探测器和光电探测器两类。热敏探测器是利用红外辐射的热效应制成的，采用热敏元件；光电探测器是利用光电元件受到红外辐射时产生的光电效应，将红外辐射能量转变为电信号。

三、污染诊断

污染诊断是以机械设备在工作过程中或故障形成过程中所产生的固体、液体和气体污染物为监测对象，以各种污染物的数量、成分、尺寸、形态等为检测参数，并依据检测参数的变化来判断机械所处技术状态的一种诊断技术。目前，已进入实用阶段的污染诊断技术主要有油液污染监测法和气体污染物监测法。

1. 油液污染监测法

各类机械的流体系统，如液压系统、润滑系统和燃油系统中的油液，均会因内部机件的磨损产物和外界混入的物质而产生污染。被污染的油液将带着污染物到达系统的有关工作部位，当污染程度超过规定的限值时，便会影响机件和油液的正常工作，甚至造成机件损伤或引起系统故障。油液中各种污染物形态及其引起的故障见表 11-2。显然，流体系统中被污染的油液带有机械技术状态的大量信息。所以，油液污染监测法是根据监测和分析油液中污染物的元素成分、数量、尺寸、形态等物理化学性质的变化，获取机件运行状态的有关信息，从而判断机械的污染性故障和预测机件的剩余寿命的方法。

表 11-2　油液污染引起的典型故障

污物形态	污物的危害	引起的故障
固体物	是最常见和危害最大的一种。会造成零件运动表面磨损、刮伤或撕落；易淤积于系统的管道、缝隙或小孔中，使阻尼增大	机件磨损、发热、卡死、工作压力降低或动作失调
水分	使油液乳化，降低润滑性能；与油液中的硫或氯结合产生硫酸或盐酸；与添加剂或其他污物结合时生产有害的黏结、胶状或结晶物质	润滑不良、渗漏及堵塞或工作压力降低
空气	液压系统中的油液混入空气，使油的容积弹性系数降低，失去刚性及气蚀、氧化机件等	机件动作失灵、反应变慢，振动、噪声或造成润滑不良引起发热
化学物	油液中氯化溶解物与水分结合，产生有腐蚀作用的盐酸；油液因高温氧化作用而生成硫、碳；遇水时产生有腐蚀作用的硫酸和碳酸；表面活性媒介物会使系统中的污物分散到油液中去而不易清除，降低过滤器过滤能力	机件腐蚀、油液变质、增加油液污染而引起故障
微生物	油液在一定温度环境下会生长细菌、霉菌、原生物及藻类等微生物，改变化学成分、降低黏度和润滑性能、破坏油膜的形成，以及生成有腐蚀作用的硫酸、硝酸等有害物	油液变质、机件腐蚀和润滑不良

由于流体系统油液污染引起的任何故障都可能对整机造成严重危害，因而在国内外都十分重视这类故障监测方法和装置的研究。已进入实用阶段的监测方法很多，其中常用的方法可分为两类：一类是通过监测油液中固体污染物元素的成分、含量、尺寸分布和颗粒形态等参数的变化，来判断机件磨损部位和严重程度的方法，如油液污染度监测法、磁性碎屑探测法、油液光谱分析法等；另一类是通过监测油液的物理化学特性和污染程度的变化，来判断油液本身的污染状态和故障趋势的方法。

油液污染度监测法是通过测定单位容积油液中固体颗粒污染物的含量，以此反映系统或零件所受颗粒污染物的危害程度，可细分为称重法、计数法、光测法、电测法、淤积法等。

磁性碎屑探测法的基本原理是采用带磁性的探头插入润滑系统输油管道内，收集润滑油内的残渣，并用肉眼或低倍放大镜来观察残渣的数量、大小和形状等特征，据以判断系统中零件的磨损状态。该方法适用于探测油液中残渣颗粒尺寸大于 $50\mu m$ 的情况，特别是对于捕捉某些机件在磨损后期出现的颗粒尺寸较大，而且其中大部分是铁的磨损微粒的情况，它是一种简便而有效的探测手段。

油液光谱分析法是指利用原子发射光谱或原子吸收光谱分析油液中金属磨损产物的化学成分和含量，从而判断机件磨损的部位和磨损严重程度的一种污染监测方法。光谱分析法对分析油液中有色金属磨损产物比较适用。例如，油液中铜和铅的污染物发生在装有铜、铅轴承的发动机中。通过光谱分析，根据油液中铜、铅元素的出现及其含量，便可定性地判断发动机的磨损零件是铜-铅轴承，同时还可以定量地判断轴承的磨损程度。

在两类监测方法中，通常都可以采用各种相应的监测仪器和装置。表 11-3 为油液污染监测的主要分析项目及其装置。

表 11-3　油液污染监测的主要分析项目及其装置

诊断方法	油液分析项目	实验装置	故障诊断内容
零件磨损状态的检测诊断	磨损金属种类、成分、形态	磁性探测装置、发光分光装置、原子吸收分光光度计、铁谱仪	异常磨损的部位及磨损严重程度
油液污染状态的监测诊断	混入的颗粒状金属、添加剂	发光分光装置、原子吸收分光光度计	空气滤清器的异常及使用的油量
	油液黏度	毛细管黏度计、回转式黏度计	油液老化变质及油液更换期
	不溶解成分	离心分离器、光圈滤光器	滤清器异常、燃烧异常的出现及油液更换期
	碱值	自动滴定装置、光点检验	机油更换期
	燃料稀释度	蒸馏装置	燃烧系统异常
		涡流裂纹水分计、红外分光装置	冷却水泄漏
	氧化物	红外分光装置	异常高温、冷却水泄漏

2. 气体污染物监测法

机械在故障形成过程中或在错误控制下，常常会产生各种气体或液体污染性物质，如电气系统故障形成过程中产生的溶解气体、密封性故障形成过程中产生的漏失气体或液体、发动机或烟通排放的废气等。这些污染性物质本身也携带着机件的故障信息，对这些污染性物质的性质、数量和成分进行监测和分析，同样能判断机械设备所处的技术状态。所以，气体污染物监测法也成为污染诊断技术的另一个主要研究内容。

已用于故障诊断的气体污染监测方法主要有三类：用于判断电气故障的溶解气体分析法、用于判断发动机故障的泄漏气体分析法和排放气体分析法。

四、无损诊断

无损诊断是在不损伤和不破坏被检物（原材料、零部件和焊缝等）的前提下检查被检物表面及内部缺陷的一种技术手段，又称为无损检测或无损探伤。

无损诊断方法有多种，生产中最常用的为射线探伤、超声波探伤、磁粉探伤及渗透探伤。射线和超声波探伤主要用于探测被检物的内部缺陷，磁粉探伤用于探测表面和近表面缺陷，渗透探伤则用于探测表面开口的缺陷。

1. 射线探伤

射线探伤是检查材料内部缺陷比较成熟的一种方法，它是利用射线能够穿透物质的特性来检测缺陷的。目前应用最广泛的是 X 射线和 γ 射线。高能 X 射线在工业上也逐渐得到应用。

1）射线探伤的基本原理

射线探伤是利用射线的能穿透物质、能被物质吸收衰减及能使胶片感光的性质，将带暗盒的胶片置于被照物体背后，射线穿透被照物体（工件）后使胶片感光，如图 11-2 所示。胶片冲洗烘干后根据底片上黑度大小和影像可判断缺陷：工件无缺陷部位射线穿透后衰减均匀，底片感光强度一样（黑度均匀）；有缺陷部位当射线穿透时衰减较无缺陷部位小，因而感光强度大，使底片上有缺陷部位的黑度加深，底片上的黑色影像（斑点、条纹等）即表示缺陷的存在。缺陷在射线透照方向上的尺寸越大，即射线经过缺陷的路程越长，底片上明暗差别也越大，故根据底片上影像黑度的深浅在一定程度上能定性地看出缺陷的"厚度"。

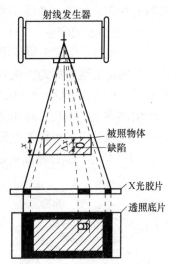

图 11-2　射线探伤的基本原理

2）射线探伤机

X 射线探伤所用设备称为 X 射线机。X 射线机由 X 射线管、高压发生装置、控制机构和冷却装置几部分组成。X 射线管是一个发射 X 射线的二极管，由管体、阴极、阳极组成，如图 11-3 所示。管体为一高真空度的玻璃泡，用以支撑钨制阴极和阳极靶。在 X

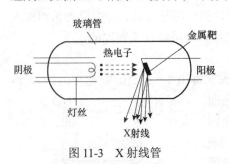

图 11-3　X 射线管

射线管两端加上 100～420kV 的高压电后，射线管的阴极发射电子，在电场力作用下高速撞击阳极靶，就产生了 X 射线。高压发生装置实际上是一个变压和整流装置，为 X 射线管提供高压直流电流，以加速电子。控制机构主要是控制和调整 X 射线机的各种工作状态，并对 X 射线机起保护作用，防止突然加上高电压致使 X 射线管或机器损坏。冷却装置是使阳极靶冷却，避免钨极的烧损。

工业 X 射线探伤中广泛使用的 X 射线机有移动式和便携式两类。移动式 X 射线机的特点是管电流较大，输出的射线强度高，但设备比较笨重，只适用于室内和工作条件比较稳定的场合。典型的移动式 X 射线机有 XY-1502/4 型、XY-3010/3 型和 XY-4010/3 型。便携式 X 射线机体积小、质量轻、结构紧凑，很适合于现场作业。典型的便携式 X 射线机有 XXQ-2005 型、XXQ-2505 型、XXQZ-2005 型、XXQZ-2505 型。

γ 射线探伤机由射线源（放射性同位素，如 Co^{60}、Cs^{137}、Ir^{192} 等）、铅制移动保护套、铅室和钢丝软管等组成，探伤时可通过手把操纵软管内的钢丝，方便地将铅制保护套内的射线源移至曝光窗口进行照相。典型的 γ 射线探伤机如国产 GL-3 型 γ 自动探伤仪。

除了以上射线探伤机外，高能 X 射线探伤机、工业 X 射线电视机装置、X 射线计算机断层分析（射线 CT）设备在工业射线探伤中也已得到应用。

2. 超声波探伤

超声波探伤是利用超声波射入被检物，由被检物内部缺陷处反射回来的伤波来判断缺陷的存在、位置、性质和大小等的。

1）超声波的产生

超声波的产生常采用压电法。晶体沿一定方向受力（拉或压）而伸长或缩短时在表面产生电荷的现象称为压电效应，具有压电效应的晶体称为压电晶体。常见的压电晶体有石英（SiO_2）、钛酸钡（$BaTiO_3$）、钛酸铅（$PbTiO_3$）和锆钛酸铅（$PbZrTiO_3$）等。若在压电晶体上沿电轴方向加交变电场，则晶体会沿一定方向变形（伸长或缩短），这种现象称为压电效应，也称为电致伸缩现象。超声波的产生就是利用了晶体的逆压电效应，如图 11-4 所示，晶片两面镀银作为电极，接上脉冲高频交变电压，则晶片会沿厚度方向

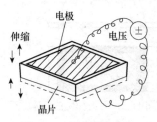

图 11-4　超声波的产生

伸缩产生振动，当其频率达到 20kHz 以上时就产生了超声波。相反，如果高频机械振动（超声波）传到晶片使晶片发生振动，则晶片两电极间就产生了与超声波频率相同的高频脉冲电压（压电效应），超声波的接收就是利用了这一原理。超声波的产生和接收实际上是电能与机械能的相互转换过程，即电能产生超声波得到机械能，机械能接收超声波转化为电能。

用于无损探伤的超声波，常用频率为 1～5MHz。超声波在无限大介质中传播时，是一直向前传播的，并不改变方向，但遇到声阻抗不同的两种异质界面时会发生反射和折射现象，即有一部分超声波在界面上返回第一介质，另一部分透过介质交界面折射进入第二介质。超声波探伤就是利用超声波在介质中的这种传播特性来实现的。

2）超声波探伤的基本原理

超声波探伤的基本原理如图 11-5 所示。由探头发射出 1～5MHz 的超声波脉冲 T，并射入被检物内，当射入的声波碰到被检物另一侧底面时，即会被反射回来而被探头接收，并称之为底面回波 B；如果被检物内部存在缺陷，射入的超声波碰到缺陷后也会立即被反射回来而由探头查收，而称它为缺陷回波 F。由探头发射和接收的超声波信号均可转换成为电信号，并通过荧光屏显示出来。根据反射回来的底面回波 B 和缺陷回波 F 之间的信号差别，便可在荧光屏上判断出缺陷的存在、性质、部位及其大小。

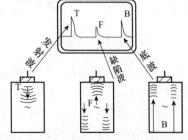

图 11-5　超声波探伤的基本原理

3）超声波探伤仪

超声波探伤是用探伤仪进行检测的，目前使用最广的是 A 型探伤仪。A 型探伤仪主

要由同步电路（触发电路）、时基电路、发射电路、接收电路、探头及显示器（示波管）等组成，其基本原理如图 11-6 所示。

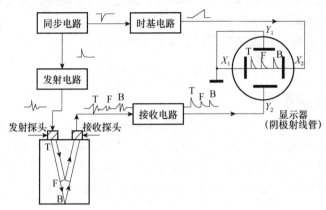

图 11-6 A 型探伤仪的基本原理

仪器工作时，同步电路发出指令，使各部分"同时起步"，协调工作。发射电路又称为高频脉冲电路，在同步电路触发下产生高频电压加在探头晶片上，使晶片产生逆压电效应而发射出超声波。接收电路通过探头晶片的压电效应使工件内部反射的声波信号转换为电信号并进行放大、检波，加到显示器的垂直偏转板上，并在荧光屏的纵坐标上显示出来，以便于观察和测量。时基电路又称为扫描电路，产生锯齿波电压加在显示器上产生一水平扫描线，扫描线的长短与时间成正比。A 型探伤仪根据缺陷的高度、缺陷波在水平扫描线上的位置来判断缺陷大小、位置及性质。常用 A 型探伤仪有 CTS-220A、CTS-230A、CTS-260A 等型号。

3. 磁粉探伤

1）磁粉探伤的基本原理

如图 11-7 所示，磁粉探伤的基本原理：当铁磁材料被磁化时，若材料中无裂纹、气孔、非磁性夹渣等缺陷，则磁力线均匀分布穿过工件；若材料内部有缺陷，由于缺陷的磁阻较大，磁力线会绕过缺陷发生弯曲；当缺陷位于浅表或表面开口时，磁力线绕过缺陷时会在表面产生一漏磁场，漏磁场能够吸附具有高磁导率的二氧化二铁（Fe_2O_2）、四氧化三铁（Fe_3O_4）等强磁性粉末（简称磁粉），从而显示出缺陷的位置和形状。

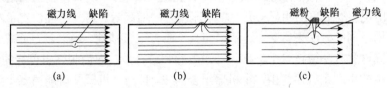

图 11-7 磁粉探伤的基本原理

探测中采用的磁粉有荧光磁粉和非荧光磁粉两种。采用荧光磁粉时，需要紫外线照射被测机件，在缺陷处因聚集着荧光磁粉而发出黄绿色的荧光。对于形状规则的机件，能够采用光电转换系统，将荧光信号进行放大和信息处理，以达到自动探测的目的。

2）磁粉探伤设备

磁粉探伤设备有通用型、专用型、便携型和固定型等多种形式，各种类型的设备其主体都是磁化装置，其他装置如磁悬液喷洒器、紫外灯、退磁机和零件传送机构等则是根据需要而适当配置的附件。磁化装置用于对强磁体零件进行磁化。该装置能产生大电流，称为磁化电流，磁化电流产生作用于零件上的磁场。

4. 渗透探伤

1）渗透探伤的原理

渗透探伤是目前常用的一种表面开口缺陷检测方法，它是借助液体对微细孔隙的渗透作用使浸涂或喷涂在工件表面渗透力很强的液体（渗透剂）渗入工件表面的微小缺陷内，待清除表面残留的渗透液后，再喷涂显像剂，利用毛细管作用又将留在缺陷内的渗透液由显像剂吸出表面形成色痕，从而显示出缺陷，如图 11-8 所示。

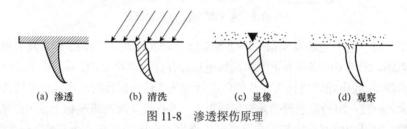

　　(a) 渗透　　　　　(b) 清洗　　　　　(c) 显像　　　　　(d) 观察

图 11-8　渗透探伤原理

2）渗透探伤的分类

根据渗透材料不同，渗透探伤分荧光探伤和着色探伤两种。荧光探伤所用渗透液中含有荧光物质，渗入缺陷内的荧光剂需经紫外灯照射激发其发出荧光，在黑暗处观察才能显现缺陷。着色探伤所用渗透液中含有色泽鲜艳的红色染料，在可见光下即可观察缺陷。

五、综合诊断

机械设备的故障具有两重性：一方面表现为一种故障症状是多种机械故障所具有的共同现象，如不正常的振动和声响现象是诸如齿轮、轴承损坏后所共有的现象，因此，这种特性决定了利用一种检测方法只能检测机械有无毛病，而不能确定什么毛病及何种部位；另一方面，同样一种机械故障也将表现出多种症状（现象），例如，轴承的滚道或滚动体碎裂，可能出现振动现象的明显变异、轴承座温升的增高等。这一特性决定了对于同一种机械故障可用不同的方法去诊断，这就给交叉诊断打下了基础。当然，为了减少诊断的工作量，要研究这些方法或技术中，哪一种最敏感和最有效，而后制订出可行的诊断程序。

一个复杂的生产系统往往由多个机器组合而成，且一个机械又可能由多个承担相同或不同任务的部件或零件组成，这就使得一个复杂的生产系统的故障具有很强的不确定性，增加了机械故障诊断技术的复杂性和困难程度。因此，对于一个生产系统，如果只是想发现有无故障，只要根据诊断对象可能产生的故障，选择一种最敏感的检测仪器就可能获得故障信息。如果要想知道故障的类型、性质、产生的部位、程度和可能发展的趋势，以及决定要采取的维修策略，必须从不同的角度，采用不同的方法去捕捉不同的故障现象，根据不同故障现象可能反映的故障进行交叉判断，它们的交叉点就可能是需要确定的故障，这就是交叉诊断法。由于这种方法是从多个方面进行诊断的，因此又称为综合诊断。

机械设备的诊断程序一般先简后繁，且尽可能地用一种方法就能确诊。如果采用简易诊断就能确诊，就能采取一定方式的维修技术使之恢复。对于那些通过简易诊断只发现了故障现象，而无法确定其性质、部位、程度、形成的原因时，则继续采用精密诊断的方法，从不同的角度进行交叉诊断，达到确诊的目的。诊断的一般程序如图 11-9 所示。

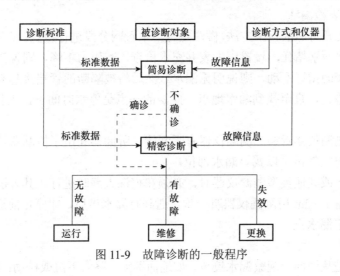

图 11-9　故障诊断的一般程序

第三节　化工设备故障诊断

化工设备的主要特点如下：

（1）工作条件的复杂性。化工设备的内部都通过或存放各种不同的流体工作介质，这些工作介质大多是高温的、高压的、有毒的、可燃的或腐蚀性的流体。

（2）泄漏失效的综合性。由于工作介质的温度、压力及腐蚀性等因素的综合影响，极易使设备内部潜在的缺陷发展成破损，或者使其密封失效，无论是破损还是密封失效，都会迅速引起工作介质的泄漏。

（3）泄漏故障的危害性。化工设备的泄漏故障轻则造成工作介质和能量流失，影响经济效益，污染环境，使设备工作不稳定和工作效率下降，重则损害人体健康，甚至由此引起设备和人身事故。

由上述特点可见，可以通过泄漏监测和诊断的方法来发现化工设备的故障和确定故障部位。下面讨论化工设备故障诊断的各种方法。

一、化工管道的故障诊断

在石油、化工部门中，管道起着重要的作用，而且数量庞大。由于管材性能的局限性、管子质量缺陷、管子弯头设计不合理、管子对热胀冷缩的适应性差，以及操作不当或管道系统的振动等，可能造成管道的破坏而导致泄漏。而由于化工介质易燃、易爆、有毒的特点，一旦泄漏将导致严重后果。因此，对化工管道泄漏故障的监测与诊断就成为化工设备故障诊断研究的主要对象之一。

1. 给水管道的泄漏检测

给水管道漏水的检查方法一般有分区装表检漏法、听漏法、观察法。

1）分区装表检漏法

这是一种比较可靠的检漏方法，做法是将给水管网分段进行检查。在截取长度为 50m 内的管段上，将两端堵死，设置压力表并充水检查，若压力下降，则说明此管段有漏水现象，若压力表的指针不动，则说明无漏水。然后将被隔断的管端接起来，再隔断下一段，继续进行检查，直至找到漏水地点。此法的缺点是停水时间长，工作量较大。

2）听漏法

一般采用测漏仪器听漏。测漏仪器有听漏棒、听漏器和电子检漏器等。其原理都是利用固体传声与空气传声以找寻漏水部位。

采用听漏棒或其他类型测漏仪器时，必须在夜深人静时进行。其方法是在沿着水管的路面上，每隔 1～2m 用测漏仪器听一次，遇到有漏水声后，即停止前进，进而寻找音响最大处，确定漏水点。

3）观察法

此种方法是从地面上观察漏水迹象，如地面潮湿；路面下沉或松动；路面积雪先融；虽然干旱，但地上青草生长特别茂盛；排水检查井中有清水流出；在正常情况下水压突然降低等都是管道漏水迹象，根据这些直接看到的情况确定漏水位置。此方法准确性较差，一般需用测漏仪器辅助。

2. 地下输油管道的泄漏诊断

埋在地下的输油管道，由于受到土层、地形和地面上建筑物等条件的限制，检漏十分困难，目前主要采用放射性示踪法和声发射相关分析法进行泄漏诊断。

放射性示踪法使用一种小型的放射性示踪检漏仪，可用于直径为 150mm 以上油管的检漏，一次检查长度约为 5000m 轻油管道。这种检漏仪性能稳定可靠，检漏速度较快，它能探测到漏油量为 1L、放射性强度为 15～20μC 的渗漏点。

声发射相关分析法的原理：由于油管破损处发出的泄漏声通过管道向破损点左右传播，因而可以采用声发射原理进行检漏。该方法是在漏油管段的两端布置传感器进行测定，然后通过互相关函数曲线，由最大延时 τ_m 和钢管传声的速度，就可以计算出破损处位于两个检测点中心的方向和距离。此法确定破损位置的误差在几十厘米以内，是比较有效的方法。对海底石油管道和天然气管道破损检测均采用此技术。

3. 可燃性气体管道的泄漏监测

可燃性气体是指天然气、煤气、液化石油气、烷类气体、烯类气体、乙酸、乙醇、丙酮、甲苯、汽油、煤油、柴油等。

目前，可燃性气体的监测检漏工作可采用各种监测报警装置来进行。当设备或管道泄漏的可燃性气体达到某一值时，监测报警装置中的传感器立即发生作用，使报警装置自动报警，使人们有充分的时间采取有效措施，避免事故的发生。

在石油化工企业中常用的监测报警装置有防爆式 FB-4 型可燃气体报警装置、监控式 BJ-4 型可燃气体报警器、携带式 TC-4 型可燃气体探测器等。

二、压力容器的故障诊断

压力容器的故障诊断采用无损诊断技术，除了射线探伤、超声波探伤、磁粉探伤、渗透探伤等常规无损诊断技术外，一些新技术如声发射检测技术、激光全息摄影检测技术等在压力容器的故障诊断中已逐渐得到推广和使用。

1. 常规无损诊断技术

各种常规无损诊断技术的诊断内容、方法及要点等见表 11-4。

表 11-4　压力容器常规无损诊断技术的诊断内容、方法及要点

诊断内容	诊断方法或仪器	诊断要点	说明
内部腐蚀	① 用超声波厚度测定器检查，可以测定的最高温度为 600℃。 ② 用 192 铱射线检查。 ③ 用腐蚀测定器检查。 ④ 用液体组成分析及 pH 测定	① 气、液相腐蚀情况不同，塔顶部与塔底部的腐蚀情况也不同。 ② 在流体进入侧接管口正面等流体冲击的部位与接管口周围产生流体搅拌现象的部位，其腐蚀度大。 ③ 比主体薄的小口径接管口易先穿孔；顶端直接接管会因凝聚作用而加速腐蚀。 ④ 保温条件的差异会造成腐蚀情况的不同。 ⑤ 塔、槽的焊接部分会受到流体的选择性腐蚀。 ⑥ 衬垫部分的母材易腐蚀	通常使用的是超声波法。超声波法适用于掌握塔、槽、罐腐蚀发展状态的定点、定期的厚度测定（要注意在高温部分容易出现偏厚的测定值）。其表示方法有模拟式和计数式两种。在单纯的比较测定或厚度检查方面，以计数式表示较为方便，但容易因探头接触不良而产生误差
外部腐蚀	① 肉眼检查。 ② 用 192 铱射线检查	① 室外有保温层的设备，温度在 100℃ 以下的，会由于雨水浸入发生腐蚀；或虽然是高温，但温度变化剧烈的零部件会发生腐蚀。 ② 保温材料变质会造成腐蚀。 ③ 长期经受外来的微量腐蚀性流体的影响会造成腐蚀（如从坑槽内升起的腐蚀性流体蒸气）	192 铱射线适用于保温保冷方面的小口径接管口的厚度测定，或旋入部分的厚度测定（使用放射性物质要严格执行相关规定）
有无裂缝	① 肉眼检查。 ② 渗透探伤检查。 ③ 磁粉探伤检测。 ④ 敲打检查。 ⑤ 超声波检查	① 位于压缩机周围振动大的部分的接管口根部等容易产生应力集中的部分。 ② 高温机支架固定部位、管架加强部位等容易产生热应力集中的部分。 ③ 高强度钢焊接部位	外面的裂缝可利用磁粉探伤或渗透探伤来检查；内侧的裂缝则使用超声波斜角探伤来检查
有无泄漏	① 用发泡剂（肥皂水、发泡油等）检查。 ② 根据气体含量检查。 ③ 目视，根据涂料的剥落污染情况判断	① 热应力和热膨胀等引起的显著变形的地方。 ② 装拆频繁的接管口法兰。 ③ 塔、槽、罐侧缘中有接头的场合（易形成漏洞）	发泡剂用于检查气体介质的泄漏；可燃性物质可用气体检测器吸取可能泄漏部位的气体来检测；目视适用于检查液体介质的泄漏

2. 声发射检测技术

声发射检测技术用于压力容器的故障诊断，其主要目的在于及时了解容器的内部缺陷，以及在加压情况下裂纹的生成和发展状况，以便采取措施修补或预报结构的破损，防止灾难性事故突然发生。

当物体（试件或产品）受外力或内应力作用时，缺陷处或结构异常部位因应力集中而产生塑性变形，其储存能量的一部分以弹性应力波的形式释放出来，这种现象称为声发射。而用电子学的方法接收发射出来的应力波，进行处理和分析，以评价缺陷发生、发展的规律和寻找缺陷位置的技术统称为声发射检测技术。

声发射检测技术的特点是能够使被检测的对象（缺陷）能动地参加到检测过程之中。它是利用物体内部的缺陷在外力或残余应力的作用下，本身能动地发射出声波来判断发声地点（裂源）的部位和状况。根据所发射声波的特点和诱发声波的外部条件，既可以了解缺陷的目前状态，也能了解缺陷的形成过程和在实际使用条件下扩展和增大的趋势。这是其他无损检测方法做不到的。所以，又把声发射检测技术称为动态无损检测技术。

由于声发射检测技术是一种动态无损检测方法。而且声发射信号来自缺陷本身，因此，根据它的强弱可以判断缺陷的严重性。一个同样大小、同样性质的缺陷，当它所处的位置和所受的应力状态不同时，对结构的损伤程度也不同，所以它的声发射特征也有差别。明确了来自缺陷的声发射信号，就可以长期连续地监视带缺陷的设备运行的安全性，这是其他无损检测方法难以实现的。

1）水压试验时的声发射监测

压力容器水压试验时的声发射监测已达到工业实用阶段。因为这种试验属于出厂检验项目，一旦发现问题，易于及时返修；并且试验仅为简单的应力循环，环境噪声比较小，容易提高信噪比；此外，厚壁大型压力容器及高强度钢的应用，使水压试验时低压破坏事故增多，迫切需要安全报警。

水压试验时，若在额定的试验压力下，基本上没有声发射信号，则可认为在此工作载荷下不会引起有害缺陷。若在该试验压力之前就出现大量声发射信号，则反映容器内部有危险性缺陷，应及时停止试验，确定缺陷位置并用其他无损检测方法复查，评定检修。

试验前，一般先在带有预制裂纹的模拟容器上进行探索试验，而后在被检容器上正式试验。美国、日本和欧洲等先后颁发了压力容器水压试验时的声发射检测标准和推荐的操作方法。在这些标准中都规定了适用范围、试验目的、试验人员水平、试验方法和程序、记录格式等。对声发射的评级方法通常规定如下：

A 级：严重信号，升压和降压全过程中频发出现的信号，需用其他无损探伤方法加以证实。

B 级：一般重要信号，可以报告和记录，以作为以后的比较之用。

C 级：无须做进一步评价，可不记录。

2）容器定期检修时水压试验的声发射监测

根据凯塞尔的声发射不可逆效应，压力容器一旦承受过压力，如果在检修时再次进行压力试验，而压力又不超过前者时，是不会出现声发射的。但如果容器在运转中由于疲劳等原因出现了裂纹，或者原有的裂纹扩展了，则在较低的压力下，就会有声发射信号产生。声发射不可逆效应正是运用这一原理，对已投产的容器进行定期检查的。显然，容器定期检修时水压试验的声发射监测是容易进行的。但是，有人指出凯塞尔效应几乎都是研究者在实验室确认的现象。在容器上试验时，凯塞尔效应有若干恢复现象，这一点在进行容器定期检查的声发射监测时必须注意。

　　3）容器爆破试验的声发射监测

　　在很多承压容器的模拟试验中，需要进行爆破试验，以研究在增加压力和温度时裂纹的扩展过程。在进行试验时，用声发射技术可以监测加压和爆破试验的全过程，包括裂纹的形成、扩展直到最后的断裂。根据试验结果，可在容器破损（即在表面上可以看出破损的象征时）之前 8~10min 可靠地做出预报。所以，声发射技术是预报容器破裂的一种非常及时而灵敏的手段。

　　4）运行中压力容器的声发射监测

　　压力容器投入运行以后，在不同的温度、压力往复和腐蚀性介质下工作，迫切需要经常了解容器的安全情况，当有危险性缺陷出现时能进行预报而及时停止运行，以防止重大事故发生。尤其是对核压力容器的安全运行进行声发射监测，更有着重要的意义。

　　在用声发射装置监听运行中的承压容器时，需保证在高温下换能器和前置放大器能长期稳定地工作。另外，在运行条件下环境噪声比较复杂，如何提高信噪比也是一个关键。

　　对高温核容器或压力容器的监测，可以采用波导管（或杆）的方法，将声发射信号引出，再通过耦合在波导管上的换能器中进行监测。

 **课程作业**

简答题

　　1. 什么是故障诊断？故障诊断的目的是什么？

　　2. 故障诊断技术是如何分类的？

　　3. 什么是声振诊断技术？

　　4. 什么是温度诊断技术？温度诊断所能发现的常见故障有哪些？

　　5. 试述红外测温原理。

　　6. 红外测温装置有哪些？

　　7. 什么是污染诊断技术？常用的污染诊断技术有哪些？

　　8. 常规无损探伤方法有哪些？哪几种用于检测内部缺陷？哪几种用于检测表面缺陷？

　　9. 试述射线探伤的基本原理。

　　10. 什么是超声波？超声波是如何产生的？

　　11. 什么是压电效应？什么是逆压电效应？超声波的产生和接收分别利用了什么效应？

　　12. 试述超声波探伤的基本原理。

　　13. 试述磁粉探伤的原理。

14. 简述渗透探伤的原理。

15. 什么是综合诊断？

16. 化工设备有何特点？可通过什么方法来发现化工设备的故障和确定故障部位？

17. 管道泄漏的原因有哪些？给水管道的泄漏检测有哪些方法？地下输油管道的泄漏诊断有哪些方法？可燃气体管道的泄漏监测如何进行？

18. 压力容器的故障诊断采用何种技术？针对不同的检查内容采用的方法有哪些？

19. 什么是声发射？什么是声发射检测技术？与其他无损诊断技术相比，声发射检测技术有何特点？

参 考 文 献

陈国桓, 2006. 化工机械基础. 2版. 北京: 化学工业出版社.

董大勤, 高炳军, 董俊华, 2012. 化工设备机械基础. 4版. 北京: 化学工业出版社.

黄振仁, 魏新利, 2011. 过程装备成套技术. 2版. 北京: 化学工业出版社.

姜培正, 2001. 过程流体机械. 北京: 化学工业出版社.

冷士良, 陆清, 宋志轩, 2007. 化工单元操作及设备. 北京: 化学工业出版社.

司乃钢, 许德珠, 2001. 金属工艺学. 北京: 高等教育出版社.

王纪安, 2004. 工程材料与材料成形工艺. 2版. 北京: 高等教育出版社.

王绍良, 2009. 化工设备基础. 2版. 北京: 化学工业出版社.

郑津洋, 董其伍, 桑芝富, 2010. 过程设备设计. 3版. 北京: 化学工业出版社.

中国石化集团上海工程有限公司, 2003. 化工工艺设计手册 (上册). 3版. 北京: 化学工业出版社.

中国石化集团上海工程有限公司, 2003. 化工工艺设计手册 (下册). 3版. 北京: 化学工业出版社.

周志安, 尹华杰, 魏新利, 1996. 化工设备设计基础. 北京: 化学工业出版社.

卓震, 2008. 化工容器及设备. 2版. 北京: 中国石化出版社.